职业教育·道路运输类专业教材

SUBGRADE AND FOUNDATION ENGINEERING

地基与基础工程

（第2版）

焦 莉 李 艳 主编

人民交通出版社
北 京

内 容 提 要

本书为职业教育道路运输类专业教材。全书以桥梁地基与基础知识应用为主线设置了六个学习项目，包括认知地基与基础、地基土的工程特性及分类、地基处理与加固、浅基础、桩基础、沉井基础结构与施工。每个学习项目下根据工作过程和内容的不同设若干具体工作任务，可以满足项目引领、任务驱动式教学的需要。同时方便教师根据不同专业方向和教学需要进行取舍和组合。

本书可作为高职高专院校道路与桥梁工程技术、道路工程检测技术、道路养护与管理、道路工程造价等专业学生的教材，也可作为交通土建类工程技术人员培训或学习参考用书。

图书在版编目(CIP)数据

地基与基础工程 / 焦莉，李艳主编. —2 版.
北京：人民交通出版社股份有限公司，2024.8.
ISBN 978-7-114-19602-7

Ⅰ. TU47；TU753

中国国家版本馆 CIP 数据核字第 2024K4H361 号

Diji yu Jichu Gongcheng

书　　名：地基与基础工程(第 2 版)
著 作 者：焦　莉　李　艳
责任编辑：李　敏　卢俊丽
责任校对：卢　弦
责任印制：刘高彤
出版发行：人民交通出版社
地　　址：(100011)北京市朝阳区安定门外外馆斜街 3 号
网　　址：http://www.ccpcl.com.cn
销售电话：(010)85285911
总 经 销：人民交通出版社发行部
经　　销：各地新华书店
印　　刷：北京市密东印刷有限公司
开　　本：787×1092　1/16
印　　张：19
字　　数：465 千
版　　次：2019 年 1 月　第 1 版
2024 年 8 月　第 2 版
印　　次：2024 年 8 月　第 2 版　第 1 次印刷　总第 7 次印刷
书　　号：ISBN 978-7-114-19602-7
定　　价：50.00 元

第2版 前·言 Preface

本书结合高等职业教育特点，根据“地基与基础工程”课程定位和培养目标，遵循“德技并修、工学结合”原则和任务驱动、教学做一体化的设计思想，以职业岗位工作目标为切入点，紧密围绕岗位技能要求编写而成。

本书在内容编排上以项目任务为课程内容主要载体，将知识项目化，以任务驱动教学，使学生在完成具体任务的过程中获得相关理论知识，发展职业能力。全书设置认知地基与基础、地基土的工程特性及分类、地基处理与加固、浅基础、桩基础、沉井基础结构与施工共六个学习项目。每个学习项目根据其工作过程或内容设若干具体工作任务。各学习项目及工作任务之间相对独立，可供教师或学生根据不同专业方向和教学需要进行取舍和组合。

教材内容选取从实际应用的需要出发，以够用为度，力求内容精选，难易适中，注重理论联系实际。本书增加了工程图识读、施工质量检验与评定等项目任务，满足不同职业岗位需求。书中插入大量施工现场图片，使教学内容更加直观和形象，帮助学生正确理解施工中抽象难懂的知识点，掌握工程施工技术难点。教材内容力求融入行业新技术和新方法。

第2版教材依据行业新近颁布的设计规范、施工技术规范和工程质量检验评定标准，对原有教材内容进行了修订和补充，在项目二中增加了地基土的物理性质及工程分类，项目三中增加了人工地基施工质量检验等内容。

为了深入贯彻落实教育部《高等学校课程思政建设指导纲要》（教高〔2020〕3号），编写组充分挖掘本课程蕴含的思想政治教育元素，在第2版教材中针对不同教学内容通过植入典型工程建设成就分享、工程事故案例分析及名人传记等,强化学生工程伦理教育,培养学生精益求精的大国工匠精神,激发学生科技报国的家国情怀和使命担当,通过将价值观引领寓于知识传授和能力培养之中,使专业课程与思政课程同向同行,将显性教育和隐性教育相统一,形成协同效应。

本书由陕西交通职业技术学院焦莉、李艳担任主编,负责全书统稿,陕西交通职业技术学院任圆圆参与编写工作。具体分工如下:焦莉编写学习项目一、四、五、六;任圆圆编写学习项目二中的任务二至任务五;李艳编写学习项目三和学习项目二中的任务一。

本书在编写过程中参考了有关著作和文献资料,在此向相关作者表示诚挚谢意。由于编者水平和经验所限,书中难免存在疏漏和不妥,敬请专家和读者批评指正。

编　者

2024 年 6 月

目 · 录

Contents

学习项目一 / 认知地基与基础 …… 001

学习项目二 / 地基土的工程特性及分类 …… 009

任务一 地基土的物理性质及工程分类 …… 009

任务二 地基土的压缩性评价 …… 021

任务三 土中应力计算与分布 …… 032

任务四 地基土抗剪强度的测定 …… 052

任务五 地基土承载力的确定 …… 065

学习项目三 / 地基处理与加固 …… 077

任务一 认知软弱地基及其处理方法 …… 077

任务二 换填垫层法处理地基 …… 081

任务三 挤密压实法处理地基 …… 087

任务四 排水固结法处理地基 …… 098

任务五 深层搅拌法处理地基 …… 106

学习项目四 / 浅基础 …… 114

任务一 浅基础施工图识读 …… 114

任务二 刚性浅基础设计 …… 126

任务三 刚性浅基础施工 …… 144

任务四 刚性浅基础施工质量检测 …… 161

学习项目五 / 桩基础 …… 168

任务一 桩基础施工图识读 …… 168

任务二 灌注桩施工…… 182
任务三 预制沉桩与水中桩基础的施工…… 206
任务四 桩基础施工质量检测…… 225
任务五 桩基础设计…… 239

学习项目六 / 沉井基础结构与施工…… 270
任务一 沉井基础结构认知…… 270
任务二 沉井基础的施工…… 279

参考文献…… 298

学习项目一
LEARNING PROJECT ONE

认知地基与基础

学习目标

1. 知识目标

(1)明确地基与基础的概念;

(2)掌握地基与基础常用分类方式及其特点;

(3)明确地基与基础设计要求;

(4)明确设计与施工所需资料;

(5)明确课程学习任务及要求。

2. 能力目标

(1)能区分地基与基础类型;

(2)能描述地基与基础工程的设计基本要求。

任务描述

通过对地基与基础基本概念、类型及设计要求等相关知识的学习,能够根据提供的桥梁结构设计图,识别基础类型及其地基持力层,计算基础的设计埋置深度值,并简单陈述各类型基础的特点。

相关知识

一、地基与基础的概念

桥梁结构由上部结构、下部结构、附属结构和支座系统组成,如图 1-1-1 所示。上部结构为桥跨结构,包括承重结构和桥面系。下部结构包括桥墩、桥台及其基础。附属结构包括桥头路堤锥形护坡、护岸及导流结构物等。桥跨结构和墩台之间设置支座系统。

任何结构物都是建造在一定的地层上,其全部作用由下卧地层来承担。承受结构作用的土体或岩体称为地基。将结构物所承受的各种作用传递到地基上的下部结构称为基础。直接承受基础作用的地层称为持力层;位于持力层以下,处于被压缩或可能被剪损的一定深度内的土层称为下卧层。

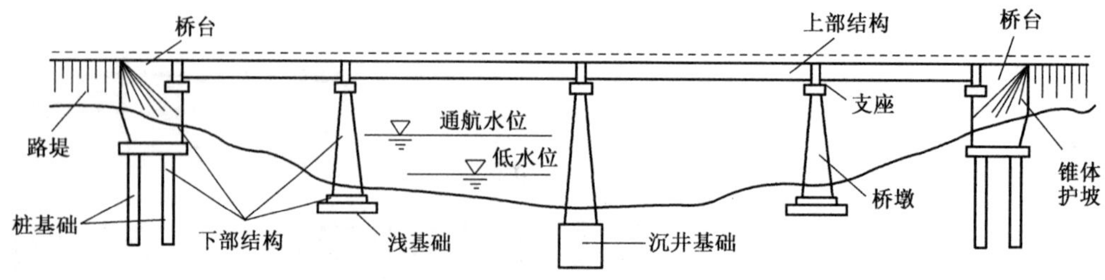

图 1-1-1　桥梁组成结构

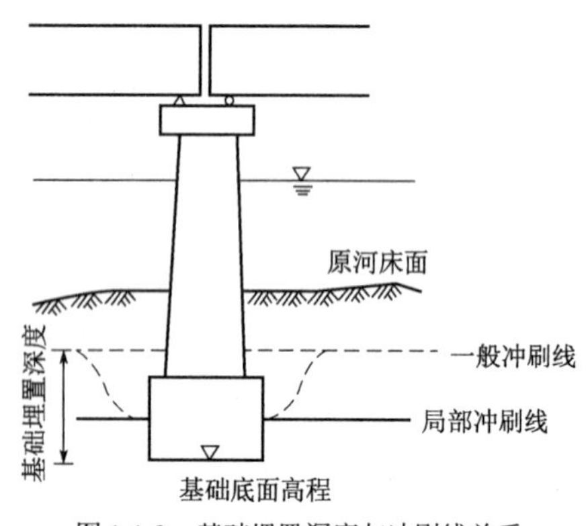

图 1-1-2　基础埋置深度与冲刷线关系

当河道中修建桥梁墩台时,因桥孔压缩水流,导致桥下流速增大而引起的桥下河床冲刷称为一般冲刷;因桥墩或桥台阻碍水流,导致其周围河床的冲刷称为局部冲刷。基础的埋置深度是指从地面(或一般冲刷线)到基础底面的垂直距离,无水流冲刷时从自然地面起算,有水流冲刷时自一般冲刷线起算,如图 1-1-2 所示。公路桥涵基础的埋置深度应根据基础类型确定,并应充分考虑结构施工期和运营期地质、水文、气候及人类活动等不利因素的影响。

二、地基与基础的类型

根据不同地基地质水文条件、上部结构要求、作用特点及施工技术水平,可以采用不同类型的地基和基础。

1. 地基类型

地基可分为天然地基和人工地基。无需人工处理即可满足设计要求,可以直接修筑基础的天然地层称为天然地基。如果天然地层土质过于软弱或存在不良工程地质问题,需要经过人工加固或处理后才能修筑基础的地基则称为人工地基。

2. 基础类型

基础类型可按基础的刚度、埋置深度、构造形式和使用材料等划分,设计时应根据各类型基础的特点,结合工程项目所在地具体地质水文情况加以合理选用。

1)按基础刚度分类

基础根据其刚度不同(即受力后基础的变形情况)可分为刚性基础和柔性基础。受力后不发生挠曲变形的基础称为刚性基础,一般用抗压性能好、抗拉性能较低的材料(如浆砌块石、片石混凝土等)建造。刚性基础因整体性好,建造时不需要配置钢筋,但其圬工体积一般较大,故对地基承载力要求相对较高[图 1-1-3a)]。受力后发生挠曲变形的基础称为柔性基础(也称弹性基础),为提高其抗拉性能,混凝土中需配置钢筋,即采用钢筋混凝土建造。用钢筋混凝土建造的柔性基础能承受较大的上部结构作用,同时由于它圬工体积相对较小,适用于地基承载力较低的情况[图 1-1-3b)]。

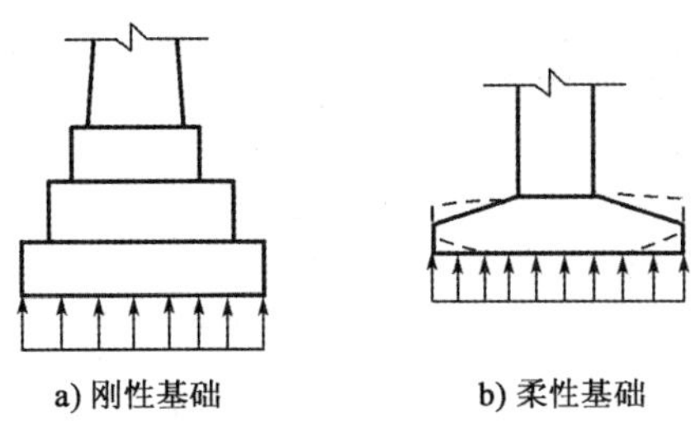

图 1-1-3　按基础刚度分类

2)按基础埋置深度分类

基础根据其埋置深度不同,可分为浅基础和深基础两类。浅基础是指埋置深度小于基础宽度且设计时不考虑基础侧边土体各种抗力作用的基础;反之为深基础。浅基础由于设计与施工较为简便,在条件允许时是桥梁基础形式的首选方案。浅基础一般适用于浅层地基承载力较高的情况。当浅层地基承载力不足时,则应考虑采用深基础。深基础设计和施工较为复杂,但具有良好的适应性和抗震性。公路桥梁墩台常采用的深基础形式为桩基础、沉井基础等。

3)按基础构造形式分类

基础根据其构造形式不同,可分为实体式基础和桩柱式基础两类。实体式基础[图 1-1-4a)]整个基础都由圬工材料砌筑而成,其特点是整体性好,施工过程简单,但自重较大,对地基承载力要求较高。桩柱式基础是由单根或多根基桩支承盖梁及上部结构的基础[图 1-1-4b)],其整体质量较轻,可将荷载传递或分散到深层土中,比实体式基础对地基强度的要求低;在深水中施工时,可避免或减少水下作业,但施工过程较为复杂。

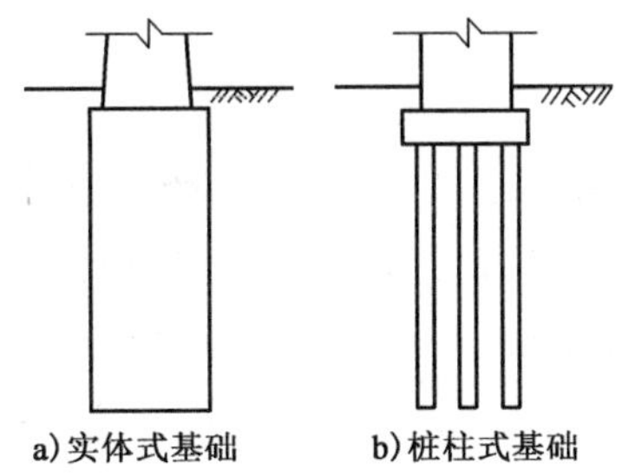

图 1-1-4　基础按构造形式分类

4)按基础用材料分类

根据基础用材料不同,可划分为混凝土基础、钢筋混凝土基础、钢构基础和砌石基础。混凝土基础抗压性能好、抗拉性能较低、整体性好,但自重一般较大。钢筋混凝土基础因配置有钢筋,其抗压和抗拉性能均较好,能承受较大的上部荷载作用。钢构基础的主要材料是钢,多为预制构件,所以其强度高、耐腐蚀性能好、自重小、施工速度快,能适应不同的地形和环境,但费用较高，制作、安装技术要求高。砌石基础在石料丰富地区容易就地取材，施工简单，不需要大型机械和复杂的施工工艺，但承载能力低于其他材料的基础。

三、地基与基础的设计要求及工程案例

1. 地基与基础设计要求

工程实践表明：地基、基础设计与施工质量的优劣，直接影响着整个结构物的使用性能和安全性。基础工程作为隐蔽工程，出现缺陷后不易被发现，修复处理也较为困难。同时，基础工程的施工进度影响着整个工程的施工进度。基础工程造价在整个结构物造价中也占相当大的比重，尤其是在复杂的地质条件下或深水中修建基础时更是如此。因此，地基与基础设计应遵循因地制宜、就地取材、节约资源的原则，分别满足以下要求：

1）地基

（1）保证地基有足够的强度，基础底面的压应力要小于地基承载力特征值；

（2）地基在结构物作用下产生的变形值需在允许范围之内，以保证结构物的正常使用性能；

（3）防止地基土从基础底面被水流冲刷流失；

（4）防止地基土发生冻胀。

2）基础

（1）保证基础有足够的强度和耐久性；

（2）保证基础有足够的稳定性，包括防止基础滑动和倾覆两个方面；

（3）基础设计时应充分考虑施工和环境保护的要求；

（4）基础结构材料应符合相关结构设计规范的规定。

2. 工程案例

古今中外，因地基与基础的设计或施工不当引发的工程案例举不胜举，这里列举四个典型工程案例。

1）意大利比萨斜塔

意大利比萨斜塔始建于1173年，历时177年建成（图1-1-5）。比萨斜塔的原设计方案为8层，竖直建造，从地基到塔顶高58.36m，塔身使用白色大理石砖砌筑，总质量约14453t。但工程开工后不久，塔身就向东南方向倾斜，完工时塔身中心线偏离竖直方向5.5°。造成塔身倾斜的主要原因是斜塔地基土土层由各种软质粉土的沉淀物和软弱黏土相间组成，土质不均匀，同时在地面下约1m深的位置是地下水层。在软弱土层和地下水层的综合作用下导致地基土松软，地基承载力过低，形成了这一世界著名建筑奇观。

2）加拿大特朗斯康谷仓

加拿大特朗斯康谷仓始建于1911年，并于1913年秋完工。其平面形状是尺寸为59.44m（长）×23.47m（宽）的矩形，高为31.00m，容积为36368m^3，自身质量为20000t。谷仓基础为钢筋混凝土筏形基础，厚61cm，基础埋深3.66m。1913年9月份开始往谷仓装谷物，10月份时装了31822m^3谷物后，发现谷仓1h内竖直沉降达30.5cm，并在24h内向西倾斜达26°53′，谷仓西端下沉7.32m，东端上抬1.52m。但直至最后谷仓倾倒（图1-1-6），钢筋混凝土筒仓仍坚如磐石，仅表面产生极少的裂缝。事故后对现场的勘察试验结果表明，谷仓基础下埋藏有厚达16m的

软黏土层，该地基的实际承载力只有 193.8～276.6kPa，但设计时未对谷仓地基承载力进行勘察，直接采用了邻近建筑地基 352kPa 的承载力，地基承载力远小于谷仓地基实际承受的压力值 329.4kPa。最终，地基土因超载发生强度破坏，致使谷仓沉陷倾覆。

图 1-1-5　意大利比萨斜塔

图 1-1-6　加拿大特朗斯康谷仓

3）湖南岳阳篑口大桥

2015 年 6 月 4 日，位于湖南省岳阳县篑口镇境内的省道 S306 游港河篑口大桥发生破坏，其桥墩产生倾斜，主梁偏离原位置，部分桥面断裂，如图 1-1-7 所示。事故原因是下游河床由于长期采砂而降低，事发前几日上游（临湘市）又是持续暴雨天气，引发洪水冲刷河床，致使桥墩基础下地基被水流冲刷淘空，桥墩失去支承发生倾斜。

4）重庆彭水红泥石拱桥

建于重庆市彭水县 G319 国道上的红泥石拱桥，由于连续降雨，雨水下渗使得其主跨桥墩墩底地基红黏土夹层软化，桥墩滑移倾斜，最终导致大桥垮塌破坏，如图 1-1-8 所示。

图 1-1-7　岳阳篑口大桥

图 1-1-8　彭水红泥石拱桥

从列举的工程事故案例不难发现，地基与基础的质量直接关系着结构物的安危，因此必须严格依据相关规范和标准对其进行精心设计与组织施工。

四、基础工程设计与施工所需资料

地基与基础设计及施工前必须对工程所在地的地质水文情况进行详细勘察，掌握施工现场周边环境条件及当地资源供应情况,认真查阅国家或行业最新颁布的设计、施工技术规范,确保资料的全面性、真实性与准确性。基础工程设计与施工所需资料主要包括:

(1)桥位(包括桥头引道)平面图、拟建上部结构及墩台形式、总体构造及有关设计资料;

(2)桥位工程地质勘测报告及桥位地质纵剖面图;

(3)地基土质调查试验报告;

(4)河流水文调查资料;

(5)其他需要资料。

五、课程学习内容与要求

本课程系统地介绍了桥梁及其他人工构造物地基与基础的设计与施工方法,内容包括认知地基与基础、地基土的工程特性及分类、地基处理与加固、浅基础、桩基础、沉井基础结构与施工六个学习项目。具体主要介绍内容为:常见地基与基础的类型;土体在荷载作用下的力学变化规律以及地基土的工程分类;常用人工地基类型、加固原理与施工技术方法;浅基础、桩基础和沉井基础的构造特点、适用条件和施工技术方法、质量检验标准等。同时介绍了刚性浅基础和单排桩基础的设计计算方法和步骤,以满足有设计需求的学习者。每个学习项目根据其工作过程或内容不同设若干具体工作任务。各学习项目及工作任务之间相对独立,学习者可以根据不同专业方向和职业岗位需求,自由进行取舍与组合。

通过对本课程的学习,学习者应能够掌握人工地基加固处理方法;了解常用基础类型的设计计算方法,熟悉其施工工艺流程,能够按照现行施工及质量检验规范识读工程图、拟定施工方案并组织实施,进行工程质量检验与资料填报;能够运用所学理论知识分析、解决地基处理与基础施工中的常见工程问题。

由于地区不同、地层不同、局部环境不同,地基与基础的物理、力学性质复杂多变,其受力情况和施工条件也是千差万别,需要学习者在牢固掌握本课程理论知识的基础上,结合具体工程实践,灵活分析运用。

匠心工程

从古至今,我国在建筑工程领域涌现出大批能工巧匠,创造出了许多巧夺天工的建筑奇迹。位于湖北省鄂州市境内的观音阁是一座砖木结构亭阁式建筑(图 1-1-9),它始建于 1345 年,长约 24m、宽约 10m、高约 14m。整座建筑坐东朝西,逆水而立于长江之中。观音阁布局为一亭、二殿、三楼,构筑精巧,因其历经数百年风雨洗礼和无数次长江洪水冲击依旧安然无恙,享有“万里长江第一阁”的美誉。

观音阁屹立不倒的主要原因是地基坚实牢固,它位于一个巨大的礁石之上,整个礁石浑然天成,形如船舷,既能减缓水势,又能顺势泄流(图 1-1-10)。礁石上以天然条石垒成厚 1 米多的基座,能很好地抵抗水流的冲击。基座上用青砖和红石砌成阁身,阁内有较完善的排水系统,镂空的墙面、窗面,且阁内设计有多处排水口,使观音阁在江水退潮后能够迅速排出积水,从而不会对观音阁墙体造成过大压力。观音阁的正面建有一面弧线墙,能分流和减弱水势,降低江水对阁体的正面冲击。

图 1-1-9 涨潮时观音阁全貌

图 1-1-10 退潮后观音阁全貌

观音阁的存在展现出我国古代工匠对流体力学的巧妙运用和精湛的建筑技艺与智慧，同时观音阁在波涛汹涌中屹立江心，经历洪水冲击不倒的雄姿也代表着一种饱经磨难而坚强不屈的精神力量和人生态度。

1. 什么是地基和基础？它们各自的作用是什么？
2. 刚性基础和柔性基础有何区别？二者各有什么特点？
3. 什么情况下应考虑采用深基础？
4. 为保证工程质量，地基与基础设计时必须考虑哪些基本要求？

背景材料：

某简支梁桥桥址所在地河流的水文资料和土层分布及其地基承载力特征值如图 1-1-11 所示。

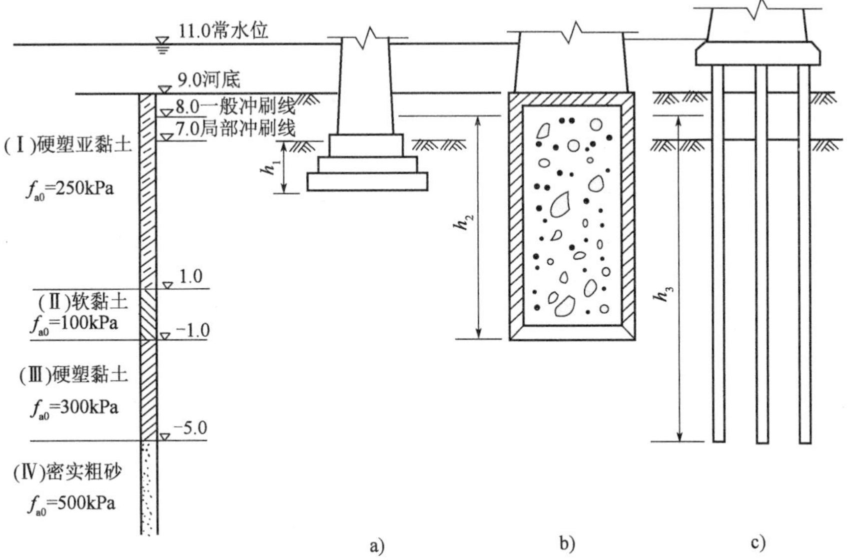

图 1-1-11 某简支梁桥地质与水文分布剖面图(高程单位：m)

任务要求:

1. 分别说明图1-1-11a)~c)中三种基础形式及各自持力层土的名称。
2. 三种方案均满足设计要求的情况下,哪一种是首选方案?说明原因。
3. 方案c)可在什么情况下采用,陈述其利弊。
4. 图中方案b)和c)基础埋置深度是多少?

学习项目二
LEARNING PROJECT TWO

地基土的工程特性及分类

任务一 地基土的物理性质及工程分类

学习目标

1. 知识目标

(1)掌握地基土物理试验指标的含义及试验方法;

(2)掌握地基土物理换算指标的含义及推算方法;

(3)掌握地基土物理状态指标的含义及计算方法;

(4)熟悉地基土的工程分类方法;

(5)掌握土的渗透规律及渗透系数确定方法。

2. 能力目标

(1)能分析计算地基土的物理性质及物理状态指标;

(2)能根据试验结果为地基土定名。

任务描述

通过对地基土三相组成、物理性质和物理状态指标、土的工程分类等相关知识的学习,能够根据提供的原始试验数据,完成各项物理性质指标的推算,评价土的物理状态,并为地基土定名。

相关知识

土是岩石经过物理与化学风化作用后的产物,是各种大小不同的土颗粒按一定比例组成的集合体,土粒之间的孔隙中包含着水和气体。因此,土是由固体颗粒(固相)、水(液相)和气体(气相)组成的一种三相体系(图 2-1-1),固、液、气三相物质在土体中的占比会随着时间和荷载条件的变化而改变,土的物理、力学性质与物理状态也会随之改变。研究土的各种工程性质时,首先应掌握土的物理性质和物理状态。

一、地基土的物理性质

土的三相物质在体积和质量上的比例关系称为三相比例指标,它们是评价土的物理性质与物理状态的基本指标,也是工程地质勘察报告中不可缺少的基本内容。

为了理解和推导土的三相比例指标,通常把土体中处于分散状态的三相物质理想化地集中在一起,构成如图 2-1-2 所示的三相关系示意图。三相关系示意图左边注明三相的体积,土样体积 V 是土粒体积 V_s、水的体积 V_w 和空气体积 V_a 三者之和。右边注明三相的质量。通常认为空气的质量 m_a 可以忽略,则土样的质量 m 仅为水的质量 m_w 和土粒质量 m_s 之和。

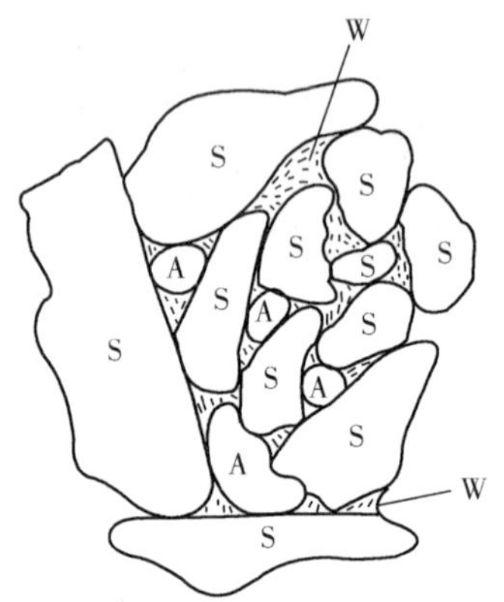

图 2-1-1 土的三相实际组成
S-土粒;W-水;A-气体

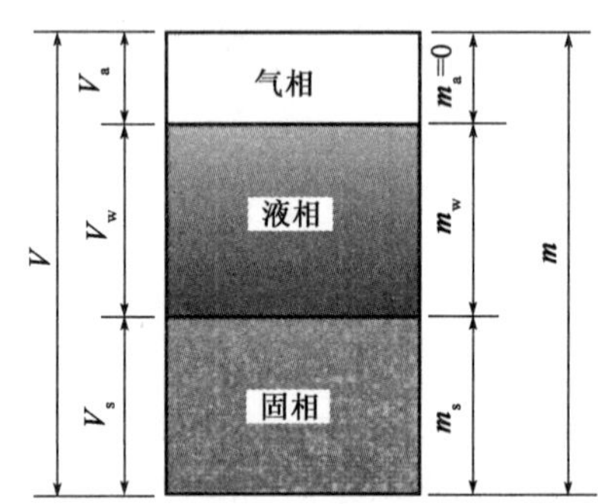

图 2-1-2 土的三相关系示意图

土的物理性质指标分为试验指标和换算指标两种。

(一)试验指标

试验指标是指通过试验测定的指标,有土的密度、土粒比重和土的含水率。各项指标的试验方法参见《公路土工试验规程》(JTG 3430—2020)。

1. 土的密度

土的密度 ρ 是指单位体积土的质量,即土的质量 m 与土的体积 V 之比,可通过式(2-1-1)计算:

$$\rho = \frac{m}{V} \tag{2-1-1}$$

不同的土可采用不同的试验方法测定其密度。细粒土的密度用环刀法测定,图 2-1-3 所示为环刀法试验仪器。坚硬易碎裂、难以切削和形态不规则的坚硬土密度用蜡封法测定。现场测定粗粒土和巨粒土的密度时则用灌水法或灌砂法,图 2-1-4 所示为灌沙法试验仪器。

图 2-1-3 环刀法试验仪器

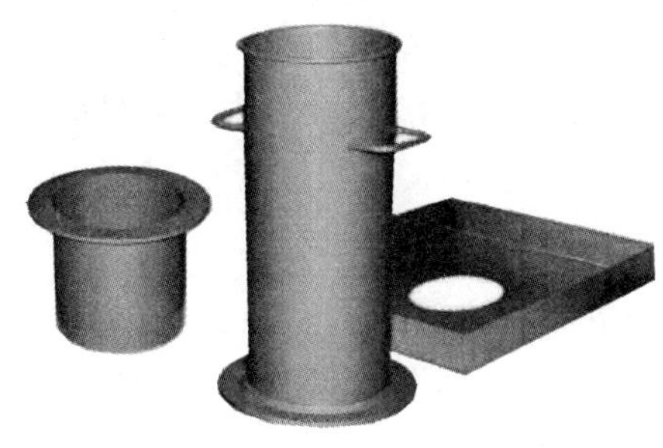

图 2-1-4 灌砂法试验仪器

研究地基土的工程性质时,通常不采用密度值,而是计算土的重力密度 γ,简称为重度,它是单位体积土所承受的重力,是土的密度与重力加速度的乘积。由式(2-1-2)计算:

$$\gamma = \frac{W}{V} = \frac{mg}{V} = \rho g \tag{2-1-2}$$

式中:g——重力加速度,kN/m³,计算时可近似取为 10kN/m³;

W——土的重力,kN。

2. 土粒比重

土粒比重 G_s 是指土的固体颗粒的质量与同体积 4℃蒸馏水的质量之比。可由式(2-1-3)计算。蒸馏水在 4℃时的密度为 1g/cm³,则土粒比重与土粒密度数值相同,不同的是土粒比重无单位。

$$G_s = \frac{m_s}{V_s \rho_{4℃}} \approx \frac{m_s}{V_s} = \rho_s \tag{2-1-3}$$

式中:$\rho_{4℃}$——蒸馏水在 4℃时的密度,为 1g/cm³,其他符号意义同前。

不同粒径的土可用不同方法测定其土粒比重。粒径小于 5mm 的土可用比重瓶法试验测定。粒径大于或等于 5mm 的土,且其中粒径大于或等于 20mm 的土质量小于土总质量的 10% 的土用浮力法或浮称法测定;粒径大于或等于 5mm 的土,且其中粒径大于或等于 20mm 土的质量大于或等于土总质量的 10% 的土用虹吸筒法测定。

3. 土的含水率

含水率 w 是指土中水的质量与土颗粒质量的比值,以百分比表示。

$$w = \frac{m_w}{m_s} \times 100\% \tag{2-1-4}$$

含水率是表示土的湿度的指标,可采用酒精燃烧法或烘干法测定。

(二)换算指标

三项试验指标经试验测定后,可以通过计算获得 6 个换算指标,分别为:

1. 干重度

干重度 γ_d 是指土的固体颗粒重力与土的总体积之比。

$$\gamma_d=\frac{W_s}{V}=\frac{m_s g}{V}=\rho_d g\approx 10\rho_d \tag{2-1-5}$$

式中:ρ_d——土的干密度,孔隙中无水时单位体积土的固体颗粒质量,其他符号意义同前。

土的干重度越大,土体越密实,土的强度越高,水稳性越好。因此土的干重度常用作填土密实度的施工控制指标。

2. 饱和重度

饱和重度 γ_{sat} 是指土的孔隙全部被水充满时的重力与土的总体积之比。

$$\gamma_{sat}=\frac{W_s+V_v\gamma_w}{V}=\frac{m_s g+V_v\rho_w g}{V} \tag{2-1-6}$$

式中:W_s——土的重力,kN;

γ_w——水的重度,kN/m^3,$\gamma_w=\rho_w g=9.81$kN/m^3;

V_v——孔隙体积,m^3,水的体积 V_w 和空气体积 V_a 两者之和;

其他符号意义同前。

3. 有效重度

有效重度 γ' 是指土浸没于水中时受到的水的浮力作用,扣除浮力后的土的重力与土的总体积之比。

$$\gamma'=\frac{W_s-V_s\gamma_w}{V}=\gamma_{sat}-\gamma_w \tag{2-1-7}$$

式中:γ_{sat}——饱和重度,土的孔隙完全被水充满时单位体积的重力,其他符号意义同前。

4. 孔隙比

孔隙比 e 是指孔隙体积 V_v 与土粒体积 V_s 之比,用小数计。

$$e=\frac{V_v}{V_s} \tag{2-1-8}$$

孔隙比可以用来评价粗粒土的紧密程度,或通过孔隙比值的变化推算土的压密程度,研究土的工程性质时常用到该项指标。

5. 孔隙率

孔隙率 n 是指孔隙体积 V_v 与土的总体积 V 之比。

$$n=\frac{V_v}{V} \tag{2-1-9}$$

6. 饱和度

饱和度 S_r 是指孔隙中水的体积 V_w 与孔隙体积 V_v 之比。

$$S_r=\frac{V_w}{V_v} \tag{2-1-10}$$

饱和度用来描述土中水充满孔隙的程度,常用作区分砂土的潮湿状态。

当土的密度、土粒比重和土的含水率三项试验指标确定后,其他换算指标可采用表 2-1-1 中的换算公式计算而得。

根据各项试验指标的物理意义,可以推导出固、液、气三相各自的重力和体积(图 2-1-5),推导思路如下:

(1)若已知土的3个试验指标ρ、G_s和w,可计算得到γ、γ_s,假定土的总体积$V=1$,由此可得固、液、气三相物质的重力和体积见三相计算草图[图2-1-5a)]。

计算过程如下:

$$W=\gamma V=\gamma, w=\frac{W_w}{W_s}$$

由于空气重力$W_a=0$,所以土体总重力$W=W_s+W_w=W_s+wW_s=(1+w)W_s$,可推导出:

$$W_s=\frac{\gamma}{1+w}$$

$$W_w=wW_s=\frac{\gamma w}{1+w}$$

$$V_s=\frac{W_s}{\gamma_s}=\frac{\gamma}{\gamma_s(1+w)}$$

$$V_w=\frac{W_w}{\gamma_w}=\frac{\gamma w}{\gamma_w(1+w)}$$

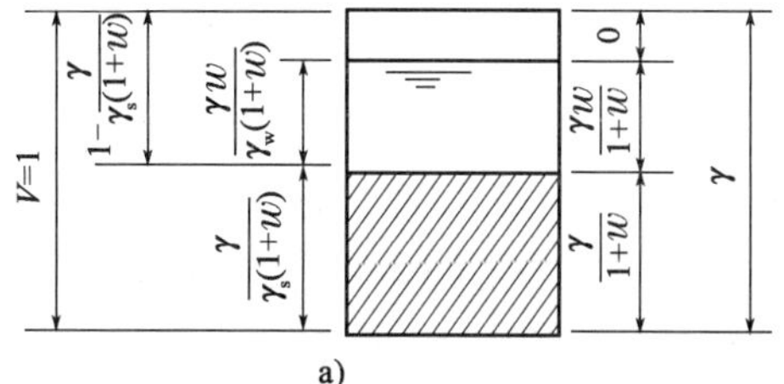
a)

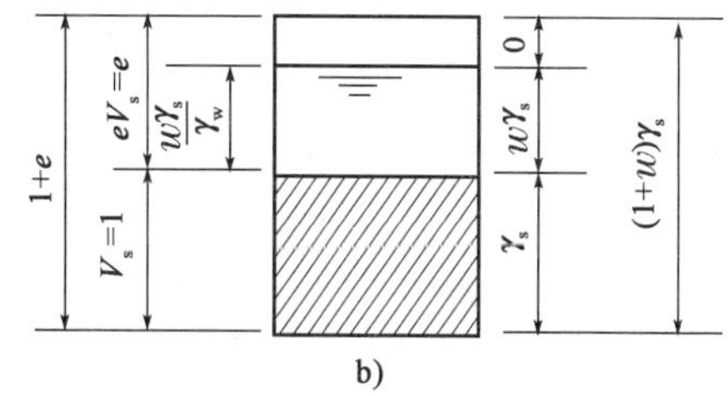
b)

图2-1-5 三相比例关系计算草图

(2)若已知土的γ_s、w和e,可假定土粒体积$V_s=1$,由此可得固、液、气三相物质的重量和体积,见三相计算草图[图2-1-5b)]。计算过程如下:

$$W_s=\gamma_s V_s=\gamma_s$$

$$W_w=wW_s=w\gamma_s$$

$$W=W_s+W_w=(1+w)\gamma_s$$

$$V_w=\frac{W_w}{\gamma_w}=\frac{w\gamma_s}{\gamma_w}$$

$$V_v=eV_s=e$$

$$V=V_s+V_v=1+e$$

各项的重力和体积已知,根据各项指标的物理意义可计算需要的其他指标。

将推导出的固、液、气三相重力和体积分别代入式(2-1-5)~式(2-1-10)可以计算出所需的各项换算指标,表2-1-1列出了换算结果。读者可自行推导换算指标,也可直接采用表列结果。

三相比例指标的换算关系 表2-1-1

换算指标	用试验指标计算的公式	用其他指标计算的公式
孔隙比	$e=\frac{\gamma_s(1+w)}{\gamma}-1$	$e=\frac{\gamma_s}{\gamma_d}-1$ $e=\frac{w\gamma_s}{S_r\gamma_w}$

续上表

换算指标	用试验指标计算的公式	用其他指标计算的公式
饱和重度	$\gamma_{sat}=\frac{\gamma(\gamma_s-\gamma_w)}{\gamma_w(1+w)}+\gamma_w$	$\gamma_{sat}=\frac{\gamma_s+e\gamma_w}{1+e}$ $\gamma_{sat}=\gamma'+\gamma_w$
饱和度	$S_r=\frac{\gamma\gamma_s w}{\gamma_w[\gamma_s(1+w)-\gamma]}$	$S_t=\frac{w\gamma_s}{e\gamma_w}$
干重度	$\gamma_d=\frac{\gamma}{1+w}$	$\gamma_d=\frac{\gamma_s}{1+e}$
孔隙率	$n=1-\frac{\gamma}{\gamma_s(1+w)}$	$n=\frac{e}{1+e}$
有效重度	—	$\gamma'=\gamma_{sat}-\gamma_w$

二、地基土的物理状态

(一)黏性土的物理状态

1. 界限含水率

黏性土随着含水率的变化会呈现出不同的物理状态,地基土的工程性质(如强度、压缩性等)也会随之发生改变。稠度界限是指黏性土随含水率的变化从一种状态变为另一种状态时的界限含水率,它分为液限、塑限和缩限三种。液态与塑态之间的界限含水率称为液限(Liquid limit)w_L;塑态与半固态之间的界限含水率称为塑限(Plastic limit)w_p;半固态与固态之间的界限值称为缩限(Shrinkage limit)w_s,如图2-1-6所示。

黏性土的液限值和塑限值可采用液塑限联合测定仪(图2-1-7)测定,具体试验方法参见《公路土工试验规程》(JTG 3430—2020)。

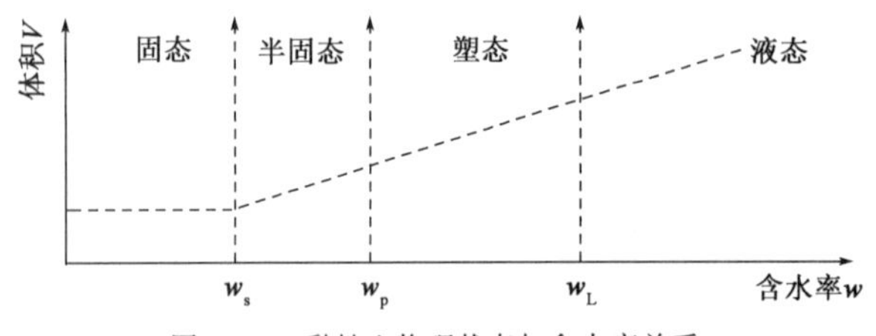

图2-1-6 黏性土物理状态与含水率关系

图2-1-7 液塑限联合测定仪

2. 塑性指数

可塑性是黏性土区别于砂土的重要特性,用土处于塑性状态时含水率的变化范围衡量土的可塑性。从液限到塑限的变化范围愈大,土的可塑性愈好。液限与塑限的差值称为土的塑性指数I_p,用式(2-1-11)表示。

$$I_p=w_L-w_p \tag{2-1-11}$$

塑性指数一般用不带%的数值表示。塑性指数越大,表明土中黏粒含量越多,土的可塑性越大。塑性指数综合反映了土的物质组成,被广泛应用于黏性土的分类与评价。

3. 液性指数

土的天然含水率是反映土中含水量多少的指标,可在一定程度上说明土的软硬与干湿状态。但对于塑限与液限值不同的土，即使土的天然含水率相同，它们所处的物理状态也可能会不同，因此，需要用一个能反映天然含水率与界限含水率相对关系的指标来描述土的状态，即液性指数 I_L。

$$I_L = \frac{w - w_p}{w_L - w_p} \tag{2-1-12}$$

液性指数 I_L 按表 2-1-2 可以用作划分黏性土的软硬状态。

黏性土的软硬状态分类 表 2-1-2

液性指数 I_L	状态	液性指数 I_L	状态
$I_L \leq 0$	坚硬	$0.75 < I_L \leq 1$	软塑
$0 < I_L \leq 0.25$	硬塑	$I_L > 1$	流塑
$0.25 < I_L \leq 0.75$	可塑	—	—

（二）无黏性土的物理状态

无黏性土的物理状态主要指碎石土和砂土的密实程度，可用相对密实度和标准贯入击数描述。

1. 相对密实度

一般的土可用孔隙比描述土的密实程度，但砂土的密实程度并不单独取决于孔隙比，很大程度上与土的级配情况有关。粒径级配不同的土即使具有相同的孔隙比，由于颗粒大小及排列的不同，所处的密实状态也会不同。为了同时考虑土的孔隙比和级配情况，引入了土的相对密实度 D_r，D_r 可按式（2-1-13）计算。

$$D_r = \frac{e_{max} - e}{e_{max} - e_{min}} \tag{2-1-13}$$

式中：e_{max}——土体处于最松散状态时的孔隙比；

e_{min}——土体处于最密实状态时的孔隙比；

e——土体处于天然状态时的孔隙比。

从式（2-1-13）可以看出，当砂土的天然孔隙比接近最小孔隙比时，相对密实度 D_r 接近于 1，表明砂土接近于最密实的状态；而当砂土的天然孔隙比接近最大孔隙比时，D_r 接近于 0，表明砂土接近于最松散的状态。

由于目前测定砂土最大孔隙比和最小孔隙比的试验方法存在缺陷，同时砂土因取样困难，天然孔隙比也很难准确测定，因此相对密实度的实际应用受到诸多限制。

2. 标准贯入击数

工程实践中通常用标准贯入击数来划分砂土的密实度。标准贯入试验是用规定的锤重（63.5kg）和落距（76cm）把标准贯入器打入土中，记录贯入一定深度（30cm）所需的锤击数 N 值的原位测试方法，试验仪器构造如图 2-1-8 所示。标准贯入试验的贯入锤击数反映了土层的松密和软硬程度，是一种简便的测试手段。

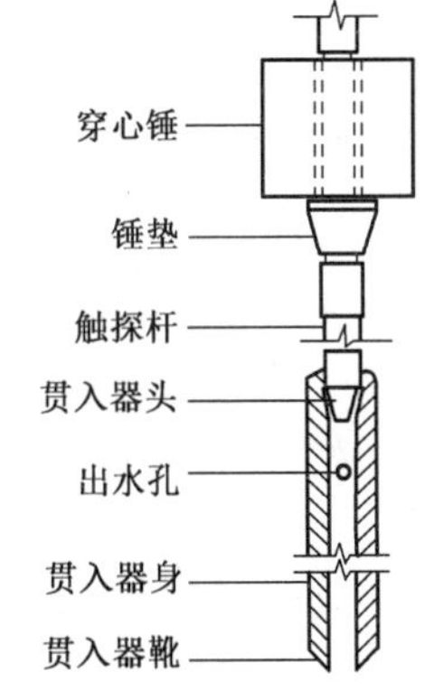

图 2-1-8　标准贯入试验仪构造图

砂土的密实度可根据标准贯入锤击数按表 2-1-3 进行分级。

砂土密实度 表 2-1-3

标准贯入锤击数 N	密实度	标准贯入锤击数 N	密实度
$N \leqslant 10$	松散	$15 < N \leqslant 30$	中密
$10 < N \leqslant 15$	稍密	$N > 30$	密实

碎石土密实度可根据重型动力触探锤击数 $N_{63.5}$ 按表 2-1-4 进行分级。当缺乏试验数据时,碎石土平均粒径大于 50mm 或最大粒径大于 100mm 时,可按《公路桥涵地基与基础设计规范》(JTG 3363—2019)附录表 A.0.2 鉴别其密实度。

碎石土密实度 表 2-1-4

锤击数 $N_{63.5}$	密实度	锤击数 $N_{63.5}$	密实度
$N_{63.5} \leqslant 5$	松散	$10 < N_{63.5} \leqslant 20$	中密
$5 < N_{63.5} \leqslant 10$	稍密	$N_{63.5} > 20$	密实

注:1. 本表适用于平均粒径小于或等于 50mm 且最大粒径不超过 100mm 的卵石、碎石、圆砾、角砾。
2. 表内 $N_{63.5}$ 为经修正后锤击数的平均值。

三、地基岩土的分类

《公路桥涵地基与基础设计规范》(JTG 3363—2019)中将公路桥涵地基岩土分为岩石、碎石土、砂土、粉土、黏性土和特殊性岩土。

地基土通常依据土的颗粒组成特征和塑性指标进行分类。土的颗粒组成特征主要是指土中不同粒径的粒组的质量占干土质量的百分比,可通过筛分试验和比重计法试验确定。筛分试验适用于分析土粒粒径在 0.075 ~ 60mm 范围之间的土粒粒组含量和级配组成。比重计法适用于分析粒径小于 0.075mm 的细粒土。

1. *岩石*

岩石可按坚硬程度、风化程度、软化系数等进行分类。

岩石的坚硬程度按表 2-1-5 划分。当缺乏试验数据或不能进行该项试验时,可按《公路桥涵地基与基础设计规范》(JTG 3363—2019)附录表 A.0.1-1 定性分级。

岩石坚硬程度分级 表 2-1-5

坚硬程度类别	坚硬岩	较硬岩	较软岩	软岩	极软岩
饱和单轴抗压强度标准值 f_{rk}/MPa	$f_{rk} > 60$	$60 \geqslant f_{rk} > 30$	$30 \geqslant f_{rk} > 15$	$15 \geqslant f_{rk} > 5$	$f_{rk} \leqslant 5$

岩石风化程度根据风化程度系数指标划分为未风化、微风化、中风化、强风化、全风化和残积土 6 个等级。分级标准可参见《公路桥涵地基与基础设计规范》(JTG 3363—2019)附录表 A.0.1-2。

岩石按软化系数可分为软化岩石和不软化岩石。当软化系数小于或等于 0.75 时,应定为软化岩石;当软化系数大于 0.75 时,应定为不软化岩石。

当岩石具有特殊成分、结构或性质时,应定为特殊性岩石,如易溶性岩石、膨胀性岩石、崩解性岩石、盐渍化岩石等。

2. 碎石土

碎石土指粒径大于2mm的颗粒含量超过总质量50%的土。碎石土可按表2-1-6分类。

碎石土的分类 表2-1-6

土的名称	颗粒形状	粒组含量
漂石	圆形及亚圆形为主	粒径大于200mm的颗粒含量超过总质量50%
块石	棱角形为主	
卵石	圆形及亚圆形为主	粒径大于20mm的颗粒含量超过总质量50%
碎石	棱角形为主	
圆砾	圆形及亚圆形为主	粒径大于2mm的颗粒含量超过总质量50%
角砾	棱角形为主	

注:碎石土分类时根据粒组含量从大到小以最先符合者确定。

3. 砂土

砂土指粒径大于2mm的颗粒含量不超过总质量50%且粒径大于0.075mm的颗粒超过总质量50%的土。砂土可按表2-1-7进行分类。

砂土的分类 表2-1-7

土的名称	粒组含量
砾砂	粒径大于2mm的颗粒含量占总质量25%~50%
粗砂	粒径大于0.5mm的颗粒含量超过总质量50%
中砂	粒径大于0.25mm的颗粒含量超过总质量50%
细砂	粒径大于0.075mm的颗粒含量超过总质量85%
粉砂	粒径大于0.075mm的颗粒含量超过总质量50%

注:砂土分类时根据粒组含量从大到小以最先符合者确定。

4. 粉土

粉土指塑性指数$I_p \leq 10$且粒径大于0.075mm的颗粒含量不超过总质量50%的土。粉土的密实度和湿度应分别按表2-1-8和表2-1-9进行分类。

粉土密实度分类 表2-1-8

孔隙比e	密实度	孔隙比e	密实度
$e<0.75$	密实	$e>0.90$	稍密
$0.75 \leq e \leq 0.90$	中密		

粉土湿度分类 表2-1-9

天然含水率w/%	湿度	天然含水率w/%	湿度
$w<20$	稍湿	$w>30$	很湿
$20 \leq w \leq 30$	湿		

5. 黏性土

黏性土指塑性指数$I_p>10$且粒径大于0.075mm的颗粒含量不超过总质量50%的土。黏性土应根据塑性指数按表 2-1-10 进行分类。

黏性土的分类 表 2-1-10

塑性指数 I_p	土的名称	塑性指数 I_p	土的名称
$I_p > 17$	黏土	$10 < I_p \leqslant 17$	粉质黏土

注:液限和塑限分别按 76g 锥试验确定。

6. 特殊性土

特殊性土是指具有一些特殊成分、结构和性质的区域性地基土,如软土、膨胀土、湿陷性土、红黏土、冻土、盐渍土和填土等。

四、地基土的渗透性

土孔隙中的自由水在重力作用下发生运动的现象,称为水的渗透(或称为透水性)。由于土的孔隙细小,大多数情况下水在孔隙中的流速较小,可以认为属于层流(即水流流线相互平行的流动)。

1. 土中水的渗流规律

1856 年法国学者达西(H. Darcy)根据砂土试验结果得到层流条件下土中水的渗透速度与能量(水头)损失之间的渗流规律(即达西定律),其表达式为:

$$v = kJ \tag{2-1-14}$$

$$Q = kJF \tag{2-1-15}$$

式中:v——水流渗透速度,cm/s;

J——水力梯度,即沿水流方向单位长度上的水头差;

k——渗透系数,cm/s,可通过试验测定或参考经验数值确定;

Q——渗透流量,cm^3/s,即单位时间内流过土截面的水量;

F——透过水流的过水截面面积,cm^2。

达西定律一般适用于中(细)砂、粉砂等,不适用于粗砂、砾石和卵石等粗粒土,因为粗粒土孔隙中水的渗透速度大,已不是层流而是紊流。黏性土中自由水的渗透受到结合水的黏滞作用会产生很大阻力,只有克服结合水的抗剪强度后才能开始渗流。所以黏土应按修正后的达西定律[式(2-1-16)]计算渗流速度 v。

$$v = k(J - J_0) \tag{2-1-16}$$

式中:J_0——黏土的起始水力梯度,即克服结合水的抗剪强度所需的水力梯度。

2. 土的渗透系数

土的渗透系数 k 反映了土的渗透性能,它是衡量土透水性强弱的一项重要的力学性质指标,其大小与土的粒度成分、矿物组成、结合水膜厚度、土的结构构造和水的黏滞性等因素有关。确定土的渗透系数的方法有三种:室内试验、现场抽水试验、参考经验值。

1)室内试验测定

土的渗透试验有常水头渗透试验和变水头渗透试验两种。前者适用于透水性较强的粗粒土,后者适用于透水性较差的细粒土。具体试验方法可参见《公路土工试验规程》(JTG 3430—2020)。

2)现场抽水试验

对于粗粒土或成层土,室内试验不易取得原状土样,或者土样不能反映天然土层的层次或土颗粒排列情况时,需要到现场进行抽水试验。

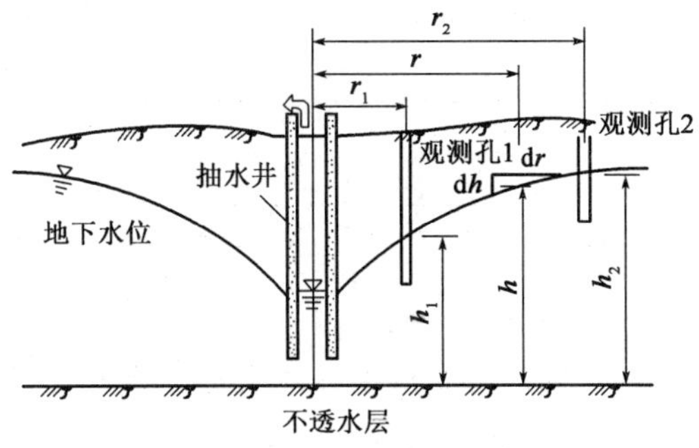

图 2-1-9 现场抽水试验布置图

试验方法如图 2-1-9 所示,在现场沉入 1 根抽水井管,井管下端进入不透水层,量测单位时间内从抽水井内抽出的水量 Q。同时在距抽水井中心半径不同的距离 r_1 及 r_2 处布置观测孔,测得其水头分别为 h_1 及 h_2,由此计算出其水力梯度,代入达西定律公式反求土的渗透系数。现场试验由于过程复杂,造价较高,除重要工程外,一般工程不予采用。

3)参考经验值

在不需要精确计算的情况下,土的渗透系数可以参考表 2-1-11 中的经验值取用。

常见岩土渗透系数经验值表 表 2-1-11

名称	渗透系数/$m \cdot s^{-1}$	名称	渗透系数/$m \cdot s^{-1}$
黏土	<0.005	均质中砂	35 ~ 50
粉质黏土	0.005 ~ 0.1	粗砂	20 ~ 50
粉土	0.1 ~ 0.5	圆砾	50 ~ 100
粉砂	0.5 ~ 1.0	卵石	100 ~ 500
细砂	1.0 ~ 5.0	稍有裂隙的岩石	20 ~ 60
中砂	5.0 ~ 20.0	裂隙多的岩石	>60

名人故事

我国地域辽阔,南北跨纬度较大,地形起伏多变,气候状况复杂,植被类型繁多,因此成土过程多样,导致不同地区分布着不同的土,工程性质各异。

春秋时期,"子胥乃使相土尝水,象天法地,造筑大城",展示出古人在科学选址与城市规划方面的超前思想和高超技巧。当时为了巩固吴国根基,吴国大夫伍子胥建议吴王阖闾"必先立城郭,设守备,实仓廪,治兵库",并受命亲自为新都城选址建城。他广纳天文地理行家,建筑能工巧匠,群策群力。"相土尝水"即了解土质和水情,通过研究地质条件,分析水源分布和水流走向,查阅水文资料后,将城址选在地质稳固、视野开阔的丘陵与平原之间,西有湖泊丘陵为屏障,东有平原沃野鱼米乡,既利于攻防,也方便取石建城。"象天法地"即观天象和看风水,将都城的主体结构、位置坐向与天象相结合,构筑了周长 47 里("里"为我国的传统长度计量单位,1 里 =500m)的大城和周长 10 里的内城(现如今的姑苏古城)。城外有护城河,城内有护城壕。四面城墙水、陆城门并列。八道陆城门(图 2-1-10)方便行人、车马通行;八道水城门(图 2-1-11)通行舟船和水流,避免水患,守御水道。历经两千五百年,姑苏古城依然存在,并保留了许多原有古朴风貌。

图 2-1-10　姑苏古城陆城门

图 2-1-11　姑苏古城水城门

现代人对各种类型的土从地质成因、矿物成分、结构构造、工程性质等方面进行了更加深入的研究和科学试验,取得了丰硕的研究成果。工程规划设计与施工前,工程技术人员必须全面分析与掌握工程所在地的水文、地质真实状况,科学规划、合理设计、精心施工,确保工程项目的可靠性与合理性,建造出更多传世工程。

1. 什么是土的三相比例指标?
2. 表征土的物理性质的试验指标有哪些?
3. 判别砂土密实程度的指标有哪几个?如何评价?
4. 塑性指数的大小反映了土的什么特性?它在工程中有何作用?
5. 液性指数的大小与土所处的物理状态有何关系?
6.《公路桥涵地基与基础设计规范》(JTG 3430—2019)中将地基岩土分为哪几类?常用划分指标是什么?

任务1

背景材料:

用环刀切取某天然土样,测得该土样体积为60cm^3,质量为114g;经烘箱烘干后测得其质量为100g;用比重瓶法测得土粒比重为2.70,同时测得该土样的液限为23%,塑限为8%。

任务要求:

1. 计算该土样的天然密度和含水率。
2. 根据试验指标计算其他物理换算指标。
3. 判别该土样所处的物理状态。
4. 确定该土样的名称。

任务2

背景材料:

某砂土土样的天然密度为1.76g/cm^3,天然含水率为9.8%,土粒比重 G_s 为2.67,试验测得其最小孔隙比为0.46,最大孔隙比为0.94。

任务要求:

1. 计算该土样的天然孔隙比 e 和相对密实度 D_r。
2. 评定该砂土的密实程度。

任务二 地基土的压缩性评价

学习目标

1. 知识目标

(1)认知土的压缩变形过程及特点;

(2)掌握土的固结试验方法、试验指标含义及计算方法;

(3)掌握现场载荷试验方法及其指标含义;

(4)认知地基沉降与时间的关系。

2. 能力目标

(1)能按照试验规程进行固结试验操作和数据整理;

(2)能根据试验指标评价土的压缩性。

任务描述

通过分析土的压缩变形过程以及对固结试验和现场载荷试验等相关知识的学习,能够结合工程实际情况选择试验方法,进行试验操作和数据整理,并根据试验指标评价土的压缩性。

相关知识

一、基本概念

1. 土的压缩性

地基土在结构物作用下会产生变形,变形一般包括体积变形和形状变形。通常将土在外力作用下体积缩小的特性称为土的压缩性。土的压缩变形过程主要有以下两个特点:

(1)土的压缩变形主要由土孔隙中的水和气体被挤出,孔隙体积减小造成。

产生压缩变形的原因主要包括:

①固体土颗粒被压缩;

②土孔隙中的水及封闭气体被压缩;

③水和气体从孔隙中被挤出。

试验研究表明,在一般压力(100~600kPa)作用下,固体土颗粒和水本身的体积压缩量非常小,可忽略不计。因此,土的压缩变形可看作是土孔隙中的水和气体被挤出,土颗粒相应发生移动,重新排列,靠拢挤紧,导致土孔隙体积的减小。

(2)土产生压缩变形的快慢与土的渗透性有关。

在荷载作用下,透水性大的饱和无黏性土压缩过程所需时间短,建筑物施工完毕时,其压缩变形已基本完成;透水性小的饱和黏性土压缩过程所需时间长,如十几年甚至几十年压缩变形才能稳定。这是由于黏性土透水性较差,土中的水沿着孔隙排出的速度慢。土在压力作用下,随着时间的推移孔隙水逐渐被排出,孔隙体积随之减小的过程称为土的渗透固结。

2. 基础的沉降

在结构物作用下,地基土产生压缩变形,建造在其上的基础随之产生竖直方向的位移称为基础的沉降。基础沉降量的大小与结构物作用和地基土的压缩性质有关。为保证结构物的安全和正常使用,必须将基础沉降值控制在设计规范允许的范围之内。

研究土的压缩性,通常可在室内进行固结试验,从而测定土的压缩性指标。也可以在现场进行原位试验(如现场载荷试验、旁压试验等),测定其有关参数。

二、室内固结试验

研究土的压缩性及其特征的室内试验方法称为固结试验,也称为侧限压缩试验。固结试验适用于饱和的细粒土,当只进行压缩试验时,也适用于非饱和土。

固结试验方法简单方便、费用较低,但其侧限受压的试验条件与现场地基土的实际工程受力情况存在一定的差异。

1. 试验方法

室内固结试验的主要装置是固结仪(图 2-2-1)。用金属环刀切取保持天然结构的土样以制备试样。在做固结试验时,将准备好的试样环刀外壁擦净,刀口向下放入护环内。底板上放入下透水石、滤纸。将护环与试样一起放入容器内,试样上覆滤纸和上透水石,然后放下加压导环和加压上盖,使各部分密切接触,保持平稳,如图 2-2-2 所示。将压缩容器置于加压框架正中,用钢珠密合加压上盖及横梁,预加 1.0kPa 压应力,使固结仪各部分紧密接触,装好百分表,并调整读数至零。

图 2-2-1 固结仪

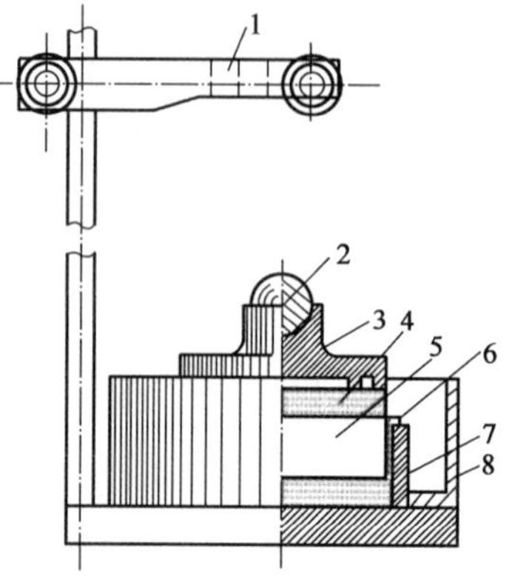

图 2-2-2 固结试验装置示意图

1-量表架;2-钢珠;3-加压上盖;4-透水石;5-试样;6-环刀;7-护环;8-水槽

去掉预压荷载，立即加砝码作为第一级荷载。加砝码时应避免冲击和摇晃，加砝码的同时，立即开动秒表计时。荷载等级一般规定为 50kPa、100kPa、200kPa、300kPa、400kPa 和 600kPa。荷载等级根据土的软硬程度可以进行调整，如果土体较软时，第一级荷载可考虑用 25kPa。如需进行高压固结，则压力可增加至 800kPa、1600kPa 和 3200kPa。最后一级的压应力应大于上覆土层的计算压应力 100～200kPa。在每级荷载作用下使土样变形至稳定，用百分表测出土样稳定后的变形量 Δh_i。

试验方法分为标准固结和快速固结两种，两者的仪器设备和试验步骤相同，不同之处在于：标准固结试验施加每级压应力 24h 后，测记试样高度变化作为稳定标准；快速固结试验是将各级荷载下的压缩时间规定为 1h，最后一级荷载下加读到稳定沉降时的读数。固结稳定的标准是最后 1h 变形量不超过 0.01mm。快速固结试验因为试验时间较短被普遍采用。

2. 试验成果整理

（1）各级荷载下试样校正后的总变形量按式（2-2-1）计算：

$$\sum \Delta h_i = (h_i)_t \frac{(h_n)_T}{(h_n)_t} = K(h_i)_t \tag{2-2-1}$$

式中：$\sum \Delta h_i$——某一荷载下校正后的总变形量，mm；

$(h_i)_t$——同一荷载下压缩 1h 的总变形量减去该荷载下的仪器变形量，mm；

$(h_n)_t$——最后一级荷载下压缩 1h 的总变形量减去该荷载下的仪器变形量，mm；

$(h_n)_T$——最后一级荷载下达到稳定标准的总变形量减去该荷载下仪器变形量，mm；

K——大于 1 的校正系数，$K = \frac{(h_n)_T}{(h_n)_t}$。

（2）各级荷载下试样的单位沉降量按式（2-2-2）计算：

$$s_i = \frac{\sum \Delta h_i}{h_0} \times 1000 \tag{2-2-2}$$

式中：s_i——某一级荷载下的单位沉降量，mm/m，精确至 0.1mm/m；

h_0——试样初始高度（即环刀高度），mm。

某土样快速固结试验后的数据记录与处理过程见表 2-2-1。

快速法固结试验记录 表 2-2-1

试样初始高度 $h_0 = 20$mm　$K = \frac{(h_n)_T}{(h_n)_t} = 1.031$					
加荷时间/h	压力/kPa	校正前试样总变形量/mm	校正后试样总变形量/mm	压缩后试样高度/mm	单位沉降量/mm·m^{-1}
	p	$(h_i)_t$	$\sum \Delta h_i = K(h_i)_t$	$h = h_0 - \sum \Delta h_i$	$s_i = \frac{\sum \Delta h_i}{h_0} = 1000$
1	50	1.20	1.24	18.76	62
1	100	1.98	2.04	17.96	102
1	200	2.76	2.85	17.15	142
1	400	3.53	3.64	16.36	182
1	800	4.24	4.37	15.63	219
稳定	800	4.37	—	—	—

3. 土的压缩曲线

计算出土样在各级荷载 p_i 作用下的单位沉降量 s_i 后,可按式(2-2-3)计算其相应的孔隙比 e_i。

$$e_i = e_0 - (1 + e_0) \times \frac{s_i}{1000} = e_0 - (1 + e_0) \times \frac{\sum \Delta h_i}{h_0} \tag{2-2-3}$$

式中:e_i——各级荷载下变形稳定后的孔隙比;

e_0——土的初始孔隙比,可由土的试验指标求得,$e_0 = \frac{\rho_s(1 + w)}{\rho} - 1$。

用横坐标表示压应力 p,纵坐标表示孔隙比 e,根据试验结果可绘制出 e-p 曲线,称为压缩曲线(图 2-2-3)。

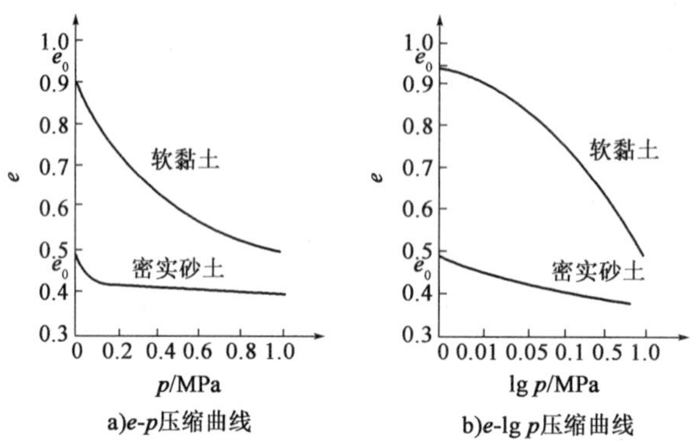

图 2-2-3 土的压缩曲线

从图 2-2-3a)中可以看出,由于软黏土的压缩性较大,当压应力变化 Δp 时,相应的孔隙比的变化 Δe 也较大,因而压缩曲线比较陡;而密实砂土的压缩性较小,当发生相同压应力变化 Δp 时,相应的孔隙比的变化 Δe 也较小,因而曲线比较平缓。因此,可以通过曲线的斜率来反映土的压缩性高低。

如图 2-2-3b)所示为采用半对数直角坐标绘制的压缩曲线,当压应力较大时,e-lg$p$ 压缩曲线接近于直线,它通常用来整理有特殊要求的试验数据。试验时以较小的压应力开始,采用小增量多级加荷方式,加到较大的荷载为止。

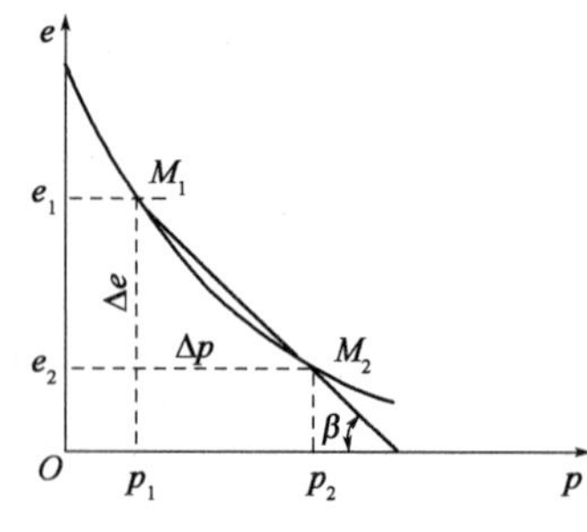

图 2-2-4 由 e-p 曲线确定压缩系数

4. 土的压缩性指标

1)压缩系数

土的压缩系数 α_v 是土体在侧限条件下孔隙比减小量与有效压应力增量的比值(MPa^{-1}),即 e-p 曲线中某一压力段的割线斜率。

如图 2-2-4 所示,压应力由 p_1 增加到 p_2,相应的孔隙比由 e_1 减小到 e_2,则有效压应力增量 $\Delta p = p_2 - p_1$,对应的孔隙比变化为 $\Delta e = e_1 - e_2$。此时,土的压缩系数 α_v 可用图中割线 M_1M_2 的斜率表示。设割线与横坐标的夹角为 β,则:

$$\alpha_v = \tan\beta = \frac{e_i - e_{i+1}}{p_{i+1} - p_i} = \frac{(s_{i+1} - s_i)(1 + e_0)/1000}{p_{i+1} - p_i} \tag{2-2-4}$$

压缩系数越大，说明在同一压力段内，土的孔隙比变化越显著，土的压缩性则越高。但对于同一种土，压缩系数不是常数，它与荷载压力取值范围有关。为了便于比较，通常采用压力段由 $p_1 = 100\text{kPa}$ 增加到 $p_2 = 200\text{kPa}$ 的压缩系数 α_{1-2} 来评定土的压缩性，具体如下：

当 $\alpha_{1-2} < 0.1\text{MPa}^{-1}$ 时，为低压缩性土；$0.1\text{MPa}^{-1} \leqslant \alpha_{1-2} < 0.5\text{MPa}^{-1}$ 时，为中压缩性土；$\alpha_{1-2} \geqslant 0.5\text{MPa}^{-1}$ 时，为高压缩性土。

2）压缩模量

压缩模量是指土体在侧限条件下受压时，竖向有效压应力增量 Δp 与相应的竖向应变增量 Δe 的比值，用 E_s 表示（MPa）。

$$E_s = \frac{\Delta p}{\Delta e} = \frac{1 + e_0}{\alpha_v} = \frac{p_{i+1} - p_i}{(s_{i+1} - s_i)/1000} \tag{2-2-5}$$

对于同一种土体，压缩模量也不是常数，它随着压力取值范围的不同而变化。土的压缩模量值 E_s 越小，土的压缩性越高。一般认为，$E_s < 4\text{MPa}$ 时为高压缩性土；$E_s = 4 \sim 15\text{MPa}$ 时为中压缩性土；$E_s > 15\text{MPa}$ 时为低压缩性土。

3）压缩指数

将图 2-2-5 所示的 e-lg$p$ 曲线直线段的斜率用 C_c 来表示，C_c 称为压缩指数，它是无量纲指标。

$$C_c = \frac{e_i - e_{i+1}}{\lg p_{i+1} - \lg p_i} \tag{2-2-6}$$

压缩指数 C_c 与压缩系数 α_v 不同，α_v 值随压力的变化而变化，而 C_c 值在压力较大时为常数，不随压力的变化而变化。C_c 值越大，土的压缩性越高。低压缩性土的 C_c 值一般小于 0.2；中压缩性土的 C_c 值为 0.2 ~ 0.4；高压缩性土的 C_c 值一般大于 0.4。

5. 土的压缩性特性

进行室内固结试验时，当压应力加到某一数值 p_i（图 2-2-6 中压缩曲线的 b 点）后，逐级卸压，土样将发生回弹，此时土体膨胀，孔隙比增大。若测得回弹稳定后的孔隙比，则可绘制相应的孔隙比与压力的关系曲线（图中虚线 bc），称为回弹曲线。

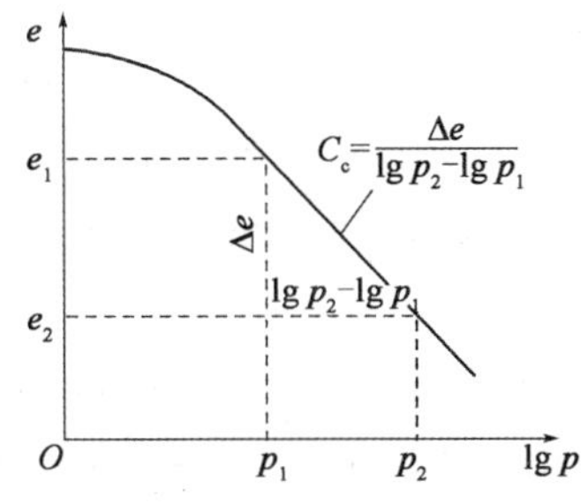

图 2-2-5　由 e-lg$p$ 曲线确定压缩指数 C_c

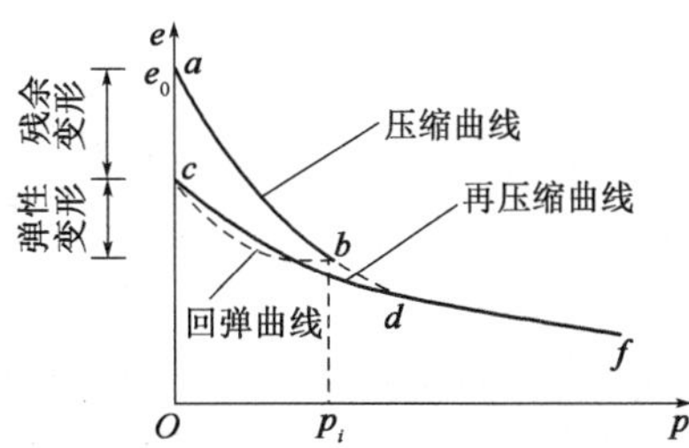

图 2-2-6　土的回弹与再压缩曲线

卸压后土样的回弹曲线变得较为平缓为 *bc* 段,没有沿压缩曲线 *ab* 段回升,这说明土卸压回弹后压缩变形不能全部恢复,其中可恢复的部分称为弹性变形,不能恢复的部分称为残余变形。土的压缩变形以残余变形为主。

若重新逐级加压,测得土的再压缩曲线如图 2-2-6 中 *cdf* 段所示,其中 *df* 段像是 *ab* 段的延续,犹如没有经过卸压和再加压过程。土在加压与卸压的每一次重复循环过程中都将形成新的滞回圈。其中弹性变形与残余变形的数值逐渐减小,残余变形减小得更快,经过加压和卸压的多次重复后,土的压缩变形变为纯弹性变形,土体达到弹性压密状态。

三、现场载荷试验

室内固结试验在现场取样、运输、室内试件制作等过程中,难免会对土样产生不同程度的扰动,为避免取样和试样制备过程中由于应力释放和机械扰动对试样造成的影响,可以选择现场载荷试验,它是一项基本的原位测试试验,可以同时测定土的变形模量和地基承载力。

现场载荷试验土样是在无侧限条件下受压,试验条件更接近实际工作条件,有更好的代表性。但缺点在于所需设备笨重,操作繁杂,试验费时费力。由于载荷板的尺寸很难与原型基础尺寸一样,而小尺寸载荷板在同样压力的作用下引起的地基主要受力层范围有限,所以它只能反映板下深度有限范围(一般为 2 ~3 倍板宽或直径)内土的变形特性。

1. 试验方法

载荷试验装置一般包括加荷装置、反力提供装置和沉降量测装置三部分,如图 2-2-7 所示。加荷装置包括承压板、垫块及千斤顶等;根据提供反力装置的不同,载荷试验主要有地锚反力架法和堆重平台反力法,前者将千斤顶的反力通过地锚最终传至地基中,后者通过平台上的堆重来平衡千斤顶的反力;沉降量测装置包括百分表、基准短桩和基准梁等。

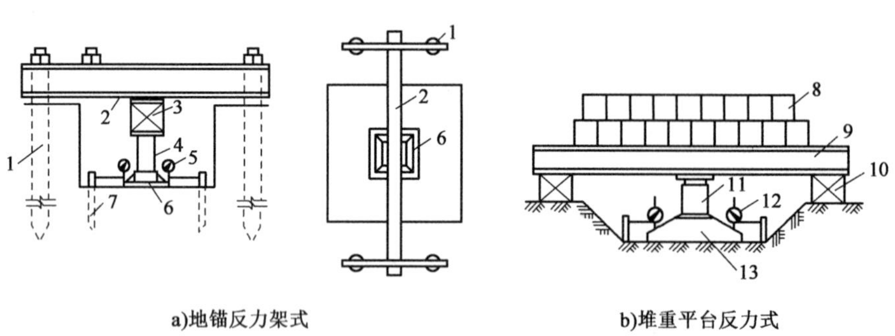

图 2-2-7 载荷试验装置

1-地锚;2-横梁;3,11-千斤顶;4-垫块;5,12-百分表;6,13-承压板;7-基准桩;8-堆重;9-平台;10-枕木

载荷试验是通过在一定尺寸的刚性承压板上分级施加静荷载,用百分表量测各级荷载作用下承压板下天然地基土随压力增长的变形情况。承压板有圆形和方形两种,面积一般为 $0.25 \sim 1.0\text{m}^2$。

载荷试验通常是在基础底面或需要进行试验的土层高程处进行,分为浅层平板载荷试验和深层平板载荷试验两种,具体操作详见《公路桥涵地基与基础设计规范》(JTG 3363—2019)附录 B 和附录 C。

当试验土层顶面具有一定埋深时，需要挖试坑，试坑尺寸以能设置试验装置，便于操作为宜。同时应保持试验土层的原状结构和天然湿度，宜在拟试压表面用厚度不超过 20mm 的粗砂或中砂层找平。

加荷分级不应少于 8 级。最大加载量不应小于设计要求的 2 倍。每级加载后，第一个小时内按间隔 10min、10min、10min、15min、15min，分别测读沉降量；以后每隔 30min，测读一次沉降量。当连续 2h 内，每小时的沉降量小于 0.1mm 时，则认为沉降已趋稳定，可进行下一级加载。

对于浅层平板载荷试验，当出现下列情况之一时，可终止试验：

(1)承压板周围的土明显地侧向挤出，周边岩土出现明显隆起或径向裂缝持续发展；

(2)沉降量 s 急剧增大，荷载-沉降(p-s)曲线出现陡降段；

(3)在某一级荷载作用下，24h 内沉降速率不能达到稳定；

(4)沉降量与承压板宽度或直径之比大于或等于 0.06。

将整理后的试验结果，以承压板的压力强度 p(单位面积压力)为横坐标，总沉降量 s 为纵坐标，在直角坐标系中绘出压力-沉降关系曲线，即可得到载荷试验的沉降曲线，即 p-s 曲线[图 2-2-8a)]。

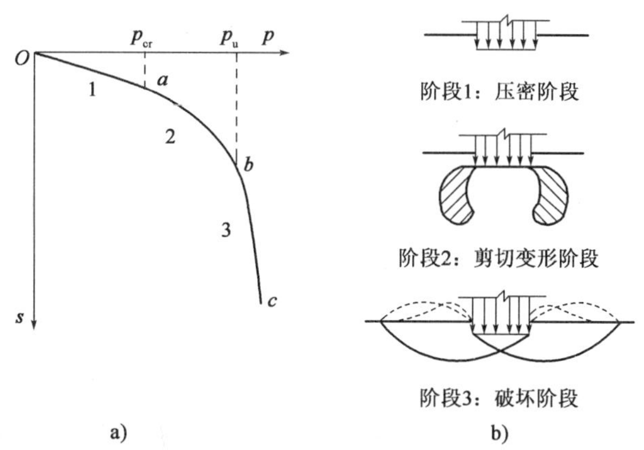

图 2-2-8　载荷试验荷载-沉降曲线以及地基中应力状态的三个阶段

2. 地基剪切破坏的三个变形阶段

地基从开始发生变形到失去稳定(破坏)的发展过程，一般要经历压密阶段、剪切变形阶段和破坏阶段三个阶段，如图 2-2-8b)所示。

1)压密阶段

p-s 曲线上的 oa 段接近于直线，故称为直线变形阶段或弹性变形阶段。在该曲线段内，土中各点的剪应力均小于土的抗剪强度，土体处于弹性平衡状态，基础的沉降主要是由于土的压密变形引起的。此时将 p-s 曲线上对应于 a 点的荷载称为比例界限荷载 p_{cr}，又称临塑荷载。

2)剪切变形阶段

p-s 曲线上的 ab 段称为剪切变形阶段。这一阶段的压力与沉降量不再保持线性关系，沉降量的增长率随荷载的增大而增加。地基土中局部范围内(首先在基础边缘处)的剪应力达到土的抗剪强度,土体发生剪切破坏,这些区域称为塑性变形区。随着荷载的继续增加,土中塑性变形区的范围也逐步扩大。因此,剪切变形阶段是地基中塑性区的发生与发展阶段。相应于 p-s 曲线上 b 点的荷载称为极限荷载 p_u。

3)破坏阶段

p-s 曲线上的 bc 段称为破坏阶段。当荷载超过极限荷载 p_u后,基础急剧下沉,即使不增加荷载,沉降也不能趋于稳定,因此,p-s 曲线陡直下降。该阶段土中塑性变形区范围不断扩展,最后在土中形成连续滑动面,土从承压板四周挤出隆起,地基土因失稳而破坏。

3. 地基土的变形模量

地基土的变形模量 E_0 是指土体在无侧限条件下的应力增量 $\Delta\sigma$ 与同一方向上应变增量 $\Delta\varepsilon$ 的比值,即:

$$E_0=\frac{\Delta\sigma}{\Delta\varepsilon} \tag{2-2-7}$$

地基土的变形模量中含有弹性变形和残余变形两部分,并随应力水平而异,且加载又不同于卸载时的情况,故不能叫弹性模量而称为变形模量。

当荷载小于比例界限荷载 p_{cr}时,p-s 曲线为直线或接近于直线,选取某一压力 p_1 和其对应的沉降 s_1,根据弹性理论计算沉降的公式反求地基土的变形模量 E_0:

$$E_0=\omega(1-\mu^2)\frac{p_1 b}{s_1} \tag{2-2-8}$$

式中:ω——刚性承压板的形状系数,圆形板取 0.785,方形板取 0.886;

b——承压板的边长或直径,m;

μ——地基土的泊松比,砂土可取 0.2 ~0.25,黏性土可取 0.25 ~0.45;

p_1——所选取的荷载,kPa;

s_1——与 p_1 对应的沉降,mm。

如果经过试验测得的 p-s 曲线不出现直线段,建议对中、高压缩性的粉土与黏性土取 $s_1=0.02b$,对低压缩性的粉土、黏性土、碎石土及砂土,取 $s_1=(0.01\sim0.015)b$,并将其所对应的荷载代入式(2-2-8)计算变形模量。变形模量值越高,土的压缩性越低。

四、旁压试验

旁压试验(又称横压试验),试验装置如图 2-2-9 所示。旁压试验的原理与载荷试验相似,只是将竖直方向加载改成水平方向加载。

进行旁压试验时,在土中预钻孔内某一待测定深度处,放入带有可扩张橡皮囊的圆柱形装置(旁压仪),然后由地面汽水系统向旁压仪内通以压力水,使橡皮囊径向膨胀,从而对孔壁施加径向压力 p_h,并引起四周孔壁的径向变形 s。径向变形可通过压入橡皮囊内的水体积 V 的变化间接量测。绘制 p_h-V 关系曲线(图 2-2-10),其中 O 至 p_{0h}段是将橡皮囊撑开、贴紧孔壁的区段;p_{0h}至 p_{cr}段是变形模量量测区段;当压力大于 p_{cr}时,孔壁周围的土体将发生局部剪切破坏,到达极限荷载 p_{uh}后,土体会发生整体破坏。通过 p_h-V 关系曲线可求得土的变形模量值。

对于各向异性土，需对旁压试验得到的变形模量进行修正。

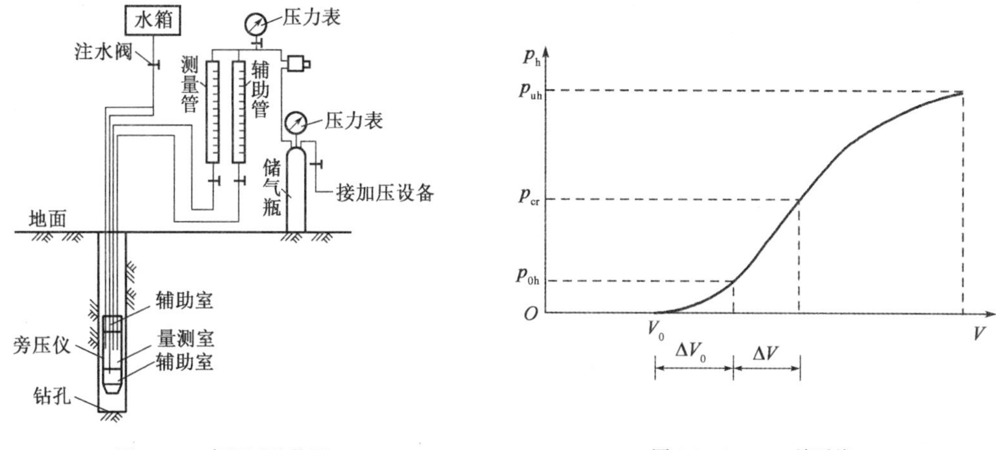

图 2-2-9　旁压试验装置

图 2-2-10　p_h-V 关系线

旁压试验的可靠性取决于成孔质量的好坏。钻孔直径应与旁压仪的直径相适应。预钻成孔的孔壁要求垂直、光滑，孔形圆整，尽量减少对孔壁土体的扰动，并保持孔壁土层的天然含水率。

五、饱和土的渗透固结

在压力作用下，饱和土将产生渗透固结。土渗透固结所需时间的长短与土的渗透性和土层厚度有关，土的渗透性越小、土层越厚，孔隙水被挤出所需的时间就越长。

饱和土的渗透固结，可借助图 2-2-11 所示的弹簧-活塞模型说明。在一个盛满水的容器中，安装一个带有弹簧的活塞，弹簧表示土的颗粒骨架，容器内的水表示土中的自由水，带孔的活塞则表征土的渗透性。由于模型中只有固、液两相介质，则外力 σ_z 的作用是由水与弹簧两者共同承担。设其中弹簧承担的压力为有效压应力 σ'，容器中水承担的压力为孔隙水压力 u，按照静力平衡条件，应有：

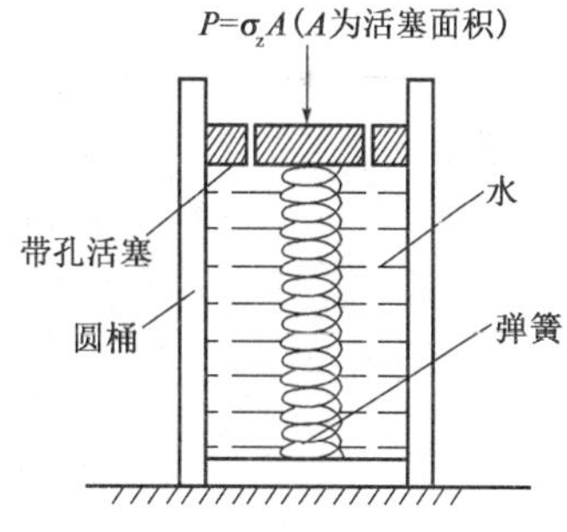

图 2-2-11　饱和土体渗透固结模型

$$\sigma_z = \sigma' + u \tag{2-2-9}$$

（1）当 $t=0$ 时，即活塞顶面骤然受到压力作用的瞬间，水来不及排出，弹簧没有变形和受力，外力 σ_z 全部由水来承担，即：$u=\sigma_z$，$\sigma'=0$。

（2）当 $t>0$ 时，随着荷载作用时间的推移，水受到压力后开始从活塞排水孔中排出，活塞下降，弹簧开始承受压力 σ'，且压力逐渐增大；而相应地孔隙水压力 u 则逐渐减小。即 $\sigma_z=\sigma'+u$，$u<\sigma_z$，$\sigma'>0$。

（3）当 $t\to\infty$ 时（∞ 代表“最终”时间），水从排水孔中充分排出，孔隙水压力完全消散，活塞最终下降到外力 σ_z 全部由弹簧承担，饱和土的渗透固结完成。即：$\sigma_z=\sigma'$，$u=0$。

由此可见，土中孔隙水压力 u 与土颗粒所受到的有效压应力 σ' 对外力 σ_z 的分担作用与时间有关。饱和土的渗透固结过程是孔隙水压力 u 逐渐消散和有效压应力 σ' 相应增长的过程。

土的固结度 U_t 是指地基在荷载作用下，经历某一时间 t 后产生的固结沉降量 s_{ct} 与最终固结沉降量 s_∞ 的比值，表示某一时间所产生的固结程度。

$$U_t = \frac{s_{ct}}{s_\infty} \tag{2-2-10}$$

1904 年落成的位于墨西哥首都墨西哥市的艺术宫是一座巨型的、具有纪念性的早期建筑(图 2-2-12)。墨西哥市处于四面环山的盆地之中，该地古代原是一个大湖泊，因周围火山喷发的火山灰沉积和湖水蒸发，经历漫长年代形成盆地。艺术宫地下表层土是 5m 厚的人工填土与砂夹卵石硬壳层，再向下是 25m 厚的超高压缩性淤泥，天然孔隙比高达 7 ~ 12，天然含水率达 150% ~600%，是世界上罕见的软弱土。因此该艺术宫建成后严重下沉，且沉降量高达 4m，为一般房屋的一层楼高有余。临近的公路下沉 2m，公路路面至艺术宫门前高差达 2m。这造成室内外连接困难和交通不便，参观者需从公路步行下 9 级台阶才能进入艺术宫。内外网管道修理工程量也相应增加。

1954 年兴建的上海工业展览馆(图 2-2-13)中央大厅为框架结构，基础采用埋深 7.27m 的箱形基础，展览馆的两翼为条形基础。箱形基础顶面至中央大厅顶部塔尖总高度为 96.63m。因地基为约 14m 厚的高压缩性淤泥质黏土，展览馆建成当年实测地基平均沉降量为 60cm。1957 年 6 月，中央大厅的四周沉降量最大值达 146.55cm，最小值为 122.8cm。

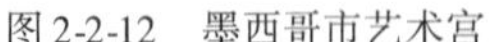
图 2-2-12　墨西哥市艺术宫

图 2-2-13　上海工业展览馆

大量的工程案例表明：结构物基础沉降值过大或发生不均匀沉降，会导致结构物产生开裂、倾斜、沉陷等工程问题，正确评价地基土的工程特性是地基基础设计中的一个重要环节，直接关系着结构物的安全和正常使用。工程技术人员应明确肩负社会责任，应牢固树立质量、安全责任意识，认真贯彻执行行业标准、试验规程和规范要求，以期对地基土的各项工程性质做出科学、准确的评价。

1. 什么是土的压缩性？土产生压缩变形的原因是什么？

2. 评价土的压缩性的常用试验方法有哪些？各有何特点？

3. 表征土压缩性的参数有哪些？简述这些参数的含义。

4. 压缩系数和压缩模量二者间有何关系？对于同一种土，它们是否为常数？

5. 试用现场载荷试验的 p-s 曲线说明地基土压缩变形的过程。并解释临塑荷载和极限荷载的含义。

6. 什么是有效应力和孔隙水压力？它们在饱和土体固结过程中如何变化？

背景资料：

对某地基土进行快速固结试验，各级压力作用下地基土的变形量及仪器变形量见表 2-2-2。已知百分表小针读数为 8mm，土样初始高度 $h_0=20$mm。土的三项试验指标分别为：$w=13.0\%$，$\rho=1.98\text{g/cm}^3$，$G_s=2.72$。

某地基土快速固结试验记录表 表 2-2-2

加荷持续时间/min	压力/kPa	百分表读数/0.01mm	仪器变形量/mm	校正前土样量 $(h_i)_t$/mm	校正后土样变形量 $\sum\Delta h_i$/mm	压缩后孔隙比 e_i
0	0					
10	50	20.0	0.067			
10	100	27.0	0.100			
10	200	38.1	0.127			
10	400	54.2	0.160			
稳定	400	56.0	0.164			
压缩系数：						
压缩模量：						

任务要求：

1. 根据试验结果计算校正系数 K。
2. 根据地基土三项试验指标计算天然孔隙比 e_0。
3. 分别计算不同压应力作用下校正后的土样变形量和对应孔隙比，并填入表 2-2-2。
4. 根据固结试验数据，绘制压缩曲线。
5. 计算该土样的压缩系数 $\alpha_{1\text{-}2}$ 和压缩模量 E_s，并评价其压缩性。

任务三 土中应力计算与分布

学习目标

1. 知识目标

(1)掌握自重应力和附加应力的产生原因及作用效果;

(2)掌握基础底面压应力的分布规律及简化计算方法;

(3)掌握土中自重应力和附加应力计算方法及分布规律;

(4)掌握建筑物基础下地基应力的计算方法。

2. 能力目标

(1)能计算土中的自重应力和附加应力;

(2)能计算建筑物基础下地基压应力;

(3)能根据土中应力分布规律分析解释相关工程问题。

任务描述

通过对土中自重应力和附加应力计算方法及其应力分布规律等相关知识的学习,能够计算结构物基础下的地基压应力,运用土中应力分布规律解释与分析有关工程现象或问题。

相关知识

土体在自身重力、结构物和车辆荷载以及其他因素(如土中水的渗流、风压力等)的作用下会产生应力。土中应力的增加将引起土的变形,使结构物发生倾斜、沉降和水平位移。因此,研究土的变形、强度及稳定性问题时,必须首先了解土中的应力状态。

土中应力按其产生的原因和作用效果不同分为自重应力与附加应力。

自重应力是指土体受到自身重力作用而产生的应力,因其一般随着土的形成而存在,所以又称为常驻应力。对于长期形成的天然土层,土在自重应力作用下沉降早已稳定,不会引起新的变形或破坏;但当土层的自然状态遭到破坏时,在自重应力作用下土体可能会失去原有的平衡状态,产生变形甚至破坏。如对于新填土,自重应力会促使土体固结稳定。

附加应力是结构物及其外荷载在土中引起的应力增量。附加应力将打破地基土中原有的平衡与稳定,使地基土产生新的变形。附加应力过大,地基有可能因强度不足而丧失稳定性,从而产生地基破坏。

目前,土中应力的计算主要采用弹性理论公式,即将土视为连续的、均匀的、各向同性的半无限弹性体,虽然该假定条件与土的实际情况有差别,但实践证明:当地基上作用荷载不大且土中的塑性变形区很小时,荷载与变形之间近似呈直线关系,用弹性理论公式计算土中应力,其计算结果可以满足工程实践的要求。

一、土中自重应力计算

1. 均匀土层时自重应力的计算

假设土体是均匀的半无限体，土体在自重作用下任一竖直切面都是对称面，对称面上不存在剪应力，因此，在深度 z 处的竖向自重压应力 σ_{cz} 等于单位面积上土柱体的重力 W，如图 2-3-1 所示。

当地基是均质土时，在深度 z 处的竖向自重压应力为：

$$\sigma_{cz} = \frac{W}{A} = \frac{\gamma z A}{A} = \gamma z \tag{2-3-1}$$

式中：W——土柱体的重量，kN；

A——土柱体的截面积，m^2；

γ——土的重度，kN/m^3；

z——计算点至地面深度，m。

从式(2-3-1)可知：自重压应力在地面处为零，在均质土中随深度增加而增加，呈线性关系，自重应力分布线的斜率即为土的重度 γ，其分布图形为三角形(图 2-3-1)。

水平方向的自重应力为：

$$\sigma_{cx} = \sigma_{cy} = \xi \sigma_{cz} \tag{2-3-2}$$

式中：ξ——土的侧压力系数，其值与土的类别和物理状态有关，可通过试验确定。

2. 成层土时自重应力的计算

当地基是成层土时，设各土层的厚度为 h_i、重度为 γ_i，在深度 z 处土的自重应力仍然等于单位面积上土柱体的自重力，如图 2-3-2 所示，其计算公式为：

$$\sigma_c = \frac{W_1 + W_2 + \cdots + W_n}{A} = \frac{(\gamma_1 h_1 + \gamma_2 h_2 + \cdots + \gamma_n h_n)A}{A} = \sum_{i=1}^{n} \gamma_i h_i \tag{2-3-3}$$

从式(2-3-3)可知，成层土的自重应力分布是折线，折点在土层分界线或地下水位线处，自重应力随深度的增加而增大，如图 2-3-2 所示。

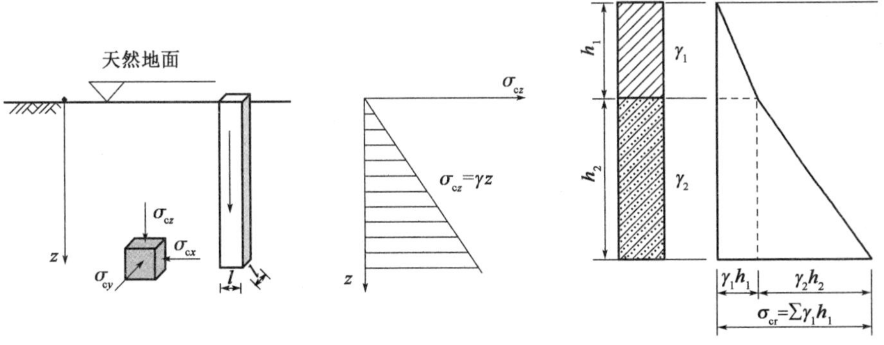

图 2-3-1 均匀土层中自重压应力

图 2-3-2 成层土中的自重应力分布

3. 土层中有水时自重应力的计算

计算水下土的自重应力时，应根据土的性质确定是否需要考虑水的浮力作用。若考虑浮力作用,水下土的重度应按有效重度 γ' 计算,反之按天然重度计算,计算方法同成层土的情况。

一般认为,对于砂性土应考虑水的浮力作用;对于黏性土,则视其物理状态而定。若黏性土的液性指数 $I_L \geq 1$,土处于流动状态,可认为土体受到水的浮力作用;若 $I_L \leq 0$,则土体处于固体状态,可认为土体不受水的浮力作用;若 $0 < I_L < 1$,土处于塑性状态时,则土是否受到水的浮力作用较难确定,在实践中均按不利状态来考虑(一般把 $I_L < 1$ 的黏土、$I_L < 0.5$ 的亚黏土、亚砂土视为非透水土层,不考虑浮力作用)。

[例2-3-1] 某土层的物理性质指标如图2-3-3所示,试计算土中的自重应力并绘制自重应力分布图。

解:第一层为细砂,地下水位以上的细砂不受水的浮力作用,而地下水位以下的细砂受到水的浮力作用;第二层为黏性土,因其液性指数 $I_L = 1.09 > 1$,故认为黏性土层受到水的浮力作用。土中各点的自重应力计算如下:

a 点:$z = 0, \sigma_{cz} = \gamma z = 0$

b 点:$z = 2\text{m}, \sigma_{cz} = \gamma z = 19 \times 2 = 38(\text{kPa})$

c 点:$\sigma_{cz} = \sum_{i=1}^{n} \gamma_i h_i = 19 \times 2 + 10 \times 3 = 68(\text{kPa})$

d 点:$\sigma_{cz} = \sum_{i=1}^{n} \gamma_i h_i = 19 \times 2 + 10 \times 3 + 7.1 \times 4 = 96.4(\text{kPa})$

该土层的自重应力分布如图2-3-3所示。

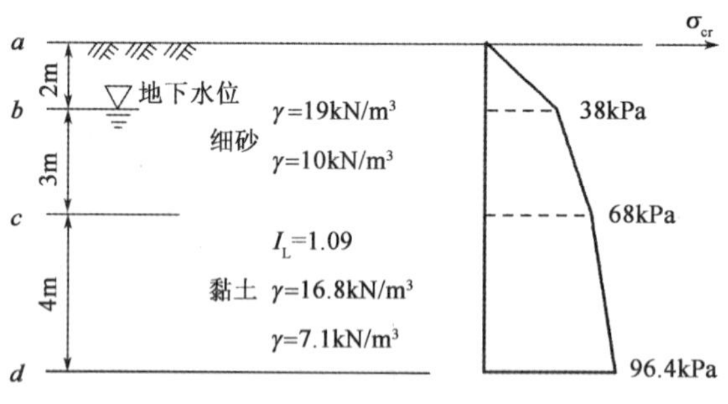

图2-3-3 例2-3-1图

[例2-3-2] 某土层的物理性质指标如图2-3-4所示,试计算土中的自重应力并绘制自重应力分布图。

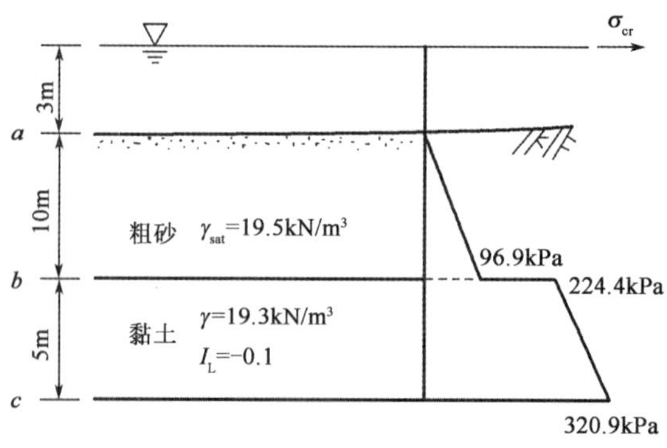

图2-3-4 例2-3-2图

解:水下的粗砂受到水的浮力作用,其有效重度 γ' 等于土的饱和重度 γ_{sat} 减去水的重度 γ_w,即:

$\gamma' = \gamma_{sat} - \gamma_w = 19.5 - 9.81 = 9.69(kN/m^3)$

因为黏土层的液性指数 $I_L = -0.1 < 0$,黏土层不透水,所以不受水的浮力作用,但该土层受到上面静水压力的作用。土中各点的自重应力计算如下:

a 点:$z = 0, \sigma_{cz} = \gamma z = 0$

b 点:$z = 10m$,该点视为粗砂层底面时,$\sigma_{cz} = \gamma' z = 9.69 \times 10 = 96.9(kPa)$

由于该点位于黏土层顶面,因黏土层不透水,故其自重应力应等于上覆土层重和水重之和。

$\sigma_{cz} = \gamma' z + \gamma_w h_w = 9.69 \times 10 + 9.81 \times (10 + 3) = 224.4(kPa)$

c 点:$z = 15m, \sigma_{cz} = 224.4 + 19.3 \times 5 = 320.9(kPa)$

该土层的自重应力分布如图 2-3-4 所示。

二、基础底面压力分布与计算

土中的附加应力是由建筑物及其外荷载作用所引起的应力增量,建筑物的荷载通过基础底面传给地基,因此,计算地基中的附加应力以及设计基础结构时,必须先研究基础底面压力的分布规律。

基础底面压力分布复杂,涉及基础与地基两种不同物体间的接触压力问题,影响因素众多,如基础的刚度、形状、尺寸、埋置深度,以及土的性质、荷载大小等。理论分析时要考虑到所有因素比较困难,目前主要研究的是不同刚度的基础与弹性半空间的土体表面之间的接触压力分布问题。本节仅讨论基础底面压力分布的基本概念及简化计算方法。

1. 柔性基础下的压力分布

假设一个由许多小块组成的基础上作用着均布荷载,如图 2-3-5a)所示,各小块之间光滑无摩擦力,则这种基础相当于绝对柔性基础(基础抗弯刚度 $EI = 0$),基础上的荷载 p 通过小块直接传递到土中,基础底面的压力分布图与基础上作用的荷载分布图相同。此时基础底面各处沉降不同,中央大而边缘小。例如由土筑成的路堤,可以近似地认为路堤本身不传递剪力,其相当于柔性基础,由路堤自重引起的基底压力分布与路堤的断面形状相同,如图 2-3-5b)所示。因此,柔性基础的底面压力分布与作用的荷载分布形状相同。

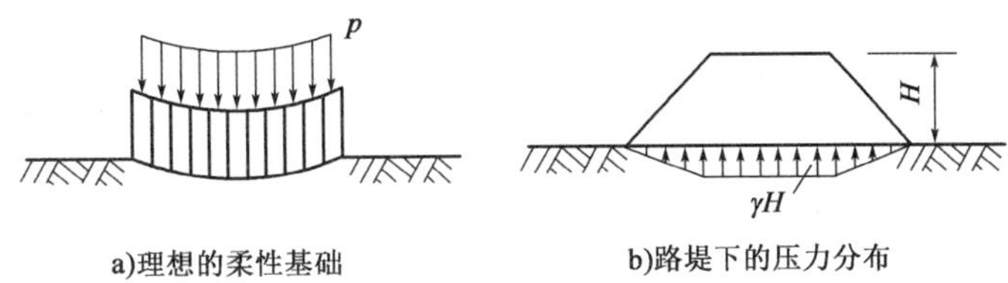

图 2-3-5 柔性基础下的压力分析

2. 刚性基础下的压力分布

当桥梁墩台基础采用大块混凝土实体结构时,其刚度很大,可认为是刚性基础。刚性基础底面为对称形状(如矩形、圆形)时,在中心荷载的作用下,基础底面的压力分布一般呈马鞍形

[图 2-3-6a)]。但随着荷载的大小、土的性质和基础埋置深度等发生变化,其基底压力分布形状也会随之改变。例如当荷载较大、基础埋置深度较小或地基为砂土时,由于基础边缘土的挤出而使边缘压力减小,其基底的压力分布将呈抛物线形[图 2-3-6b)]。随着荷载的继续增大,基底的压力分布可发展成倒钟形[图 2-3-6c)]。

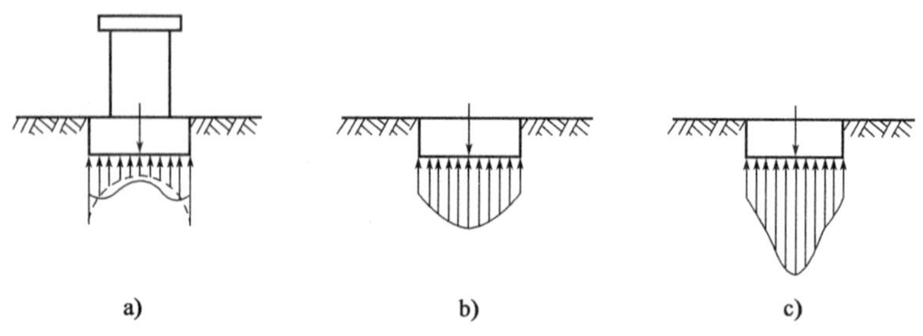

图 2-3-6 刚性基础下的压应力分布

从上述讨论可知,基础底面压应力的分布比较复杂,但理论和实践均已证明,当荷载合力的大小和作用点不变的前提下,基础底面压应力的分布形状对土中附加应力的影响在超过一定深度后就不明显了。因此,实际中可以近似地假定基础底面压应力分布呈直线变化,从而大大简化土中附加应力的计算。

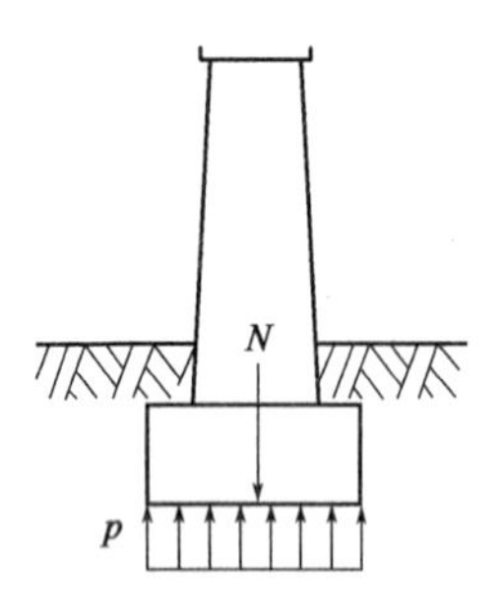

图 2-3-7 轴心荷载作用时基底压应力的分布

3. 基底压应力的简化计算方法

桥梁墩台基础平面形状多为矩形,下面以矩形基础为例说明基底压应力的简化计算方法。

1)轴心荷载作用(图 2-3-7)

基底压应力 p 按中心受压公式计算。

$$p = \frac{N}{A} \tag{2-3-4}$$

式中:N——作用在基础底面的竖向合力,kN;

A——基础底面积,m^2。

2)单向偏心荷载作用(图 2-3-8)

基底压应力按偏心受压公式计算。

$$p_{\min}^{\max} = \frac{N}{A} \pm \frac{M}{W} = \frac{N}{A}\left(1 \pm \frac{6e_0}{b}\right) \tag{2-3-5}$$

式中:N——作用在基础底面的竖向合力,kN;

M——作用在基础底面的弯矩之和,kN·m;

e_0——竖向合力的偏心距,m;

W——基础底面偏心方向的面积抵抗矩,m^3,对于矩形基础,$W = \frac{lb^2}{6}$;

l——基础底面长度,m;

b——基础底面宽度,m。

从式(2-3-5)可知,按荷载偏心距 e_0 的大小不同,基底压应力的分布可能出现三种情况,如图 2-3-8 所示。

a)$e_0<\frac{b}{6}$　b)$e_0=\frac{b}{6}$　c)$e_0>\frac{b}{6}$　d)$e_0>\frac{b}{6}$

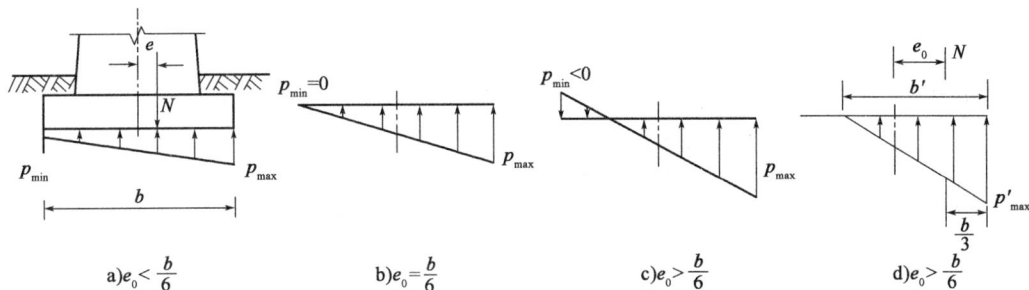

图 2-3-8　偏心荷载作用时基底压应力的分布

(1)当 $e_0<\frac{b}{6}$时,$p_{min}>0$,$\frac{N}{A}<p_{max}<\frac{2N}{A}$,基底压应力呈梯形分布[图 2-3-8a)]。

(2)当 $e_0=\frac{b}{6}$时,$p_{min}=0$,$p_{max}=\frac{2N}{A}$,基底压应力呈三角形分布[图 2-3-8b)]。

(3)当 $e_0>\frac{b}{6}$时,$p_{min}<0$,即产生拉应力[图 2-3-8c)],但基底与土之间不可能出现拉应力,这种情况不能再用式(2-3-5)计算基底压应力。基底最大压应力 p_{max}可以根据静力平衡条件求得。

$$p_{max}=\frac{2N}{3\left(\frac{b}{2}-e_0\right)l} \tag{2-3-6}$$

其压应力分布如图 2-3-8d)所示,压应力分布宽度 $b'=3\left(\frac{b}{2}-e_0\right)$。

3)双向偏心荷载作用

基底压应力按下式计算:

$$p_{\min}^{\max}=\frac{N}{A}\pm\frac{M_x}{W_x}\pm\frac{M_y}{W_y} \tag{2-3-7}$$

式中:M_x、M_y——作用于基底的水平力和竖向力绕 x 轴、y 轴对基底的弯矩,kN · m;

W_x、W_y——基础底面偏心方向边缘对 x 轴、y 轴的面积抵抗,m^3。

[例 2-3-3]　基础底面尺寸为 1.2m × 1.0m,作用在基础底面的偏心荷载 $N=150$kN,如图 2-3-9a)所示。如果偏心距分别为 0.1m、0.2m 和 0.3m,试计算基础底面压应力,并绘出压应力分布图。

解:(1)当偏心距 $e_0=0.1<\frac{b}{6}=\frac{1.2}{6}=0.2$(m)时,基底压应力分布图为梯形[图 2-3-9b)]。

$$p_{max}=\frac{N}{A}+\frac{M}{W}=\frac{150}{1.2\times1.0}\left(1+\frac{6\times0.1}{1.2}\right)=187.5(\text{kPa})$$

$$p_{min}=\frac{N}{A}-\frac{M}{W}=\frac{150}{1.2\times1.0}\left(1-\frac{6\times0.1}{1.2}\right)=62.5(\text{kPa})$$

(2)当偏心距 $e_0=0.2\text{m}=\frac{b}{6}$,基底压应力分布图为三角形[图 2-3-9c)]。

$$p_{max}=2\frac{N}{A}=\frac{2\times150}{1.2\times1.0}=250(\text{kPa}),p_{min}=0$$

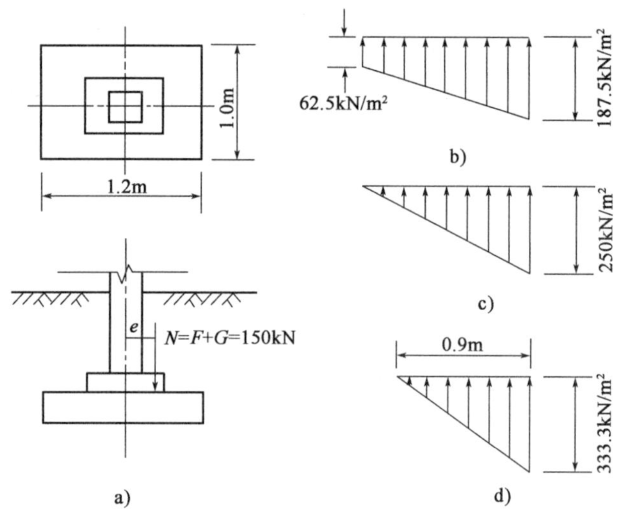

图 2-3-9 例 2-3-3 图

(3)当偏心距 $e_0 = 0.3\text{m} > \dfrac{b}{6} = 0.2\text{m}$ 时,基底压应力需重新分布,压应力分布图如图 2-3-9d)所示。

$$p_{\max} = \frac{2N}{3\left(\dfrac{b}{2} - e_0\right)l} = \frac{2 \times 150}{3 \times \left(\dfrac{1.2}{2} - 0.2\right) \times 1.0} = 333.3(\text{kPa})$$

基底压应力分布宽度:$b' = 3\left(\dfrac{b}{2} - e_0\right) = 3 \times \left(\dfrac{1.2}{2} - 0.3\right) = 0.9(\text{m})$

三、竖向集中荷载作用下附加应力的计算

1885 年,法国学者布辛奈斯克(Boussinesq)用弹性理论推导出半无限空间弹性体表面作用有竖向集中荷载 P 时(图 2-3-10),在弹性体内任意点 M 所引起的应力和位移计算公式。

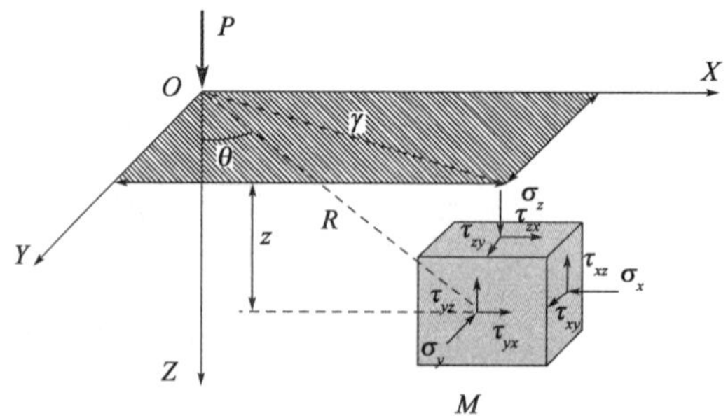

图 2-3-10 半无限体表面受竖向集中力作用时点 M 的应力

其中竖向压应力 σ_z 为:

$$\sigma_z = \frac{3Pz^3}{2\pi R^5} = \frac{3P}{2\pi z^2} \cdot \frac{1}{\left[1 + \left(\dfrac{r}{z}\right)^2\right]^{\frac{5}{2}}} = \alpha \frac{P}{z^2} \tag{2-3-8}$$

式中：P——集中力，kN；

z——M 点距弹性体表面的深度，m；

R——M 点到集中力 p 的作用点的空间距离，m，$R=\sqrt{x^2+y^2+z^2}$；

r——M 点到弹性体表面的投影点距集中力 P 作用点的水平距离，m；

α——应力系数，可由 $\frac{r}{z}$ 值查表 2-3-1 得到。

集中力作用下的竖向应力系数 表 2-3-1

$\frac{r}{z}$	α	$\frac{r}{z}$	α	$\frac{r}{z}$	α
0	0.478	1.0	0.084	2.0	0.008
0.1	0.466	1.1	0.066	2.2	0.006
0.2	0.433	1.2	0.051	2.4	0.004
0.3	0.385	1.3	0.040	2.6	0.003
0.4	0.329	1.4	0.032	2.8	0.002
0.5	0.273	1.5	0.025	3.0	0.001
0.6	0.221	1.6	0.020	4.0	0.0003
0.7	0.176	1.7	0.016	4.5	0.0002
0.8	0.139	1.8	0.013	5.0	0.0001
0.9	0.108	1.9	0.010	—	—

通过计算可以归纳出集中力作用下土中附加应力 σ_z 的分布规律，如图 2-3-11 所示。

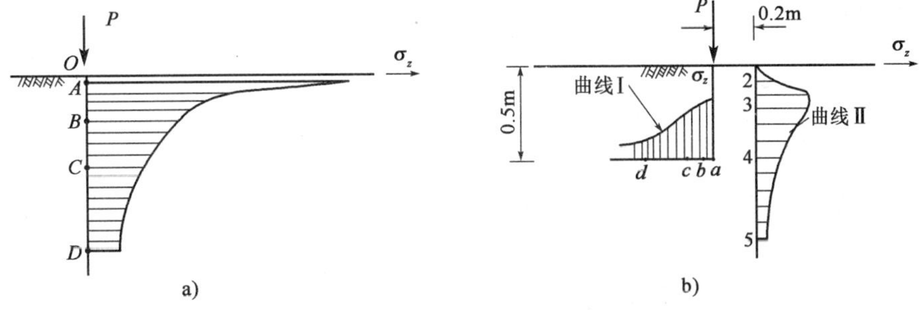

图 2-3-11 集中力作用下附加应力的分布规律

（1）在集中力作用线上，深度增加，σ_z 急剧减小；当 $z=0$ 时，$\sigma_z\to\infty$，说明该解不适用集中力作用点处及其附近，又说明在集中力作用点处 σ_z 很大；

（2）在土中同一水平线上，距离集中力的作用线越远，σ_z 值越小；

（3）在不通过集中力作用线的竖线上，即 $r>0$ 的竖直线上，σ_z 值由零开始增加，到某一深度达到最大值，然后又逐渐减小。

理论上，集中力是不存在的，因为结构物荷载总是通过基础底面以一定的接触面积传至地基。但其研究意义在于：当基础底面的形状和分布荷载有规律时，可以根据式（2-3-8）用积分法推导得到土中附加应力的计算公式；当基础底面的形状或分布荷载无规律时，可以先把分布荷载分割为若干单元面积上的集中荷载，然后运用式（2-3-8）和应力叠加原理计算土中附加应力。

四、局部面积各种分布荷载作用时附加应力的计算

根据荷载的分布与作用特征,附加应力计算分为空间问题和平面问题两大类型。如果作用荷载分布在有限面积范围内($l/b<10$),那么土中应力与计算点的空间坐标(x,y,z)有关,则属于空间问题。桥梁基础大多属于此类问题,下面以桥梁最常采用的矩形基础为例,介绍土中附加应力的计算方法。

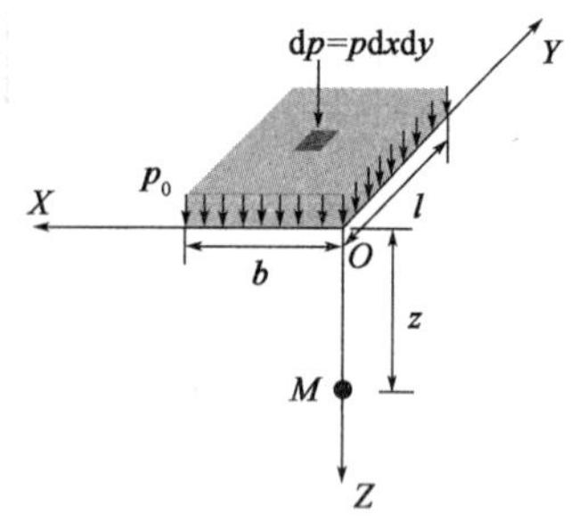

图 2-3-12 矩形面积作用竖向均布荷载角点下的附加应力

1. 矩形面积上作用竖向均布荷载时附加应力的计算

1)角点下的附加应力

设矩形基础底面的长度和宽度分别为 l 和 b,作用于地基上的竖向均布荷载为 p。以矩形荷载面某角点为坐标原点(图 2-3-12),在荷载作用面内坐标为(x、y)处取微面积 $dxdy$,分布其上的荷载以集中力 $pdxdy$ 表示,则该集中力在角点 O 下任意深度 z 处的 M 点产生的竖向附加应力 $d\sigma_z$ 为

$$d\sigma_z=\frac{3}{2\pi}\frac{pz^3}{(x^2+y^2+z^2)^{\frac{5}{2}}}dxdy \tag{2-3-9}$$

将它在整个矩形荷载面进行积分,经过整理最后可得

$$\sigma_z=\iint_A d\sigma_z=\frac{3z^3}{2\pi}p\int_0^l\int_0^b\frac{1}{(x^2+y^2+z^2)^{\frac{5}{2}}}dxdy=\alpha_c p \tag{2-3-10}$$

式中:b——荷载面的短边宽度,m;

l——荷载面的长边宽度,m;

α_c——矩形基础均布荷载角点下的竖向附加应力系数,简称角点应力系数,$\alpha_c=\frac{1}{2\pi}\left[\frac{mn(1+2n^2+m^2)}{(m^2+n^2)(1+n^2)\sqrt{1+m^2+n^2}}+\arctan\frac{m}{\sqrt{(1+n^2)(m^2+n^2)}}\right]$,可由 $m=l/b$,$n=z/b$ 查表 2-3-2 得到。

由于是均布荷载,所以四个角点下相同深度处的附加应力值相同。

矩形面积上均布荷载作用下角点附加应力系数 α_c 表 2-3-2

z/b	l/b										
	1.0	1.2	1.4	1.6	1.8	2.0	3.0	4.0	5.0	6.0	10.0
0.0	0.250	0.250	0.250	0.250	0.250	0.250	0.250	0.250	0.250	0.250	0.250
0.2	0.249	0.249	0.249	0.249	0.249	0.249	0.249	0.249	0.249	0.249	0.249
0.4	0.240	0.242	0.243	0.243	0.244	0.244	0.244	0.244	0.244	0.244	0.244
0.6	0.223	0.228	0.230	0.232	0.232	0.233	0.234	0.234	0.234	0.234	0.234
0.8	0.200	0.208	0.212	0.215	0.217	0.218	0.220	0.220	0.220	0.220	0.220
1.0	0.175	0.185	0.191	0.196	0.198	0.200	0.203	0.204	0.204	0.205	0.205
1.2	0.152	0.163	0.171	0.176	0.179	0.182	0.187	0.188	0.189	0.189	0.189
1.4	0.131	0.142	0.151	0.157	0.161	0.164	0.171	0.173	0.174	0.174	0.174
1.6	0.112	0.124	0.133	0.140	0.045	0.148	0.157	0.159	0.160	0.160	0.160

续上表

z/b	l/b										
	1.0	1.2	1.4	1.6	1.8	2.0	3.0	4.0	5.0	6.0	10.0
1.8	0.097	0.108	0.117	0.124	0.129	0.133	0.143	0.146	0.147	0.148	0.148
2.0	0.084	0.095	0.103	0.110	0.116	0.120	0.131	0.135	0.136	0.137	0.137
2.2	0.073	0.083	0.092	0.098	0.104	0.108	0.121	0.125	0.126	0.127	0.128
2.4	0.064	0.073	0.081	0.088	0.093	0.098	0.111	0.116	0.118	0.118	0.119
2.6	0.057	0.065	0.073	0.079	0.084	0.089	0.102	0.107	0.110	0.111	0.112
2.8	0.050	0.058	0.065	0.071	0.076	0.081	0.094	0.100	0.102	0.104	0.105
3.0	0.045	0.052	0.058	0.064	0.069	0.073	0.087	0.093	0.096	0.097	0.099
3.2	0.040	0.047	0.053	0.058	0.063	0.067	0.081	0.087	0.090	0.092	0.093
3.4	0.036	0.042	0.048	0.053	0.057	0.061	0.075	0.081	0.085	0.086	0.088
3.6	0.033	0.038	0.043	0.048	0.052	0.056	0.069	0.076	0.080	0.082	0.084
3.8	0.030	0.035	0.040	0.044	0.048	0.052	0.065	0.072	0.075	0.077	0.080
4.0	0.027	0.032	0.036	0.040	0.044	0.047	0.060	0.067	0.071	0.073	0.076
4.2	0.025	0.029	0.033	0.037	0.041	0.044	0.056	0.063	0.067	0.070	0.072
4.4	0.023	0.027	0.031	0.034	0.038	0.041	0.053	0.060	0.064	0.066	0.069
4.6	0.021	0.025	0.028	0.032	0.035	0.038	0.049	0.056	0.061	0.063	0.066
4.8	0.019	0.023	0.026	0.029	0.032	0.035	0.046	0.053	0.058	0.060	0.064
5.0	0.018	0.021	0.024	0.027	0.030	0.033	0.044	0.050	0.055	0.057	0.061

2）非角点下的附加应力（角点法）

利用角点下的附加应力计算公式和应力叠加原理，计算地基中任意点的附加应力的方法称为角点法。角点法计算任意点 O 下的竖向附加应力时，首先通过 O 点做平行于矩形基础两边的辅助线，使 O 点成为若干小矩形的公用角点，再根据应力叠加原理，即可求得 O 点下的附加应力。

根据计算点位置，有如图 2-3-13 所示四种情况。

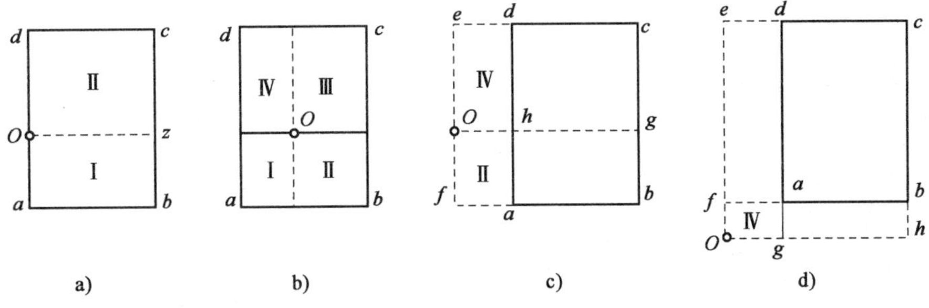

图 2-3-13　不同计算点位置分布状况

（1）计算点 O 点在基础底面边缘，如图 2-3-13a）所示。

$$\sigma_z = (\alpha_{c1} + \alpha_{c2})p \tag{2-3-11}$$

式中,α_{c1}、α_{c2}分别为矩形Ⅰ和矩形Ⅱ的角点下的附加应力系数。

(2)计算点 O 点在基础底面内,如图 2-3-13b)所示。

$$\sigma_z=(\alpha_{c1}+\alpha_{c2}+\alpha_{c3}+\alpha_{c4})p \tag{2-3-12}$$

式中,α_{c1}、α_{c2}、α_{c3}和 α_{c4}分别为矩形Ⅰ、Ⅱ、Ⅲ、Ⅳ的角点下的附加应力系数。

(3)计算点 O 点在基础底面边缘外侧,如图 2-3-13c)所示。

$$\sigma_z=(\alpha_{c1}+\alpha_{c2}-\alpha_{c3}-\alpha_{c4})p \tag{2-3-13}$$

式中,α_{c1}、α_{c2}、α_{c3}和 α_{c4}分别为矩形 $Ofbg$、$Ogce$、$Ofah$、$Ohde$ 的角点下的附加应力系数。

(4)计算点 O 点在基础底面角点外侧,如图 2-3-13d)所示。

$$\sigma_z=(\alpha_{c1}-\alpha_{c2}-\alpha_{c3}+\alpha_{c4})p \tag{2-3-14}$$

式中,α_{c1}、α_{c2}、α_{c3}和 α_{c4}分别为矩形 $Ohce$、$Ogde$、$Ohbf$、$Ogaf$ 的角点下的附加应力系数。

注意:查 α_c 时所用的 l 和 b 不是原有基础底面的尺寸,而是每一小块荷载相应的长度和宽度。

矩形面积均布荷载作用下土中竖向附加应力的分布规律为:

(1)附加应力随深度的增加而减小。

(2)离荷载作用面积中心点越远,附加应力值越小。

地基中的附加应力分布情况可用应力等值线(图 2-3-14)表示,它是由地基中附加应力值相同的各点连成的曲线。曲线上所注数值为该线上各点附加应力与基底压应力的比值。从图中可以看出,当点的深度超过基础宽度的 2 倍时,附加应力值仅相当于基底压应力的 10% 左右。

2. 矩形面积上竖向三角形分布荷载作用时附加应力的计算

矩形基础底面受竖向三角形分布荷载作用如图 2-3-15 所示。将荷载强度为零的角点 O 作为坐标原点,若矩形基底上三角形分布荷载的最大强度为 p,则可视微分面积 $\mathrm{d}x\mathrm{d}y$ 上的作用力$\mathrm{d}p=\frac{p}{b}\mathrm{d}x\mathrm{d}y$ 为集中力,角点 O 以下任意深度 z 处,由该集中力所引起的竖向附加应力则为:

$$\mathrm{d}\sigma_z=\frac{3}{2\pi}\frac{pxz^3}{b(x^2+y^2+z^2)^{\frac{5}{2}}}\mathrm{d}x\mathrm{d}y \tag{2-3-15}$$

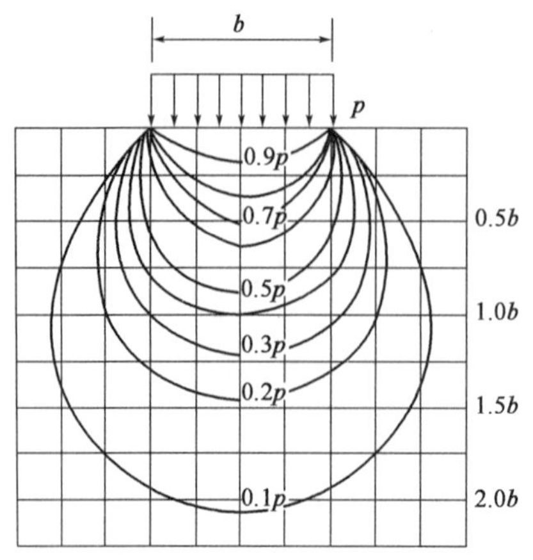

图 2-3-14 附加应力等值线

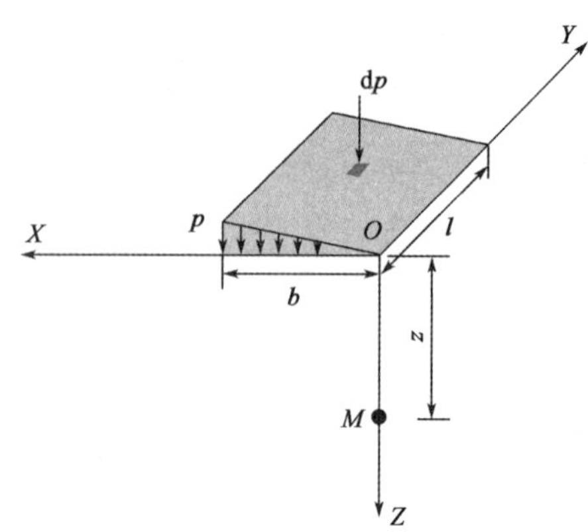

图 2-3-15 矩形面积三角形分布荷载角点下的应力计算

将式(2-3-15)沿整个基础底面积分,即可得到矩形基底受竖向三角形分布荷载作用时,荷载强度为零的角点下的附加应力为:

$$\sigma_z = \alpha_t p \tag{2-3-16}$$

式中,$\alpha_t = \frac{mn}{2\pi}\left[\frac{1}{\sqrt{m^2+n^2}} - \frac{n^2}{(1+n^2)\sqrt{1+m^2+n^2}}\right]$为矩形基底受竖向三角形分布荷载作用时的竖向附加应力分布系数,$m = l/b$,$n = z/b$。可由表2-3-3查得。

矩形面积上三角形分布荷载 $p=0$ 角点附加应力系数 α_t 表2-3-3

z/b	l/b														
	0.2	0.4	0.6	0.8	1.0	1.2	1.4	1.6	1.8	2.0	3.0	4.0	6.0	8.0	10.0
0	0.000	0.000	0.000	0.000	0.000	0.000	0.000	0.000	0.000	0.000	0.000	0.000	0.000	0.000	0.000
0.2	0.022	0.028	0.030	0.030	0.030	0.031	0.031	0.031	0.031	0.031	0.031	0.031	0.031	0.031	0.031
0.4	0.027	0.042	0.049	0.052	0.053	0.054	0.054	0.055	0.055	0.055	0.055	0.055	0.055	0.055	0.055
0.6	0.026	0.045	0.056	0.062	0.065	0.067	0.068	0.069	0.069	0.070	0.070	0.070	0.070	0.070	0.070
0.8	0.023	0.042	0.055	0.064	0.069	0.072	0.074	0.075	0.076	0.076	0.077	0.078	0.078	0.078	0.078
1.0	0.020	0.038	0.051	0.060	0.067	0.071	0.074	0.075	0.077	0.077	0.079	0.079	0.080	0.080	0.080
1.2	0.017	0.032	0.045	0.055	0.062	0.066	0.070	0.072	0.074	0.075	0.077	0.078	0.078	0.078	0.078
1.4	0.015	0.028	0.039	0.048	0.055	0.061	0.064	0.067	0.069	0.071	0.074	0.075	0.075	0.075	0.075
1.6	0.012	0.024	0.034	0.042	0.049	0.055	0.059	0.062	0.064	0.066	0.070	0.071	0.071	0.072	0.072
1.8	0.011	0.020	0.029	0.037	0.044	0.049	0.053	0.056	0.059	0.060	0.065	0.067	0.067	0.068	0.068
2.0	0.09	0.018	0.026	0.032	0.038	0.043	0.047	0.051	0.053	0.055	0.061	0.062	0.063	0.064	0.064
2.5	0.006	0.013	0.018	0.024	0.028	0.033	0.036	0.039	0.042	0.044	0.050	0.053	0.054	0.055	0.055
3.0	0.05	0.009	0.014	0.018	0.021	0.025	0.028	0.031	0.033	0.035	0.042	0.045	0.047	0.047	0.048
5.0	0.002	0.004	0.005	0.007	0.009	0.010	0.012	0.014	0.015	0.016	0.021	0.025	0.028	0.030	0.030
7.0	0.001	0.002	0.003	0.004	0.005	0.006	0.006	0.007	0.008	0.009	0.012	0.015	0.019	0.020	0.021
10.0	0.001	0.001	0.001	0.002	0.002	0.003	0.003	0.004	0.004	0.005	0.007	0.008	0.011	0.013	0.014

[例2-3-4] 某矩形基础底面长度 $l=8\text{m}$,宽度 $b=4\text{m}$,其上作用竖向三角形分布荷载,最大荷载强度 $p=100\text{kPa}$,如图2-3-16所示。求地基深度 $z=0.8\text{m}$ 处的 M 点和 N 点的附加应力 σ_z。

解:(1)由于 M 点位于三角形分布荷载强度为零的角点下,可直接用公式(2-3-16)计算。由 $l/b=\frac{8}{4}=2$,$z/b=\frac{0.8}{4}=0.2$,查表2-3-3得:$\alpha_t=0.031$

$\sigma_z=\alpha_t p=0.031\times100=3.1(\text{kPa})$

(2)N 点位于三角形分布荷载强度非零的角点下,不能直接用公式(2-3-16)计算应力。需要用均布荷载 $p=100\text{kPa}$ 角点下附加应力与负三角形分布荷载强度为零的角点下的附加应力进行组合,即

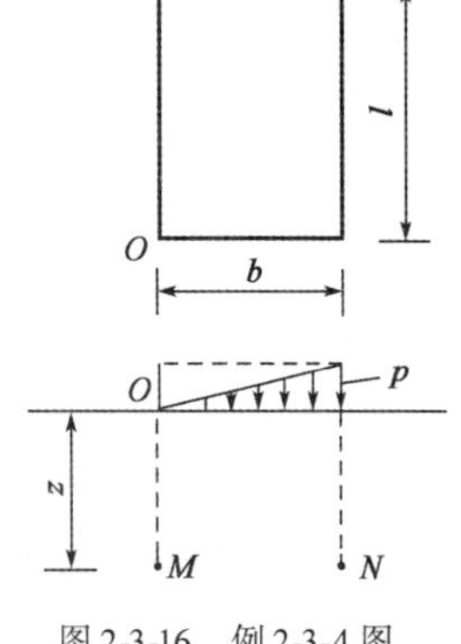

图2-3-16 例2-3-4图

矩形均布荷载:由 $l/b=\frac{8}{4}=2$,$z/b=\frac{0.8}{4}=0.2$,查表 2-3-2 得:$\alpha_c=0.249$

三角形分布荷载:由 $l/b=\frac{8}{4}=2$,$z/b=\frac{0.8}{4}=0.2$,查表 2-3-3 得:$\alpha_t=0.031$

$\sigma_z=(\alpha_c-\alpha_t)p=(0.249-0.031)\times100=21.8(\text{kPa})$

3. 矩形面积上梯形分布荷载下的附加应力

当矩形面积上作用梯形分布荷载时,可利用式(2-3-10)和式(2-3-16),按角点法和应力叠加原理求土中附加应力。

计算矩形面积上梯形分布荷载中心下深度 z 处 M 点的 σ_z 时(图 2-3-17),通过面积中心,将受载面积分成面积大小和形状都相同的Ⅰ、Ⅱ、Ⅲ、Ⅳ四块。设中点的荷载强度为 $p_0=\frac{p_{max}+p_{min}}{2}$,Ⅰ、Ⅲ面积上的荷载可视为由均布荷载 p_0 与最大荷载为(p_0-p_{min})的负三角形荷载的组合;Ⅱ、Ⅳ面积上的荷载可视为均布荷载 p_0 与最大荷载强度为($p_{max}-p_0$)的正三角形荷载叠加而成。由于面积中心为四块等分面积的共同角点,正、负三角形荷载大小相同。因此由正、负三角形荷载所引起的 M 点的附加应力大小相等,符号相反,叠加结果可互相抵消,即对于矩形面积上梯形分布荷载中心下各点的附加应力,可用荷载强度等于梯形荷载平均强度的均布荷载下的附加应力来代替。但必须指出,如果计算点不在矩形面积中心下,则不能用上述代替方法,仍要按角点法进行应力叠加计算。

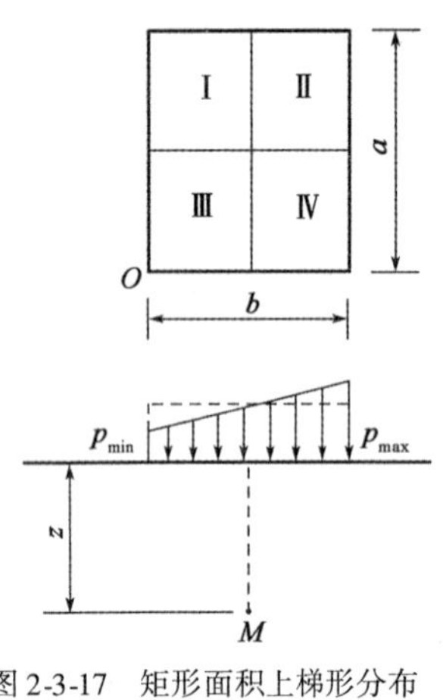

图 2-3-17 矩形面积上梯形分布荷载下应力计算

五、条形荷载作用时附加应力的计算

条形荷载是指作用在一定宽度 b,而长度 l 为无限大的受力面积上的荷载,且荷载强度在长度方向保持不变。实际应用中,当 $l/b\geqslant10$ 即可视为条形荷载,如墙基、路基和堤坝等基底压力均属于条形荷载。由于荷载沿长度方向分布相同,因此,土中某点的附加应力只与该点的平面坐标(x,z)有关,这类问题理论上称为平面问题。

1. 竖向均布线荷载作用时的附加应力计算

当地基表面作用无限长竖向均布线荷载 q 时(图 2-3-18),在均布线荷载上取微分长度 dy,作用在其上的荷载 qdy 可视为集中荷载,它在地基中任意点 M 产生的竖向附加应力为:

$$d\sigma_z=\frac{3qz^3}{2\pi R^5}dy=\frac{3z^3}{2\pi}\frac{qdy}{(x^2+y^2+z^2)^{\frac{5}{2}}} \tag{2-3-17}$$

将式(2-3-17)在长度方向积分即得均布线荷载作用产生的竖向压应力:

$$\sigma_z=\int_{-\infty}^{\infty}d\sigma_z=\int_{-\infty}^{\infty}\frac{3z^3}{2\pi}\frac{qdy}{(x^2+y^2+z^2)^{\frac{5}{2}}}=\frac{2qz^3}{\pi(x^2+z^2)^2} \tag{2-3-18}$$

2. 均匀分布的条形荷载

当地面上作用有均布条形荷载时(图 2-3-19),取一微段 $d\xi$,将 $pd\xi$ 视为均布线荷载 q,M

点到线荷载的水平距离为$(x-\xi)$，代入式(2-3-18)后，积分可得：

$$\sigma_z = \int_{-\frac{b}{2}}^{\frac{b}{2}} \mathrm{d}\sigma_z = \int_{-\frac{b}{2}}^{\frac{b}{2}} \frac{2p\mathrm{d}\xi z^3}{\pi[(x-\xi)^2+z^2]^2} = \alpha_u p \tag{2-3-19}$$

式中：p——荷载强度，kPa；

α_u——附加应力分布系数。

$\alpha_u = \frac{1}{\pi}\left[\arctan\frac{1-2n}{2m} + \arctan\frac{1+2n}{2m} - \frac{4m(4n^2-4m^2-1)}{(4n^2+4m^2-1)^2+16m^2}\right]$，可由 $m=z/b$，$n=x/b$，在表 2-3-4 中查得。

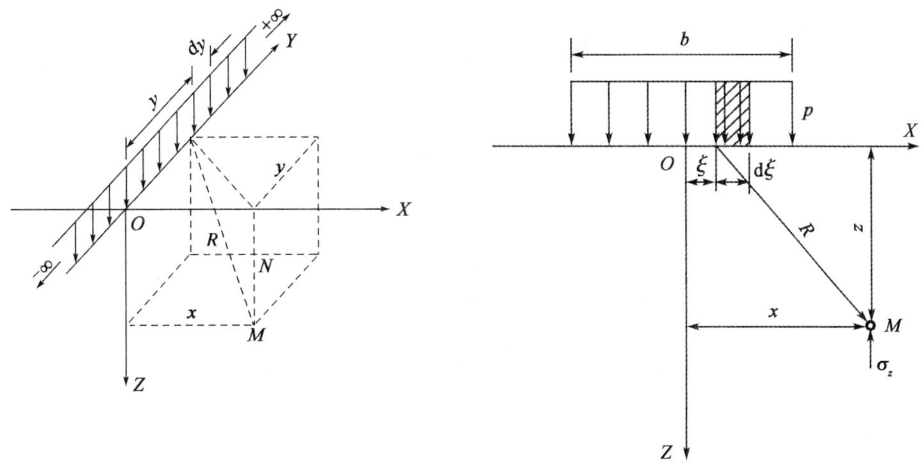

图 2-3-18 竖向均布线荷载作用下的应力　　图 2-3-19 竖向均布条形荷载下的应力

均布条形荷载作用下的压应力分布系数 α_u　　表 2-3-4

z/b	x/b						z/b	x/b					
	0	0.25	0.5	1.0	1.5	2.0		0	0.25	0.5	1.0	1.5	2.0
0	1.00	1.00	0.50	0	0	0	1.75	0.35	0.34	0.30	0.21	0.13	0.07
0.25	0.96	0.90	0.50	0.02	0	0	2.00	0.31	0.31	0.28	0.20	0.13	0.08
0.50	0.82	0.74	0.48	0.08	0.02	0	3.00	0.21	0.21	0.20	0.17	0.14	0.10
0.75	0.67	0.61	0.45	0.15	0.04	0.02	4.00	0.16	0.16	0.15	0.14	0.12	0.10
1.00	0.55	0.51	0.41	0.19	0.07	0.03	5.00	0.13	0.13	0.12	0.12	0.11	0.09
1.25	0.46	0.44	0.37	0.20	0.10	0.04	6.00	0.11	0.10	0.10	0.10	0.10	—
1.50	0.40	0.38	0.33	0.21	0.11	0.06	—	—	—	—	—	—	—

3. 三角形分布的条形荷载

当条形荷载强度沿宽度呈三角形分布时(图 2-3-20)，土中任意点 M(坐标为 x,z)的竖向附加应力为 σ_z：

$$\sigma_z = \int_0^b \mathrm{d}\sigma_z = \frac{2z^3 p}{\pi b}\int_0^b \frac{\xi\mathrm{d}\xi}{\pi[(x-\xi)^2+z^2]^2} = \alpha_s p \tag{2-3-20}$$

式中：p——分布荷载的最大荷载强度，kPa；

α_s——附加压应力分布系数,$\alpha_s = \frac{1}{\pi}\left[n\left(\arctan\frac{n}{m} - \arctan\frac{n-1}{m}\right) - \frac{m(n-1)}{(n-1)^2+m^2}\right]$,可由 $m=z/b$,$n=x/b$,在表 2-3-5 中查得。

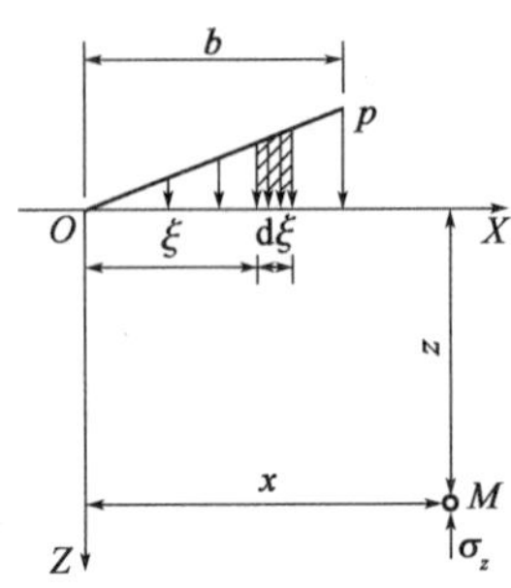

图 2-3-20 三角形分布条形荷载下的应力

三角形分布荷载下的压应力系数 α_s 表 2-3-5

z/b	x/b										
	-1.5	-1.0	-0.5	0	0.25	0.50	0.75	1.0	1.5	2.0	2.5
0	0	0	0	0	0.25	0.50	0.75	0.50	0	0	0
0.25	—	—	0.001	0.075	0.256	0.480	0.643	0.424	0.015	0.003	—
0.50	0.002	0.003	0.023	0.127	0.263	0.410	0.477	0.353	0.056	0.017	0.003
0.75	0.006	0.016	0.042	0.153	0.248	0.335	0.361	0.293	0.108	0.024	0.009
1.0	0.014	0.025	0.061	0.159	0.223	0.275	0.279	0.241	0.129	0.045	0.013
1.5	0.020	0.048	0.096	0.145	0.178	0.200	0.202	0.185	0.124	0.062	0.041
2.0	0.033	0.061	0.092	0.127	0.146	0.155	0.163	0.153	0.108	0.069	0.050
3.0	0.050	0.064	0.080	0.096	0.103	0.104	0.108	0.104	0.090	0.071	0.050
4.0	0.051	0.060	0.067	0.075	0.078	0.085	0.082	0.075	0.073	0.060	0.049
5.0	0.047	0.052	0.057	0.059	0.062	0.063	0.063	0.065	0.061	0.051	0.047
6.0	0.041	0.041	0.050	0.051	0.052	0.053	0.053	0.053	0.050	0.050	0.045

注:该表中 x 有正、负之分,坐标原点建立在荷载强度为零处,当所求点 M 与分布荷载位于 z 轴的同一侧时,x 为正;反之,x 为负。

4. 梯形分布的条形荷载

梯形分布荷载可视为由均布荷载和三角形荷载两部分组成。土中任意点的附加应力先分别按式(2-3-19)和式(2-3-20)计算,再进行叠加。

[例 2-3-5] 如图 2-3-21 所示,宽为 4m 的条形基础承受偏心荷载,已知基底压力强度 $p_{max}=450$kPa,$p_{min}=200$kPa,求地面下深度 6m 处的 a、b、c、d、e 各点的竖向附加压应力,相邻各点间的水平距离均为 2m。

解:将梯形荷载分解成一个 $p_1=p_{min}=200$kPa 的均布荷载,坐标原点建立在 O 点;另一个是 $p_2=p_{max}-p_{min}=250$kPa 的三角形分布荷载,坐标原点建立在 O'点,均布条形荷载 p_1 和三角形条形荷载 p_2 在各点产生的竖向压应力计算见表 2-3-6 和表 2-3-7。

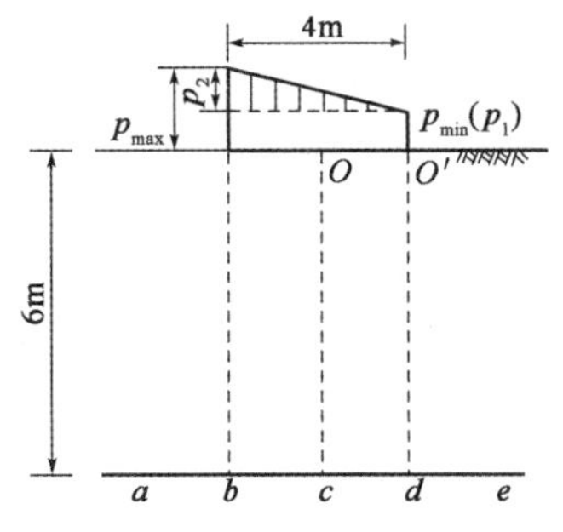

图 2-3-21 例 2-3-5 图

均布条形荷载 p_1 在各点产生的竖向压应力计算 表 2-3-6

计算点	a	b	c	d	e
z/b	1.5				
x/b	1.0	0.5	0	0.5	1.0
α_s	0.21	0.33	0.40	0.33	0.21
$\sigma_{z1}=\alpha_s p_1=200\alpha_s$(kPa)	42.0	66.0	80.0	66.0	42.0

三角形条形荷载 p_2 在各点产生的竖向压应力计算 表 2-3-7

计算点	a	b	c	d	e
z/b	1.5				
x/b	1.5	1.0	0.5	0	-0.5
α_1	0.124	0.185	0.200	0.145	0.096
$\sigma_{z2}=\alpha_1 p_2=200\alpha_1$(kPa)	31.0	46.0	50.0	36.3	24.0

将以上两个表格中各点的应力计算值叠加，即得到梯形荷载下各点的附加压应力，见表 2-3-8。

均布条形荷载、三角形条形荷载在各点竖向压应力计算结果叠加 表 2-3-8

计算点	a	b	c	d	e
$\sigma_z=\sigma_{z1}+\sigma_{z2}$(kPa)	73.0	112.3	130.0	102.3	66.0

六、构筑物基础下地基压应力的计算

前述内容中计算土中附加应力时，均假定荷载作用在半无限土体表面。构筑物基础都有一定的埋置深度 D[图 2-3-22a)]，基础底面荷载并非作用于土体的表面，因此，按前述土中附加应力的计算公式求解存在误差。对于埋置深度较小的浅基础，计算误差不大，可不予考虑；但对于深基础，计算地基应力时应考虑其埋置深度的影响。

1. 基础底面的附加应力

计算基础底面附加应力时，对基础施工过程进行分解(图 2-3-22)，分别研究各个阶段地基中应力的变化情况。

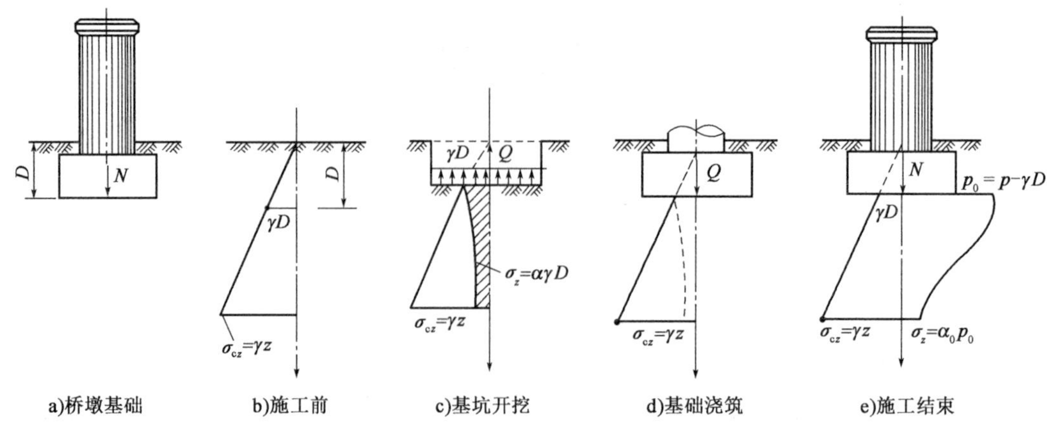

图 2-3-22 桥墩基础下地基应力的计算

在未修构筑物时,地面下深度为 z 处的自重应力为 $\sigma_{cz}=\gamma z$,基础埋置深度 D 处的自重应力为 $\sigma_c=\gamma D$[图 2-3-22b)];基坑开挖后,挖去的土体的重力 $Q=\gamma DA$,A 为基础底面积,它将使地基中的应力减小,减小值相当于在基础底面作用向上的均布荷载 γD 时所引起的应力,即 $\sigma_z=\alpha\gamma D$,其中 α 为应力系数,其减小的地基应力分布如图 2-3-22c)中的阴影线部分;浇筑基础时,当施加于基础底面的荷载正好等于基坑被挖去的土体重力时,原来被减小的应力又恢复到原来的自重应力水平,这时土中的附加应力等于零[图 2-3-22d)];施工结束后[图 2-3-22e)],设作用于基础底面荷载合力为 N,则基础底面新增加的荷载为$(N-Q)$,在该荷载作用下产生的地基压应力就是附加应力 p_0。

$$p_0=\frac{N-Q}{A}=p-\gamma D \tag{2-3-21}$$

式中:N——作用于基础底面中心的竖向荷载,kN;

A——基础底面面积,m^2;

D——基础埋置深度,从地面或河底算起,m。

2. 地基中的附加应力

计算构筑物基础底面一定深度处的地基附加应力时,可将基础底面视为假想地表面,基础底面附加应力p_0为作用在该表面上的压应力,则可按前述土中附加应力公式计算。

当基础底面为矩形时,在均布荷载 p 的作用下,基础底面中心下深度 z 处的附加应力为:

$$\sigma_z=4\alpha_c p_0=4\alpha_c(p-\gamma h) \tag{2-3-22}$$

式中:α_c——矩形面积竖向均布荷载角点下的应力系数,可由表 2-3-2 查得。

需要注意的是,查表时的深度 z 应从基础底面算起,而不是从地面算起。

[例 2-3-6] 某桥墩基础及土层剖面如图 2-3-23 所示,已知基础底面尺寸 $b=2m$,$l=8m$。作用在基础底面中心处的荷载 $N=1120kN$,水平推力 $H=0$,弯矩 $M=0$。已知各层土的物理指标是:褐黄色亚黏土 $\gamma=18.7kN/m^3$(水上),$\gamma'=8.9kN/m^3$(水下);灰色淤泥质亚黏土 $\gamma'=8.4kN/m^3$(水下)。计算在竖向荷载 N 作用下,基础中心轴线上各点的自重应力和附加应力,并画出应力分布图。

解:在基础底面中心轴线上取 4 个计算点 0、1、2、3,它们均位于土层分界面。

(1)自重应力计算

按 $\sigma_{cz}=\sum_{i=1}^{n=i}\gamma_i h_i$ 计算,将各点的自重应力结果列于表2-3-9中。

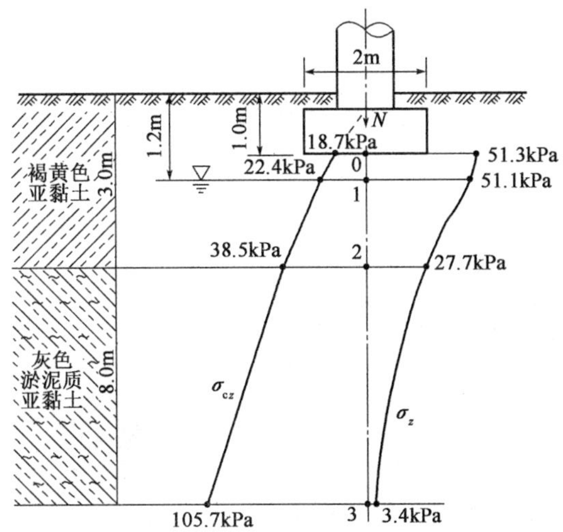

图2-3-23 桥墩基础下地基应力的计算

自重应力的计算 表2-3-9

计算点	土层厚度 h_i/m	重度 γ_i/kN·m^{-3}	$\gamma_i h_i$/kPa	$\sigma_{cz}=\sum\gamma_i h_i$/kPa
0	1.0	18.7	18.7	18.7
1	0.2	18.7	3.74	22.4
2	1.8	8.9	16.02	38.5
3	8.0	8.4	67.2	105.7

(2)附加应力计算

基底处附加应力 $p_0=p-\gamma D=\frac{1120}{2\times8}-18.7\times1=51.3(\text{kPa})$ 地基中各点的附加应力按公式 $\sigma_z=4\alpha_c p_0$ 计算,计算结果见表2-3-10。

附加应力的计算 表2-3-10

计算点	z/m	$m=\frac{l}{b}$	$n=\frac{z}{b}$	α_c	$\alpha_z=4\alpha_c p_0$
0	0	4	0	0.2500	51.3
1	0.2	4	0.2	0.2492	51.1
2	2.0	4	2.0	0.1350	27.7
3	10.0	4	10.0	0.0167	3.4

2009年6月27日,上海市某小区一栋在建的13层住宅楼整体朝南倒塌,底部数十根混凝

土管桩折断后裸露在外，楼体在倒塌中并未断裂(图 2-3-24)，事故造成一名工人死亡。对事故调查和进行技术分析得出的结论是：施工过程中楼房北侧短期内堆土过高(最高达 10m 左右)，同时紧邻楼房南侧正在开挖地下车库(基坑深为 4.6m)，大楼两侧的土压力差使土体产生水平位移，过大的水平力超出桩基的抗剪切能力，导致房屋倾倒。

如图 2-3-25 所示，两座邻近水塔"相拥"。其原因是相邻水塔距离过近，导致在水塔荷载作用下产生的地基附加应力相互叠加并向周边扩散，致使附加压力过大并重新分布，从而引起相邻水塔产生附加沉降，最终水塔相互靠近直至上部接触"相拥"。

图 2-3-24 楼房倒塌事故现场

图 2-3-25 两座水塔"相拥"

一个个触目惊心的工程事故均与地基土受力状态密切相关。马克思曾指出"力学是大工业的真正科学基础。"力学与土木工程之间是共同促进、相互发展的关系。土木工程技术人员必须掌握深厚的力学理论与分析计算方法，具备良好的科学素养，在工程设计中充分利用力学理论进行分析演算，才能实现结构稳定、资源节约、绿色环保的设计目标，确保方案的科学与合理。

1. 土中应力如何划分？它们有何区别？

2. 成层土地基中竖向自重压应力如何计算？简述其应力分布规律。

3. 刚性基础底面的压力分布与哪些因素有关？实用中简化的基底压力分布图形状有哪些？如何求得？

4. 土中附加应力计算分为空间问题和平面问题，试对比分析二者计算方法的不同。简述地基中附加应力的分布规律。

5. 在矩形面积荷载作用下，如何利用角点法求土中任意点的附加压应力？

6. 结构物基础中点下应力如何计算？

任务 1

背景材料：

20 世纪 90 年代，迫于生活用水紧张，西安市许多单位纷纷开采承压水自备井，造成该市部分地区地下水位大范围、大幅度下降，沉降幅度最高超过 500mm。建于明代的西安钟楼也曾因此下沉 395mm。

任务要求：

试用学过的知识解释造成此现象的原因，并提出解决方案。

任务 2

背景材料：

某处土层剖面如图 2-3-26 所示，其中 γ_1、γ_2 为天然重度，γ_3、γ_4 为饱和重度，水下土均考虑水的浮力作用。

任务要求：

计算各土层分界面的竖向自重压应力，并绘制自重应力分布图，

任务 3

背景材料：

如图 2-3-27 所示矩形面积 $ABCD$ 上作用均布荷载 $p=100\text{kPa}$，

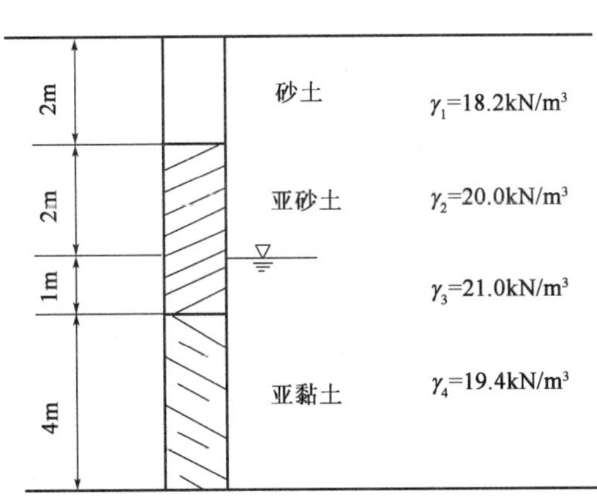

图 2-3-26 某处土层剖面图

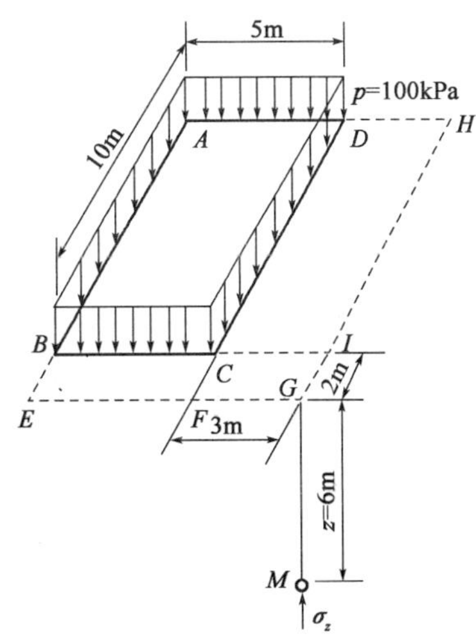

图 2-3-27 用角点法计算附加应力图

任务要求：

试用角点法计算 G 点下深度 6m 处 M 点的竖向附加应力 σ_z 值。

任务 4

背景材料：

某路堤尺寸如图 2-3-28 所示，已知填土的重度为 18.0kN/m^3

任务要求：

计算土中 M、N 两点的附加应力。

任务 5

背景材料：

某桥墩处土层和地下水分布如图 2-3-29 所示，已知作用在基础底面中心的荷载：$N=2520\text{kN}$，$H=0$，$M=0$；地基土的物理及力学性质指标见表 2-3-11。

地基土的物理力学性质指标　　表 2-3-11

土层名称	层底高程/m	土层厚/m	重度 γ/$kN \cdot m^3$	含水率 w/%	土粒重度 γ_s/$kN \cdot m^{-3}$	孔隙比 e	液限 w_t	塑限 w_p	塑性指数 I_p	饱和度 S_r
黏土	15	5	20	22	27.4	0.640	45	23	22	0.94
亚黏土	9	6	18	38	27.2	1.045	38	22	16	0.99

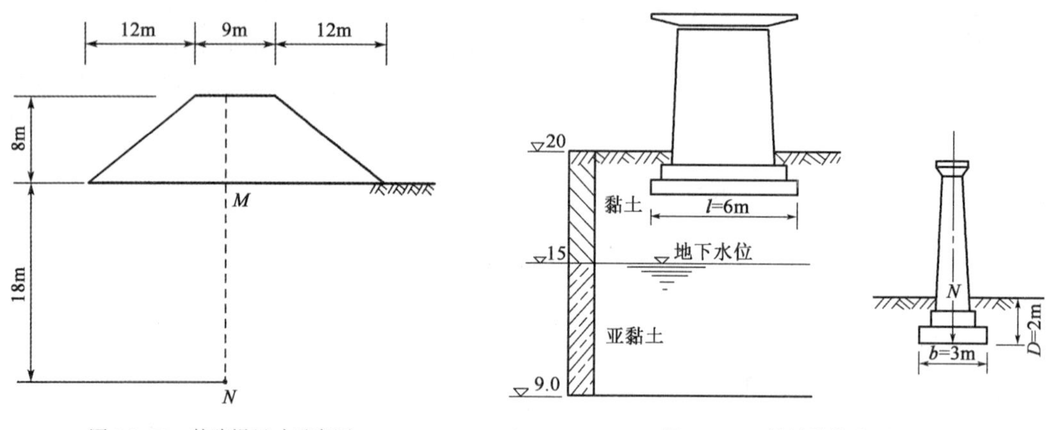

图 2-3-28　某路堤尺寸示意图

图 2-3-29　某桥墩构造图

任务要求：

计算桥墩基础底面中心点及土层面处的自重应力和附加应力。

任务四　地基土抗剪强度的测定

学习目标

1. 知识目标

(1)掌握抗剪强度的基本概念及抗剪强度理论；

(2)掌握直接剪切试验原理、方法及试验影响因素；

(3)掌握土中极限应力状态的分析判断方法；

(4)了解三轴剪切、无侧限抗压强度和十字板剪切试验的原理及适用条件。

2. 能力目标

(1)能结合工程实际选择抗剪强度试验方法；

(2)能完成直接剪切试验的试验操作和数据处理；

(3)能根据抗剪强度指标分析判断土中的极限应力状态。

任务描述

通过对土的抗剪强度理论、抗剪强度指标测定方法等相关知识的学习，能够结合工程实际情况选择试验方法，完成直接剪切试验的操作和数据处理，并根据测定的抗剪强度指标分析判断土中的极限应力状态。

一、土的抗剪强度概念

土体在荷载作用下,不仅会产生压缩变形,还会出现剪切变形。剪切变形的特征是土体中的一部分相对于另一部分沿着某一滑裂面产生相对位移。随着剪切变形的不断发展,可能会出现路基滑坡、挡土墙滑动或倾覆、地基整体滑动或破坏等导致上部结构物倾倒和破坏的工程问题,如图2-4-1所示。这类由于剪切变形导致土体发生破坏的现象,称为土体丧失稳定性。剪切破坏的危害性比压缩变形严重,因此,为了保证路基和结构物地基具有足够的稳定性,必须研究土的强度问题。

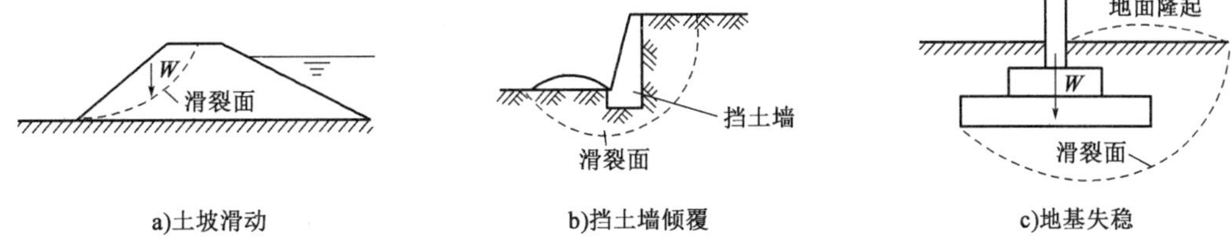

图2-4-1 土体丧失稳定性的工程问题(图中虚线为剪切滑裂面位置)

土的强度问题实质上是土的抗剪强度问题。土的抗剪强度是土体抵抗剪切破坏的极限能力,其大小等于土体中一部分相对另一部分产生滑移时,存在于滑裂面上的最大剪应力值。

土的抗剪强度可以通过室内试验和现场原位试验测定。室内试验最常用的是直接剪切试验、三轴剪切试验和无侧限抗压强度试验等。现场原位试验有十字板剪切试验、大型直接剪切试验等。由于各试验方法的仪器构造、试验条件、原理及方法均不相同,因此,对于同一种土,不同的试验方法得到的试验结果也会不同,需要根据工程实际情况选择适当的试验方法。

二、土的抗剪强度理论

1.库仑定律

18世纪70年代,库仑(Coulomb)通过研究提出:当土体发生剪切破坏时,其内部将沿着某一曲面(滑动面)产生相对滑动,此时作用于该面上的剪应力等于土的抗剪强度。当法向应力的变化范围不大时,抗剪强度与法向应力之间呈线性关系(图2-4-2)。土的抗剪强度与法向应力之间存在以下关系:

砂土: $$\tau_f = \sigma\tan\varphi \tag{2-4-1}$$

黏性土: $$\tau_f = \sigma\tan\varphi + c \tag{2-4-2}$$

式中:τ_f——土的抗剪强度,kPa;

σ——剪切滑动面上的法向应力,kPa;

c——土的黏聚力,kPa;

φ——土的内摩擦角,(°)。

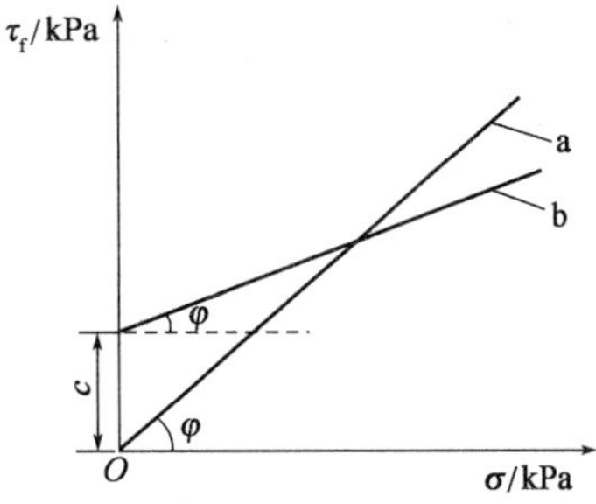

图2-4-2 土的抗剪强度与法向应力之间的关系

a-砂土;b-黏性土

以上两个表达土的抗剪强度与法向应力之间关系的数学式,称为库仑定律。一般土的抗剪强度由内摩阻力 $\sigma\tan\varphi$ 和黏聚力 c 两部分构成。

式(2-4-1)和式(2-4-2)中的 c、φ 统称为土的抗剪强度指标,可通过剪切试验测定。同一种土在相同的试验条件下 c、φ 是常数,但当试验方法不同时 c、φ 值会有较大差异。

2. 土的抗剪强度构成要素

抗剪强度中的内摩阻力 $\sigma\tan\varphi$ 包括土粒之间的表面摩擦力和土粒间相互嵌挤锁结而产生的咬合力。土体越密实,咬合力越大。其中,砂土的内摩擦角 φ 的变化范围不是很大,中砂、粗砂、砾砂 φ 的取值范围一般在 32° ~40°之间;粉砂、细砂 φ 的取值范围一般在 28° ~36°之间。孔隙比越小,φ 越大。但是饱和的粉砂(细砂)很容易失去稳定,故对其内摩擦角的取值应慎重,一般规定 φ 取值在 20°左右。砂土有时也有很小的黏聚力,可能是由于砂土中夹有一些黏土颗粒或毛细黏聚力的作用。

黏聚力 c 包括原始黏聚力、固化黏聚力及毛细黏聚力。原始黏聚力主要由土粒间水膜受到相邻土粒之间的电分子引力而形成,当土被压密时,土粒间的距离减小,原始黏聚力随之增大;当土的天然结构被破坏时,原始黏聚力会丧失一些,但随着时间延长会恢复其中的一部分或全部。固化黏聚力是由土中化合物的胶结作用而形成,当土的天然结构被破坏时,固化黏聚力会随之消失且不能恢复。毛细黏聚力是由毛细水压力引起的,一般可忽略不计。

黏性土抗剪强度指标的变化范围很大,与土的种类、土的天然结构是否被破坏,试样在法向压力下的排水固结程度,试验方法等因素有关。

3. 莫尔-库仑强度理论

1910 年,法国学者莫尔(Mohr)提出材料的破坏是剪切破坏,破坏面上的剪应力 τ_f 是作用于该面上法向应力 σ 的函数,即

$$\tau_f = f(\sigma) \tag{2-4-3}$$

该函数在由 τ_f 和 σ 组成的直角坐标系中是一条向上略凸的曲线,称为莫尔包线(抗剪强度包线)(图 2-4-3 中的实线)。莫尔包线反映当材料受到的不同应力作用达到极限时,滑动面上的法向应力 σ 与剪应力 τ_f 的关系。土的莫尔包线可以近似地用直线表示(图 2-4-3 中的虚线),该直线的方程与库仑定律所表示的方程相同。因此,用库仑公式表示莫尔包线的土体强度理论称为莫尔-库仑强度理论。

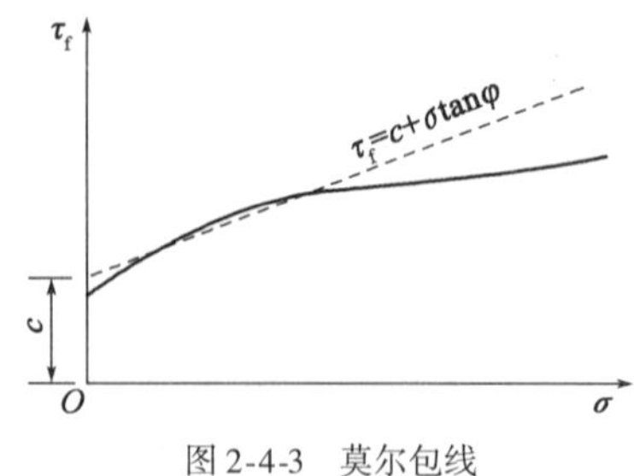

图 2-4-3 莫尔包线

1)土体中任意一点的应力状态

土体中任意一点在某平面上的剪应力达到土的抗剪强度的应力状态,称为极限平衡状态。为了简化分析,下面仅从平面问题角度分析土的极限平衡条件,并引用材料力学中表达某一点应力状态的莫尔应力圆方法。

根据材料力学知识,若某个土体单元上作用的最大主应力和最小主应力分别为 σ_1 和 σ_3,将土体内与最大主应力 σ_1 作用面成任意角 α 的平面记为 a-a,其上的正应力 σ 和剪应力 τ,可以用 τ-σ 坐标系中直径为$(\sigma_1 - \sigma_3)$的莫尔应力圆上 A 点坐标表示,如图 2-4-4 所示。即

$$\sigma_A = \frac{\sigma_1 + \sigma_3}{2} + \frac{(\sigma_1 - \sigma_3)\cos 2\alpha}{2} \tag{2-4-4}$$

$$\tau_A = \frac{1}{2}(\sigma_1 - \sigma_3)\sin 2\alpha \tag{2-4-5}$$

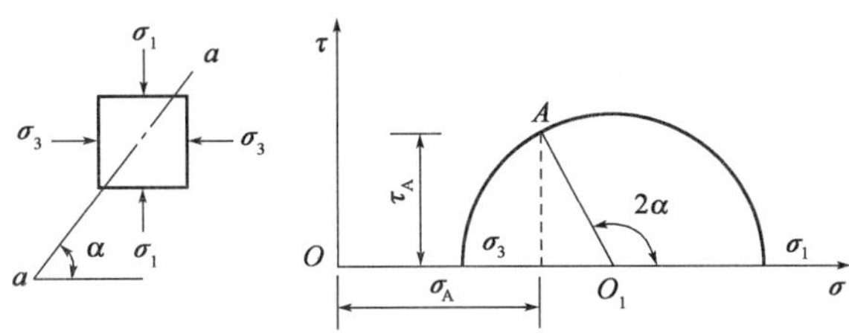

图 2-4-4　用莫尔圆表示土体中任意一点的应力状态

由此可知,在 τ-σ 坐标平面中土体单元应力状态的轨迹是一个圆,该圆称为莫尔应力圆,简称莫尔圆。用莫尔圆可以表示土体中任意一点的应力状态,莫尔圆圆周上各点的坐标表示该点在相应平面上的正应力和剪应力大小。

2)土的极限平衡状态

如果土体中某点剪切破坏面的位置已经确定,只要计算出作用于该面上的法向应力 σ 及剪应力 τ,与由库仑定律确定的抗剪强度 τ_f 进行对比,就可以判断该点是否会发生剪切破坏,分以下三种情况。

(1)当 $\tau < \tau_f$ 时,表示该点处于弹性平衡状态,不会发生剪切破坏;

(2)当 $\tau = \tau_f$ 时,表示该点处于极限平衡状态,即将发生剪切破坏;

(3)当 $\tau > \tau_f$ 时,表示该点已经剪切破坏。

对于土体中的任意一点,剪切破坏面的位置一般不能预知,无法利用库仑定律直接判断其是否会发生剪切破坏。但是通过计算该点的主应力,画出其莫尔应力圆,把代表土体中某点应力状态的莫尔应力圆与该土的抗剪强度线($\tau = c + \sigma\tan\varphi$)画在同一个 τ-σ 坐标图中(图 2-4-5),然后通过莫尔应力圆与抗剪强度线的相对位置,即可判断土中应力状态。

若二者相离,表明通过该点的任意平面上的剪应力都小于土的抗剪强度,故土体不会发生剪切破坏(图 2-4-5 中的 c 圆),即该点处于稳定状态。

若二者相割,表明该点已有一部分平面上的剪应力达到或超过了土的抗剪强度,土体已经破坏(图 2-4-5 中的 a 圆),但事实上该应力状态是不存在的。

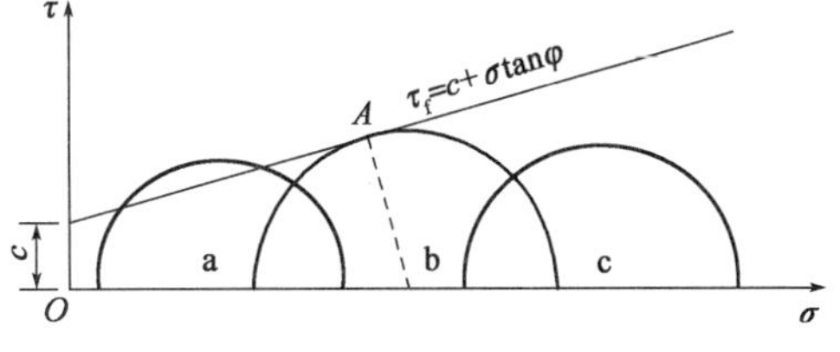

图 2-4-5　不同应力状态下的莫尔圆

若二者相切,与抗剪强度线相切的莫尔应力圆称为极限应力圆(图 2-4-5 中的 b 圆),切点 A 的坐标表示通过土中一点的某切面上的剪应力等于土的抗剪强度,即土体处于极限平衡状态。

3)土的极限平衡条件

土中某点处于极限平衡状态时,抗剪强度线与莫尔应力圆相切。利用两者相切的几何关系,从图 2-4-6 中可以看出存在以下关系。

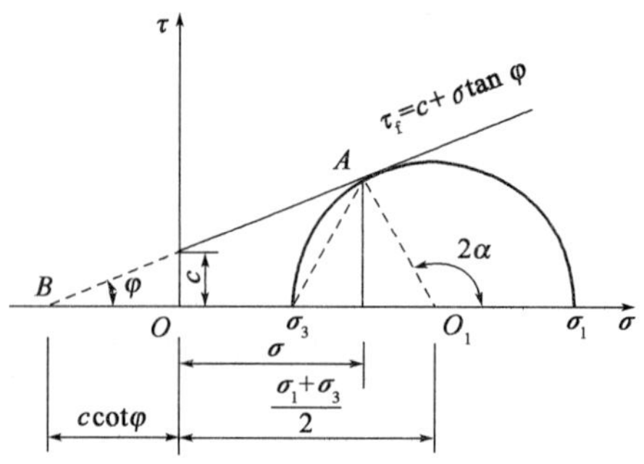

图 2-4-6 土中一点达到极限平衡状态时的莫尔圆

在直角三角形 ABO_1 中：

$$\sin\varphi=\frac{AO_1}{BO_1}$$

$$AO_1=\frac{1}{2}(\sigma_1-\sigma_3)$$

$$BO_1=c\cot\varphi+\frac{1}{2}(\sigma_1+\sigma_3)$$

于是：

$$\sin\varphi=\frac{\sigma_1-\sigma_3}{2c\cot\varphi+\sigma_1+\sigma_3}$$

由直角三角形 ABO_1 外角与内角的关系可知 $2\alpha=90°+\varphi$，即破裂面与最大主应力的作用面成 $\alpha=45°+\frac{\varphi}{2}$的夹角。

通过三角函数间的变换关系可以得到土中某点处于极限平衡状态时主应力之间的关系式(2-4-6)。由于等式成立时土体处于极限平衡状态，故将该式称为土体极限平衡条件。

$$\sigma_1=\sigma_3\tan^2\left(45°+\frac{\varphi}{2}\right)+2c\tan\left(45°+\frac{\varphi}{2}\right) \tag{2-4-6a}$$

$$\sigma_3=\sigma_1\tan^2\left(45°-\frac{\varphi}{2}\right)-2c\tan\left(45°-\frac{\varphi}{2}\right) \tag{2-4-6b}$$

式(2-4-6)仅表示土体处于极限平衡状态时主应力 σ_1 和 σ_3 间的相互关系，并不是任何应力状态下都能满足的恒等式，因此，可将已知的主应力和抗剪强度指标值代入式(2-4-6)右侧，计算出主应力 σ_1 或 σ_3 的计算值后，与已知的主应力值比较，判别土体是否会剪切破坏。如果 σ_1 计算值大于已知值，表示该点处于弹性平衡状态；反之，表示该点已发生剪切破坏；若相等，说明该点处于极限平衡状态。

注意：若将 σ_3 计算值与已知值比较，情况正好相反，如果 σ_3 计算值小于已知值，表示该点处于弹性平衡状态；反之发生剪切破坏。

[例 2-4-1] 某黏性土地基的黏聚力 $c=20\text{kPa}$，内摩擦角 $\varphi=24°$，承受的最大主应力和最小主应力分别为 $\sigma_1=500\text{kPa}$，$\sigma_3=200\text{kPa}$，试判断该点是否处于极限平衡状态。

解：已知最小主应力 $\sigma_3=200\text{kPa}$，将已知有关数据代入式(2-4-6a)得最大主应力的计算值为：

$$\sigma_1=\sigma_3\tan^2\left(45°+\frac{\varphi}{2}\right)+2c\tan\left(45°+\frac{\varphi}{2}\right)$$

$=200\times\tan^2 57°+2\times20\times\tan57°=535.8(\text{kPa})$

σ_1 的计算结果大于已知值，所以该土样处于弹性平衡状态。若用图解法，则会得到莫尔应力圆与抗剪强度线相离的结果。

三、直接剪切试验

直接剪切试验适用于测定细粒土和砂类土的抗剪强度指标。试验所用直剪仪按加荷方式不同分为应变式和应力式两类，前者是等速推动试样产生位移测定相应的剪应力；后者是对试样分级施加水平剪力测定相应的位移。目前我国普遍应用的是应变式直剪仪（图 2-4-7），它由剪切盒、垂直加荷设备、剪切传动装置、测力计和位移量测系统组成，如图 2-4-8 所示。

图 2-4-7　应变式直剪仪

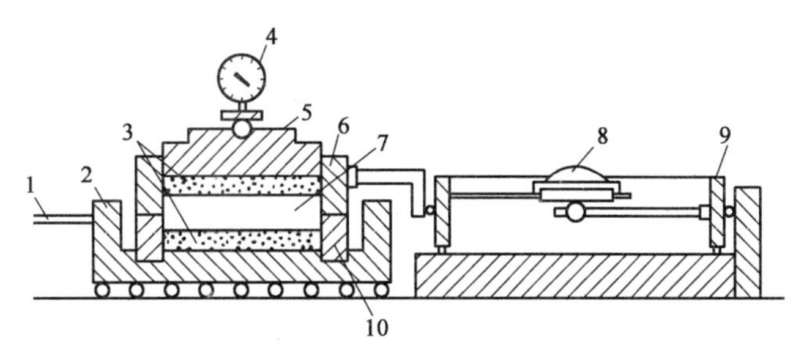

图 2-4-8　应变式直剪仪示意图

1-推动座；2-加压容器；3-透水石；4-垂直位移百分表；5-垂直加荷框架；6-上剪切盒；7-试样；8-测力百分表；9-测力计；10-下剪切盒

1. 直接剪切试验方法

试验时，对准上下剪切盒，插入固定销。在下剪切盒内放透水石和滤纸，将带有试样的环刀刃向上，对准剪切盒口，在试样上放滤纸和透水石，将试样小心地推入剪切盒内。移动传动装置，使上盒前端钢珠刚好与测力计接触，依次加上传压板、垂直加荷框架，安装垂直位移百分表，测记初始读数。根据工程实际和土的软硬程度施加各级垂直压力。施加某一级垂直压力后，每 1h 测记垂直变形一次。试样固结稳定时的垂直变形值为每 1h 不大于 0.005mm。拔去固定销，等速转动手轮对下剪切盒施加水平推力，使试样沿上下剪切盒之间的水平面剪切变形，并每隔一定时间测记测力百分表读数，直至剪损。

当测力百分表读数不变或后退时，继续剪切至剪切位移为 4mm 时停止，记下破坏值。当剪切过程中测力百分表无峰值时，剪切至剪切位移达 6mm 时停止。

剪应力按式(2-4-7)计算：

$$\tau=\frac{CR}{A_0}\times10 \tag{2-4-7}$$

式中：τ——剪应力，kPa，计算至 0.1kPa；

C——测力计的率定系数，N/0.01mm；

R——测力计读数，0.01mm；

A_0——试样初始面积，cm^2；

10——单位换算系数。

注意:若试验所用仪器铭牌或说明书上测力计率定系数 C 的单位为 kPa/0.01mm 时,剪应力 $\tau = CR$。

根据计算结果,绘制出某一垂直压力下土样剪应力 τ 与剪切位移 Δl 的对应关系曲线,如图 2-4-9a)所示。当剪应力-剪切位移曲线出现峰值时,取峰值剪应力为破坏时的抗剪强度 τ_f;当无峰值时,可取对应于剪切位移 $\Delta l = 4$mm 时的剪应力作为 τ_f。

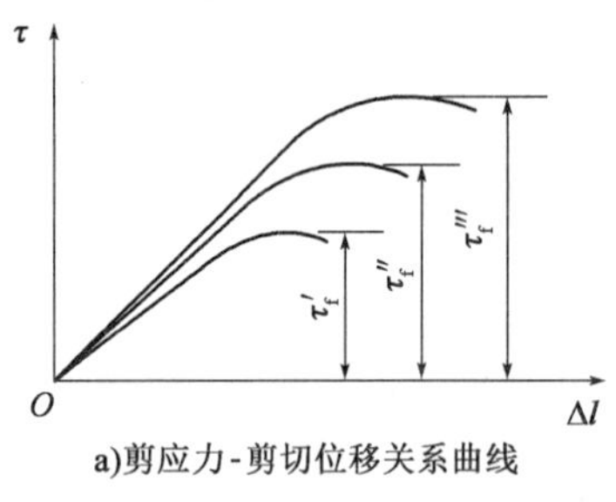

a)剪应力-剪切位移关系曲线

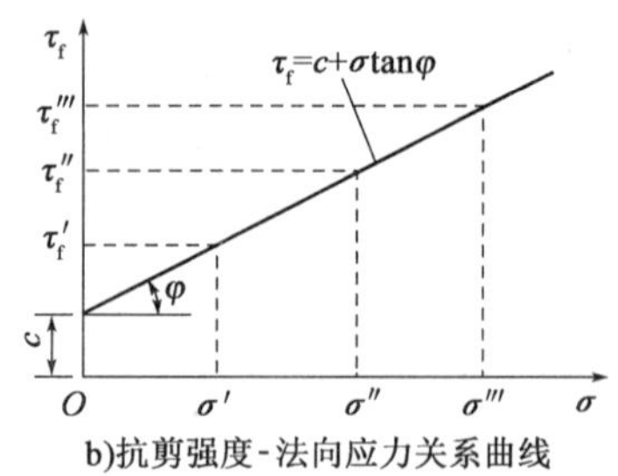

b)抗剪强度-法向应力关系曲线

图 2-4-9 直剪试验成果曲线

试验时,同一种土一般取 4 ~ 5 个试样,分别在不同的垂直压力下剪损,再以垂直压应力 σ 为横坐标,抗剪强度 τ_f 为纵坐标将每一个试样的抗剪强度点绘在直角坐标系中,并连成一直线,称为抗剪强度线[图 2-4-9b)]。此直线的倾角为内摩擦角 φ,其在纵坐标上的截距为黏聚力 c。

2. 直接剪切试验方法分类

为了考虑土体固结程度和排水条件对抗剪强度的影响,将直接剪切试验分为慢剪试验、固结快剪试验和快剪试验三种。

1)慢剪试验

慢剪试验是在试样上施加垂直压力及水平剪切力的过程中均匀地使试样排水固结。试验时要求在试样固结稳定后,再以小于 0.02mm/min 剪切速率施加水平剪切力进行剪切。慢剪试验的抗剪强度指标用 c_s 和 φ_s 表示。如果在施工期和工程使用期有充分时间允许排水固结,可以采用慢剪试验测定土的抗剪强度指标。

2)固结快剪试验

固结快剪试验是在试样上施加垂直压力,待排水固结稳定后,以 0.8mm/min 的剪切速率施加水平剪切力进行剪切。剪切过程中为尽量避免试样排水,要求土样在 3 ~ 5min 内剪损。固结快剪试验抗剪强度指标用 c_{cq} 和 φ_{cq} 表示。当构筑物在施工期间允许土体充分排水固结,但完工后可能突然增加荷载作用时,可以采用固结快剪试验测定土的抗剪强度指标。

3)快剪试验

快剪试验是在试样上施加垂直压力后,立即施加水平剪切力进行剪切,剪切速度为 0.8mm/min。由于试验时无需等试样排水固结稳定,所以试验时也不用测记垂直变形。快剪试验抗剪强度指标用 c_q 和 φ_q 表示。快剪试验用于在土体上施加荷载和剪切过程中均不存在固结和排水过程的情况。如公路挖方边坡时比较干燥,施工期边坡不排水固结,可以采用快剪试验测定土的抗剪强度指标。

直接剪切试验的优点是仪器构造简单,操作方便,但也存在以下缺点:

(1)不能控制排水条件;

(2)剪切面是人为固定的,该剪切面不一定是土样的最薄弱面;

(3)剪切面上的应力分布不均匀。

四、三轴剪切试验

1. 试验基本原理

三轴剪切试验适用于测定细粒土和砂类土的抗剪强度参数指标。所用仪器为三轴剪切仪,由周围压力系统、反压力系统、孔隙水压力量测系统和主机组成,如图 2-4-10 所示。

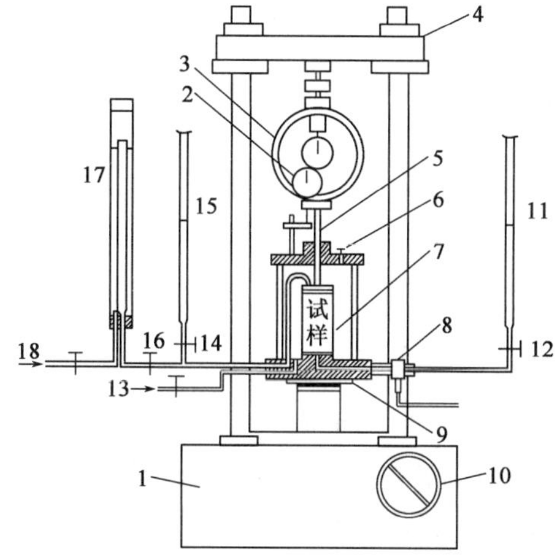

图 2-4-10 应变控制式三轴压缩仪示意图

1-试验机;2-轴向位移计;3-轴向测力计;4-试验机横梁;5-活塞;6-排气孔;7-压力室;8-孔隙压力传感器;9-升降台;10-手轮;11-排水管;12,14-排水阀;13-周围压力阀;15-量水管;16-体变管阀;17-体变管;18-反压力

试验所用的土样为圆柱形,最小直径为 35mm,最大直径为 101mm,常用土样的高度与直径之比为 2.0 ~ 2.5。土样用薄橡皮膜包裹放入压力室(图 2-4-11),试样的上、下两端可根据试验要求放置透水石或不透水板。试验中试样的排水情况由排水阀控制。试样底部与孔隙水压力量测系统相接,必要时可以测定试验过程中试样的孔隙水压力的变化。

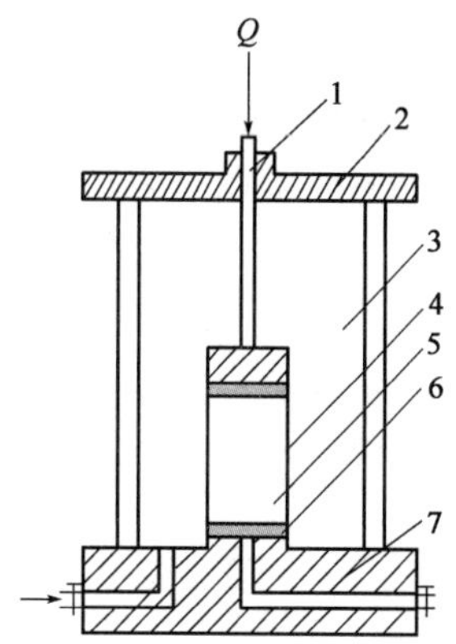

图 2-4-11 三轴剪切仪压力室图

1-传力杆;2-顶盘;3-压力室;4-橡皮膜;5-土样;6-透水石;7-底座

试验时,在压力室底座上依次放透水石或不透水板、试样及试样帽,将橡皮膜套在试样外,并将橡皮膜两端与底座和试样帽分别扎紧。先关排水阀,再开周围压力阀,向压力室内压入液体,使土样在三个轴向受到相同的周围压力 σ_3,此时的土样不受剪力作用。再转动手轮,使试样帽与活塞及测力计接触,装上轴向位移计,将轴向测力计和轴向位移计读数调至零位。开动马达,接上离合器,由轴向系统通过活塞对土样施加轴向压力

$\Delta\sigma$ 开始剪切,剪切过程按要求控制剪切应变速率,当轴向测力计读数出现峰值时,剪切应继续进行至超过5%的轴向应变为止。当测力计读数无峰值时,剪切应继续进行至轴向应变为15%~20%。

轴向应变按下式计算:

$$\varepsilon_1 = \frac{\Delta h_i}{h_0} \tag{2-4-8}$$

式中:ε_1——轴向应变值,%;

Δh_i——剪切过程中的高度变化,mm;

h_0——试样初始高度,mm。

对试样面积的校正按下式计算:

$$A_a = \frac{A_0}{1-\varepsilon_1} \tag{2-4-9}$$

式中:A_a——试样的校正断面积,cm^2;

A_0——试样的初始断面积,cm^2。

主应力差按下式计算:

$$\Delta\sigma = \sigma_1 - \sigma_3 = \frac{CR}{A_a} \times 10 \tag{2-4-10}$$

式中:σ_1——大主应力,kPa;

σ_3——小主应力,kPa;

C——轴向测力计校正系数,N/0.01mm;

R——轴向测力计读数,mm,精确至0.01mm。

有峰值时,以($\sigma_1-\sigma_3$)的峰值为破坏点;无峰值时,取15%轴向应变时的主应力差值作为破坏点。以法向应力为横坐标,剪应力为纵坐标,在横坐标上以$\left(\frac{\sigma_{1f}+\sigma_{3f}}{2}\right)$为圆心($f$注脚表示破坏),$\left(\frac{\sigma_{1f}-\sigma_{3f}}{2}\right)$为半径,在$\tau$-$\sigma$应力平面图上绘制破损应力圆。

同一种土取3~4个试样,分别在不同周围压力作用下进行剪切试验,并绘制不同周围压力下破损应力圆的包线,即为抗剪强度包线,它一般呈直线形,由此可测得土的抗剪强度指标c、φ,如图2-4-12所示。

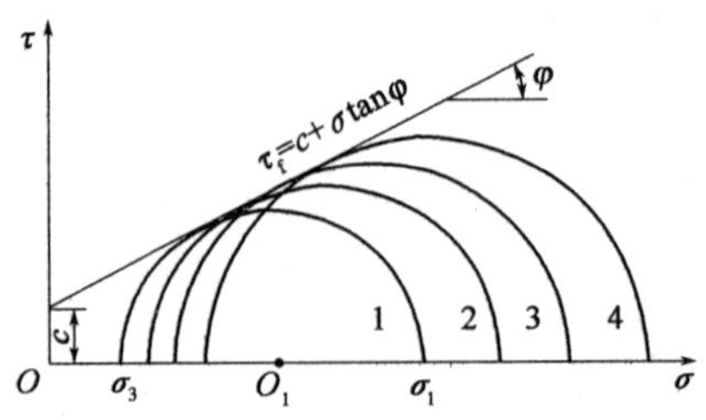

图2-4-12 三轴剪切试验莫尔应力圆

若试验过程中通过孔隙水压力量测系统分别测得每个土样剪切破坏时的孔隙水压力u的大小,则可以得出土样剪切破坏时的有效应力$\overline{\sigma}_1=\sigma_1-u$,$\overline{\sigma}_3=\sigma_3-u$,绘制出相应的有效极限应力圆,从而求得有效抗剪强度指标。

2. 三轴剪切试验方法分类

三轴剪切试验根据土样固结排水不同情况分为下列三种方法。

1)不固结不排水剪试验(UU 试验)

不固结不排水剪试验是在施加周围压力和增加轴向压力直至破坏过程中均不允许试样排水,试验过程中排水阀门自始至终关闭。剪切应变速率宜使试样轴向应变在每分钟 0.5% ~ 1% 。它适用于实际工程条件相当于饱和软黏土快速加荷时的应力状况。

2)固结不排水剪试验(CU 试验)

固结不排水剪试验是使试样先在某一周围压力作用下排水固结,然后在保持不排水的情况下,增加轴向压力直至破坏。试验时,施加周围压力后打开排水阀和孔隙水压力阀,测记不同时段排水管水面及孔隙水压力值,直至孔隙水压力消散95%以上。关闭排水阀,增加轴向压力进行剪切。黏质土剪切速率为每分钟应变 0.05% ~0.1%;粉质土为每分钟应变 0.1% ~ 0.5% 。注意固结后的试样高度及面积需按《公路土工试验规程》(JTG 3430—2020)中的公式计算。它适用于一般正常固结土层竣工时突然有较大新增荷载作用时的情况。

3)固结排水剪试验(CD 试验)

使试样先在某一周围压力作用下排水固结,然后在允许试样充分排水的情况下增加轴向压力直至破坏。试验过程中排水阀门自始至终是打开的。固结后的试样高度及面积计算同CU 试验。它适用于地基排水条件良好,工程施工过程中无突然增加荷载时的情况。

三轴剪切试验的优点主要在于:

(1)可以控制土样的排水固结条件;

(2)能测量试样两端的孔隙水压力,从而算得有效应力;

(3)试样的应力条件比较明确,有利于理论分析。此外,土样剪坏时,对较硬黏土还可观测到倾斜的剪裂面。

因此,虽然三轴剪切试验设备和操作较直接剪切试验复杂,但日益受到重视。

五、无侧限抗压强度试验

无侧限抗压强度试验适用于测定黏聚性土的无侧限抗压强度和饱和软黏土的灵敏度。试验主要仪器应变控制式无侧限抗压强度仪如图 2-4-13 所示,包括测力计、加压框架及升降板等,根据土的软硬程度不同,应选用不同量程的测力计。

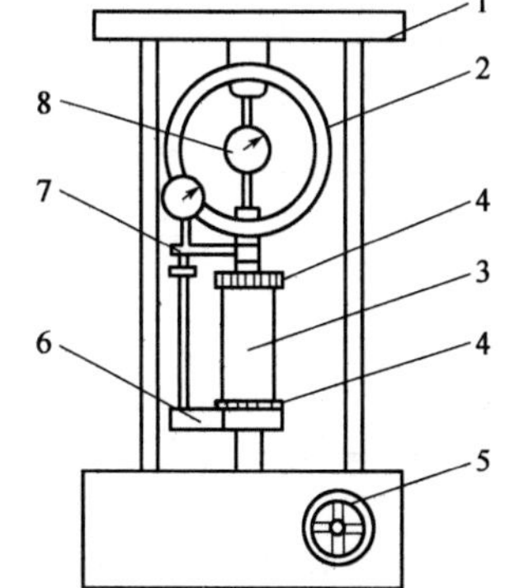

图 2-4-13 应变控制式无侧限抗压强度仪

1-加压框架;2-测力计;3-试样;4-上、下加压板;5-手轮;6-升降板;7-轴向位移计;8-测力计百分表

称量切削好的试件,同时取切削下的余土测定含水率。用卡尺测量试件高度及上、中、下各部位直径,按式(2-4-11)计算其平均直径

$$D_0 = \frac{D_1 + 2D_2 + D_3}{4} \qquad (2\text{-}4\text{-}11)$$

式中: D_0——试件平均直径,cm,精确至 0.01cm;

D_1、D_2、D_3——试件上、中、下各部位的直径,cm。

将制备好的试件两端抹凡士林后放在下加压板上,

转动手轮,使其与上加压板刚好接触,调测力计百分表读数为零点。以轴向应变 1%/min ~3%/min 的速度转动手轮,使试验在 8 ~10min 内完成。应变在 3% 以前,每 0.5% 应变记读测力计百分表读数一次;应变达 3% 以后,每 1% 应变记读测力计百分表读数一次。当测力计百分表达到峰值或读数达到稳定,再继续剪 3% ~5% 应变值即可停止试验。如读数无稳定值,则轴向应变达 20% 时即可停止试验。试验结束后,迅速反转手轮,取下试件,描述破坏情况。

需要测定饱和黏性土的灵敏度 S_t 时,将破坏后的试件去掉表面凡士林,再加少许土,包以塑料布,用手捏搓,破坏其结构,重塑为圆柱形,放入重塑筒内,用金属垫板挤成与筒体积相等的试件,即与重塑前尺寸相等,然后立即重复上述试验方法。

轴向应变按式(2-4-12)计算:

$$\varepsilon_1 = \frac{\Delta h}{h_0} \times 100 \tag{2-4-12}$$

式中:ε_1——轴向应变,%;

h_0——试件初始高度,cm;

Δh——轴向变形,cm。

试件平均断面积按式(2-4-13)计算:

$$A_a = \frac{A_0}{1 - \varepsilon_1} \tag{2-4-13}$$

式中:A_a——校正后试件的断面积,cm^2;

A_0——试件初始面积,cm^2。

应变控制式无侧限抗压强度仪上试件所受轴向应力按式(2-4-14)计算:

$$\sigma = \frac{10CR}{A_a} \tag{2-4-14}$$

式中:σ——轴向压力,kPa;

C——测力计校正系数,N/0.01mm;

R——百分表读数,mm,精确至 0.01mm;

A_a——校正后试件的断面积,cm^2;

10——单位换算系数。

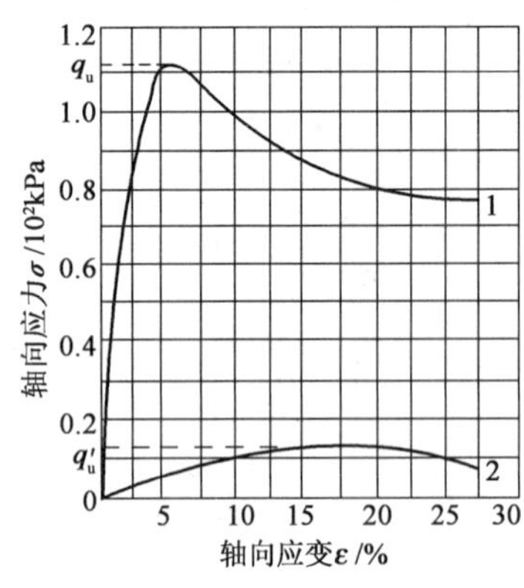

图 2-4-14 轴向应力与应变的关系曲线
1-原状试件;2-重塑试件

以轴向应力为纵坐标,轴向应变为横坐标,绘制应力-应变曲线(图 2-4-14)。以最大轴向应力作为无侧限抗压强度 q_u。若最大轴向应力不明显,取轴向应变 15% 处的应力作为该试件的无侧限抗压强度 q_u。

土的灵敏度是以原状土的无侧限抗压强度与同种土经重塑后(完全扰动但含水率不变)的无侧限抗压强度之比来表示的。

$$S_t = \frac{q_u}{q_0} \tag{2-4-15}$$

式中:S_t——黏性土的灵敏度;

q_u——原状试件的无侧限抗压强度,kPa;

q_0——重塑试件的无侧限抗压强度,kPa。

根据灵敏度的大小，可将饱和黏性土分为：低灵敏土（$1 < S_t \leqslant 2$）、中灵敏土（$2 < S_t \leqslant 4$）和高灵敏土（$S_t > 4$）。

土的灵敏度越高，其结构性越强，受扰动后土的强度降低就越多。黏性土受扰动而强度降低的性质，一般对工程建设是不利的，如在基坑开挖过程中，因施工可能造成对黏性土的扰动而使地基强度降低。

前述三种试验方法都是室内测定方法，需要事先取得原状土样，但试样在采样、运送、保存和制备等过程中不可避免地会受到扰动，土样含水率也难以保持天然状态，特别是高灵敏度的黏性土，因此，试验结果会受到不同程度的影响。

六、十字板剪切试验

十字板剪切试验是一种土的抗剪强度原位测试方法，该方法适合于现场测定饱和黏性土的原位不排水抗剪强度，特别适用于均匀饱和软黏土。

试验时先把套管打到要求测试的深度以上75cm，并清除套管内的土，然后通过套管将安装在钻杆下的十字板压入土中至测试的深度。由地面的扭力装置对钻杆施加扭矩，使埋在土中的十字板扭转，直至土体剪切破坏。破坏面为十字板旋转所形成的圆柱面（图2-4-15）。

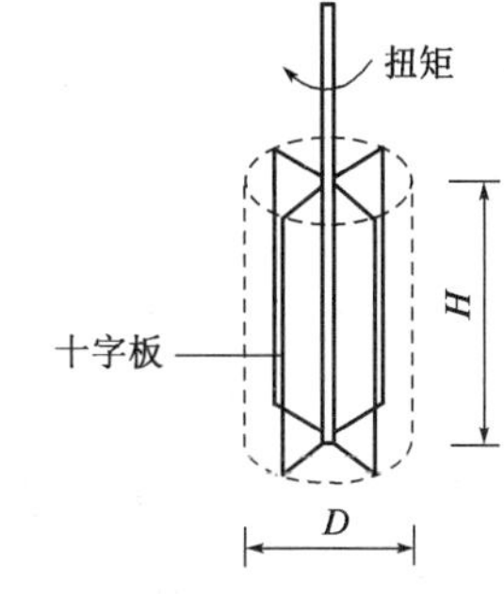

图2-4-15　十字板剪切仪示意图

设土体剪切破坏时所施加的扭矩为 M，它与剪切破坏圆柱面上的抗剪强度所产生的抵抗力矩相等，由此可得抗剪强度的简化公式为：

$$\tau_f = \frac{2M}{\pi D\left(H + \frac{D}{3}\right)} \tag{2-4-16}$$

式中：τ_f——十字板测得的土的抗剪强度，kPa；

M——剪切破坏时的扭矩，kN·m；

D——十字板的直径，m；

H——十字板的高度，m。

十字板剪切试验直接在原位进行试验，不必取土样，因此土体受到的扰动较小，是能反映土体原位强度的测试方法。但是，若软土层中夹有薄层粉砂，则十字板剪切试验得出的结果可能会偏大。

2005年5月9日，某铁路K84+980～K85+130地段，沿路线方向发生长150m、宽120m的路基塌方和沉陷，造成上下行钢轨悬空，线路下陷6～8m（图2-4-16）。经调查，事故路段属于软土地基，地质情况比较复杂，但附近的砖瓦厂超量取土、抽水是导致坡体侧牵引滑坡的主要原因。2006年3月28日，某高速公路路面发生严重塌陷，现场形成长约100m、宽约10m、深近10m的塌方(图2-4-17)。塌方主要原因是降雨引起地下水位上升,导致路基抗剪强度降低。

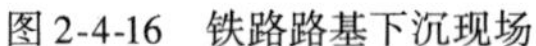

图2-4-16 铁路路基下沉现场

图2-4-17 高速公路寿阳段塌陷现场

以上两个实际工程事故案例均是由土体发生剪切破坏导致不同类别的土抗剪强度相差很大,同一种土的抗剪强度也会随着环境条件的改变而变化。工程技术人员应结合工程所处环境及具体情况,全面分析研究土体抗剪强度影响因素,正确掌握抗剪强度测试方法,提高工程的可靠性和稳定性。因为只有全面分析问题各要素及其之间的相互关系,正确把握事物的客观情况和发展规律,才能制定出符合实际情况的解决办法。

1. 什么是土的抗剪强度?一般土的抗剪强度由哪两部分组成?砂土和黏性土的抗剪强度有何不同?

2. 土的抗剪强度指标 c、φ 是否为常数?与哪些因素有关?

3. 直接剪切试验方法有哪几种?各有何特点?试验结果有何区别?

4. 试用库仑-莫尔强度理论解释:当 σ_1 不变,而 σ_3 变小时土可能破坏;反之,σ_3 不变,而 σ_1 变大时土可能破坏的现象。

背景材料:

对某黏性土地基进行直接剪切试验,测得的土样试验数据见表2-4-1。

直接剪切试验记录表 表2-4-1

试样面积/cm^2	30			
垂直压力 p/kPa	100	200	300	400
量力环最大变形 R/0.01mm	41.7	69.1	96.7	124.4
量力环号数	A003			
测力计率定系数 C/kPa·(0.01mm)$^{-1}$	1.867			
抗剪强度 $\tau = CR$/kPa				
抗剪强度指标	c = kPa,φ = °			

任务要求：

1. 计算不同竖直压力作用下地基土的抗剪强度值，并以竖直压应力 σ 为横坐标，抗剪强度 τ_f 为纵坐标绘制抗剪强度线，量测抗剪强度指标 c 和 φ，填入表 2-4-1 中。

2. 如果已知该地基土承受的最大主应力和最小主应力分别为 $\sigma_1 = 450\text{kPa}$，$\sigma_3 = 150\text{kPa}$，试判断该点是否处于极限平衡状态。

任务五 地基土承载力的确定

学习目标

1. 知识目标

(1)掌握地基承载力的概念及研究意义；

(2)掌握载荷试验确定地基承载力特征值的方法；

(3)了解理论公式确定地基承载力特征值的方法；

(4)掌握规范公式法确定地基承载力特征值的方法。

2. 能力目标

(1)能根据地基承载力变化规律分析工程问题；

(2)能用规范公式法确定地基承载力特征值。

任务描述

通过对地基承载力基本概念、地基承载力特征值确定方法等相关知识的学习，能够掌握地基土强度随着荷载变化的规律，用现行《公路桥涵地基与基础设计规范》(JTG 3363)中的公式法确定地基承载力特征值。

相关知识

一、地基承载力概念

地基承载力是指地基土单位面积上所能承受荷载的能力，以 kPa 计。地基极限承载力是指地基土不致失稳时单位面积上所能承受的最大荷载。地基承载力特征值是由载荷试验测定的地基土压力-变形曲线线性变形段内规定的变形所对应的压力值。在基础工程设计中，必须控制结构物基础底面压力不超过地基承载力特征值，以保证地基既不会发生剪切破坏而失稳，也不会因基础沉降过大影响其正常使用。

确定地基承载力的方法一般有原位试验法、理论公式法、规范经验法等。原位试验法是一种通过现场直接试验确定承载力的方法，包括载荷试验、静力触探试验、标准贯入试验、旁压试验等，其中载荷试验法是最直接和可靠的方法。理论公式法是根据土的抗剪强度指标用理论公式计算确定承载力的方法。规范经验法是根据现行《公路桥涵地基与基础设计规范》(JTG 3363)中推荐的表值或公式计算确定承载力的方法。

二、利用载荷试验成果确定地基承载力特征值

现场载荷试验的试验步骤为先在待测地基土上放置一块模拟基础的承压板,然后在承压板上逐级施加荷载,同时用百分表测记各级荷载作用下承压板的稳定沉降量,并观察周围土的位移情况,直至地基土破坏失稳为止。具体试验方法在本学习项目任务二中已详细介绍。

1. 载荷试验的终止加载条件

(1)浅层平板载荷试验出现下列情况之一时,即可终止加载。

①承压板周围的土明显地侧向挤出;

②沉降量 s 急剧增大,荷载-沉降(p-s)曲线出现陡降段;

③在某一级荷载下,24h 内沉降速率不能达到稳定;

④沉降量与承压板宽度 b 或直径 d 之比大于或等于 0.06。

(2)深层平板载荷试验出现下列情况之一时,即可终止加载。

①沉降量 s 急骤增大,荷载-沉降(p-s)曲线上有可判定极限承载力的陡降段,且沉降量超过 0.04 倍的承压板直径;

②在某级荷载下,24h 内沉降速率不能达到稳定;

③本级沉降量大于前一级沉降量的 5 倍;

④当持力层土层坚硬,沉降量很小时,最大加载量不小于设计要求的 2 倍。

2. 地基承载力特征值 f_{a0} 的确定

地基承载力特征值 f_{a0} 的确定应符合下列规定:

(1)当 p-s 曲线上有比例界限时,取该比例界限所对应的荷载值。

(2)当浅层平板载荷试验和深层平板载荷试验分别满足上述各自终止加载条件的前三项之一时,其对应的前一级荷载定为极限荷载,当极限荷载小于对应比例界限荷载值的 2 倍时,取极限荷载值的一半。

(3)当不能按上述两项要求确定时,若压板面积为 0.25 ~ 0.50m^2,可取 s/b(或 s/d) = 0.01 ~ 0.015 所对应的荷载,但其值不应大于最大加载量的一半。

注意:同一土层参加统计的试验点不应少于三点,当试验实测值的极差不超过其平均值的 30% 时,取此平均值作为该土层的地基承载力特征值 f_{a0}。当极差不满足要求时,应查明原因,必要时重新划分地基统计单元进行评价。

地基承载力除与荷载大小有关外,还与基础的形状、底面尺寸、埋置深度等有关,由于载荷试验的承压板尺寸远小于实际基础的底面尺寸,因此,用上述方法确定的地基承载力特征值是偏保守的。

三、根据理论公式确定地基承载力

计算地基承载力的理论公式分为两大类,一类是根据土体极限平衡条件推导得到的临塑

荷载和临界荷载计算公式，另一类是通过假定地基土为刚塑性而推导得到的极限承载力计算公式。

1. 临塑荷载与临界荷载的计算

前文已经指出，荷载作用下地基变形的发展经历了压密阶段、剪切变形阶段和破坏阶段。地基变形的剪切阶段是土中塑性区范围随着作用荷载的增加而不断发展的阶段。图 2-5-1a）所示为条形基础上作用均布荷载 p 时地基土中的塑性区。塑性区发展的深度为 z_{max}（z 是从基底算起）。将 $z_{max}=0$ 时（地基中即将发生塑性区）相应的基底荷载称为临塑荷载。地基中塑性区发展到一定程度时的荷载称为临界荷载。实践中，可以根据构筑物的不同要求用临塑荷载或临界荷载作为地基承载力特征值。

1）临塑荷载

如图 2-5-1b）所示，条形基础在均布荷载的作用下，当基础埋深为 d，侧压力系数为 1 时，地基中任意深度 z 处的一点 M 的最大主应力 σ_1 和最小主应力 σ_3 为

$$\left.\begin{aligned}\sigma_1&=\frac{p-\gamma d}{\pi}(2\beta+\sin 2\beta)+\gamma(d+z)\\ \sigma_3&=\frac{p-\gamma d}{\pi}(2\beta-\sin 2\beta)+\gamma(d+z)\end{aligned}\right\}\tag{2-5-1}$$

式中：p——基底压力，kPa；

2β——M 点至基础边缘两连线的夹角，rad。

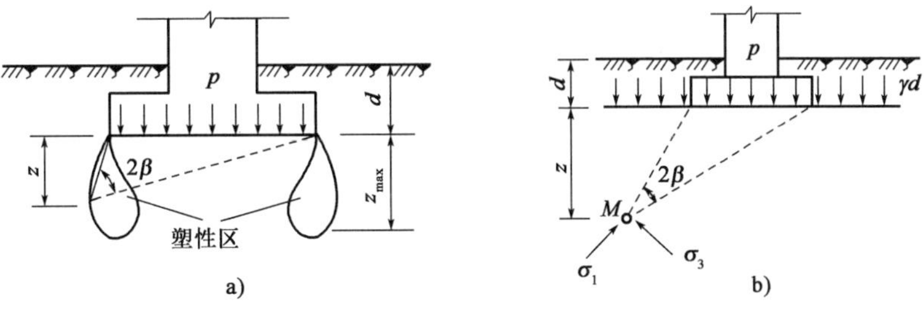

图 2-5-1 均布荷载作用下条形地基中的塑性区和主应力

当地基内的 M 点达到极限平衡状态时，大、小主应力之间的关系应满足式(2-5-2)的规定。

$$\sigma_1=\sigma_3\tan^2\left(45^\circ+\frac{\varphi}{2}\right)+2c\tan\left(45^\circ+\frac{\varphi}{2}\right)\tag{2-5-2}$$

将式（2-5-1）代入式（2-5-2）中，整理后可得轮廓界限方程式为

$$z=\frac{p-\gamma d}{\pi\gamma}\left(\frac{\sin 2\beta}{\sin\varphi}-2\beta\right)-\frac{c}{\gamma\tan\varphi}-d\tag{2-5-3}$$

若基础埋深 d，荷载 p 和土的 γ、c、φ 已知，即可用式（2-5-3）得出塑性区的边界线，如图 2-5-1a）所示。

为了计算塑性变形区的最大深度 z_{max}，令 $\frac{dz}{d\beta}=0$，可得

$$z_{max}=\frac{p-\gamma d}{\pi\gamma}\left(\cot\varphi-\frac{\pi}{2}+\varphi\right)-\frac{c}{\gamma\tan\varphi}-d\tag{2-5-4}$$

当 $z_{max}=0$ 时，即可得到临塑荷载的计算公式为

$$p_{cr}=\frac{\pi(\gamma d+c\cot\varphi)}{\cot\varphi-\frac{\pi}{2}+\varphi}+\gamma d=\gamma dN_q+cN_c \tag{2-5-5}$$

式中：d——基础的埋置深度，m；

γ——基底平面以上土的重度，kN/m³；

φ——土的内摩擦角，计算时化为弧度；

c——土的黏聚力，kPa。

承载力系数 $N_q=\dfrac{\cot\varphi+\varphi+\frac{\pi}{2}}{\cot\varphi+\varphi-\frac{\pi}{2}}$，$N_c=\dfrac{\pi\cot\varphi}{\cot\varphi+\varphi-\frac{\pi}{2}}$，只与土的内摩擦角 φ 有关，可由表2-5-1查得。

承载力系数 N_q、N_c、$N_{\frac{1}{3}}$、$N_{\frac{1}{4}}$ 值 表2-5-1

φ(°)	N_q	N_c	$N_{\frac{1}{4}}$	$N_{\frac{1}{3}}$	φ(°)	N_q	N_c	$N_{\frac{1}{4}}$	$N_{\frac{1}{3}}$
0	1.0	3.0	0	0	22	3.4	6.0	0.6	0.8
2	1.1	3.3	0	0	24	3.9	6.5	0.7	1.0
4	1.2	3.5	0	0.1	26	4.4	6.9	0.8	1.1
6	1.4	3.7	0.1	0.1	28	4.9	7.4	1.0	1.3
8	1.6	3.9	0.1	0.2	30	5.6	8.0	1.2	1.5
10	1.7	4.2	0.2	0.2	32	6.3	8.5	1.4	1.8
12	1.9	4.4	0.2	0.3	34	7.2	9.1	1.6	2.1
14	2.2	4.7	0.3	0.4	36	8.2	10.0	1.8	2.4
16	2.4	5.0	0.4	0.5	38	9.4	10.8	2.1	2.8
18	2.7	5.3	0.4	0.6	40	10.8	12.8	2.5	3.3
20	3.1	5.6	0.5	0.7	42	11.7	12.8	2.9	3.8

2)临界荷载

大量工程实践表明，用临塑荷载 p_{cr} 作为地基承载力设计值是比较保守和不经济的。工程中塑性区发展范围只要不超出某一限度，就不致危及构筑物的安全和正常使用。该范围的大小与构筑物的重要性、荷载性质及土的特征等因素有关；一般中心受压基础可取 $z_{max}=\dfrac{b}{4}$（b 为基础的宽度，单位为 m），偏心受压基础可取 $z_{max}=\dfrac{b}{3}$，与此相应的地基承载力用 $p_{\frac{1}{4}}$、$p_{\frac{1}{3}}$ 表示，称为临界荷载，其大小分别为

$$p_{\frac{1}{4}}=\frac{\pi\left(\gamma_0 d+c\cot\varphi+\frac{1}{4}\gamma b\right)}{\cot\varphi-\frac{\pi}{2}+\varphi}=N_{\frac{1}{4}}\gamma b+N_q\gamma_0 d+N_c c \tag{2-5-6}$$

$$p_{\frac{1}{3}}=\frac{\pi\left(\gamma_0 d+c\cot\varphi+\frac{1}{3}\gamma b\right)}{\cot\varphi-\frac{\pi}{2}+\varphi}=N_{\frac{1}{3}}\gamma b+N_{q}\gamma_0 d+N_{c}c \tag{2-5-7}$$

$$N_{\frac{1}{4}}=\frac{\pi}{4\left(\cot\varphi-\frac{\pi}{2}+\varphi\right)}$$

$$N_{\frac{1}{3}}=\frac{\pi}{3\left(\cot\varphi-\frac{\pi}{2}+\varphi\right)}$$

式中，$N_{\frac{1}{4}}$、$N_{\frac{1}{3}}$为承载力系数，可由表2-5-1查得。

在式(2-5-6)和式(2-5-7)中，第一项中的γ为基础底面以下地基土的重度；第二项中的γ_0为基础埋置深度d范围内土的重度，若地基为均质土，则这两个重度相同。地基中如果存在地下水，则位于地下水位以下的地基土取有效重度计算，其余的符号意义同前。

2.极限承载力的计算

极限承载力计算方法可归纳为以下两大类：

(1)按照假定滑动面法求解。先假定在极限荷载作用时土中滑动面的形状，然后根据滑动土体的静力平衡条件求解。按照这种方法得到的极限荷载公式比较简单，使用方便，目前在实践中应用较多。

(2)按照极限平衡理论求解。根据塑性平衡理论推导出在已知边界条件下的滑动面的数学方程式来求解。这种方法由于在数学求解时会遇到很大的困难，因此目前尚没有严格的一般解析解，仅能对某些边界条件比较简单的情况求解。

按照假定滑动面法计算极限荷载的公式很多，由于假定条件不同，公式形式也各不相同，目前没有公认的公式，这里仅介绍被普遍采用的太沙基公式。

奥地利土力学家卡尔·太沙基(Karl Terzaghi)于1943年提出了确定条形基础的极限荷载公式。太沙基认为：从实用角度考虑，当基础的长宽比$l/b\geqslant5$及基础的埋深$h\leqslant6\text{m}$时，可视为条形基础。基底以上的土体看作是作用在基础两侧的均布荷载$q=\gamma d$。太沙基利用塑性理论推导出条形基础在中心荷载作用下的极限承载力公式。在公式的推导过程中做了一些基本切合实际的假定(图2-5-2)，其假定如以下三点。

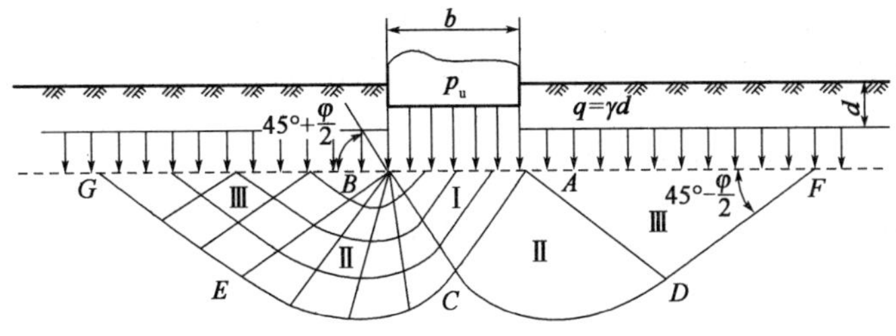

图2-5-2　太沙基公式中的滑动面形状

(1)基础底面粗糙，Ⅰ区基础底面下的三角形弹性楔体(基底下的三角形土楔体ABC)处于弹性压密状态，它在地基破坏时随基础一同下沉。假定滑动面AC和BC与基底面的夹角为φ。

(2) Ⅱ区(辐射受剪区)的下部近似为对数螺旋曲线 CD、CE。Ⅲ区(朗金被动区)下部为一斜直线,滑动面 AD 及 DF 与水平面的夹角为 $45° - \frac{\varphi}{2}$,塑性区(Ⅱ区与Ⅲ区)的地基同时达到极限平衡。

(3)基础两侧的土重为均布荷载 $q = \gamma d$,且不考虑这部分土的抗剪强度。Ⅲ区的重量抵消了上顶的作用力,并通过Ⅱ区和Ⅰ区阻止基础的下沉。

根据对弹性楔体的静力平衡条件的分析,经过一系列的推导,整理得出式(2-5-8)。

$$p_u = 0.5\gamma b N_\gamma + cN_c + qN_q \tag{2-5-8}$$

式中,N_γ、N_c、N_q 为承载力系数,仅与地基土的内摩擦角 φ 有关,可查专用的承载力系数图(图 2-5-3)中的曲线(实线)确定;其余符号意义同前。

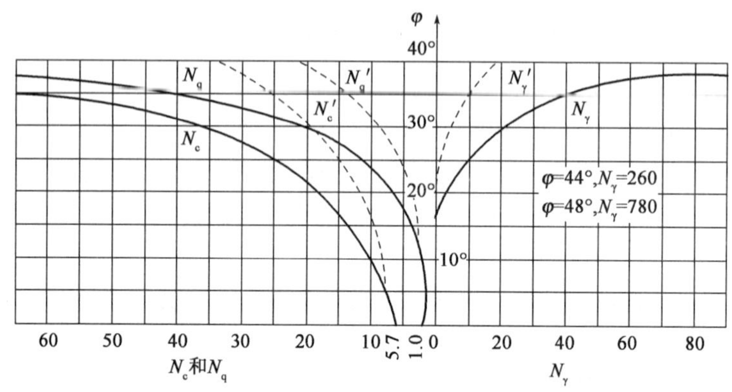

图 2-5-3 太沙基公式中的承载力系数

式(2-5-8)的适用条件是地基土较密实且地基土产生完全的整体剪切滑动破坏,即荷载试验结果 p-s 曲线上有明显的第二拐点情况,如图 2-5-4 中曲线Ⅰ所示;若地基土较松软,则荷载试验结果 p-s 曲线上没有明显的拐点,如图 2-5-4 中曲线Ⅱ所示,太沙基称这类情况为局部剪切破坏,此时的极限荷载公式为:

$$p_u = 0.5\gamma b N_\gamma' + cN_c' + qN_q' \tag{2-5-9}$$

式中,N_γ'、N_c'、N_q' 为地基发生局部剪切破坏时的承载力系数,它仅与地基土的内摩擦角 φ 有关,可查专用的承载力系数图(图 2-5-3)中的虚线确定。

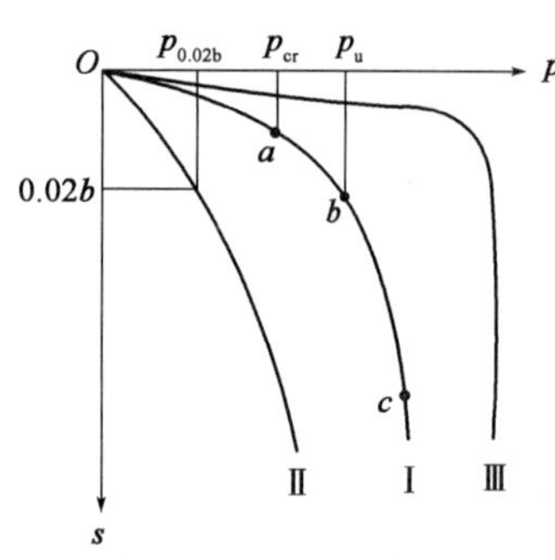

图 2-5-4 载荷试验所得 p-s 曲线

太沙基的极限荷载公式(2-5-8)和式(2-5-9)都是由条形基础推导得到的。针对方形基础和圆形基础,太沙基对极限荷载公式的系数做了适当的修改,提出了半经验公式。

对于方形基础有:

$$p_u = 0.4\gamma b N_\gamma + 1.2cN_c + qN_q \tag{2-5-10}$$

对于圆形基础有:

$$p_u = 0.6\gamma b N_\gamma + 1.2cN_c + qN_q \tag{2-5-11}$$

式中,b 为方形基础边长或圆形基础的半径(m)。

工程实践中,根据构筑物的不同要求,地基承载力特征值可以选用临塑荷载或临界荷载,也可以用极限承载力除以一定的安全系数。如果从安全角度考虑,可取两者中的较小值作为地基承载力特征值。

注意:理论公式在推导过程中,做了许多简化和假定,所以计算结果仅作为确定地基承载力的参考值。另外,理论公式的推导过程只考虑了地基强度,没有考虑地基变形,用理论公式计算值作地基承载力,必要时还应验算基础沉降。

四、根据设计规范确定地基承载力特征值

《公路桥涵地基与基础设计规范》(JTG 3363—2019)根据大量的桥涵工程建造经验和载荷试验资料,综合理论和试验研究成果,通过统计分析,得出一般情况下可供采用的地基承载力特征值。确定方法如下:

1. 确定地基土的类别和土的物理状态指标

对于一般的黏性土,主要指标是液性指数和天然孔隙比;对于砂土,主要指标是湿度和相对密度;对于碎石,主要指标是按野外现场观察鉴定方法所确定的土的紧密程度;其他土所需要的指标见相关规范规定。

2. 查取地基承载力特征值 f_{a0}

当基础宽度 $b \leqslant 2m$,基础的埋置深度 $h \leqslant 3m$ 时,地基土的承载力特征值 f_{a0} 可按土的类别及其物理状态指标从规范相应的表中查得。

(1)一般岩石地基可根据强度等级、节理按表2-5-2确定承载力特征值 f_{a0}。对于复杂的岩层(如溶洞、断层、软弱夹层、易溶岩石、软化岩石等)应按各项因素综合确定。

岩石地基承载力特征值 f_{a0}(kPa) 表2-5-2

坚硬程度	节理发育程度		
	节理不发育	节理发育	节理很发育
坚硬岩、较硬岩	>3000	3000~2000	2000~1500
较软岩	3000~1500	1500~1000	1000~800
软岩	1200~1000	1000~800	800~500
极软岩	500~400	400~300	300~200

(2)碎石土地基可根据其类别和密实程度按表2-5-3确定承载力特征值 f_{a0}。

碎石土地基承载力特征值 f_{a0}(kPa) 表2-5-3

土名	密实程度			
	密实	中密	稍密	松散
卵石	1200~1000	1000~650	650~500	500~300
碎石	1000~800	800~550	550~400	400~200
圆砾	800~600	600~400	400~300	300~200
角砾	700~500	500~400	400~300	300~200

注:1. 由硬质岩组成,填充砂土者取高值;由软质岩组成,填充黏性土者取低值。

2. 半胶结的碎石土,可按密实的同类土的 f_{a0} 值提高10%~30%。

3. 松散的碎石土在天然河床中很少遇见,需特别注意鉴定。

4. 漂石、块石的 f_{a0} 值,可参照卵石、碎石适当提高。

(3)砂土地基可根据土的密实程度和水位情况按表 2-5-4 确定承载力特征值 f_{a0}。

砂土地基承载力特征值 f_{a0}(kPa) 表 2-5-4

土名	湿度	密实程度			
		密实	中密	稍密	松散
砾砂、粗砂	与湿度无关	550	430	370	200
中砂	与湿度无关	450	370	330	150
细砂	水上	350	270	230	100
	水下	300	210	190	—
粉砂	水上	300	210	190	—
	水下	200	110	90	—

(4)粉土地基可根据土的天然孔隙比 e 和天然含水率 w 按表 2-5-5 确定承载力特征值 f_{a0}。

粉土地基承载力特征值 f_{a0}(kPa) 表 2-5-5

e	w/%					
	10	15	20	25	30	35
0.5	400	380	355	—	—	—
0.6	300	290	280	270	—	—
0.7	250	235	225	215	205	—
0.8	200	190	180	170	165	—
0.9	160	150	145	140	130	125

(5)老黏性土地基可根据压缩模量 E_s 按表 2-5-6 确定承载力特征值 f_{a0}。

老黏土性地基承载力特征值 f_{a0}(kPa) 表 2-5-6

E_s/MPa	10	15	20	25	30	35	40
f_{a0}/kPa	380	430	470	510	550	580	620

注:当老黏性土 E_s < 10MPa 时,承载力特征值 f_{a0} 按一般黏性土(表 2-5-7)确定。

(6)一般黏性土可根据天然孔隙比 e 和液性指数 I_L 按表 2-5-7 确定承载力特征值 f_{a0}。

一般黏性土地基承载力特征值 f_{a0}(kPa) 表 2-5-7

e	I_L												
	0	0.1	0.2	0.3	0.4	0.5	0.6	0.7	0.8	0.9	1.0	1.1	1.2
0.5	450	440	430	420	400	380	350	310	270	240	220	—	—
0.6	420	410	400	380	360	340	310	280	250	220	200	180	—
0.7	400	370	350	330	310	290	270	240	220	190	170	160	150
0.8	380	330	300	280	260	240	230	210	180	160	150	140	130
0.9	320	280	260	240	220	210	190	180	160	140	130	120	100
1.0	250	230	220	210	190	170	160	150	140	120	110	—	—
1.1	—	—	160	150	140	130	120	110	100	90	—	—	—

注:1. 土中含有粒径大于 2mm 的颗粒质量超过总质量 30% 以上者,f_{a0} 可适当提高。

2. 当 e < 0.5 时,取 e = 0.5;当 I_L < 0 时,取 I_L = 0。此外,超过表列范围的一般黏性土,$f_{a0} = 57.22E_s^{0.57}$。

3. 一般黏性土地基承载力特征值 f_{a0} 取值大于 300kPa 时,应有原位测试数据作依据。

(7)新近沉积黏性土地基可根据液性指数和天然孔隙比按表 2-5-8 确定承载力特征值f_{a0}。

新近沉积黏性土地基承载力特征值f_{a0}(kPa) 表 2-5-8

e	I_L		
	≤0.25	0.75	1.25
≤0.8	140	120	100
0.9	130	110	90
1.0	120	100	80
1.1	110	90	—

3. 计算修正后的地基承载力特征值f_a

地基承载力特征值不仅与地基土的性质和状态有关,还与基础尺寸和埋置深度有关(有时还与地面水的深度有关)。因此,当基底宽度 $b>2$m、埋置深度 $h>3$m 且 $h/b\leqslant 4$ 时,应对承载力特征值f_{a0}进行修正,修正后的地基承载力特征值f_a 按式(2-5-12)确定。当基础位于水中不透水地层上时,f_a 按平均常水位至一般冲刷线的水深提高(10kPa/m)。

$$f_a = f_{a0} + k_1\gamma_1(b-2) + k_2\gamma_2(h-3) \tag{2-5-12}$$

式中:f_a——修正后的地基承载力特征值,kPa;

b——基础底面的最小边宽,m;当 $b<2$m 时,取 $b=2$m;当 $b>10$m 时,取 $b=10$m;

h——基底埋置深度,m,自天然地面起算,有水流冲刷时自一般冲刷线起算;当 $h<3$m 时,取 $h=3$m;当 $h/b>4$ 时,取 $h=4b$;

k_1、k_2——基底宽度、深度修正系数,根据基底持力层土的类别按表 2-5-9 确定;

γ_1——基底持力层土的天然重度,kN/m^3;若持力层在水面以下且为透水者,应取浮重度;

γ_2——基底以上土层的加权平均重度,kN/m^3;换算时若持力层在水面以下且不透水时,不论基底以上土的透水性质如何,一律取饱和重度;当透水时,水中部分土层则应取浮重度。

地基土承载力宽度、深度修正系数k_1、k_2 表 2-5-9

系数	黏性土				粉土	砂土								碎石土			
	老黏性土	一般黏性土		新近沉积黏性土	—	粉砂		细砂		中砂		砾砂、粗砂		碎石、圆砾角砾		卵石	
		$I_L\geqslant 0.5$	$I_L<0.5$		—	中密	密实	中密	密实	中密	密实	中密	密实	中密	密实	中密	密实
k_1	0	0	0	0	0	1.0	1.2	1.5	2.0	2.0	3.0	3.0	4.0	3.0	4.0	3.0	4.0
k_2	2.5	1.5	2.5	1.0	1.5	2.0	2.5	3.0	4.0	4.0	5.5	5.0	6.0	5.0	6.0	6.0	10.0

注:1. 对于稍密和松散状态的砂土、碎石土,k_1、k_2 值可采用表列中密值的 50%。

2. 强风化和全风化的岩石,可参照所风化成的相应土类取值;其他状态下的岩石不修正。

软土地基承载力应按下列规定确定：

(1)软土地基承载力特征值f_{a0}应由载荷试验或其他原位测试方法取得。载荷试验和其他原位测试方法确有困难时，对于中小桥、涵洞基底未经处理的软土地基，修正后的地基承载力特征值f_a可采用下列两种方法确定：

①根据原状土天然含水率w，按表2-5-10确定软土地基承载力特征值f_{a0}，然后按式(2-5-13)计算修正后的地基承载力特征值f_a：

$$f_a = f_{a0} + \gamma_2 h \tag{2-5-13}$$

软土地基承载力特征值f_{a0} 表2-5-10

天然含水率 $w/\%$	36	40	45	50	55	65	75
f_{a0}/kPa	100	90	80	70	60	50	40

②根据原状土强度指标确定软土地基修正后的地基承载力特征值f_a：

$$f_a = \frac{5.14}{m} k_p C_u + \gamma_2 h \tag{2-5-14}$$

$$k_p = \left(1 + 0.2\frac{b}{l}\right)\left(1 - \frac{0.4H}{blC_u}\right) \tag{2-5-15}$$

式中：m——抗力修正系数，可视软土灵敏度及基础长宽比等因素选用1.5～2.5；

C_u——地基土不排水抗剪强度标准值，kPa；

k_p——系数，由公式(2-5-15)计算所得；

H——由作用(标准值)引起的水平力，kN；

b——基础宽度，m，有偏心作用时，取$b-2e_b$；

l——垂直于b边的基础长度，m，有偏心作用时，取$l-2e_l$；

e_b、e_l——偏心作用在宽度和长度方向的偏心距。

经排水固结方法处理的软土地基，其承载力特征值f_{a0}应通过载荷试验或其他原位测试方法确定；经复合地基方法处理的软土地基，其承载力特征值f_{a0}应通过载荷试验确定；最后按式(2-5-13)计算修正后的软土地基承载力特征值f_a。

4.地基承载力抗力系数γ_R

桥涵地基承载力的验算应以修正后的地基承载力特征值f_a乘以地基承载力抗力系数γ_R控制。即：

$$p_{max} \leqslant \gamma_R f_a \tag{2-5-16}$$

式中：p_{max}——基础底面所受最大压应力，kPa。

地基承载力抗力系数γ_R可按表2-5-11取值。

地基承载力抗力系数 γ_R 表 2-5-11

受荷阶段	作用组合或地基条件		f_a/kPa	γ_R
使用阶段	频遇组合	永久作用与可变作用组合	≥150	1.25
			<150	1.00
		仅计结构重力、预加力、土的重力、土侧压力和汽车荷载、人群荷载	—	1.00
	偶然组合		≥150	1.25
			<150	1.00
	多年压实未遭破坏的非岩石旧桥基		≥150	1.5
			<150	1.25
	岩石旧桥基		—	1.00
施工阶段	不承受单向推力		—	1.25
	承受单向推力		—	1.5

[例 2-5-1] 某桥墩基础如图 2-5-5 所示，已知基础底面宽度 $b=5\text{m}$，长度 $l=10\text{m}$，埋置深度 $h=4\text{m}$，永久作用和可变作用组合下在基底中心的竖向荷载 $N=8000\text{kN}$，地基土持力层为中密粉砂（$\gamma_{sat}=20\text{kN/m}^3$），试按《公路桥涵地基与基础设计规范》(JTG 3363—2019)中的方法计算地基承载力是否满足强度要求。

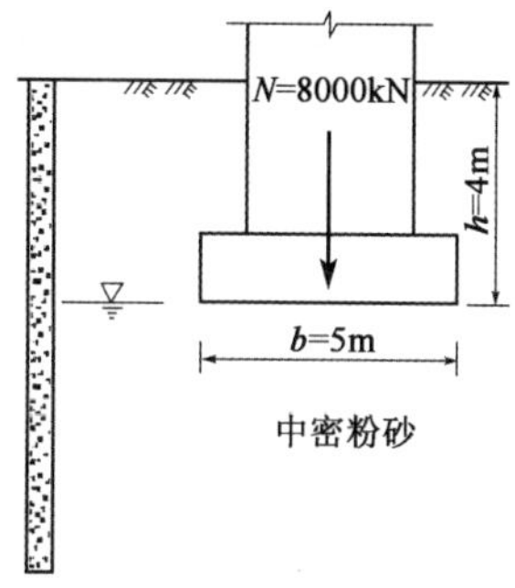

图 2-5-5 例 2-5-1 图

解：已知地基土持力层为中密粉砂（水下），查表 2-5-4 得 $f_{a0}=110\text{kPa}$；中密粉砂在水下且透水，故 $\gamma_1=\gamma'=\gamma_{sat}-\gamma_w=20-10=10(\text{kN/m}^3)$；

因为基础底面以上为中密粉砂且在水位以上，故 $\gamma_2=20(\text{kN/m}^3)$；

由表 2-5-9 查得 $k_1=1.0$、$k_2=2.0$，则有：

$$f_a=f_{a0}+k_1\gamma_1(b-2)+k_2\gamma_2(h-3)=110+1.0\times10\times(5-2)+2.0\times20\times(4-3)$$
$$=180(\text{kPa})$$

基底中心受压，基底压应力

$$p=\frac{N}{A}=\frac{8000}{5\times10}=160(\text{kPa})<\gamma_R f_a=1.25\times180=225(\text{kPa})$$

故地基强度满足要求。

引思明理

地基承载力特征值是基础工程设计的重要控制指标之一，要求基础底面最大压应力不得超出地基承载力特征值，否则，结构物可能出现开裂、沉降、倾斜倒塌等工程事故，造成工程经济损失，产生不良社会影响。加拿大特朗斯康谷仓因地基超载而发生强度破坏的主要原因就是设计时未对谷仓地基进行实地勘察及试验研究，直接采用了邻近结构物基槽开挖试验结果，导致确定出的地基承载力特征值过高，远大于事故发生后的试验实测值。因此，客观、准确地确定地基承载力特征值尤为关键。对于重大工程、地基土质比较复杂和缺少工程实践经验的地基土等情况，必须采用载荷试验或其他原位试验实测确定。

工程技术人员工作中应一切从实际出发,理论联系实际,实事求是,运用科学的理论和方法进行各项工程实践,获得可靠的试验研究数据,及时分析总结工作成败经验,不断发现问题并提出解决或革新方案,以此推动工程建设领域新理论、新技术、新工艺和新材料的不断发展。

1. 地基承载力与地基承载力特征值有何区别?
2. 确定地基承载力特征值的方法有哪些?
3. 地基承载力的大小与哪些因素有关?理论公式存在什么问题?
4. 地下水位的升降,对地基承载力有什么影响?

背景材料:

某桥墩下矩形基础如图2-5-6所示。已知基础底面宽度 $b=5\text{m}$,长度 $l=10\text{m}$,埋置深度 $h=2.5\text{m}$,永久作用和可变作用组合作用下在基底中心的竖向荷载 $N=9600\text{kN}$,$M=3840\text{kN}\cdot\text{m}$。地基土持力层为中密粉砂($\gamma_{sat}=20\text{kN/m}^3$),地面水深2m。

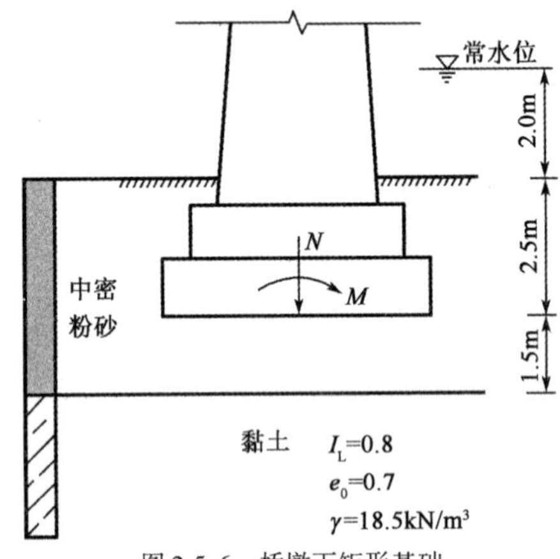

图2-5-6 桥墩下矩形基础

任务要求:

1. 试按现行《公路桥涵地基与基础设计规范》(JTG 3363)验算该地基承载力是否满足强度要求。

2. 在上题中,其他数值不变,仅把基础埋置深度增加1.5m,重新验算地基承载力是否满足强度要求。

3. 据此分析基础埋置深度对地基承载力的影响。

学习项目三
LEARNING PROJECT THREE

地基处理与加固

任务一 认知软弱地基及其处理方法

学习目标

1. 知识目标

(1)了解软弱地基的特点；

(2)熟悉软弱地基及处理加固方法的分类；

(3)了解常用软弱地基加固方法的工作原理。

2. 能力目标

能根据地基特性初步选择地基处理方法。

任务描述

通过对软弱地基的种类、特性以及处理加固方法等相关知识的学习，能根据地基土的基本特性初步选择可以采用的地基处理方法。

相关知识

工程建设中不可避免地会遇到工程地质条件不良的软弱地基，这类地基往往结构疏松，含水率较高，甚至分布也极不均匀，在力学上表现出抗剪强度低，压缩性高的工程性质，难以满足工程结构物对地基强度和变形的要求。因此，在软弱地基上修建结构物时，必须对地基进行处理或加固，改善其力学性质，从而提高地基承载能力。这种经过人工处理或加固的地基称为人工地基。

一、软弱地基土的种类及其特性

1.软土

软土是指滨海、湖沼、谷地、河滩等处天然含水率高、天然孔隙比大、抗剪强度低且符合表3-1-1规定的细粒土,如淤泥、淤泥质土、泥炭、泥炭质土等。

软土地基鉴别指标 表3-1-1

指标名称	天然含水率 w	天然孔隙比 e	直剪内摩擦角 φ	十字板剪切强度 C_u	压缩系统 $\alpha_{1\text{-}2}$
指标值	≥35%或液限	≥1.0	宜小于5°	<35kPa	宜大于0.5MPa^{-1}

在静水或缓慢的流水环境中沉积,并经生物化学作用形成,天然含水率大于液限、天然孔隙比大于或等于1.5的黏性土为淤泥。天然含水率大于液限而天然孔隙比小于1.5但大于或等于1.0的黏性土或粉土为淤泥质土。习惯上也把工程性质很差、接近于淤泥土的黏性土统称为软土,部分冲填土也视为软土。

由于沉积环境和成因的不同,各处软土的性质、成层情况也各不相同,但它们大都具有孔隙比大、天然含水率高、压缩性高、强度低、渗透性小的特点,多数还具有高灵敏度的结构性等不利工程特性。

2.冲填土

冲填土是指在水利建设或江河整治中,清除的江河泥沙冲填至淤地形成的沉积土。它的工程特性主要取决于颗粒成分、均匀程度和排水固结条件。若组成成分以粉土、黏土为主,因含水率较大且排水困难,则属于欠固结的软弱土;若以中砂以上的粗颗粒土为主,则不属于软弱土的范畴。

3.杂填土

杂填土是指因人类活动而填积形成的无规则堆积物,包括建筑垃圾、工业废料和生活垃圾等。其成因无规律,成分复杂,分布极不均匀,结构疏松,一般还具有浸水湿陷性等特性。

4.特殊性土

具有一些特殊成分、结构和性质的区域性地基土为特殊性土,如膨胀土、湿陷性土、红黏土、冻土和盐渍土等。其中,冻土是一种低于零度含有冰的岩石和土壤层,对于季节温度变化非常敏感,受热会融化下沉,遇冷则会冻结膨胀。若路基建于冻土之上,则在冻土冻结和融化反复交替的作用下,会出现翻浆、冒泥、沉降变形等工程问题。

有些地基土即使不属于上述软弱土或特殊土,但不能满足结构物的强度、稳定性和沉降要求,也应考虑进行地基处理与加固。

二、软弱地基的处理方法

软弱地基加固可以采用砂砾垫层、砂石桩、砂井预压的方法,也可以根据实际条件采用水泥搅拌桩、石灰桩、振冲碎石桩、锤击夯实、强夯和浆液灌注等方法。各种处理方法的特点、作用机理和适用范围各不相同,在不同土类中产生的加固效果也不相同,并且各存在局限性。软弱地基的处理方法及其适用范围见表 3-1-2。

软弱地基处理方法及其适用范围　　表 3-1-2

分类	具体方法	适用地基土条件
换填垫层法	置换出软弱土层,换填强度高的土	各种浅层的软弱土
挤密压实法	表层压实(碾压、振动压实)法	接近于最佳含水率的浅层疏松黏性土、松散砂性土.湿陷性黄土及杂填土
	重锤夯实法	无黏性土、杂填土、非饱和黏性土和湿陷性黄土
	强夯法	碎石土、砂土、素填土、杂填土、低饱和度的粉土与黏性土及湿陷性黄土
	砂(碎石、石灰、二灰、素土)桩挤密法	松散地基和杂填土
	振冲法	砂性土和黏粒含量小于 10% 的粉土
排水固结法	砂井(普通砂井、袋装砂井、塑料排水板)预压法	透水性低的软黏土,但不适合于有机质沉积物
	堆载预压法	透水性稍好的软黏土
	真空预压法	能在加固区形成稳定负压边界条件的软土
	降低水位法	饱和粉、细砂
	电渗法	饱和软黏土
深层搅拌法	粉体喷射搅拌法	接近饱和的软黏土及其他软弱土层
	水泥浆搅拌法	
	高压喷射注浆法	各种软弱土层
灌浆胶结法(注浆法)	硅化法	松散砂类土、饱和软黏土及湿陷性黄土
	水泥灌注法	松散砂类土、碎石类土
其他方法	加筋法	各种软弱土
	热加固法	非饱和黏性土、粉土和湿陷性黄土
	冻结法	饱和砂土和软黏土的临时处理

地基土工程地质条件千变万化,具体工程对地基的要求不尽相同,材料、施工机具及施工条件等也存在显著差别。因此,对于每项具体工程都必须综合考虑,通过方案比选确定一种技术可靠、经济合理、施工可行的方案,既可采用单一的地基处理方法,也可采用多种方法综合处理。

青藏铁路(图 3-1-1)是世界海拔最高、线路最长的高原铁路,全线总里程为 1956km。其中海拔 4000m 以上的路段达 960km,最高点海拔 5072m。铁路穿越戈壁荒漠、沼泽湿地和雪山草原。修建青藏铁路面临着“高寒缺氧、多年冻土、生态脆弱”三大世界性难题,其中最难解决的是多年冻土问题。

几代铁路建设者。通过对冻土区气象、地温、太阳辐射等项目长期不间断地观测研究,并开展冻土热学和力学试验,创造性地提出了解决高原多年冻土施工难题的对策:对于不良冻土现象发育地段、线路尽量绕避;对于高温极不稳定冻土区,选择“以桥代路”(图 3-1-2),将桥梁桩基深入地下永冻层;对于稳定的冻土地段,采取片石通风路基、片石通风护道、热棒路基技术(图 3-1-3)、通风管路基(图 3-1-4)和铺设保温板等多项技术设施,使路基通风,加快热量散发,以提高冻土路基的稳定性。

图 3-1-1 青藏铁路

图 3-1-2 以桥代路

图 3-1-3 热棒路基

图 3-1-4 通风管路基

青藏铁路横跨可可西里和唐古拉山无人区,高寒缺氧,大部分地区氧气含量仅占海平面的50%左右,极端气温可达 -40℃。十多万铁路建设大军在“生命禁区”,冒严寒,顶风雪,战缺氧,斗冻土,以不畏艰险的英雄气概和求真务实的科学态度,挑战着生理与心理极限,以惊人的毅力和勇气战胜了各种难以想象的困难。

青藏高原是世界巨川大河的发源地,生态环境原始、独特而脆弱。青藏铁路在设计时就注意尽量减少对生态的影响,在自然保护区内,铁路线路遵循“能避绕就避绕”的原则进行规划,铁路施工场地、便道、砂石料场的选址都经反复踏勘确定,尽量避免破坏植被。对植被难以生长的地段,在施工时采用逐段移植的方法。为保障野生动物的正常生活、迁徙和繁衍,全线建设了 33 个野生动物通道。开工建设以来,青藏高原水环境一直处于良好的保持状态,生态环境未受到明显影响。

青藏铁路建设者以敢于超越前人的大智大勇,拼搏奋斗,开拓创新,攀登超越,在雪域高原上筑起了中国铁路建设新的丰碑,也铸就了挑战极限、勇创一流的青藏铁路精神。

1. 什么是软弱地基？它具有哪些特点？
2. 软弱地基常用的处理方法有哪些？

任务实施

背景材料：

某桥墩地基为厚度较大的饱和软黏土。

任务要求：

试根据表3-1-2中各种软弱处理方法的加固原理和适用条件，初步为该地基选择1～2种合适的处理方法。

任务二　换填垫层法处理地基

学习目标

1. 知识目标

(1)了解换填垫层法作用机理和适用条件；

(2)掌握换填垫层的设计计算方法；

(3)掌握换填垫层的施工要点。

2. 能力目标

(1)能确定换填垫层的厚度和平面尺寸；

(2)能进行换填垫层的施工与质量检测。

任务描述

通过对换填垫层法加固原理、适用条件、设计计算方法和施工要点等相关知识的学习，能对换填垫层的施工进行技术交底工作。

相关知识

换填垫层法也称开挖置换法，是将地基软弱土层部分或全部挖除，然后换填工程特性良好的材料，并予以分层压实作为地基持力层的地基加固方法。它是一种常用的较经济、简便的浅层地基处理方法。

一、换填垫层法的作用与适用条件

换填垫层法适用于处理浅层的淤泥和淤泥质土、杂填土、湿陷性黄土、膨胀土及季节性冻土等软弱或不良土层,并可处理暗沟或暗塘等局部软弱土层。

常用的换填材料主要有砂、碎(卵)石、灰土、素土、煤渣及其他强度高、压缩性低、稳定性好和无侵蚀性等工程特性良好的材料。按垫层回填材料的不同,可分别称为砂砾垫层、碎石垫层、灰土垫层等。垫层的主要作用有:

1. 提高持力层承载力,减少基础沉降

地基土的剪切破坏一般发生在地基上部浅层范围内,而地基中附加应力随深度增大而减小,所以浅层地基的沉降量在总沉降量中占较大比重。因此,当基础底面下浅层范围内的软弱土或特殊土被工程特性良好的材料置换后,可以提高地基承载力和减少基础沉降量。

2. 加速地基的排水固结

用砂石作为垫层材料时,由于其渗透性大,地基受压后垫层便是良好的排水体,可使下卧层土中的孔隙水压力快速消散,从而加速其固结。

3. 防止地基冻胀

采用颗粒粗大的材料如碎石、砂等作为垫层,可以降低或阻止毛细水上升,防止地基结冰而导致冻胀。

4. 消除地基的湿陷性和胀缩性

采用素土或灰土置换基础底面下一定范围内的湿陷性黄土层,可免除土层浸水后发生湿陷变形或减少土层湿陷沉降量。同时,垫层还可作为地基防水层,减少黄土下卧层浸水的可能性。采用非膨胀性的黏性土、砂、灰土以及矿渣等置换膨胀土,可以减少地基土的胀缩变形量。

下面对应用较广的砂砾垫层的设计与施工方法进行介绍,其他类型的垫层设计施工方法与此类似。

二、砂砾垫层的设计计算

砂砾垫层的设计除应满足构筑物对地基变形及稳定性的要求外,还应符合经济合理的原则。设计计算内容主要是确定垫层的厚度和平面尺寸,并进行垫层承载力和基础沉降量的验算。

1. 垫层厚度

垫层的厚度 z 应根据下卧土层的承载力确定,并符合式(3-2-1)的要求,即要求扩散到垫层底面(下卧层顶面)处的附加压应力与自重应力之和不超过下卧层的承载力特征值。由于砂砾垫层具有较大的变形模量和强度,基础底面的压力将通过垫层以一定扩散角 θ 向下扩散(图 3-2-1)。

$$p_{ok} + p_{gk} \leqslant \gamma_R f_a \tag{3-2-1}$$

对平面为矩形或条形的基础,假定扩散到垫层底面(下卧层顶面)的附加压应力呈矩形分布,根据力的平衡条件可得到:

矩形基础:

$$p_{ok}=\frac{bl(p'_{ok}-p'_{gk})}{(b+2z\tan\theta)(l+2z\tan\theta)} \tag{3-2-2}$$

条形基础：

$$p_{ok}=\frac{b(p'_{ok}-p'_{gk})}{b+2z\tan\theta} \tag{3-2-3}$$

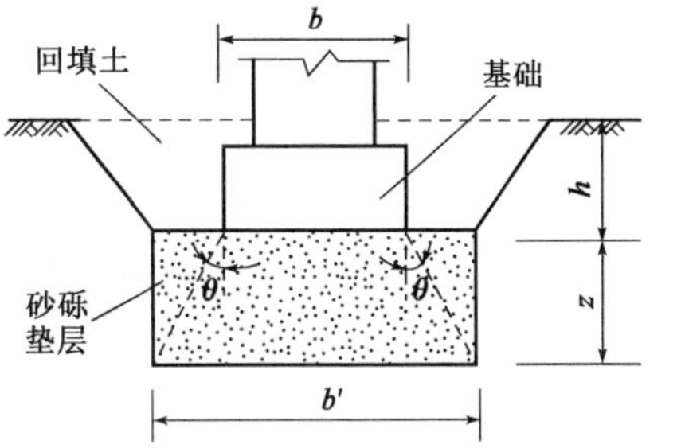

式中：p_{ok}——垫层底面处土的附加压应力，kPa；

p_{gk}——垫层底面处土的自重压应力，kPa；

f_a——垫层底面处地基的承载力特征值，kPa，按学习项目二任务五中式(2-5-12)～式(2-5-14)的规定采用；

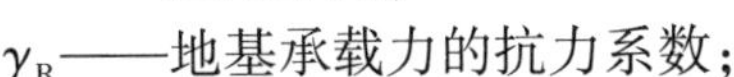

γ_R——地基承载力的抗力系数；

b——矩形基础或条形基础底面的宽度，m；

l——矩形基础底面的长度，m；

p'_{ok}——基础底面压应力，kPa；

p'_{gk}——基础底面处的自重压应力，kPa；

z——基础底面下垫层的厚度，m；

θ——垫层的压力扩散角，(°)，可按表3-2-1采用。

图3-2-1　砂砾垫层应力扩散图

垫层的压力扩散角 θ　　表3-2-1

垫层材料	中砂、粗砂、砾砂、圆砾、角砾、卵石、碎石	
z/b	0.25	≥0.5
θ(°)	20	30

注：当 $0.25<z/b<0.5$ 时，θ 值可内插确定；当 $z/b<0.25$ 时，θ 取0°。

计算时，一般可采用试算的方法，即初步拟定一个垫层厚度，用式(3-2-1)验算，如不符合要求，则改变厚度，重新验算，直到满足要求为止。换填垫层厚度不宜小于0.5m且不宜大于3m。垫层太薄，作用效果不明显；过厚则需开挖深坑，费工耗料，施工困难，经济、技术上往往不合理。当地基土软且厚或基底压力较大时，应考虑其他加固方案。

2. 垫层平面尺寸

垫层的平面尺寸应满足基础底面压应力扩散的要求，并防止垫层向两边挤出。若垫层平面尺寸不足，四周侧面土质又较软弱时，垫层有可能部分挤入侧面软弱土中，使基础沉降增大。砂砾垫层的顶面尺寸应较基底尺寸每边加宽不小于0.3m。

垫层的宽度可按下式或根据当地经验确定：

$$b_1\geqslant b+2z\tan\theta \tag{3-2-4}$$

式中：b_1——垫层底面的宽度，m；

θ——垫层的压力扩散角，(°)，可按表3-2-1采用；当 $z/b<0.25$ 时，按表中 $z/b=0.25$ 取值。

垫层的长度计算方法同宽度。

3. 垫层承载力特征值

垫层承载力特征值 f_a 宜通过现场试验确定，当无试验资料时，可按表3-2-2参考采用。

各种垫层承载力特征值f_a 表3-2-2

施工方法	垫层材料	压实系数λ_c		承载力特征值f_a/kPa
		重型击实试验	轻型击实试验	
碾压、振密或夯实	碎石、卵石	≥0.94	≥0.97	200～300
	砂夹石(其中碎石、卵石占总质量30%～50%)			200～250
	土夹石(其中碎石、卵石占总质量30%～50%)			150～200
	中砂、粗砂、砾砂			150～200

注:1. 压实系数λ_c为土的控制干密度ρ_d与最大干密度$\rho_{d,max}$的比值。

2. 土的最大干密度宜采用击实试验确定;最大干密度可取2.0～2.2t/m³。

4. 基础沉降量的计算

砂砾垫层上基础的沉降量由垫层本身的压缩量s_{cu}与下卧层的沉降量s_s所组成,即:

$$s = s_{cu} + s_s \tag{3-2-5}$$

$$s_{cu} = p_m \frac{z}{E_{cu}} \tag{3-2-6}$$

式中:s——砂砾垫层地基沉降量,mm;

s_{cu}——垫层本身的压缩量,mm;

s_s——下卧层沉降量,mm;

p_m——垫层内的平均压应力,MPa,即基底平均压应力与砂砾垫层底平均压应力的平均值;

z——砂砾垫层厚度,mm;

E_{cu}——砂砾垫层的压缩模量,MPa,如无实测资料时,可取12～24MPa。

由于砂砾垫层压缩模量比下卧层大得多,其压缩量较小,且在施工阶段已基本完成,实际可以忽略不计。必要时s_{cu}可按式(3-2-6)计算。

s的计算值应符合构筑物容许沉降量的要求,否则应加厚垫层或考虑其他加固方案。

三、砂砾垫层的施工

1. 砂砾垫层材料要求

砂砾垫层材料应就地取材,同时又符合强度要求,宜采用级配良好、质地坚硬的中砂、粗砂、砾砂和碎(卵)石,砾料粒径不宜大于50mm;不宜含植物残体等杂质,其中黏粒含量不应大于5%,粉粒含量不应大于25%;砂的颗粒不均匀系数不宜小于10,含泥量应不大于5%。否则不利于排水和夯实。

2. 砂砾垫层施工

(1)砂砾垫层宜采用机械碾压施工,碾压工艺和分层摊铺厚度应根据现场试验确定。压实遍数不宜少于4遍。一般分层厚度可取20～30cm,分层压实必须达到设计要求的压实度。

(2)为达到最大密实度,应根据具体的施工方法确定垫层的最佳含水率。当采用碾压法时,最佳含水率宜为8%～12%;当采用平板式振动器时,最佳含水率宜为15%～20%;当采用插入式振动器时,宜处于饱和状态。

(3)铺设垫层前,应先对现场进行清理、填实,经检验符合要求后,方可铺填垫层施工。当地下水位高于基坑底面时,为保证施工和垫层质量,应采取排水或降低水位的措施。

(4)基坑开挖时,可保留20cm左右厚的土层暂不挖,待铺填垫层前再挖至设计高程。严禁扰动垫层下面的下卧软土层,防止下卧层受践踏、冰冻、浸泡或暴晒过久,使地基土结构遭受破坏、强度降低,从而使构筑物产生附加沉降。

(5)在碎石或卵石垫层底部宜设置15～30cm厚的砂垫层,以防止淤泥或淤泥质土层表面的局部破坏。同时必须防止基坑边坡土体坍落混入垫层。

(6)垫层应水平铺筑,当地面有起伏坡度时应开挖台阶,台阶宽度宜为0.5～1.0m。垫层竣工后,应及时进行基础施工与基坑回填。

3.砂砾垫层质量检验

砂砾垫层质量检验项目、方法和检测频率见表3-2-3。

砂砾垫层实测项目 表3-2-3

项次	检查项目	规定值或允许偏差	检查方法和频率
1	垫层厚度	不小于设计值	尺量:每200m测2点,且不小于5点
2	垫层宽度	不小于设计值	尺量:每200m测2点,且不小于5点
3	反滤层设置	满足设计要求	尺量:每200m测2点,且不小于5点
4	压实度/%	≥90	密度法:每200m测2点,且不小于5点

匠心工程

公元1406年,明成祖朱棣下诏营建紫禁城(今故宫博物院),经过十余万民间工匠14年的营造,诞生了世界上现存规模最大、保存最完整的以木结构为主的古代宫殿建筑群。在紫禁城建造和修缮过程中,形成了一套完整的、具有严格形制的传统宫殿建筑施工技艺,即土作、石作、搭材作、木作、瓦作、油作、彩画作和裱糊作等行内俗称的"八大作"。排在首位的土作是传统建筑中关于台基、地基等土方工程的营造技艺,通过土作方法营造出的紫禁城地基坚固耐久,成为承载连绵殿宇重要的根基。

紫禁城官殿地基的作法是先将原有的自然土层全部挖去,然后重新将一层层处理过的土层分层进行回填并夯筑,即换填垫层法。太和殿(图3-2-2)下的地基垫层是由灰土、黏土、碎砖、卵石反复交替而成的"千层饼"地基(图3-2-3)。其中最重要的灰土层是由石灰和黄土按一定比例配置而成,生石灰吸水后与土发生反应增大强度,既可以防止建筑基础均匀下沉,又能将建筑与自然土壤有效隔开,起到防潮作用。灰土层施工工艺复杂,需经历大硪拍底、纳虚、打拐眼、落水、打夯、加泼糯米汁和打硪成层等多道工序(硪为古时夯击工具名称)。在夯实的灰土层上撒泼糯米汁,目的是使灰土层黏结更加牢固,提高其整体性和柔韧性。灰土有韧性,碎砖有硬度,地基中灰土层和碎砖层的交替设计,既有利于控制建筑下沉,又能提高地基的密实度。

图 3-2-2　故宫太和殿

图 3-2-3　太和殿下的分层地基

六百多年来,紫禁城古建筑历经各种自然灾害而安然无恙,既没有因为地面雨水的浸泡而下沉,也没有冬天气温的降低而变形,这不仅与建筑本身科学合理的构造密切相关,还得益于建筑地基设计的巧妙和合理。紫禁城采用挖、夯、填、筑技艺所筑成的地基坚固耐久、厚而载物。它不仅体现了古代工匠的智慧,而且其中蕴含的科学机制仍值得现代工程技术人员借鉴和学习。

1. 换填垫层法适用于什么条件?常用的换填材料有哪些?
2. 砂石垫层的宽度和厚度如何确定?
3. 砂石垫层如何进行施工?其质量控制指标有哪些?

背景材料:

某项目 K101 + 760 ~ K101 + 810 标段地基表层为耕植土,属于软塑状淤泥质粉质黏土,拟采用粗砂进行换填处理,换填垫层设计厚度为 1.65m。

任务要求:

请参阅《公路软土地基路堤设计与施工技术细则》(JTG/T D31-02—2013)和《建筑地基处理技术规范》(JGJ 79—2012)完成以下任务:

1. 写出对换填材料粗砂的基本要求。
2. 选择合适的压实机具。
3. 绘制砂垫层施工流程图。
4. 列出砂垫层施工基本要求。
5. 如何评判砂垫层压实质量?选择合适的密度试验方法。

任务三 挤密压实法处理地基

学习目标

1. 知识目标

(1)熟悉挤密法和压实法的作用机理和适用条件;

(2)掌握砂石桩的设计内容和施工基本要求;

(3)掌握压实地基的分类及施工基本要求;

(4)掌握夯实地基的分类及施工基本要求。

2. 能力目标

(1)能进行砂石桩的施工与质量控制;

(2)能进行压实地基的施工与质量控制;

(3)能进行夯实地基的施工与质量控制。

任务描述

通过对挤密法和压实法加固原理、适用条件及施工方法等相关知识的学习,能参阅《公路软土地基路堤设计与施工技术细则》(JTG/T D31-02—2013)等相关文献资料,合理选择地基加固处理方法,进行砂石桩和强夯法的施工技术交底工作。

相关知识

一、挤密地基

挤密法是指采用挤密桩的形式进行地基处理的方法。挤密桩是先用振动、冲击或打入套管等方法在地基中成孔,然后向孔中填入某种挤密材料,再加以夯挤密实形成的桩体。

挤密桩可以采用砂石、石灰、石灰粉煤灰、素土等挤密材料填充桩孔,相应的桩体分别称为砂石桩、石灰桩、石灰粉煤灰桩、素土桩等。

以素土桩为例,在松散土中,通过成孔过程的横向挤压作用,使桩孔内的土被挤向四周,再将备好的素土等挤密材料分层夯实填入桩内,形成素土桩。素土桩等的作用是挤密桩之间的地基土,此外,砂石桩砂石间的孔隙还能加速地基排水固结。在松软黏性土中,挤密桩的主要作用则是通过桩体的置换和排水作用加速桩之间土的排水固结,形成复合地基,从而提高地基的承载力和稳定性,改善地基土的力学性质。石灰桩和石灰粉煤灰桩还具有吸水膨胀产生化学反应从而挤密软弱土层的作用。

挤密桩适用于加固粉砂、松散填土、细砂及粉土、湿陷性黄土等。对于厚度大的饱和软黏土地基,由于土的渗透性小,采用此法不仅不易将土挤密实,反而会破坏土的结构强度,宜考虑采用其他加固方法。

下面介绍较为常用的砂石桩的设计内容和施工要点。其他类型的挤密桩与砂石桩相类似,具体可参阅《公路软土地基路堤设计与施工技术细则》(JTG/T D31-02—2013)和《建筑地基处理技术规范》(JGJ 79—2012)。

1. *砂石桩的设计*

砂石桩可用于松散砂土、素填土和杂填土地基的加固,不受沉降控制的饱和黏土地基也可采用砂石桩处理。设计内容包括确定桩的长度、桩径、加固范围、桩数、桩距和单根桩的灌砂量等。

1)砂石桩长度

如果软弱土层不是很厚,砂石桩一般应穿透软土层,桩长应为基底到软土层底的距离。如果软弱土层很厚,砂石桩长度可按桩底承载力和沉降量的要求,根据地基的稳定性和变形验算确定。确定砂石桩长度时还应考虑施工机具设备的条件。

2)砂石桩直径

砂石桩直径过小则桩数增多,施工时机具移动频繁;直径过大则需要大型施工设备。因此,砂石桩直径宜根据地基土质和成桩设备确定,宜采用0.3～0.8m,饱和黏性土地基宜选用较大直径。

3)砂石桩加固范围

砂石桩挤密地基的宽度应大于基础宽度,宜每边放宽1～3排。砂石桩用于防止砂层液化时,每边放宽不宜小于处理深度的$\frac{1}{2}$,并不宜小于5m;当可液化层上覆盖有厚度大于3m的非液化层时,每边放宽不宜小于液化层厚度的$\frac{1}{2}$,并不应小于3m。根据上述要求,可确定加固范围的面积A。图3-3-1所示为砂石桩加固范围布置图。

4)加固范围内所需砂石桩的总截面面积A_1

A_1的大小除与加固范围面积A有关外,主要与土层加固后所需达到的地基承载力特征值所对应的孔隙比有关。

如图3-3-2所示,设砂石桩加固深度为l_0,加固前的地基土孔隙比为e_0(可按原状土样试验确定,也可根据动力或静力触探等对比试验确定)。地基土加固区面积为A;加固后的地基土孔隙比为e_1,地基土面积为A_2。

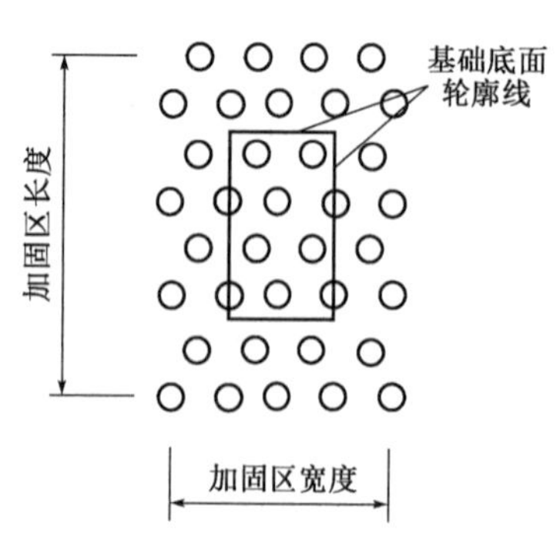

图3-3-1 砂石桩平面布置图

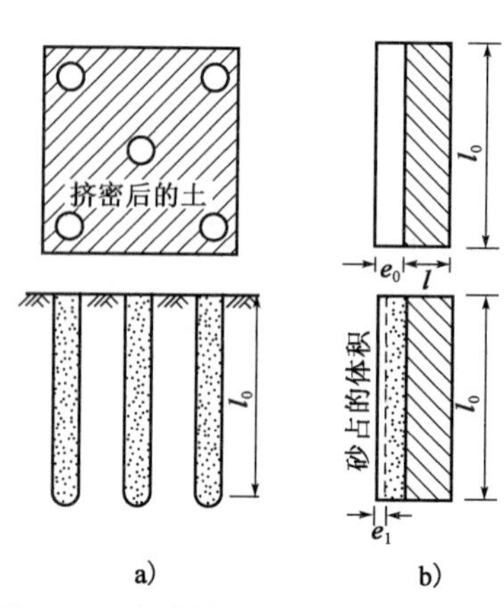

图3-3-2 砂石桩加固前后地基的变化情况

从加固前后的地基中取相同大小的土样[图 3-3-2b)],由于加固前后原地基土颗粒所占体积不变,所以可得如下关系式:

$$Al_0\frac{1}{1+e_0}=A_2l_0\frac{1}{1+e_1} \tag{3-3-1}$$

整理后:

$$A_2=\frac{1+e_1}{1+e_0}A \tag{3-3-2}$$

则砂石桩的总截面面积为:

$$A_1=A-A_2=\frac{e_0-e_1}{1+e_0}A \tag{3-3-3}$$

式中:e_1——地基土挤密后要求达到的孔隙比,可按下式计算:

$$e_1=e_{max}-D_{r1}(e_{max}-e_{min}) \tag{3-3-4}$$

e_{max},e_{min}——分别为砂土的最大、最小孔隙比,由相对密度试验确定;

D_{r1}——地基挤密后要求达到的相对密度,根据地质情况、荷载大小及施工条件选择,可取0.70~0.85;

5)砂石桩根数

设砂石桩直径为 d,则一根砂石桩的截面积为 $A_p=\frac{\pi d^2}{4}$,所需砂石桩根数约为:

$$n=\frac{A_1}{A_p}=\frac{4A_1}{\pi d^2} \tag{3-3-5}$$

6)砂石桩的平面布置及其间距

砂石桩的中距应通过现场试验确定,但不宜大于砂石桩直径的4倍。砂石桩宜按图3-3-3所示布置,如无试验资料,可按式(3-3-6)和式(3-3-7)计算中距。

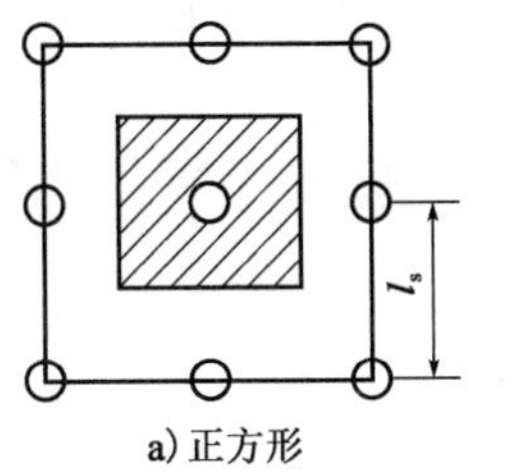

a)正方形

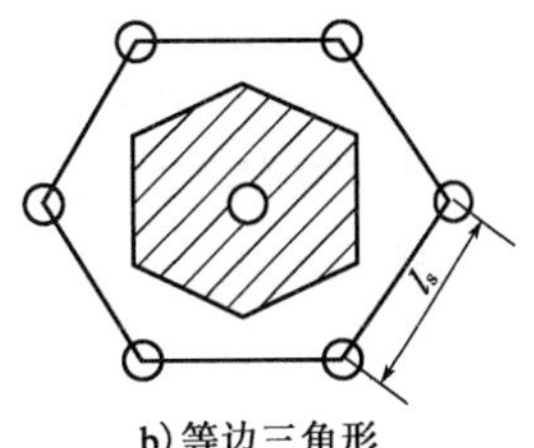

b)等边三角形

图3-3-3 砂石桩的布置及中距

正方形布置:

$$l_s=0.90d\sqrt{\frac{1+e_0}{e_0-e_1}} \tag{3-3-6}$$

等边三角形布置:

$$l_s=0.95d\sqrt{\frac{1+e_0}{e_0-e_1}} \tag{3-3-7}$$

式中:l_s——砂石桩中距,m;

d——砂石桩直径,m。

其他符号含义同上。

7)砂石桩的灌砂量

每根挤密桩的桩孔内应灌入足够的砂石量,以保证加固后土的密实度达到设计要求。设加固后地基土和砂石桩的孔隙比相同,均为 e_1,则每根砂石桩的灌砂量为:

$$Q=\frac{\pi d^2}{4}l_0\gamma \tag{3-3-8}$$

$$\gamma=\frac{\gamma_s(1+w)}{1+e_1} \tag{3-3-9}$$

式中:d——砂桩直径,m;

l_0——砂桩长度,m;

γ——加固后砂桩内砂石料的重度,kN/m^3;

w——砂桩内砂石料的含水率,%;

e_1——地基土挤密后要求达到的孔隙比;

γ_s——砂石料的土粒重度,kN/m^3。

由式(3-3-8)计算所得的灌砂量是理论计算值,施工时应考虑各种可能的损耗,备砂量应大于此值。

砂石桩用于加固黏性土时,地基承载力应按复合地基计算或复核,并在需要时进行沉降验算。

2. 砂石桩的材料要求

砂石桩所用填料宜就地取材,粒料宜有一定的级配。宜采用砾砂、粗砂、中砂、圆砾、角砾、卵石、碎石等,填料中含泥量不应大于5%,且不宜含有粒径大于50mm的粒料。

3. 砂石桩的施工

砂石桩施工前应进行成桩工艺和成桩挤密试验。当成桩质量不满足设计要求时,应在调整设计与施工有关参数后,重新进行试验或改变设计。

砂石桩处理软黏土地基时宜从中间向外围或间隔跳打。在邻近既有构筑物施工时,应背离构筑物方向进行,如图3-3-4所示。

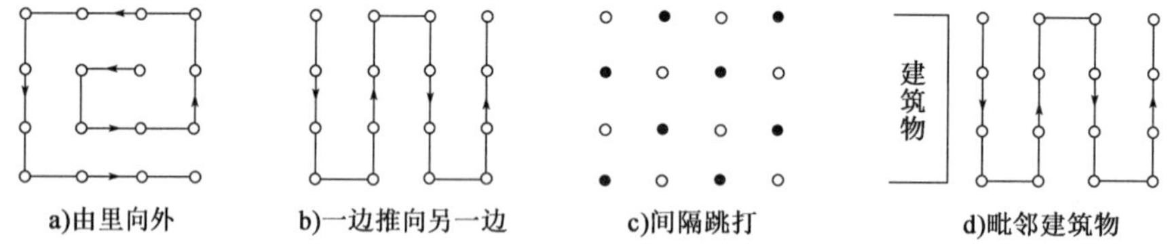

图3-3-4 砂石桩施工推进方式

砂石桩可采用振冲置换法或振动沉管法成桩。

(1)振冲置换法施工

振冲置换法施工可采用振冲器、吊机或施工专用平车和水泵。振冲器的功率应与设计的桩间距相适应。起吊机械可采用履带或轮胎吊机、自行井架式专用平车或抗扭胶管式专用汽车等,吊机的起吊能力宜为10~20t。每台振冲器宜配一台水泵。施工应符合下列规定：

①振冲器宜以1～2m/min的速度下沉成孔，水压宜为200～600kPa，水的流量宜为200～400L/min。水的压力和流量应根据地基土强度的大小、成桩施工的不同阶段进行调节，强度较低的土层宜采用较低水压；在成孔过程中宜采用较大的水压和水量。当接近加固深度时应降低水压，避免扰动破坏桩底以下的土层；在振密过程中宜采用较小的水压和水量。

②成孔过程中，振冲器的电流最大值不得超过额定电流值。当出现电流超过额定电流现象时，必须减慢振冲器的下沉速度，必要时应停止下沉向上提升，用高压水冲松土层，然后继续下沉。应记录随深度变化的成孔电流和时间，及时分析土质情况。

③当振冲器达到设计的加固深度后，宜停留1min，然后将振冲器上提至孔口，提升速度宜为5～6m/min。重复振冲下沉、提升两三次扩大孔径并使孔内泥浆变稀后，方可开始填料制桩。

④往孔内倒入一次料后，应将振冲器沉入孔内对填料进行振密，通过密实电流控制桩体密实度。在振密过程中，如密实电流尚未到达规定值，应提升振冲器加料，然后再沉入振冲器振密，直到该深度处的密实电流达到规定值为止。每次填料振密时都应记录填料的数量、留振时间和最终电流值，并均应达到设计规定。

(2)振动沉管法施工

振动沉管法成桩宜采用振动打桩机和钢套管。应选用能顺利出料和有效挤压桩孔内粒料的桩尖形式，软黏土地基宜选用平底型桩尖。可采用一次拔管成桩法、逐步拔管成桩法和重复压管成桩法三种工艺，并均应符合下列规定：

①打桩机机架应稳固可靠，套管上下移动的导轨应垂直，宜采用经纬仪校准其垂直度。

②宜采用在套管上画出明显标尺的方法控制成桩深度。

③施工长桩时，加料斗提升过程中宜由两人从两侧牵引料斗的缆绳，保证安全。

④需要留振时，留振时间宜为10～20s。

⑤拔管速度宜控制在1.5～3.0m/min。

(3)砂石桩的工程质量检验

在成桩30d后，采用重型($N_{63.5}$)动力触探检测桩身密实度和桩长，抽检频率应为总桩数的1%～2%。要求贯入量为100mm时，锤击数不应小于5击。

在成桩30d后进行载荷试验，检验单桩承载力和复合地基承载力，抽检频率应为总桩数的0.1%，且不应少于3处。测定的承载力应达到设计要求。

其余项目应按表3-3-1的要求检验。

砂石桩实测项目 表3-3-1

项次	检查项目	规定值或允许偏差	检查方法和频率
1	桩距/mm	±150	抽查2%且不少于5点
2	桩径/mm	不小于设计值	抽查2%且不少于5点
3△	桩长/m	不小于设计值	查施工记录并结合重型动力触探
4	粒料灌入率	不小于设计值	查施工记录
5	地基承载力	满足设计要求	抽查桩数的0.1%且不少于3处

注：表中标识“△”项目为关键项目，其他检查项目为一般项目。

二、压实地基

压实地基设计和施工方法的选择,应根据构筑物体型、结构与荷载特点、场地土层条件、变形要求及填料等因素确定。对于大型、重要或场地地层条件复杂的工程,在正式施工前应通过现场试验确定地基处理效果。

压实地基适用于处理大面积填土地基、浅层软弱地基以及局部不均匀地基换填等。压实地基施工方法包括机械碾压法、振动压实法和重锤压实法。

1. 机械碾压法

机械碾压法是一种采用平碾、羊足碾、压路机、推土机或其他机械压实松散土的方法。该法主要适用于大面积回填土和杂填土地基的浅层压实。经碾压后,地基土的密实度增加,压缩性减小。碾压效果主要取决于被压实土的含水率和压实机械的压实能量,施工时应控制碾压土的最佳含水率,选择适当的碾压分层厚度和碾压遍数。

黏性土的碾压,通常用80~100kN的平碾或120kN的羊足碾,每层铺土厚度为20~30cm,碾压8~12遍,羊足碾如图3-3-5所示。杂填土的碾压,应先将建筑范围内一定深度的杂填土挖除,开挖深度根据设计要求而定,用80~120kN的压路机(图3-3-6为轮胎压路机)或其他压实机械将坑底碾压几遍,再将原土分层回填碾压,每层土的虚铺厚度约30cm。有时还可在原土中掺入部分碎石、石灰等,以提高地基强度。

图3-3-5　羊足碾

图3-3-6　轮胎压路机

碾压的质量以分层检验压实土的干重度和含水率的方法来控制,其控制值由试验确定。

2. 振动压实法

振动压实法是通过在地基表面施加振动,将浅层松散的地基土振密实的地基处理方法。可用于处理无黏性土或黏性土含量少、透水性较好的松散杂填土地基。实践证明,该方法在处理由炉灰、炉渣、碎砖、瓦块等组成的杂填土地基时,效果较好。

振动机械的垂直振动力由机内设置的两个偏心转块产生,在电动机的带动下,两个偏心转块以相同的速度反向转动,从而产生很大的垂直振动力,图3-3-7和图3-3-8所示为两种不同的振动压路机。

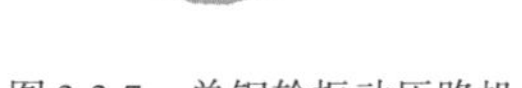

图 3-3-7 单钢轮振动压路机

图 3-3-8 小型振动压路机

振动压实的效果与振动力的大小、填土的成分和振动时间有关。一般来说,振动时间越长,效果越好,但超过一定时间后,振动压实效果将趋于稳定,继续施振压实效果将不明显。因此,必须在施工前进行试振,找出振实稳定下沉量与时间的关系。振实范围应从基础边缘放出0.6m左右,先振基坑两边,后振中间。

振实质量的检查应以振动机原地振实不再继续下沉为合格,并辅以轻便触探试验,以检验其均匀性和影响深度,触探深度不应小于1.5m,且应通过现场载荷试验确定振实地基的承载力,一般经振实的杂填土地基的承载力可达120kPa。

3. 重锤压实法

重锤压实法是用起重机械将重锤起吊到一定高度后,让其自由下落,利用产生的冲击能不断重复夯击地基,使地基表层变得密实,从而提高地基表层土承载力的处理方法。它适用于砂土、稍湿的黏性土、部分杂填土和湿陷性黄土等的浅层处理。

夯锤通常采用截头圆锥体的形式(图3-3-9)。夯锤一般由钢筋混凝土制成,其底面焊有钢板,底面直径为1~1.5m,重量为15~30kN,落距为2.5~4.5m,锤底面自重静压力为15~25kPa。夯锤顶面应设置吊耳,以便起吊。也可采用液压式夯实机压实地基(图3-3-10)。

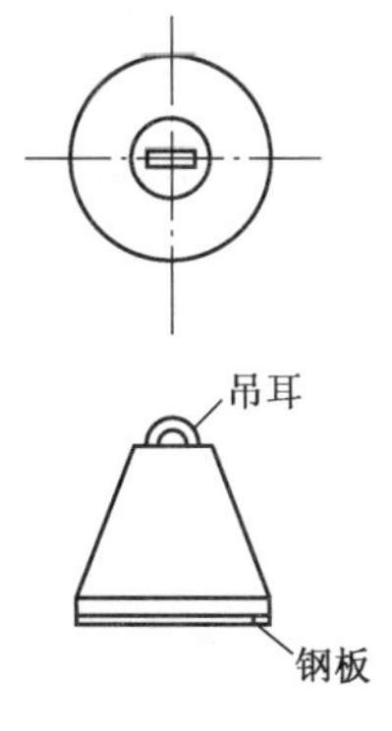

图 3-3-9 夯锤

图 3-3-10 液压式夯实机

重锤压实的有效影响深度与锤重、夯锤底面直径、落距及地质条件有关。一般应在起吊能力许可的条件下尽量增大锤重。锤重越大,落距越高,所产生的夯击能越大,夯实效果越好。基坑夯实范围应大于基础底面。夯击应按一夯挨一夯的顺序进行,在一次循环中同一夯位应连夯两次,下一循环的夯位与前一循环应错开半个锤底直径。夯击 8 ~ 12 遍后,夯实的影响深度约为锤底直径的一倍。经夯击处理后的杂填土地基的承载力为 100 ~ 150 kPa。对于一般黏性土及湿陷性黄土或砂土来说,当其最后两遍的平均夯沉量不超过 2cm 或 1cm 时,即可停止夯击。

对重锤压实地基进行质量检验时,除应符合试夯最后下沉量的规定外,还应检查基坑表面的总下沉量,以不小于试夯总下沉量的 90% 为合格,否则应进行补夯。

三、夯实地基

夯实地基可采用强夯法或强夯置换法处理地基。

强夯法是利用大质量夯锤从较高处自由落下对地基产生冲击和振动,降低地基土的压缩性并提高其强度的处理方法。夯锤重多为 100 ~ 400kN,落距多为 6 ~ 40m。强夯法适用于碎石土、砂土、低饱和度的粉土与黏性土、湿陷性黄土、素填土和杂填土等地基。

强夯置换法是强夯时,在夯锤冲击形成的夯坑中,边夯边填碎石、片石等粗颗粒材料置换原地基土,在地基中制成大直径的粒料桩,形成粒料桩复合地基的处理方法。强夯置换法适用于高饱和度的粉土和软塑 ~ 流塑的黏性土地基。

强夯法的加固机理与重锤压实法有着本质的区别,强夯法夯锤落下除产生强大的夯击能外,还产生强大的冲击波,使夯击点周围土体产生裂隙,加速孔隙水的排除,从而对土体产生加密和固结作用。重锤夯实法只是依靠重锤下落时产生的冲击能,使地面下一定深度内土层达到密实状态。

强夯法根据土的类别和强夯施工工艺的不同可分为三种加固机理:

(1)动力挤密

在冲击荷载作用下,多孔隙、粗颗粒和非饱和土中的土颗粒发生相对位移,孔隙中气体被挤出,从而使得土体的孔隙减小、密实度增加、强度提高、变形减小。

(2)动力固结

在饱和的细粒土中,土体在夯击能量作用下产生孔隙水压力使土体结构被破坏,土中出现裂隙,形成排水通道,渗透性改变。随着孔隙水压力的消散,土体开始变密实,抗剪强度和变形模量增大。

图 3-3-11 强夯法施工现场

(3)动力置换

在饱和软黏土特别是淤泥及淤泥质土中,通过强夯将碎石填充于土体中,形成复合地基,从而提高地基的承载力。

起吊夯锤用的机械设备宜选用履带式起重机。夯锤重量大、落距大时,可在吊臂两侧辅以门架,以提高起重能力,并防止落锤时机架倾覆(图 3-3-11)。履带式起重机脱钩装置应有足够的强度和灵活性,脱钩时快速、安全。

夯锤(图 3-3-12)可采用钢筋混凝土锤或铸钢锤,夯锤上宜设置 2 ~ 4 个上下贯通的透气孔。强夯加固黏土地基时,宜采用较大底面积的夯锤。强夯置换法宜采用细长的铸钢锤。在强夯能级不变的条件下,优先采用重锤、低落距的施工方法。

图 3-3-12　夯锤

强夯法和强夯置换法施工前应在代表性路段选取试夯区进行试夯,每个试夯区场地面积不应小于 $500m^2$。试夯时应确定单击夯击能、夯击次数、夯击遍数、间歇时间等参数。强夯施工按下列步骤进行:

(1)在整平后的场地上标出第一遍夯击点的位置,并量测场地的高程;

(2)起重机就位,使夯锤对准夯击点位置;

(3)测量夯点锤顶的高程;

(4)将夯锤起吊到预定高度,待夯锤脱钩下落后,放下吊钩,测量锤顶的高程,若发现因坑底倾斜而造成夯锤歪斜时,应及时将坑底整平;

(5)重复步骤(4),按设计规定的夯击次数及控制标准,完成一个夯点的夯击;

(6)换夯点,重复步骤(2)~(5),直至完成第一遍全部夯点的夯击;

(7)用推土机将夯坑整平,并测量场地高程;

(8)在规定的间隔时间后,按上述步骤完成全部夯击遍数,最后用低能量满夯,将表层松土夯实并测量场地高程。

施工过程中应记录每个夯点的夯沉量,原始记录应完整、齐全。

1. 强夯法施工要求

强夯法施工应符合下列规定:

(1)强夯前应在地表铺设一定厚度的垫层,垫层材料可采用碎石、矿渣等坚硬粗颗粒材料。

(2)强夯宜分主夯、副夯、满夯三遍实施。第一遍主夯完成后,第二遍的副夯点应在主夯点中间位置穿插布置,副夯点与主夯点的布置间距及夯击能级应相同。满夯夯点应采用彼此搭接 1/4 连续夯击,满夯能级可采用主夯能级的 1/3 ~ 1/2。图 3-3-13 为强夯夯点布置图。

(3)两遍夯击之间应有一定的时间间隔,间隔时间应根据土中超静孔隙水压力的消散时间确定。当缺少实测资料时,可根据地基土的渗透性确定:对于渗透性较差的黏性土地基,间歇时间不应少于 21d;对于粉性土地基,间歇时间不应少于 7d;对于渗透性好的地基,间歇时间不宜少于 3d。

图 3-3-13　强夯夯点布置图

(4)强夯夯点的夯击次数,应按试夯得到的夯击次数与夯沉量关系曲线确定,并应满足下列要求:

①当单击夯击能小于 2000kN · m 时,最后两击的平均夯沉量不宜大于 50mm;当单击夯击能为 2000 ~ 4000kN · m 时,最后两击的平均夯沉量不宜大于 100mm;当单击夯击能大于 4000kN · m 时,最后两击的平均夯沉量不宜大于 200mm。

②夯坑周围地面不应发生过大的隆起。

③夯坑不应过深而造成提锤困难。

2. 强夯置换法施工要求

强夯置换法的桩体材料宜采用级配良好的块石、碎石、矿渣等坚硬粗颗粒材料,粒径大于 300mm 的颗粒含量不宜超过 30%。桩体材料的最大粒径不宜大于夯锤底面直径的 0.2 倍,含泥量不宜超过 10%。

强夯置换法施工应符合下列规定:

(1)强夯置换前应在地表铺设一定厚度的垫层,垫层材料宜与桩体材料相同。

(2)强夯置换夯点的夯击次数应通过现场试夯确定,并满足下列要求:

①置换桩底应达到设计置换深度(桩长度),宜穿透软土层;

②累计夯沉量应为设计桩长的 1.5 ~2.0 倍;

③最后两级的平均夯沉量应满足规定要求,具体要求同强夯法。

(3)强夯置换应按照由内向外隔行跳打的方式施工。

强夯施工结束 30d 后,可采用载荷试验、标准贯入试验、静力触探试验、十字板剪切试验、瞬态瑞利波法和钻孔取样试验等方法检验地基土强度的变化情况,评价强夯的效果。载荷试验的频率应按 1 处/3000m^{2}控制,且不应少于 3 处;其他方法的检测频率可适当增大。

强夯置换后应按下列要求进行工程质量检验:

(1)在施工结束 30d 后,采用载荷试验检验单桩承载力,抽检频率应为总桩数的 0.5%,且不应少于 3 处;也可根据需要同时检测桩之间土的承载力,测定的承载力应达到设计要求。

(2)在施工结束 30d 后,应采用超重型(N_{120})或重型($N_{63.5}$)动力触探检测桩体的密实度和桩长,抽检频率应为总桩数的 1% ~2%。桩体的密实度和桩长应达到设计要求。

压实法加固地基是通过人工夯击、机械碾压或振动、重锤夯实等对地基土施加压力，使土体颗粒重新组合，此时颗粒间孔隙减小，孔隙水被挤出，土体变得更加密实，地基承载力提高，其压缩性和渗透性降低，从而防止地基产生沉降和变形。

人工夯土技术在中国古代历史悠久，考古发掘发现商、周、秦、汉时期，重要建筑的高大台基或墙体都是由夯土筑成，在西安半坡遗址、万里长城、秦始皇陵等古建筑都可以见到留存至今的夯土印迹。现在传统的人工夯土技术已经逐步被各种机械压实方法所取代，随着工程技术人员不断地研究与创新改良，压实施工工艺和施工机具设备向着多元化和高能级发展，地基加固效果更加显著。压实法也因其施工工艺简单、工期短和造价低等特点成为常用的地基加固方法之一。

土粒聚集成团能提高地基承载力的现象向我们喻示了团结就是力量，团结才会形成合力、产生凝聚力的人生哲理。《三国志》中，"能用众力，则无敌于天下矣；能用众智，则无畏于圣人矣"的意思是：如果充分发挥和利用众人的力量与智慧，则可以所向无敌、无所畏惧。《淮南子·兵略训》中，"千人同心，则得千人之力；万人异心，则无一人之用"则强调只有同心同德，万众一心，才能取得成功。工作中团队成员只有发扬团结协作精神，凝聚共识，汇聚众智，才能高质量、高效率地完成各项工作任务。

1. 砂石桩的作用机理是什么？适用于什么条件？
2. 砂石桩的设计主要包括哪些内容？
3. 砂石桩的施工要点有哪些？
4. 常用的压实方法有哪些？各有什么特点？
5. 强夯法和重锤压实法有什么区别？

背景材料：

某高速公路部分路段属于湿陷性黄土地层，须采用强夯法进行处治。施工方案拟采用履带起重机（配置直径为2.5m，质量达20t的圆形夯锤）。夯击遍数设计为3遍：第1遍夯击采用2000kN·m的单点夯击；第2遍夯击采用2000kN·m的单点夯击，填补第1次夯击的空白；两遍单点夯击完成后，最后采用1000kN·m的低夯击能进行满夯，实现夯锤痕迹重叠。单点夯击次数为8次。夯点布置形式为正方形，夯点间距为5m。

任务要求：

请查阅《公路软土地基路堤设计与施工技术细则》（JTG/T D31-02—2013）和《建筑地基处理技术规范》（JGJ 79—2012）及相关文献资料完成以下任务：

1. 列出施工前的准备工作。
2. 绘制强夯法施工流程图。

3. 列出强夯法施工注意事项。

4. 列出3条以上施工安全保障措施。

任务四 排水固结法处理地基

学习目标

1. 知识目标

(1)了解排水固结法的加固原理;

(2)掌握砂井预压法中砂井常见类型及其施工要点;

(3)熟悉真空预压、降水预压等方法的加固原理和适用条件。

2. 能力目标

(1)能根据地基的地质土质条件选择具体加固方法;

(2)能进行排水固结法的施工与质量控制。

任务描述

通过对排水固结法加固原理、适用范围及施工方法等相关知识学习,能根据工程实际情况合理选择具体加固方法,描述砂井预压法、真空预压法、降水预压法等方法的工作原理与施工过程,进行简单施工技术交底工作。

相关知识

饱和软黏土地基渗透系数很低,在荷载作用下,土中孔隙水排出缓慢,土的固结速度较低,如果在饱和软黏土地基上建造结构物或进行填土,地基可能产生较大的沉降,甚至由于强度不足而失稳破坏。排水固结法是通过在地基土中采用各种排水技术措施(设置竖向排水体和水平排水体),再分级加载预压,以加速饱和软黏土的排水固结,当地基土的固结度或强度达到规定要求后,卸去预压荷载,再建造结构物的一种地基处理方法。

排水固结法按照排水体系的构造及堆载方法的不同,分为天然地基堆载预压、砂井堆载预压、真空预压及降水预压等方法。

一、天然地基堆载预压法

天然地基堆载预压法是在结构物施工前,用与设计荷载相等(或略大)的预压荷载(如砂、土、石等重物)堆压在天然地基上,使软土地基得到压缩固结,提高其强度并减少施工后沉降量,待地基承载力和变形达到设计预期要求后,将预压荷载撤除,再在预压后的地基上修建结构物的方法。

该方法费用较少,但工期较长。当软土层不太厚,或软土中夹有多层细(粉)砂夹层,渗透性能较好,不需要很长时间就可获得较好预压效果时,可考虑采用。否则排水固结时间很长,应用受到限制。

二、砂井堆载预压法

砂井堆载预压法是在软弱地基中设置砂井等作为竖向排水体,并在砂井顶部设置砂垫层作为水平排水体,形成排水系统(图 3-4-1),借此增加排水通道,缩短排水距离,以改善地基土的渗透性能;然后在砂垫层上部堆载,以增加地基土中的附加应力,使土体中孔隙水较快地通过竖向砂井和水平砂垫层排出,加速土体排水固结、提高软弱地基承载力的方法。在砂垫层上部堆载的方法同天然地基堆载预压法,后文不再赘述。

砂井堆载预压法可用于深度大于 3m 的淤泥质土、淤泥和冲填土等饱和黏性土地基的处理。竖向排水体形式分为普通砂井、袋装砂井和塑料排水板。采用竖向排水体处理软土地基时,应保证有足够的预压期。

1. *砂井的设计*

1)砂井的布置范围

由于基础以外一定范围内仍然存在压应力和剪应力,所以砂井的布置范围应比基础底面面积大,一般由基础的轮廓线向外增加 2 ~4m。

2)砂井的平面布置形式、直径及间距

砂井的平面布置可采用正方形或等边三角形(图 3-4-2),后者排列较紧凑,应用较多。在大面积荷载作用下,假定每个砂井均起独立排水作用,同时为了简化计算,将每个砂井在平面上的排水范围以等面积的圆来代替,其直径为 d_e。

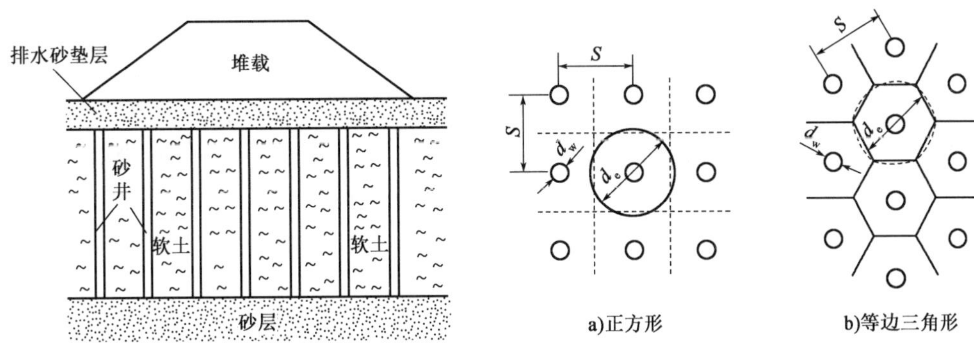

图 3-4-1 砂井堆载预压

图 3-4-2 砂井的布置形式

砂井的直径和间距主要取决于土的固结特性和施工期的要求。要达到相同的固结度,一般缩短砂井间距比增加砂井直径效果要好,即以“细而密”的原则布置为佳。普通砂井直径可取 300 ~500mm;袋装砂井直径可取 70 ~ 100mm;塑料排水板的当量换算直径 D_P 可按下式计算:

$$D_P = \alpha \frac{2(b+\delta)}{\pi} \tag{3-4-1}$$

式中:D_P——塑料排水板的当量换算直径,mm;

α——换算系数,无试验资料时,可取 $\alpha = 0.75 \sim 1.00$;

b——塑料排水板宽度,mm;

δ——塑料排水板厚度,mm。

砂井的中距 l_s 可按下式计算:

正方形布置:

$$l_s = \frac{d_e}{1.13} \tag{3-4-2}$$

等边三角形布置:

$$l_s = \frac{d_e}{1.05} \tag{3-4-3}$$

式中:d_e——一根砂井的有效排水圆柱体直径,mm,$d_e = nd_w$;

d_w——砂井直径,mm;

n——井径比,普通砂井 $n = 6 \sim 8$;袋装砂井或塑料排水板 $n = 15 \sim 20$。

3)砂井的深度

砂井的深度应根据桥涵对地基的稳定性和变形要求确定。对以地基抗滑稳定性为主要要求的结构,砂井深度至少应超过最危险滑动面2m。对以沉降控制的桥涵,如压缩土层厚度不大,砂井深度宜贯穿压缩层;当压缩土层厚度较大时,砂井深度应根据在限定的预压时间内需消除的变形量确定。若施工设备条件达不到设计深度时,则可采用超载预压等方法来满足工程要求。

4)砂井填筑材料

砂井中的填筑材料宜用中、粗砂,必须保证良好的透水性,含泥量应小于3%。

5)水平砂垫层的设置

为了使砂井有良好的排水通道,砂井顶部应铺设砂垫层,其宽度应超出堆载宽度,并伸出砂井区外边线2倍砂井直径,厚度宜大于0.4m,以免地基沉降时切断排水通道。

砂砾垫层砂料宜采用含泥量小于5%的中粗砂,砂料中可混有少量粒径小于50mm的石粒,砂砾垫层的干密度宜大于1.5t/m^3,预压区内宜设置与砂砾垫层相连的排水盲沟,并把地基中排出的水引出预压区。

2. 砂井的施工

1)普通砂井

普通砂井的施工工艺与砂桩大体相近,具体参照砂桩的施工工艺。

2)袋装砂井

普通砂井处理软土地基时,如地基土变形较大或施工质量稍差,常会出现砂井被挤压截断的现象,使得砂井在软土中排水不畅,影响加固效果。此时采用袋装砂井和塑料排水板作为替代可避免砂井产生不连续的问题。袋装砂井施工简便,可以加快地基的固结,因此在工程中得到了广泛应用。

袋装砂井宜选用聚丙烯或其他适宜编织料制成的砂袋,砂袋强度应能承受砂袋自重,具有足够的抗拉强度、耐腐蚀性,较好的透水性和耐水性,装砂后砂袋的渗透系数应不小于砂的渗透系数。砂料宜采用渗透率高的风干中粗砂,粒径大于0.5mm砂的含量不宜少于总质量的50%,含泥量应不大于3%,渗透系数应不小于5×10^{-3}cm/s。

袋装砂井可采用沉管式打桩机施工。袋装砂井宜采用圆形套管,套管内径宜略大于砂井直径。施工工艺流程为:整平原地面(清除地表)→测设放样(布桩)→机具就位→打入钢套管→沉入砂袋→拔钢套管→机具移位→埋砂袋头→摊铺砂垫层(主要施工过程见图3-4-3)。图3-4-4为袋装砂井沉入施工现场。

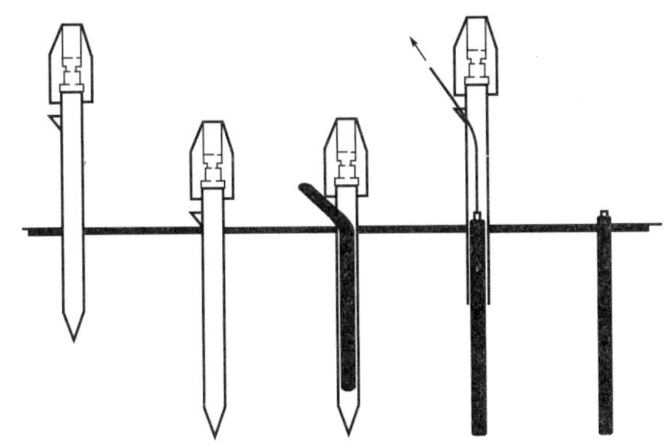

图3-4-3 袋装砂井施工流程图

图3-4-4 袋装砂井沉入施工现场

袋装砂井施工应符合下列规定:

(1)砂宜以风干状态灌入砂袋,应灌至饱满、密实,实际灌砂量不应小于计算值。

(2)聚丙烯编织袋不宜长时间暴晒,必须露天堆放时应有遮盖,以防编织袋老化。

(3)砂袋入井应采用桩架吊起后垂直放入,同时应防止砂袋扭结、缩颈和断裂。

(4)套管起拔时应垂直起吊,防止带出或损坏砂袋。当发生砂袋带出或损坏情况时,应在原孔的边缘重新打入。

(5)砂袋顶部埋入砂垫层的长度不应小于0.3m,以保证排水的连续性。砂袋应竖直埋入,不得横置。

袋装砂井具有施工工艺和机具简单、用砂量少、间距较小,排水固结效率高、井径小,成孔时对软土扰动小,有利于地基土稳定等优点。

袋装砂井应按表3-4-1的要求进行工程质量检验。

袋装砂井、塑料排水板实测项目 表3-4-1

项次	检查项目	规定值或允许偏差	检查方法和频率
1	井(板)距/mm	±150	尺量:抽查2%且不少于5点
2△	井(板)长	不小于设计值	查施工记录
3	井径/mm	+10,0	挖验2%且不少于5点
4	灌砂率/%	-5	查施工记录

注:表中标识"△"项目为关键项目,其他检查项目为一般项目。

3)塑料排水板

塑料排水板断面形式通常可分为两类:一类为多孔单一结构型,是用单一材料制成的多孔管道的板带,表面刺有许多微孔(图3-4-5);另一类为复合结构型,是由塑料芯板外套一层无纺土工织物滤膜组合而成(图3-4-6)。

图3-4-5 多孔单一结构型塑料排水板

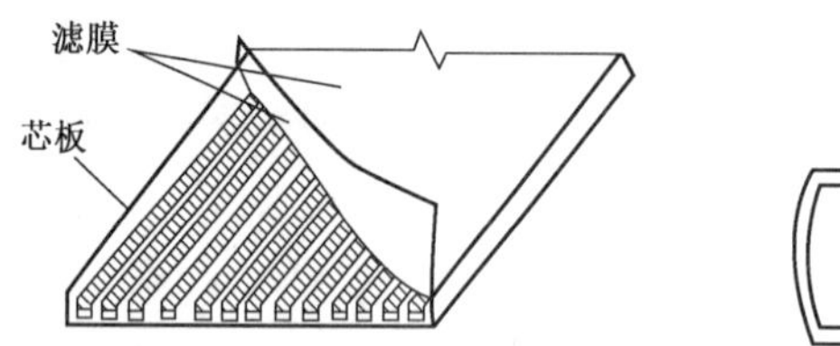

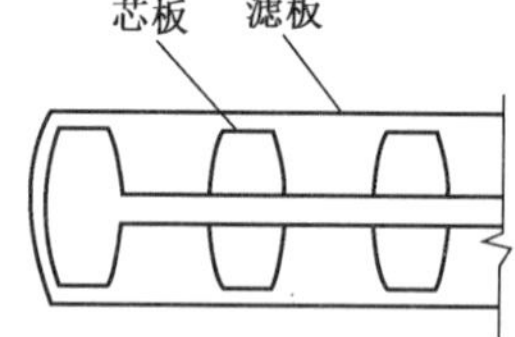

图3-4-6 复合结构型塑料排水板

排水板的型号应根据砂井设置深度及排水需求选择。排水板应具有足够的抗拉强度和垂直排水能力。排水板复合体和滤膜的强度、延伸率、滤膜的渗透系数、滤膜的等效孔径、排水板的通水量以及外包装状况、缝线和胶粘的质量等应符合相应产品质量要求。

塑料排水板法是用插板机将塑料排水板插入待加固的软土中,然后通过砂垫层上堆载预压,使土中孔隙水沿塑料板形成的通道向上经砂垫层排出,从而加速地基排水固结的方法。

目前使用的塑料排水板产品都是成卷包装,每卷长约数百米,需用专门的插板机将其插入软土地基中(图3-4-7),具体施工步骤是:先在空心套管内装入塑料排水板,将其一端与空心套管桩靴连接,用插板机插入地基下设计高程处,然后拔出空心套管,使塑料板留在软土中,在地面处将塑料板切断,再移动插板机进行下一个循环的作业。图3-4-8所示为塑料排水板施工现场。

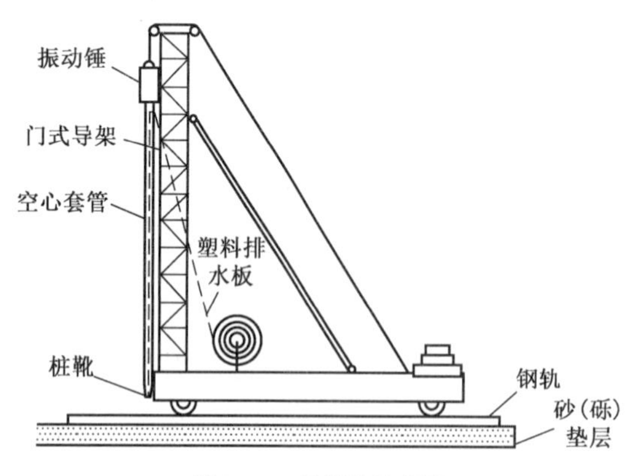

图3-4-7 插板机示意图

图3-4-8 塑料排水板施工现场

塑料排水板的施工应符合以下规定:

(1)塑料排水板不宜长时间暴晒,盘带露天堆放时应有遮盖,以防老化。

(2)套管桩靴和套管应配合适当,结合紧密、无缝,以免淤泥进入后增大塑料板与套管内壁的摩擦力，导致塑料板回带。

(3)塑料排水板与桩靴连接时，宜采用穿过桩靴上的固定架之后，将板体对折不小于0.1m，连同桩靴一起塞入套管的方法。安装好桩靴之后，应等套管下落至桩靴与地面接触之后方可松手，确保桩靴与套管紧密结合。

(4)塑料排水板需要接长时，应采用滤套内芯板平搭接的方法。芯板应对扣，凹凸对齐，搭接长度不宜小于0.2m；滤套包裹应采取可靠措施固定。

(5)塑料排水板顶端埋入砂垫层的长度不应小于0.5m。

塑料排水板应按表3-4-1的要求进行工程质量检验。

3. 超载预压

为了加快地基土的压缩过程，可采用比构筑物设计荷载稍大的荷载进行预压，即超载预压。预压荷载一般为设计荷载的1.1～1.2倍。预压荷载的分布应与构筑物设计荷载的分布大致相同。

在施加预压荷载的过程中，若需施加较大荷载，则必须分级加载，使其与地基强度的增长速度相适应，待前一级荷载作用下的地基强度增加到一定程度后，才可施加下一级荷载。

堆载方案的确定步骤是：初步拟订一个加载计划，校核每个时刻地基的稳定性，计算各级荷载和停歇时间，确定加载计划。

三、真空预压法

真空预压法是以大气压作为预压荷重的一种预压固结法，如图3-4-9所示。在拟加固的软土地基内埋设砂井、袋装砂井或塑料排水板，然后在表面敷设砂垫层，在砂垫层上覆盖不透气的封闭薄膜使之与大气隔绝。通过真空泵对预埋在砂垫层内的真空滤管进行抽气，在膜内形成真空状态。当真空泵抽气时，在地表砂垫层及竖向排水通道内逐渐形成负压，使土体内部与排水通道、垫层之间形成压力差，在此压力差的作用下，土体中的孔隙水不断排出，从而使土体固结。图3-4-10所示为真空预压法施工现场。

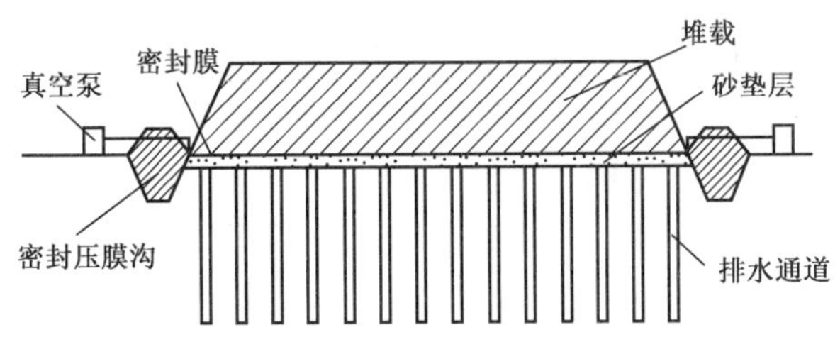

图3-4-9 真空预压法结构示意图

图3-4-10 真空预压法施工现场

真空预压法适用于对软土性质很差、土源紧缺、工期紧的软土地基进行处理。软土的渗透系数应小于1×10^{-5}cm/s。当加固区与外界有透水性的砂层或漏气介质连通时，应采取隔离措施。真空预压法处理地基时，应同时设置塑料排水板或砂井等竖向排水体。

真空预压区边缘应超出工程需要的加固区轮廓线，每边增加量不得小于3m。加固区宜按方形布置。真空预压的设计膜下真空负压应保持稳定，不小于70kPa，且应均匀分布。真空预压结束后竖向排水体范围内土层的平均固结度应大于90%。

真空预压所需抽真空设备的数量,可根据预压加固区面积的大小和形状、土层结构特点确定。一套设备处理面积宜为1000～1500m²。

1.施工设备和材料

施工设备主要为真空泵,材料指密封材料。真空泵要求具有效率高,能持续运转,重量轻,结构简单,便于维修等特点;密封材料一般采用聚氯乙烯薄膜或线性聚乙烯等专用薄膜。

2.施工工艺流程

(1)设置排水通道:在土体中埋设袋装砂井或塑料排水板,在软基表面铺设砂垫层。

(2)铺设膜下管道:将真空滤管埋入软土地基表面的砂垫层中。

(3)铺设封闭薄膜:先在加固区四周开挖深度达0.8～0.9m的沟槽,再在加固区铺设塑料薄膜,薄膜四周压放入挖好的沟槽内,将挖出的黏性土填回沟槽,封闭薄膜。

(4)连接膜上管道及真空泵:膜上管道的一端与串膜装置相连,另一端连接真空泵。主管与薄膜连接处必须处理好,保证密封,以保持气密性。

(5)打开真空泵正式抽气,施加真空荷载,测读真空度和沉降值,进行加载预压。

(6)沉降记录达到设计值,即可停止抽气,加载预压结束。

当满足下列条件之一时,可停止抽气:

①连续5昼夜实测沉降速率小于或等于0.5mm/d;

②满足工程对沉降、承载力的要求;

③地基固结度达到设计要求的80%以上。

真空预压工程质量检验可视加固的目的不同选择采用钻孔取土进行室内试验分析、现场十字板剪切试验或现场载荷试验等方法。试验检测项目的频率应根据加固分区面积的大小制定,每个分区不应少于3处。

四、降水预压法

降水预压法是借助井点抽水降低地下水位,以增加土的自重应力,达到预压的目的。其降低地下水位的原理、方法和需要的设备将在学习项目四基坑井点排水法中介绍。

地下水位的降低使地基中的软弱土层承受了相当于水位下降高度水柱的质量,增加了土中的有效应力。当降水达5～6m时,降水预压荷载可达60kPa。

降水预压法适用于渗透性较好的砂土、粉土或含有砂土层的软黏土层。在使用降水预压法前应摸清土层分布及地下水位的情况。

港珠澳大桥是一项连接香港、珠海和澳门的桥隧工程,由3座通航桥、1条海底隧道、4座人工岛及连接桥隧、深浅水区非通航连续梁桥和港珠澳三地陆路联络线组成。其中东、西人工岛是水上桥梁与水下隧道的衔接部分,为全线路段的重点配套工程。

东人工岛采用自主首创的快速成岛施工技术,是将59个直径22m的钢圆筒插入海底不透水黏土层，圆筒之间用副格弧形钢板连接形成止水型岛壁结构（图3-4-11）。圆筒及岛内吹填砂土形成陆域，设置塑料排水板和降水井，对岛体内的软地基联合降水预压处理。岛内区共打设原生料D型塑料排水板63550根，呈正方形布置，间距1.1m，板顶高程-6.0m，板底高程-35.0～-46.0m。塑料排水板最大深度达40.0m，由于需要穿透12m厚的中粗砂层，施工中采用了经技术改造后的插板机。岛壁区下部采用挤密砂桩进行地基加固，上方通过抛石、安装消浪块体、施工挡浪墙后形成护岸结构。挤密砂桩由新造的具有自主知识产权的、可实现全自动化控制的砂桩船承担施工任务。图3-4-12为人工岛内岛施工。

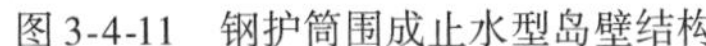
图3-4-11 钢护筒围成止水型岛壁结构

图3-4-12 人工岛内岛施工

在人工岛的建设过程中，通过对施工工艺和施工设备的自主研发和技术改造，成功地解决了一系列工程技术难题，同时也将施工对海洋环境的污染降到了最低，大大节约了施工工期和成本，软土地基处理效果满足设计要求。

工程造福人类，科技创造未来。港珠澳大桥东人工岛的建造工程实践证明：科技是国之重器、国之利器。创新是引领发展的第一动力，是提升国家综合国力和核心竞争力的关键因素。

1. 什么是排水固结法？根据排水体系构造及加载方式的不同，它可分为哪几种方法？各自适用于什么条件？

2. 砂井的作用是什么？袋装砂井和塑料排水板预压法与普通砂井相比，具有哪些优点？

3. 真空预压法的加固机理是什么？

背景材料：

某新建铁路工程DK61+650～DK62+217.46，地势平坦，四周大部分为耕地，该段路基基底采用塑料排水板加固，深度为10.5m、13.0m，呈等边三角形布置，间距为1.2m。塑料排水板顶部铺厚0.5m的碎石垫层，垫层内夹铺一层抗拉强度为50kN/m的土工格栅。

任务要求：

请查阅现行《公路软土地基路堤设计与施工技术细则》（JTG/T D31-02）等相关文献资料完成以下任务：

1. 列出塑料排水板进场时应做的质量抽检项目;
2. 绘制塑料排水板施工流程图;
3. 列出塑料排水板施工注意事项;
4. 列出塑料排水板施工质量检测项目及要求。

任务五 深层搅拌法处理地基

学习目标

1. 知识目标

(1)理解深层搅拌法的作用机理和适用条件;

(2)掌握粉喷桩、浆喷桩的施工方法;

(3)区分高压喷射注浆法的注浆方式和喷射方法;

(4)熟悉浆液灌注法的作用机理和适用条件。

2. 能力目标

(1)能进行粉喷桩的施工与质量控制;

(2)能进行浆喷桩的施工与质量控制。

任务描述

通过对深层搅拌法加固原理、适用范围及施工方法等相关知识的学习,能清楚解释粉喷桩、浆喷桩等方法的加固原理和适用范围,描述其施工过程和进行简单的施工技术交底工作。

相关知识

深层搅拌法是通过深层搅拌机械将水泥、石灰等固化剂和软弱土在地基深处就地强制搅拌,利用固化剂与软土之间产生的一系列物理化学反应,使软土硬结成具有较好的整体性、水稳性及足够强度的固结体,并与天然地基形成复合地基,从而提高地基强度,减小地基沉降量的方法。

深层搅拌法按加固材料分为粉体喷射搅拌法(简称粉喷法)和浆液喷射搅拌法(简称浆喷法)两大类,适用于处理十字板抗剪强度不小于10kPa、有机质含量不大于10%的软土地基。

加固土桩的长度、直径、间距应根据稳定性计算和沉降计算确定。竖向承载桩的长度应根据上部结构对承载力和变形的要求确定,并宜穿透软土层,到达承载力相对较高的土层。为提高抗滑稳定性而设置的桩体,其桩长应超过危险滑动面以下2m。粉喷法加固土桩的加固深度不宜大于12m;浆喷法加固土桩的加固深度不宜大于20m。加固土桩的桩径不宜小于0.5m,相邻桩的间距不应大于4倍桩径。

加固土桩的固化剂宜采用水泥或石灰,也可采用多种固化材料的混合物,固化剂掺量应根据试验确定。当选用水泥时，宜选用强度等级为32.5级的普通硅酸盐水泥，水泥掺量宜为被加固湿土质量的12% ~20%。浆喷法水泥浆的水灰比可选用0.45~0.55。可根据工程需要和土质条件选用具有早强、缓凝、减水以及节省水泥等作用的外加剂。用石灰做固化剂时。应采用磨细I级生石灰，石灰应无杂质，最大粒径应小于2mm。

粉喷桩与浆喷桩的施工机械必须安装喷粉(浆)量自动记录装置，并应对该装置定期标定。同时应定期检查钻头磨损情况，当直径磨损量大于10mm时，必须更换钻头。

施工前应进行成桩工艺和成桩强度试验。当成桩质量不满足设计要求时，应在调整设计与施工有关参数后，重新进行试验或改变设计。

一、粉体喷射搅拌法

粉体喷射搅拌法是通过专用的施工机械，将搅拌钻头下沉到预定位置后，用压缩空气将固化剂(生石灰或水泥粉体材料)以雾状喷入加固部位的地基土中，之后凭借钻头和叶片旋转，使粉体加固料与软土原位搅拌混合，自下而上边搅拌边喷粉，直至达到设计高程。为保证质量，可再次将搅拌钻头下沉至孔底，重复搅拌。

粉体喷射搅拌桩施工作业顺序如图3-5-1所示，内容包括：

(1)定位：平整场地后将搅拌机移到桩位，调平机位、对中。

(2)预搅钻进下沉：启动搅拌机电机，使钻头正向转动钻进，匀速下沉至设计高程为止。

(3)喷粉搅拌提升：当深层搅拌机下沉到设计深度时，开启空压机待气粉混合物到达喷口时，按确定的提升速度开动钻机，反钻边喷灰，边提升搅拌机。

(4)重复搅拌：搅拌机喷灰反转提升至原地面以下50cm时，关闭空压机。为使软土和固化剂搅拌均匀，可再次将搅拌机钻进下沉，直至设计深度，再将搅拌机按规定速度反转提升出地面。

(5)移位，准备打下一根桩。

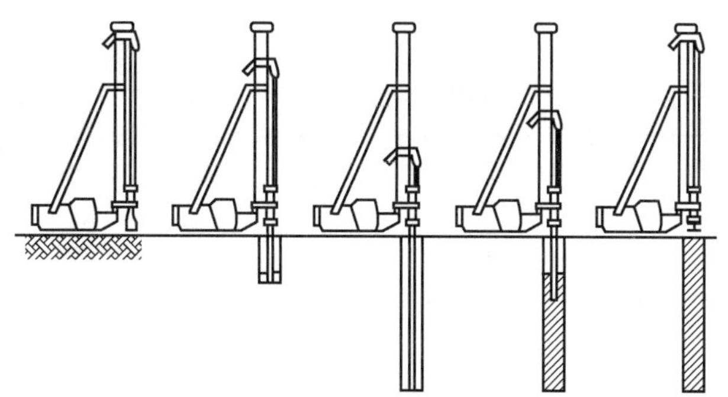

图3-5-1 粉体喷射搅拌法施工作业顺序

粉体喷射搅拌桩施工应符合下列规定：

(1)施工钻进过程中应保持连续喷射压缩空气，保证喷灰口不被堵塞，钻杆内不进水。钻进速度宜为0.8~1.5m/min。

(2)提升钻杆、喷粉搅拌时，应使钻头反向边旋转、边喷粉、边提升，提升速度宜为0.5~

0.8m/min;当钻头提升至距离地面0.3～0.5m时,可停止喷粉。

(3)应根据设计要求,对桩身从地面开始至1/3～1/2桩长并不小于5m的范围内或桩身全长进行复搅,使固化剂与地基土均匀拌和。复搅速度宜为0.5～0.8m/min。

(4)应随时记录喷粉压力、瞬时喷粉量和累计喷粉量、钻进速度、提升速度等有关参数的变化。当发现喷粉量不足时,应整桩复打,复打的喷粉量应不小于设计用量。当遇停电、机械故障等原因致使喷粉中断时,必须复打。复打重叠桩段长度应大于1m。当粉料储存容器中剩余粉量不足一根桩的用量加50kg时,应在补加后方可开钻施工下一根桩。

(5)出现沉桩时,孔洞深度在1.5m以内的,可用8%的水泥土回填夯实;孔洞深度超过1.5m的,可先将孔洞用素土回填,然后在原位补桩,补桩长度应超过孔洞深度0.5m。

粉体喷射搅拌法是以粉体作为主要加固料,不需向地基注入水分,因此加固后地基土初期强度高。施工时不需高压设备,安全可靠,如严格遵守操作规程,可避免对周围环境产生污染、振动等不良影响。缺点是受施工工艺的限制,加固深度不能过深。

二、浆液喷射搅拌法

浆液喷射搅拌法是用钻机把带有喷嘴的注浆管钻进土层至预定位置后,固化剂浆液从喷嘴中喷射出来,同时以一定速度逐渐提升钻杆,用回转的搅拌叶片将浆液与土粒强制搅拌混合,浆液凝固后形成加固土桩,达到加固地基或止水防渗的目的。为提高加固效果,多采用高压喷射浆液方式,即采用高压设备使浆液以高压方式射出,冲切、扰动、破坏土体,达到固化剂与土体拌和均匀的目的。

搅拌设备由电动机、中心管、输浆管、搅拌轴和搅拌头组成,并有灰浆搅拌机、灰浆泵等配套设备。

浆液喷射搅拌法施工作业顺序如图3-5-2所示。

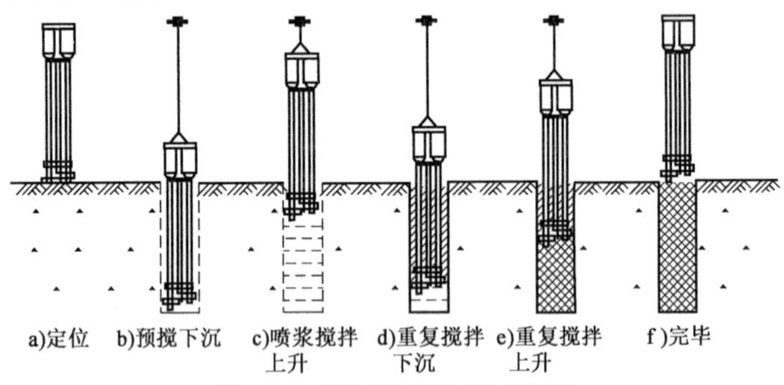

图3-5-2 浆液搅拌法施工作业顺序

(1)在深层搅拌机起吊就位后,搅拌机先沿导向架切土下沉。

(2)下沉到设计深度后,开启灰浆泵将制备好的固化剂浆液压入地基。

(3)边喷边旋转搅拌头,并按设计确定的提升速度,进行提升、喷浆、搅拌作业,使软土与水泥浆搅拌均匀。

(4)提升到设计高程后,再次控制速度将搅拌头搅拌下沉,达到设计加固深度后,再搅拌提升出地面。

浆液喷射搅拌桩施工应符合下列规定：

(1)浆液应严格按照成桩试验确定的配合比拌制，制备好的浆液不得离析，不得长时间放置，超过2h的浆液应废弃。浆液倒入集料斗时应加筛过滤，避免浆内块状物损坏泵体。

(2)提升钻杆、喷浆搅拌时，应使钻头反向边旋转、边喷浆、边提升，提升速度宜控制在0.5～0.8m/min。当钻头提升至距离地面1m时，宜用慢速提升；当喷浆口即将出地面时，应停止提升，搅拌数秒，保证桩头搅拌均匀。

(3)应根据设计要求，对地面以下一定深度范围内的桩身进行复搅，复搅速度宜为0.5～0.8m/min。

(4)应随时记录喷浆压力、喷浆量、钻进速度、提升速度等有关参数的变化。当发现喷浆量不足时，应整桩复打。当施工中因故停浆时，应使搅拌头下沉至停浆面以下0.5m，待恢复供浆后再喷浆提升。当停机超过3h时，应拆卸输浆管路，清洗后方可继续施工，防止浆液硬结堵管。

(5)桩机移位前，应向集料斗中注入适量清水，开启灰浆泵，清洗全部管路中残存的浆液，直至管体干净，并将搅拌头清洗干净后，方可移位。

高压喷射注浆方式主要有单管法、二重管法及三重管法等，如图3-5-3所示。单管法以水泥浆液作为喷流的载能介质，其稠度及黏滞力较大，形成的旋喷桩直径较小；二重管法则为同轴复合喷射高压水泥浆和压缩空气两种介质；三重管法则为同轴复合喷射高压水、压缩空气和水泥浆三种介质，它以水作为喷流的载能介质，水在管路中的流动阻力较小，在同样的压力下所形成的旋喷桩的直径较大。

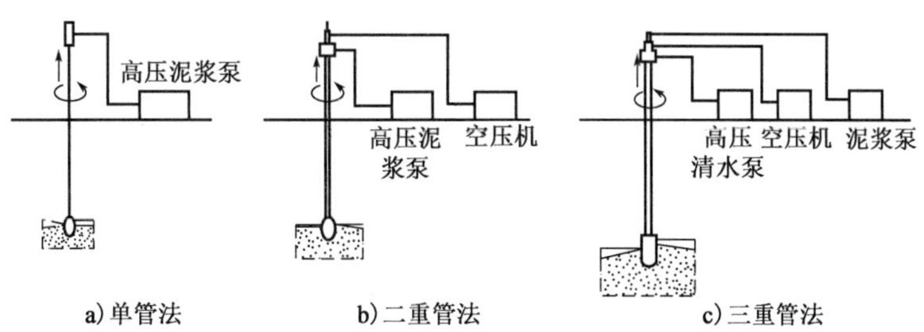

图3-5-3　高压喷射注浆方法

高压喷射注浆按喷射方向和形成固体的形状可分为旋转喷射、定向喷射和摆动喷射三种，如图3-5-4所示。旋转喷射为喷嘴边喷边旋转和提升，固结体呈圆柱状，此法又称为旋喷法，主要用于加固地基。定向喷射为喷嘴边喷边提升，喷射方向固定，固结体呈壁状。摆动喷射为喷嘴边喷边左右摆动，固结体呈扇状墙。后两种方法常用于基坑防渗和边坡稳定等工程。

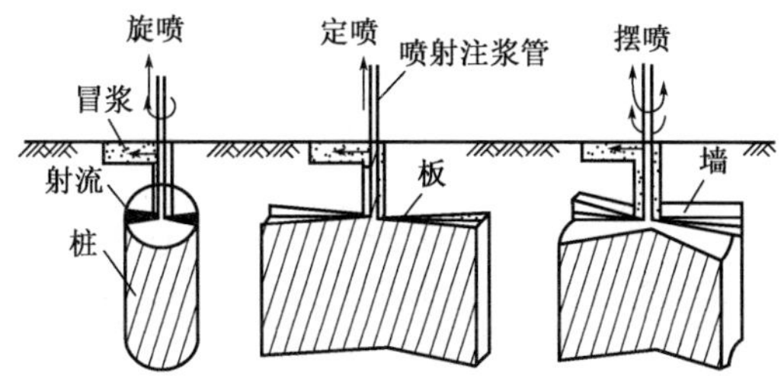

图3-5-4　高压喷射注浆形式

高压喷射注浆加固技术能灵活地成型,既能垂直喷射注浆,也可倾斜或水平喷射注浆;既可在钻孔的全长成柱型固结体,也可仅作其中一段。所以它可作既有建筑和新建建筑的地基加固之用,也可作为基础防渗之用。

三、深层搅拌法加固土桩的工程质量检验

加固土桩应按下列要求进行工程质量检验:

(1)在成桩28d后进行钻探取芯,抽检数应为总桩数的1% ~2% ,取芯位置宜在桩直径$\frac{2}{5}$处。应将代表性芯样加工成尺寸为$\phi \times h = 50\text{mm} \times 100\text{mm}$的圆柱体,进行无侧限抗压强度试验。试验测得的强度值应达到设计要求。

(2)在成桩28d或90d后进行载荷试验,检验单桩承载力和复合地基承载力,抽检数应为总桩数的0.1%,且不应少于3处。测定的承载力应达到设计要求。

(3)可采用轻型动力触探、静力触探以及反射波、瑞利波等物理勘探方法,对桩的均匀性和完整性进行检查。

(4)加固土桩实测项目应按表3-5-1的要求检验。

加固土桩实测项目　　表3-5-1

项次	检查项目	规定值或允许偏差	检查方法和频率
1	桩距/mm	±100	尺量:抽查2%且不少于5点
2	桩径/mm	不小于设计值	尺量:抽查2%且不少于5点
3△	桩长/m	不小于设计值	查施工记录并结合0.2%成桩取芯检查
4	单桩每延米喷粉(浆)量	不小于设计值	查施工记录
5△	强度/MPa	不小于设计值	取芯法:抽查桩数的0.5%,且不少于3组
6	地基承载力	满足设计要求	抽查桩数的0.1%且不少于3处

注:表中标识"△"项目为关键项目,其他检查项目为一般项目。

实践证明,砂类土、黏性土、黄土和淤泥都可以进行喷射加固,但对于直径过大的砾石、砾石含量过多及含有大量纤维质的腐殖土,喷射加固质量较差,有时甚至不如静压注浆的加固效果。当地下水的流速过大,喷射浆液无法在注浆管周围凝固时,也不宜采用喷射注浆法。

四、浆液灌注胶结法

浆液灌注胶结法是指利用一般的液压、气压或电化学法,通过注浆管把浆液注入地层中,浆液以填充、渗透或挤密等方式进入土颗粒间的孔隙中或岩石裂隙中,经过一定时间后,将原来松散的土粒或裂隙胶结成整体,形成一个强度大、防渗性能高及化学稳定性良好的固结体,以改善地基土物理力学性质的方法。

常用注浆材料主要有粒状悬浮浆液和液态化学浆液两大类。

(1)粒状悬浮浆液

粒状悬浮浆液主要有水泥浆、水泥黏土浆、水泥砂浆和水泥粉煤灰浆等,适用于最小粒径为0.4mm的砂砾地基。

当细粒土的孔隙较小,水泥浆液不易渗入时,需借助压力来克服地层的初始应力和抗拉强度,从而引起岩石和土体结构的扰动及破坏,使地层中原有的裂隙或孔隙张开,形成水力劈裂或孔隙,提高浆液的可注入性同时增大扩散距离,此种方法称为劈裂注浆。

(2)液态化学浆液

液态化学浆液主要指以水玻璃(主要成分为硅酸钠)为主剂的混合溶液,适用于土粒较细的地基土。

粉砂加固时,通过下端带孔的注液管将水玻璃和磷酸调和成单液注入地基,利用化学反应后生成的硅胶使土粒胶结。湿陷性黄土加固时,只需注入水玻璃溶液,利用黄土中的钙盐与其反应生成凝胶。此种方法称为单液硅化法。在透水性较大的土中,采用双液硅化法,即将水玻璃和氯化钙溶液轮流压入土中,氯化钙溶液的作用是加速硅胶的形成。

对于渗透系数小于0.1~2m/d的各类土,水玻璃溶液难以注入土中孔隙,这时需借助电渗作用将水玻璃溶液注入土中孔隙,即在土中先打入两根电极,其中注浆管为阳极,滤水管为阴极,然后将化学浆液通过注浆管压入土中,同时通以直流电,在电渗作用下,孔隙水流向阴极,通过滤水管将水抽出,浆液则能渗入到土中更细的孔隙中去,并使其分布更为均匀,这种加固方法被称为电渗硅化法。

硅化法的优点是加固作用快、工期短,但考虑到化学溶液价钱贵,造价高,所以只在特殊工程中应用。

名人故事

2019年1月8日国家科学技术奖励大会上,中国工程院院士龚晓南教授领衔的“复合地基理论、关键技术及工程应用”项目荣获国家科学技术进步一等奖。1988年,作为中国岩土工程界培养的第一位博士,龚晓南秉承“国家需要什么,我就研究什么”的初衷将研究重点转到复合地基。经过30多年的理论研究和工程实践,龚晓南和他的团队(图3-5-5)从基础理论到设计和施工指南,再到技术标准、工程应用,形成了一套完整的工程应用体系,极大地推动了复合地基新技术的发展。龚晓南团队的复合地基理论与技术始终处于国际领先地位,被广泛应用于建筑工程、高速公路、高速铁路、市政道路、港航、机场等工程建设领域。

图3-5-5 龚晓南院士和团队成员

龚晓南院士将自己的经历概括为“这辈子都在跟泥巴打交道,别人盖房子从地面往上建,而我们一直在往地下造。‘地下’是‘地上’的根基,所以更要精心设计施工,绝对不能抱侥幸心理”。他认为“只有脚踩泥土,才能获得第一手数据”,必须在大的理论框架下,对症下药,做到一个工程一个“方子”。

杭宁高速公路浙江段由于跨越杭嘉湖平原,不仅软土层厚度变化大,而且与填土路堤连接处极易形成颠簸,龚晓南带着他的团队,一次次到现场踏勘,通过设置复合地基处理过渡段,有效地缓解了差异沉降,不仅控制了“跳车”现象,而且将工期缩短1年。还通过采用在地基中设置桩体等增强体提高地基承载力,控制了工后沉降,解决了广佛高速公路拓宽工程新旧地基融合的难题。龚晓南团队已经“把脉问诊”全国几十条高速公路、高速铁路和多个大型城市重点项目,攻克许多重大工程技术难题,获得国家和省部级科技和教学成果奖20余项。

在国家发展建设历程中,一代又一代的科技工作者在长期的工作实践中不仅取得了丰硕的科学技术成果,也积累了宝贵的精神财富,铸就了以爱国、创新、求实、奉献、协同、育人为核心的科学家精神。

1. 什么是深层搅拌法?其作用机理是什么?
2. 粉体喷射搅拌桩和浆液喷射搅拌桩有什么区别?
3 粉体喷射搅拌桩是如何进行施工的?
4. 什么是电渗硅化法?其适用条件是什么?

背景材料:某沿海城市拟建一条双向6车道干线道路,勘察人员针对施工场地进行全面勘察后发现,该施工区域地下水含量较为丰富,除素填土和部分冲击黏土外,尚存在明显的深厚海相淤泥软土。经过研究,决定采用高压旋喷桩对施工区域内的软土地基进行加固。技术人员选定部分区域进行试桩后,确定应用双重管法进行高压旋喷桩的施工,其主要参数见表3-5-2。

高压旋喷桩施工的主要参数 表3-5-2

项目	参数
压缩空气气压/MPa	0.7
压缩空气气量 f/L · min^{-1}	2500
水泥浆液压/MPa	30
水泥浆流量/L · min^{-1}	40
水灰比	1 : 1
喷杆提升速度/m · min^{-1}	0.15
喷杆旋转速度/r · min^{-1}	20
喷嘴直径/mm	ϕ2.2

任务要求：

请查阅现行《公路软土地基路堤设计与施工技术细则》(JTG/T D31-02)等相关文献资料完成以下任务：

1. 绘制高压旋喷桩施工流程图。
2. 列出高压旋喷桩施工注意事项。
3. 列出高压旋喷桩施工质量检测项目及要求。

浅基础

任务一 浅基础施工图识读

学习目标

1. 知识目标

(1)了解浅基础的常用类型及适用条件;

(2)掌握浅基础的构造特点及埋深设计要求。

2. 能力目标

(1)能识读桥梁浅基础施工图;

(2)能依据规范要求审核浅基础设计。

任务描述

通过对浅基础结构形式及设计要求等相关知识的学习,能够识读工程图纸,计算工程量。检验基础高程和尺寸是否符合现行《公路桥涵地基与基础设计规范》(JTG 3363)的设计要求。

相关知识

一、浅基础的类型及适用条件

浅基础是指埋置深度小于基础宽度且设计时不考虑基础侧边土体各种抗力作用的基础。根据受力条件及构造的不同,浅基础可分为刚性基础和柔性基础。

基础底面在基底反力 σ 作用下,基础悬出部分 $a-a$ 断面将产生弯曲拉应力和剪应力。当基础圬工具有足够的截面使材料的容许应力大于地基反力产生的弯曲拉应力和剪应力时，$a-a$ 断面不会出现裂缝，基础内不需要配置受力钢筋，这种基础称为刚性基础，如图 4-1-1a）所示。

刚性基础常用水泥混凝土、粗料石或片石等材料砌筑，具有稳定性好，施工简便，能承受较大作用的特点。缺点是自重大，对地基承载力要求高。对于承受作用较大或上部结构对沉降差较敏感的构筑物，如果持力层土质较差又较厚时，不宜选用刚性基础。

基础底面在基底反力 σ 作用下，$a-a$ 断面产生的弯曲拉应力和剪应力若超过了基础圬工的强度极限值，为了防止基础在 $a-a$ 断面开裂甚至断裂，需要在基础中配置足够数量的受力钢筋，这种基础称为柔性基础，如图 4-1-1b）所示。

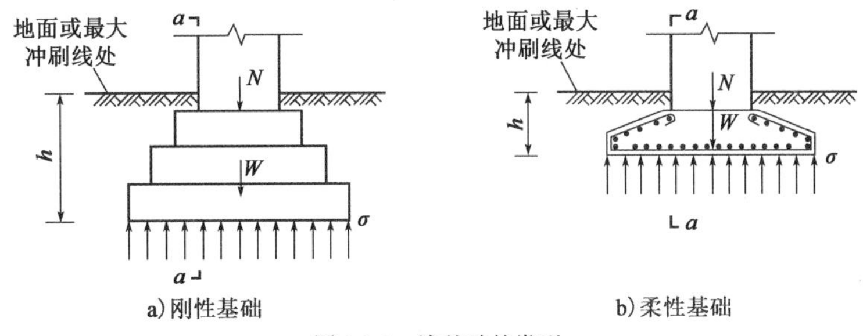

图 4-1-1　浅基础的类型

柔性基础主要采用钢筋混凝土浇筑，具有适应性好，对地基强度要求较低，整体性能较好，抗弯刚度较大的特点。缺点是钢筋用量大，施工技术要求高。当刚性基础尺寸不能同时满足地基承载力和基础埋置深度的要求时，宜采用柔性基础。

二、浅基础的结构形式

浅基础常见的结构形式分为以下几种：

1. 扩大浅基础

扩大基础是指为满足地基强度要求，设计时将基础平面尺寸扩大，以增大基底受压面，减小地基压应力的基础形式，如图 4-1-2 所示。扩大基础的平面形状一般应根据墩、台身底面形状确定，矩形基础平面因其计算简单，施工方便，是最常采用的基础平面形式。

2. 柱下单独基础和柱下联合基础

柱下单独基础是柱式桥墩常用的基础形式之一。它的纵横剖面均可砌筑成台阶式［图 4-1-3a）］。用石或砖砌筑柱下单独基础时，立柱与基础之间应用混凝土连接。为了满足地基强度要求，通常需要扩大基础平面尺寸，如果扩大后的结果使相邻的单独基础在平面上相连甚至重叠时，则可将它们连在一起成为柱下联合基础［图 4-1-3b）］。

3. 条形基础

条形基础分为墙下条形基础和柱下条形基础。墙下条形基础是指挡土墙或涵洞洞身基础（图 4-1-4），基础断面为矩形或台阶形。挡土墙长度较大时，为了避免墙体因沉降不均匀而开裂，沿墙长方向根据土质和地形情况应设置沉降缝。柱下条形基础是将同一排的若干个柱下基础联合起来（图 4-1-5），增大基底受压面，提高柱下基础的承载能力。其构造与倒置的 T 形截面梁相类似，沿柱子排列方向的断面可以是等截面的，也可以在柱位处加腋。

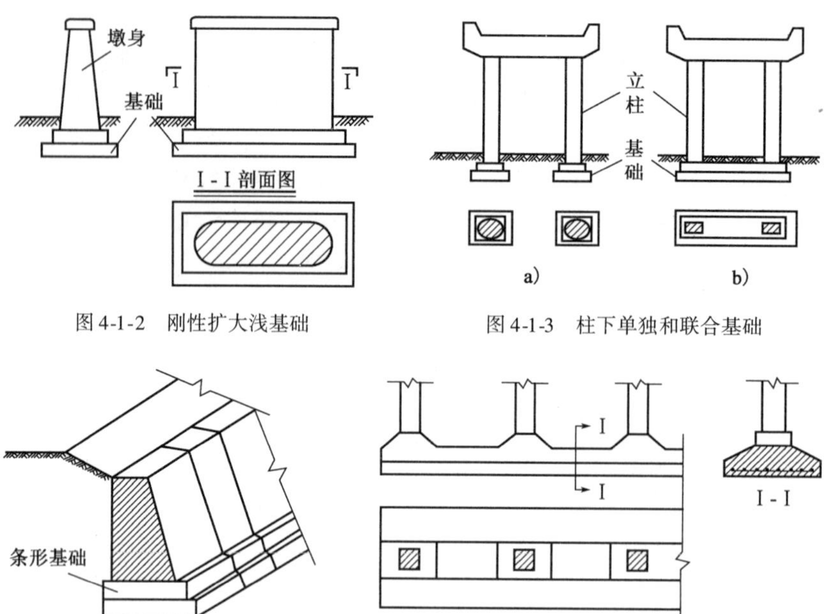

图 4-1-2　刚性扩大浅基础

图 4-1-3　柱下单独和联合基础

图 4-1-4　挡土墙下条形基础

图 4-1-5　柱下条形基础

当单向条形基础的基底仍不能承受上部结构荷载的作用时,可以把纵横两个方向的柱基础均连在一起,成为十字交叉条形基础(图 4-1-6)。其特点是刚度较大,能调节基底压力,减小基础的不均匀沉降。

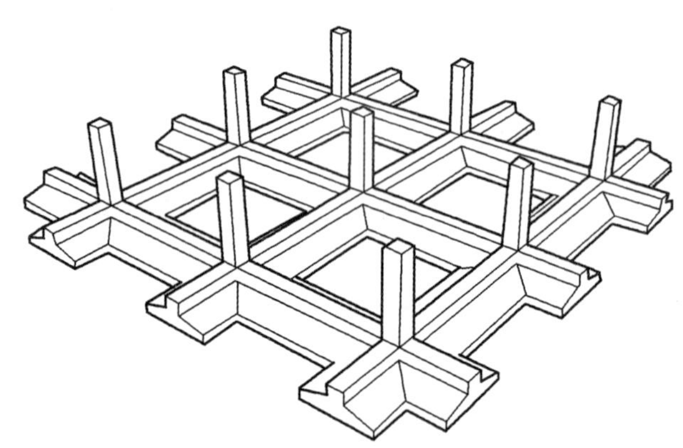

图 4-1-6　十字交叉条形基础

4. 筏板式基础和箱形基础

筏板式基础和箱形基础是房屋建筑常用的基础形式。当立柱或承重墙传来的作用较大,地基土质软弱又不均匀,采用单独或条形基础均不能满足地基承载力或沉降要求时,可采用筏板式基础(图 4-1-7)。筏板式基础既能扩大基底面积又能增加基础的整体性,避免构筑物局部发生不均匀沉降。筏板式基础分为平板式和梁板式。其中,平板式常用于柱作用较小而且柱子排列较均匀、间距较小的情况。

箱形基础由钢筋混凝土顶板、底板及纵横隔墙组成(图 4-1-8),它的刚度远大于筏板式基础，而且基础顶板和底板之间的空间常可利用作地下室。它适用于地基较软弱、土层厚、构筑物对不均匀沉降较敏感或作用较大而基础建筑面积不太大的高层建筑。

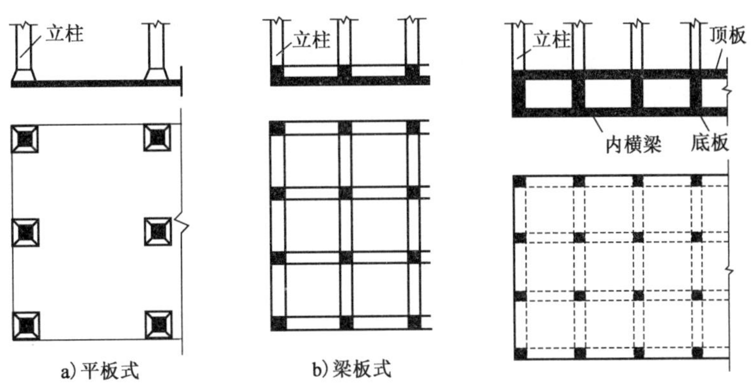

图 4-1-7 筏板式基础　　图 4-1-8 箱形基础

浅基础类型与形式的选择应考虑上部结构形式及作用大小、地基的工程地质和水文地质条件、施工环境、施工效率、成本等因素。

刚性扩大浅基础由于埋入地层深度较浅，设计计算时可以忽略基础侧面土体的影响，结构形式简单，施工方法简便，是公路、铁路桥涵及其他构造物首选和较为常见的基础形式。本书基于实用性和篇幅限制考虑，主要介绍刚性浅基础的设计与施工。

三、基础埋置深度的确定

基础埋置深度的确定直接影响基础类型、施工方案的选择以及工程造价，因此在选择基础埋置深度时应结合工程具体情况，综合考虑下列各项因素。

1. 地质条件与荷载作用情况

地质条件与上部结构物荷载作用情况是影响基础埋置深度的重要因素之一，设计时，必须考虑将基础底面设置在变形较小，强度较大的持力层上，以保证地基强度满足要求，而且不致产生过大的沉降和沉降差。土层的强弱以及能否作为持力层是相对一定荷载而言，因此需要综合考虑地质条件和结构物作用。如果可以作为持力层的土层不止一个，且各有利弊，应结合不同的基础类型，经过综合比较分析确定，一般应首选埋置深度小的基础类型。

覆盖层较薄的岩石地基，一般应清除风化层后，将基础设置在新鲜的岩面上。如风化层较厚，难以全部清除，基础放在风化层内的埋置深度要根据风化程度及其相应的承载力予以确定。当岩层倾斜时，切忌将基础一部分置于岩层上，另一部分置于土层上，以防基础发生不均匀沉降而倾斜或断裂。

2. 上部结构形式

桥梁上部结构通过支座与墩台基础连成一体，上部结构形式不同，对基础产生的变形要求不同。对于中、小跨度的简支梁这类静定结构，上部结构形式对基础埋置深度的确定影响不大；但对于超静定结构，即使基础发生较小的不均匀沉降也会使结构内力产生一定变化。例如对于超静定的拱桥桥台，为了减少可能产生的水平位移和沉降差值，需将基础设置在较深的坚实土层上。

3. 水流冲刷程度

桥梁墩台的修建,会压缩河床原有过水断面,导致水流流速增大,冲刷河床程度加剧。为了防止桥梁墩台基础四周和基底下土层被水流淘空冲走导致墩台倒塌,基础底面必须埋置在局部冲刷线以下一定深度,以保证基础的稳定性。《公路桥涵地基与基础设计规范》(JTG 3363—2019)中规定如下:

(1)非岩石河床桥梁墩台基础底面埋深安全值不宜小于表4-1-1的规定。

基底埋深安全值(m) 表4-1-1

桥梁类别	总冲刷深度				
	0	5	10	15	20
大桥、中桥、小桥(不铺砌)	1.5	2.0	2.5	3.0	3.5
特大桥	2.0	2.5	3.0	3.5	4.0

注:1. 总冲刷深度为自河床面算起的河床自然演变冲刷、一般冲刷与局部冲刷深度之和。
2. 若对设计流量、水位和原始断面资料无把握或不能获得河床演变准确资料时,表中数值宜适当加大。
3. 若桥位上下游有已建桥梁,应调查已建桥梁的特大洪水冲刷情况,新建桥梁墩台基础埋置深度不宜小于已建桥梁的冲刷深度且酌加必要的安全值。
4. 如河床上有铺砌层时,基础底面宜设置在铺砌层顶面以下不小于1m。

(2)岩石河床墩台基底最小埋置深度可参考现行《公路工程水文勘测设计规范》(JTG C30)的规定确定。

(3)位于河槽的桥台,当其总冲刷深度小于桥墩总冲刷深度时,桥台基底高程应与桥墩相同。位于河滩的桥台,对不稳定河流,桥台基底高程应与桥墩相同;对稳定河流,桥台基底高程可按桥台冲刷计算结果确定。

(4)对于涵洞基础,在无冲刷处(岩石地基除外),应设在地面或河床底以下埋深不小于1m处;如有冲刷,基底埋深应在局部冲刷线以下不小于1m;如河床上有铺砌层时,基础底面宜设置在铺砌层顶面以下不小于1m。

4. 地层冻结深度

对于寒冷地区的冻胀性土,如土温在较长时间内保持在冻结温度以下,土孔隙中的水分会从未冻结土层向冻结区迁移,引起地基的冻胀和隆起。地基土季节性的冰冻和融化会导致基础破坏。为了保证结构物不受地基土季节性冻胀的影响,除地基为非冻胀土外,基础底面应埋在冻结线以下一定深度。《公路桥涵地基与基础设计规范》(JTG 3363—2019)中指出:当地基为冻胀土层时,桥涵墩台基础基底埋置深度应符合下列规定:

(1)上部结构为超静定结构时,基底应埋入冻结线以下不小于0.25m。

(2)当墩台基础容许设置在季节性冻胀土层中时,基底的最小埋置深度可按下式计算:

$$d_{min} = z_d - h_{max} \tag{4-1-1}$$

$$z_d = \psi_{zs}\psi_{zw}\psi_{ze}\psi_{zg}\psi_{zf}z_0 \tag{4-1-2}$$

式中:d_{min}——基底最小埋置深度,m;

z_d——设计冻深,m;

z_0——标准冻深,m,无实测资料时,可按设计规范JTG 3363—2019中附录E采用;

ψ_{zs}——土的类别对冻深的影响系数,按表 4-1-2 查取;

ψ_{zw}——土的冻胀性对冻深的影响系数,按表 4-1-3 查取,季节性冻胀土分类见设计规范《公路桥涵地基与基础设计规范》(JTG 3363—2019)中表 E.0.2;

ψ_{ze}——环境对冻深的影响系数,按表 4-1-4 查取;

ψ_{zg}——地形坡向对冻深的影响系数,按表 4-1-5 查取;

ψ_{zf}——基础对冻深的影响系数,取 $\psi_{zf}=1.1$;

h_{max}——基础底面下容许最大冻层厚度,m,按表 4-1-6 查取。

土的类别对冻深的影响系数 ψ_{zs} 表 4-1-2

土的类别	ψ_{zs}	土的类别	ψ_{zs}
黏性土	1.00	中砂、粗砂、砾砂	1.30
细砂、粉砂、粉土	1.20	碎石土	1.40

土的冻胀性对冻深的影响系数 ψ_{zw} 表 4-1-3

土的冻胀性类别	ψ_{zw}	土的冻胀性类别	ψ_{zw}
不冻胀	1.00	强冻胀	0.85
弱冻胀	0.95	特强冻胀	0.80
冻胀	0.90	—	—

环境对冻深的影响系数 ψ_{ze} 表 4-1-4

周围环境	ψ_{ze}	周围环境	ψ_{ze}
村、镇、旷野	1.00	城市市区	0.90
城市近郊	0.95	—	—

注意:当城市市区人口为 20 万~50 万时,按城市近郊取值;当城市市区人口大于 50 万小于或等于 100 万时,按城市市区取值;当城市市区人口超过 100 万时,按城市市区取值,5km 以内的郊区按城市近郊取值。

地形坡向对冻深的影响系数 ψ_{zg} 表 4-1-5

地形坡向	平坦	阳坡	阴坡
ψ_{zg}	1.0	0.9	1.1

基础底面下容许最大冻层厚度 h_{max} 表 4-1-6

土的冻胀性类别	弱冻胀	冻胀	强冻胀	特强冻胀
h_{max}	$0.38z_0$	$0.28z_0$	$0.15z_0$	$0.08z_0$

(3)涵洞基础设置在季节性冻土地基上时应满足下列要求:

①出入口和自两端洞口向内各 2~6m 范围内(或可采用不小于 2m 的一段涵节长度)涵身基底的埋置深度可按式(4-1-1)计算确定。

②涵洞中间部分的基础埋深,可根据地区经验确定。

③严寒地区,当涵洞中间部分基础的埋深与洞口埋深相差较大时,其连接处应设置过渡段。

④冻结较深地区,也可采用将基础底面至冻结线处的地基土换填为粗颗粒土(包括碎石土、砾砂、粗砂、中砂,但其中粉黏粒含量不应大于 15%,或粒径小于 0.1mm 的颗粒不应大于 25%)的措施。

(4)当墩台基础底面设置在不冻胀土层中时,基础底面埋深可不受冻深的限制。

5. 地形条件

建于陡坡上的墩台、挡墙等结构物,确定基础的埋置深度时还应考虑土坡与结构物一起滑动的可能性,对此基础前缘至岩层坡面间必须留有适当的安全距离 l,如表 4-1-7 中示意图所示。挡土墙设计时,基础前缘至斜坡面间的安全距离 l 及基础嵌入地基中的深度 h 与持力层岩层(或土)类的关系见表值。桥梁基础承受荷载较大,受力情况比较复杂,因此表列的 l 值宜适当增大,必要时应降低地基承载力特征值,以防邻近边缘部分地基下降过大。

斜坡上基础的埋深与持力层土类的关系 表 4-1-7

持力层土类	h/m	l/m	示意图
较完整的坚硬岩石	0.25	0.25 ~ 0.50	
一般岩石(如砂页岩)	0.60	0.60 ~ 1.50	
松软岩石(如千枚岩等)	1.00	1.00 ~ 2.00	
砂类、砾石及土层	≥1.00	1.50 ~ 2.50	

6. 保证持力层稳定所需最小埋置深度

地表土在温度和湿度的影响下,会产生一定的风化作用,导致其性质不稳定。再加上人类和动物活动以及植物生长等影响,也会破坏地表土层的结构,影响其强度和稳定性。因此,为了保证基础的稳定性,设计规范《公路桥涵地基与基础设计规范》(JTG 3363—2019)规定:桥涵基底除岩石地基外,应在地面或河底以下至少 1.0m。

除此之外,在确定基础的埋置深度时,还应考虑相邻结构物的影响(如新结构物基础比原有结构物基础深,施工挖土则有可能影响原有基础的稳定性)。施工技术条件(施工设备、排水条件、支撑要求等)及经济分析等对基础埋深也有一定影响,设计时也应全面综合考虑。

四、刚性扩大浅基础的尺寸

刚性扩大浅基础尺寸包括立面尺寸和平面尺寸两个方面,如图 4-1-9 所示。

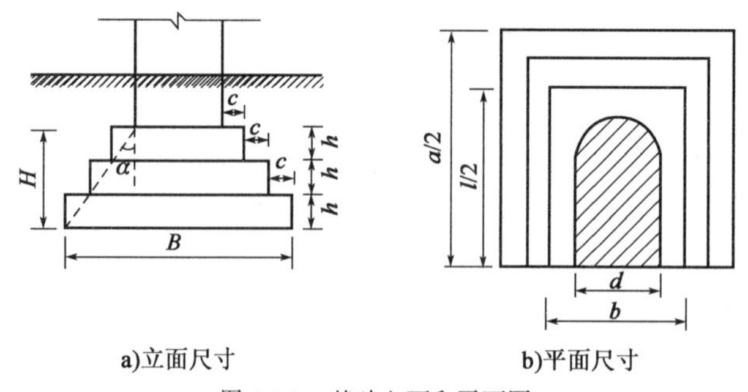

a)立面尺寸 b)平面尺寸

图 4-1-9 基础立面和平面图

1. 基础立面尺寸

立面尺寸是指基础的高度。设计时应综合考虑其上部墩台身结构形式、作用大小、基础埋置深度、地基承载力特征值等因素分别确定基础顶面与底面高程,二者差值即为基础高度。考虑到整个构筑物的美观,并防止基础受外力破损,一般要求基础顶面不外露,水中基础顶面一般不高于最低水位,旱地或季节性流水的河流中基础顶面一般置于地面或局部冲刷线以下不小于0.15m。基础底面高程则由基础埋置深度确定。

基础较厚(超过1m)时,可将基础的剖面浇(砌)筑成台阶形(图4-1-9)。台阶数和台阶高度考虑基础总厚度和底面尺寸,视具体情况而定,混凝土基础每级台阶高度一般不小于50cm,砌石基础每级台阶高度一般不小于75cm。一般情况下各层台阶宜采取相同厚度。

2. 基础平面尺寸

扩大基础平面尺寸包括基础顶面尺寸和底面尺寸。

1)基础顶面尺寸

基础顶面尺寸应大于墩台底部平面尺寸。基础顶面边缘到墩台底部边缘的距离,称为基础的襟边宽度,见图4-1-9中的c。设置襟边的目的是扩大基础底面受压面积,减小基底压应力;同时纠正基础施工时可能产生的偏差;便于搭置浇筑墩台所需要的模板。襟边的宽度一般不小于15~30cm。因此,基础顶面尺寸应满足:

$$b \geqslant d + 2c_{\min} \tag{4-1-3}$$

式中:b——基础顶面的宽度或长度,cm;

d——墩台身底部的宽度或长度,cm;

$c_{\min}$——最小襟边宽度,cm。

2)基础底面尺寸

基础底面尺寸应大于或等于顶面尺寸,但基础底面最大尺寸受刚性角的限制。如前所述,当基础底面尺寸悬出墩台底部太多时,悬出部分在基底反力作用下,在$a-a$断面[见图4-1-1a)]产生的弯曲拉应力和剪应力如果超过了基础圬工的强度极限值,会发生开裂甚至破坏。

从墩台底部外缘到基础底面外缘的连线与竖线的夹角,称为基础扩展角(图4-1-9中的α),为保证刚性基础本身有足够的强度和刚度,通常限制扩展角α不超过一定的极限值,该极限值称为基础的刚性角,用$\alpha_{\max}$表示,它与基础所采用的材料强度有关,一般按下列数值选用:

用M5以下水泥砂浆砌筑块石时,$\alpha_{\max} \leqslant 30°$;用M5以上水泥砂浆砌筑块石时,$\alpha_{\max} \leqslant 35°$;水泥混凝土,$\alpha_{\max} \leqslant 45°$。

因此,基础底面尺寸应满足:

$$B \leqslant d + 2H\tan\alpha_{\max} \tag{4-1-4}$$

式中:B——基础底面的宽度或长度,cm;

d——墩台身底部的宽度或长度,cm;

H——基础高度,cm。

引思明理

为了确保公路工程质量、加强工程建设市场管理,国家层面与行业内部颁布了一系列法律法规,其内容涵盖公路建设程序、设计、施工、质量检测及养护等工程建设全过程的各个领域,用以规范、约束和指导参建单位和个人的行为。

1999年1月4日,某西南城市一县内一座跨河拱桥突然垮塌(垮塌前和垮塌后分别见图4-1-10和图4-1-11)。事故造成40人死亡、14人受伤,直接经济损失约631万元。经调查,事故产生的主要原因是违法设计、无证施工、管理混乱、未经验收等。该工程设计粗糙,随意更改,设计文件中对主拱钢结构的材质、焊接质量、接头位置及锁锚质量均无明确要求;施工中擅自将原设计沉井基础改为扩大基础;在成桥增设花台等荷载后主拱承载力不满足规范要求。工程属于无计划、无报建、无招投标、无开工许可证、无工程监理、无质量验收等"六无"工程。

图4-1-10 垮塌前的拱桥

图4-1-11 垮塌后的拱桥

工程事故发生后,相关责任人均受审被追责。原县委书记被判处无期徒刑;原县委副书记被判处死刑,缓期二年执行;另外12名被告人分别被判处有期徒刑或并处罚金;施工承包总负责人被判处有期徒刑10年并处罚金人民币50万元。工程设计负责人受到开除党籍处分,成为该市自施行"设计终身负责制"以来被追责的第一人。

《吕氏春秋》中言"欲知平直,则必准绳;欲知方圆,则必规矩",意指若想知道平直与否,必须借助水准墨线;若想知道方圆与否,必须借助圆规矩尺。喻指做人做事要遵循一定的标准规则。古语"人不以规矩则废,家不以规矩则殆,国不以规矩则乱"是指小到个人、家庭,大到政党、国家,都必须树立规矩意识。每一个人只有筑牢规矩意识,时刻将纪律、规矩铭记心中,心有所畏才能言有所戒、行有所止。工程技术人员应严格遵守职业道德,工作中认真贯彻执行国家行业技术标准和规范要求,才能保证工程质量。

1. 确定基础埋置深度时应考虑哪些因素?
2. 拟定基础尺寸时,应考虑哪些要求?
3. 什么是襟边?设置襟边的作用是什么?
4. 什么是基础的扩展角和刚性角?为什么要求扩展角不得超过刚性角?

背景资料:

某公路桥梁基础施工图见图4-1-12 ~ 图4-1-14。

任务要求:

根据提供的施工图,按下列要求读识并记录①号桥墩的相关内容:

1. 桥墩形式、基础的类型及平面尺寸;

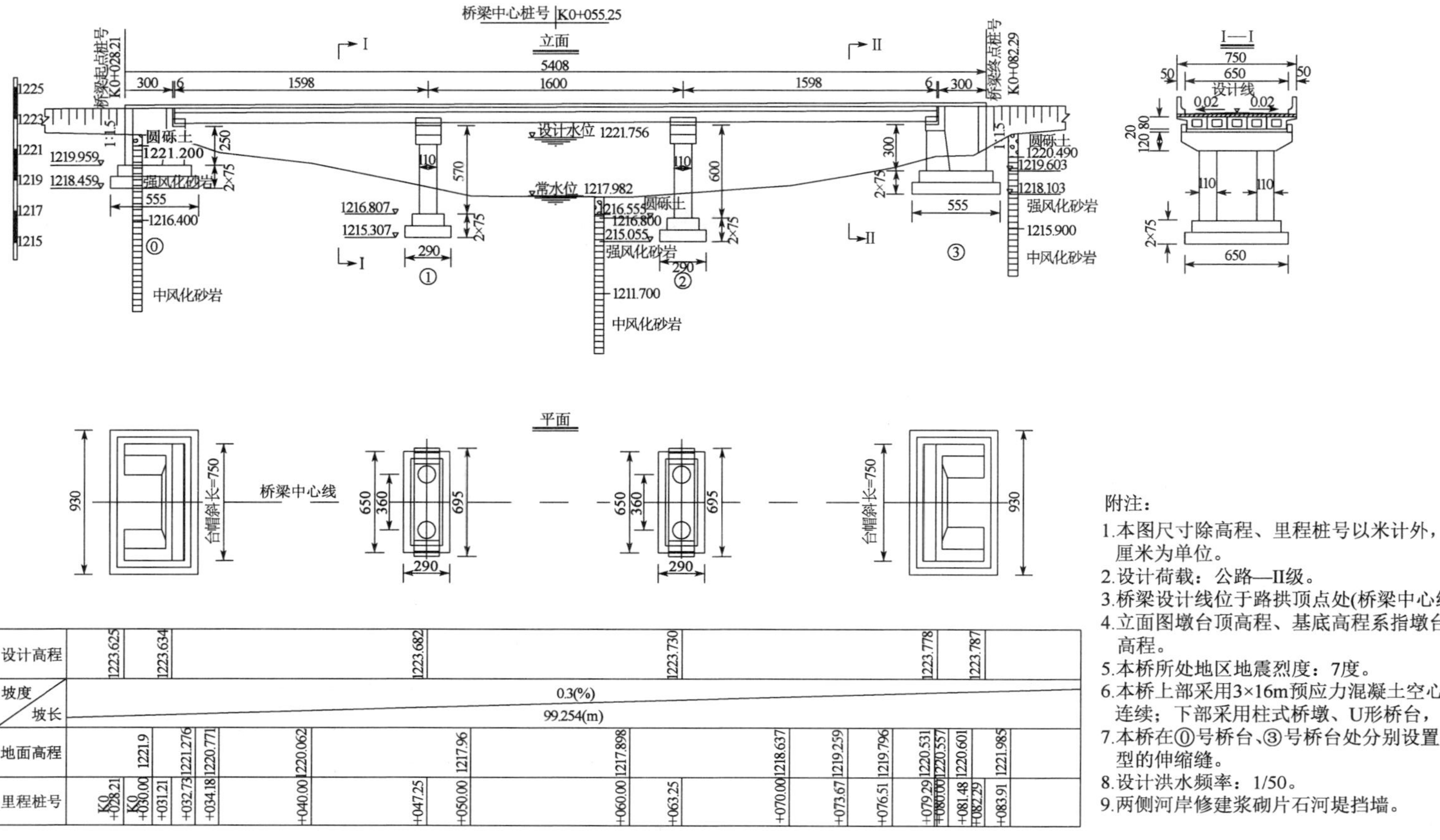

附注：

1. 本图尺寸除高程、里程桩号以米计外，其余均以厘米为单位。
2. 设计荷载：公路—II级。
3. 桥梁设计线位于路拱顶点处(桥梁中心线)。
4. 立面图墩台顶高程、基底高程系指墩台中心处的高程。
5. 本桥所处地区地震烈度：7度。
6. 本桥上部采用3×16m预应力混凝土空心板，桥面连续；下部采用柱式桥墩、U形桥台，扩大基础。
7. 本桥在⓪号桥台、③号桥台处分别设置一道HD60型的伸缩缝。
8. 设计洪水频率：1/50。
9. 两侧河岸修建浆砌片石河堤挡墙。

图 4-1-12 桥型布置图

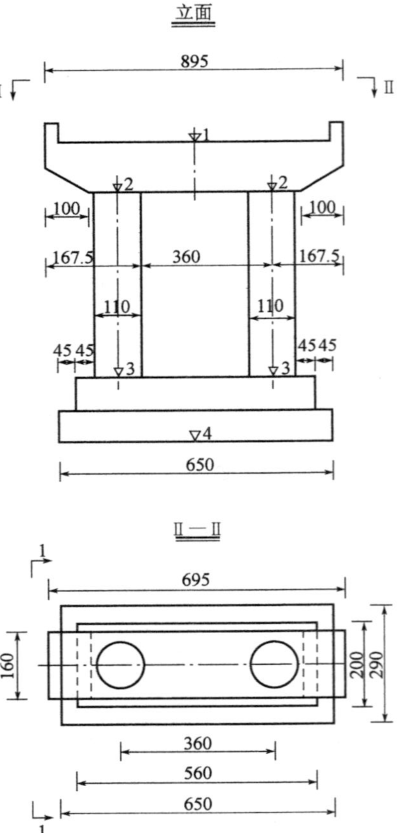

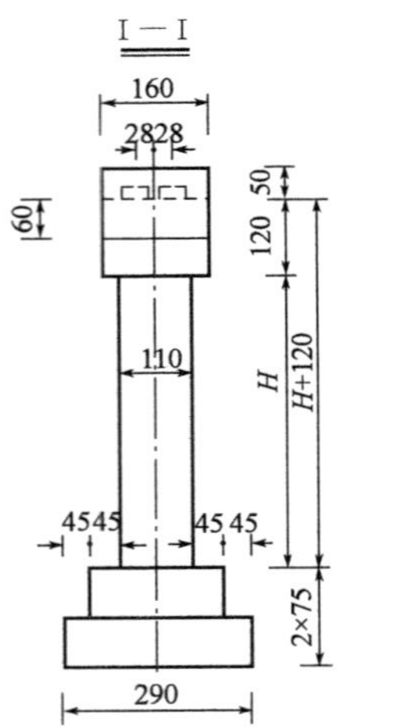

尺寸表

编号	项目					
	▽1/m	▽2/m	柱高H/cm 1	柱高H/cm 2	▽3/m	▽4/m
1	1222.506	1221.30	450.0	450.0	1216.807	1215.307
2	1222.554	1221.35	480.0	480.0	1216.554	1215.054

附注:
1.图中尺寸均以厘米为单位。
2.支座及垫块位置本图未标出，另见设计保留。
3.桥墩中心线指与两侧外边柱距离相等的位置处。
4.本图为①、②号桥墩一般构造图。

图 4-1-13 桥墩一般构造图

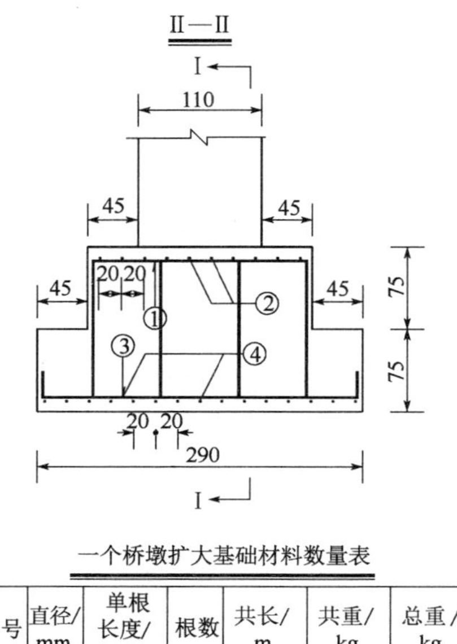

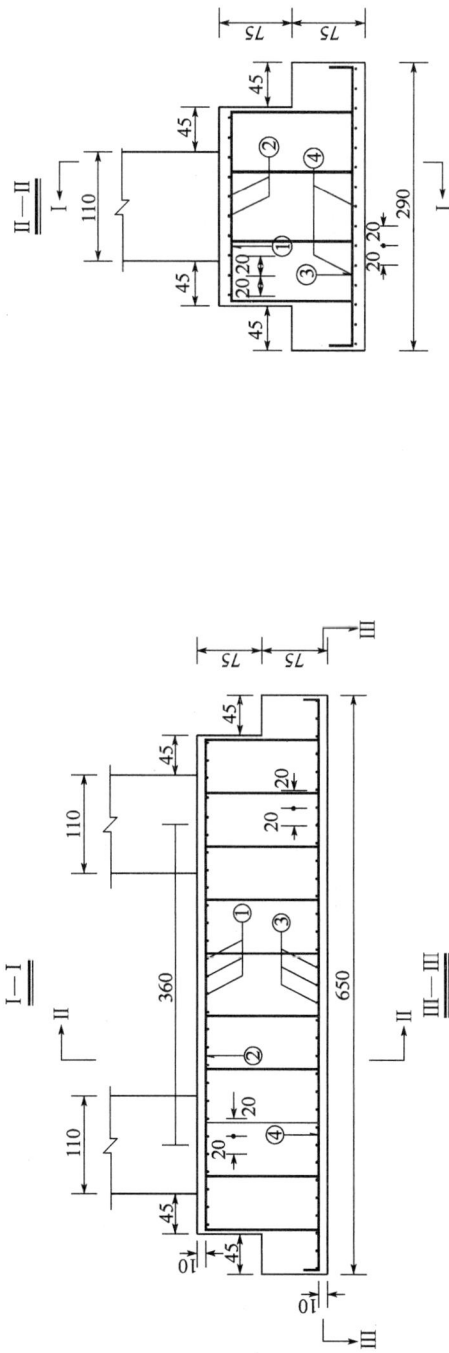

一个桥墩扩大基础材料数量表

编号	直径/mm	单根长度/cm	根数	共长/m	共重/kg	总重/kg
1	φ16	225	28	63.00	99.54	99.5
2	φ12	576	10	57.60	51.15	51.2
3	φ22	328	33	108.24	322.56	322.6
4	φ16	675	15	101.25	159.98	160.0
5	φ16	150	40	60.0	94.80	94.8
C25混凝土/m^3					22.54	

附注：

1.图中尺寸除钢筋直径以毫米计，其余均以厘米为单位。

2.注意预埋墩身钢筋。

3.本图用于①号、②号桥墩。

图 4-1-14　桥墩扩大基础钢筋构造图

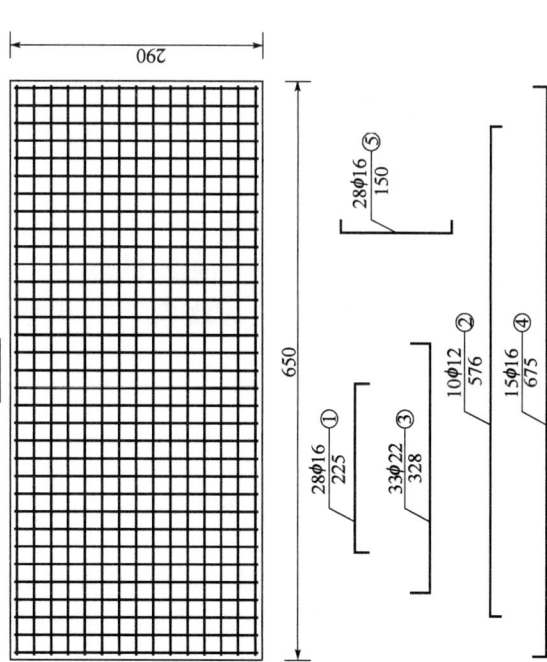

2. 基顶高程、基底高程及基础厚度;
3. 基础襟边尺寸和扩展角,并检验是否满足结构设计要求;
4. 混凝土强度等级和数量;
5. 基础中所用钢筋的型号,其中 ϕ22 钢筋每根长度、配置位置和数量;
6. 持力层土的名称。

任务二 刚性浅基础设计

学习目标

1. 知识目标
(1)熟悉结构物作用及其分类;
(2)明确浅基础的设计原理与计算步骤;
(3)掌握刚性扩大浅基础的设计计算方法与要求。
2. 能力目标
(1)能根据设计资料拟定刚性浅基础尺寸;
(2)能完成刚性浅基础的设计验算。

任务描述

通过对刚性浅基础设计计算方法等相关知识的学习,能够按照现行《公路桥涵地基与基础设计规范》(JTG 3363)中的设计要求,正确地拟定基础尺寸和埋置深度,并根据基础底面荷载作用组合情况完成地基强度、基底偏心距,基础稳定性和基础沉降的设计验算。

相关知识

一、浅基础的设计计算内容

浅基础设计时,应首先评价地基土的工程特性,并结合上部结构物特点和其他工程条件初步拟定基础的类型、材料、埋置深度及尺寸,然后根据可能产生的最不利效应组合对地基与基础进行验算,以证实各项设计是否满足结构物安全和正常使用的要求,最后通过比选确定设计方案。

地基与基础的验算内容包括地基强度、基底偏心距、基础稳定性和基础沉降的验算。验算中,如果发现某项设计不满足规范要求,或虽然满足,但基础尺寸或埋深过大不经济时,需适当修改基础尺寸或埋置深度,再重复各项验算,直到各项要求全部满足且基础尺寸较为合理为止。

柔性基础与刚性基础对地基的要求和验算内容基本相同,但柔性基础配置钢筋后应增加截面强度的验算。

每一个验算项目均分纵向和横向验算两部分,不能予以叠加。对于大多数桥梁基础来说,往往纵向验算控制设计,一般不进行横向验算,但当横向有较大的水平力作用时,除了纵向验算外,还必须同时进行横向验算。两个方向的验算方法相同,均应分别满足设计要求。

二、结构物的作用

上部结构物作用不同会对地基和基础产生不同的力学效应。作用分为直接作用和间接作用。直接作用是指施加在结构上的集中力或分布力,也称为荷载,如结构自重、车辆荷载等;间接作用是指引起结构外加变形或约束变形的原因,如混凝土收缩,温度变化等。

公路桥涵设计中采用的作用分为永久作用、可变作用、偶然作用和地震作用四类,具体分类见表4-2-1。各种作用的具体计算方法参见现行《公路桥涵设计通用规范》(JTG D60)。设计时,应考虑各种作用可能同时出现的概率,分别计算后按承载能力极限状态和正常使用极限状态进行组合,取其最不利组合效应进行设计。作用组合完成后,也可以竖向合力 N、水平合力 H 和合力矩 M 的形式简化到基础底面。

作用的分类　　表4-2-1

序号	分类	名称	序号	分类	名称
1	永久作用	结构重力(包括结构附加重力)	13	可变作用	人群荷载
2		预加力	14		疲劳荷载
3		土的重力	15		风荷载
4		土侧压力	16		流水压力
5		混凝土收缩、徐变作用	17		冰压力
6		水浮力	18		波浪力
7		基础变位作用	19		温度(均匀和梯度)作用
8	可变作用	汽车荷载	20		支座摩阻力
9		汽车冲击力	21	偶然作用	船舶的撞击作用
10		汽车离心力	22		漂流物的撞击作用
11		汽车引起的土侧压力	23		汽车撞击作用
12		汽车制动力	24	地震作用	地震作用

三、地基与基础的验算

1.持力层地基强度验算

持力层地基强度验算的目的是保证基底压应力不超过地基承载力特征值,以确保基础不会因地基强度不足而发生破坏。具体要求是:

$$p_{\max} \leqslant \gamma_{R} f_{a} \tag{4-2-1}$$

式中:p_{max}——基底最大压应力,kPa,计算方法见学习项目二中任务三所述;

γ_R——地基承载力抗力系数,可按表 2-5-11 取值;

f_a——地基承载力特征值,kPa,确定方法见学习项目二中任务五所述。

通过分析基底压应力计算公式可知,当基础底面尺寸一定时,基础底面竖向合力 N 和水平合力 M 值越大,p_{max}越大。因此验算地基强度时,应选用 N 值和 M 值尽可能大的效应组合作为最不利效应组合。

当桥台台背填土的高度 H_1 在 5m 以上时(图 4-2-1),应考虑台背填土对桥台基底或桩端平面处的附加竖向压应力 p_1。

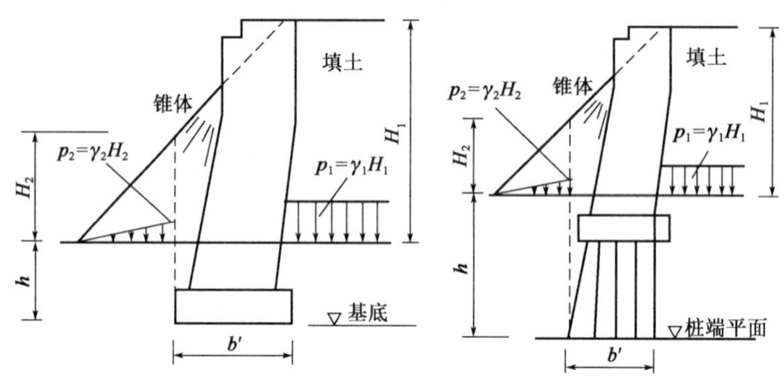

图 4-2-1 桥台填土荷载对基底应力的影响

其中,b'为基底(或桩端平面)处的前后边缘上的锥体高度,m;h 为原地面至基底或桩端平面处的深度,即基础埋置深度,m。

对软土或软弱地基,如相邻墩台的距离小于 5m 时,应考虑邻近墩台对软土或软弱地基所引起的附加竖向压应力。对于埋置式桥台,应计算台前锥体对基底(或桩端平面)处前边缘引起的附加压应力 p_2。

$$p_1 = \alpha_1\gamma_1H_1 \tag{4-2-2}$$

$$p_2 = \alpha_2\gamma_2H_2 \tag{4-2-3}$$

式中:p_1——台背路基填土产生的原地面处的土压应力,kPa;

p_2——台前锥体产生的基底或桩端平面前边缘原地面处的土压应力,kPa;

γ_1——路基填土的重度,kN/m³;

γ_2——台前锥体填土的重度,kN/m³;

H_1——台背路基填土高度,m;

H_2——基底或桩端平面处前边缘上的锥体高度,取基底或桩端前边缘处的原地面向上竖向引线与溜坡相交点距离,m;

α_1、α_2——附加竖向压应力系数,取值可参见《公路桥涵地基与基础设计规范》(JTG 3363—2019)附录 F 中表 F.0.1-1 和表 F.0.1-2。

将 p_1 和 p_2 与其他荷载引起的基底应力相叠加,即得基底总压应力。

2. 软弱下卧层强度验算

在基础底面下有软弱地基或软土层时，应参照图 4-2-2 按下式验算软弱地基或软土层的承载力：

$$p_z = \gamma_1(h+z) + \alpha(p-\gamma_2 h) \leqslant \gamma_R f_a \tag{4-2-4}$$

式中：p_z——软弱地基或软土层的压应力，kPa；

h——基底处的埋置深度，m，当基础受水流冲刷时，由一般冲刷线算起；当不受水流冲刷时，由天然地面算起；如位于挖方内，则由开挖后地面算起；

z——从基底处到软弱地基或软土层地基顶面的距离，m；

γ_1——深度($h+z$)范围内各土层的换算重度，kN/m^3；

γ_2——深度 h 范围内各土层的换算重度，kN/m^3；

α——土中附加压应力系数，由 l/b，z/b 查表 4-2-2 得；

p——基底压应力，kPa，当 $z/b>1$ 时，p 采用基底平均压应力，b 为矩形基底的宽度；当 $z/b\leqslant1$ 时，p 为基底压应力图形距大压应力点 $b/3\sim b/4$ 处的压应力(图 4-2-3)，对梯形图形前后端压应力差值较大时，可采用上述 $b/4$ 点处的压应力值；反之，则采用上述 $b/3$ 处压应力值；

f_a——软弱地基或软土层地基顶面土的承载力特征值，kPa。

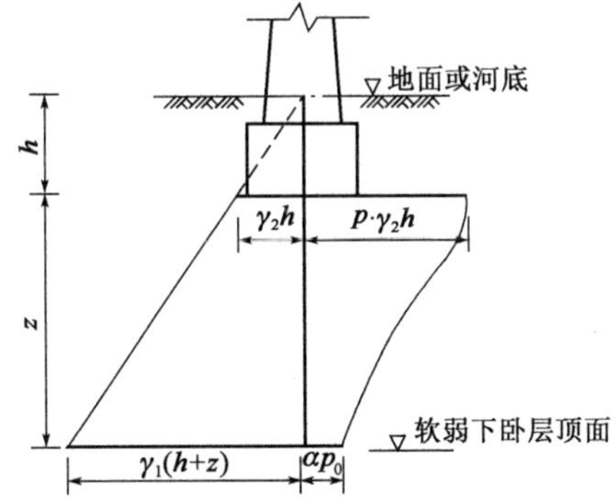

图 4-2-2 软弱下卧层顶面应力(图中 $p_0=p-\gamma_2 h$)

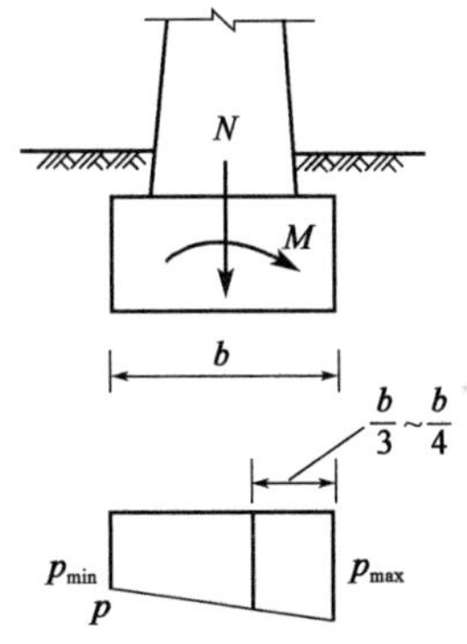

图 4-2-3 基底压应力 p

软弱下卧层强度验算时，计算基底最大的最不利效应组合应同持力层强度验算。

基底中点下卧层附加压应力系数 α 表 4-2-2

z/b	l/b												
	1.0	1.2	1.4	1.6	1.8	2.0	2.4	2.8	3.2	3.6	4.0	5.0	≥10
0.0	1.000	1.000	1.000	1.000	1.000	1.000	1.000	1.000	1.000	1.000	1.000	1.000	1.000
0.1	0.980	0.984	0.986	0.987	0.987	0.988	0.988	0.989	0.989	0.989	0.989	0.989	0.989
0.2	0.960	0.968	0.972	0.974	0.975	0.976	0.976	0.977	0.977	0.977	0.977	0.977	0.977
0.3	0.880	0.899	0.910	0.917	0.920	0.923	0.925	0.928	0.928	0.929	0.929	0.929	0.929
0.4	0.800	0.830	0.848	0.859	0.866	0.870	0.875	0.878	0.879	0.880	0.880	0.881	0.881
0.5	0.703	0.741	0.765	0.781	0.791	0.799	0.810	0.812	0.814	0.816	0.817	0.818	0.818
0.6	0.606	0.651	0.682	0.703	0.717	0.727	0.737	0.746	0.749	0.751	0.753	0.754	0.755

续上表

z/b	l/b												
	1.0	1.2	1.4	1.6	1.8	2.0	2.4	2.8	3.2	3.6	4.0	5.0	≥10
0.7	0.527	0.574	0.607	0.630	0.648	0.660	0.674	0.685	0.690	0.692	0.694	0.697	0.698
0.8	0.449	0.496	0.532	0.558	0.578	0.593	0.612	0.623	0.630	0.633	0.636	0.639	0.642
0.9	0.392	0.437	0.473	0.499	0.520	0.536	0.559	0.572	0.579	0.584	0.588	0.592	0.596
1.0	0.334	0.378	0.414	0.441	0.463	0.482	0.505	0.520	0.529	0.536	0.540	0.545	0.550
1.1	0.295	0.336	0.369	0.396	0.418	0.436	0.462	0.479	0.489	0.496	0.501	0.508	0.513
1.2	0.257	0.294	0.325	0.352	0.374	0.392	0.419	0.437	0.449	0.457	0.462	0.470	0.477
1.3	0.229	0.263	0.292	0.318	0.339	0.357	0.384	0.403	0.416	0.424	0.431	0.440	0.448
1.4	0.201	0.232	0.260	0.284	0.304	0.321	0.350	0.369	0.383	0.393	0.400	0.410	0.420
1.5	0.180	0.209	0.235	0.258	0.277	0.294	0.322	0.341	0.356	0.366	0.374	0.385	0.397
1.6	0.160	0.187	0.210	0.232	0.251	0.267	0.294	0.314	0.329	0.340	0.348	0.360	0.374
1.7	0.145	0.170	0.191	0.212	0.230	0.245	0.272	0.292	0.307	0.317	0.326	0.340	0.355
1.8	0.130	0.153	0.173	0.192	0.209	0.224	0.250	0.270	0.285	0.296	0.305	0.320	0.337
1.9	0.119	0.140	0.159	0.177	0.192	0.207	0.233	0.251	0.263	0.278	0.288	0.303	0.320
2.0	0.108	0.127	0.145	0.161	0.176	0.189	0.214	0.233	0.241	0.260	0.270	0.285	0.304
2.1	0.099	0.116	0.133	0.148	0.163	0.176	0.199	0.220	0.230	0.244	0.255	0.270	0.292
2.2	0.090	0.107	0.122	0.137	0.150	0.163	0.185	0.208	0.218	0.230	0.239	0.256	0.280
2.3	0.083	0.099	0.113	0.127	0.139	0.151	0.173	0.193	0.205	0.216	0.226	0.243	0.269
2.4	0.077	0.092	0.105	0.118	0.130	0.141	0.161	0.178	0.192	0.204	0.213	0.230	0.258
2.5	0.072	0.085	0.097	0.109	0.121	0.131	0.151	0.167	0.181	0.192	0.202	0.219	0.249
2.6	0.066	0.079	0.091	0.102	0.112	0.123	0.141	0.157	0.170	0.184	0.191	0.208	0.239
2.7	0.062	0.073	0.084	0.095	0.105	0.115	0.132	0.148	0.161	0.174	0.182	0.199	0.234
2.8	0.058	0.069	0.079	0.089	0.099	0.108	0.124	0.139	0.152	0.163	0.172	0.189	0.228
2.9	0.054	0.064	0.074	0.083	0.093	0.101	0.117	0.132	0.144	0.155	0.163	0.180	0.218
3.0	0.051	0.060	0.070	0.078	0.087	0.095	0.110	0.124	0.136	0.146	0.155	0.172	0.208
3.2	0.045	0.053	0.062	0.070	0.077	0.085	0.098	0.111	0.122	0.133	0.141	0.158	0.190
3.4	0.040	0.048	0.055	0.062	0.069	0.076	0.088	0.100	0.110	0.120	0.128	0.144	0.184
3.6	0.036	0.042	0.049	0.056	0.062	0.068	0.080	0.090	0.100	0.109	0.117	0.133	0.175
3.8	0.032	0.038	0.044	0.050	0.056	0.062	0.072	0.082	0.091	0.100	0.107	0.123	0.166
4.0	0.029	0.035	0.040	0.046	0.051	0.056	0.066	0.075	0.084	0.090	0.095	0.113	0.158
4.2	0.026	0.031	0.037	0.042	0.048	0.051	0.060	0.069	0.077	0.084	0.091	0.105	0.150
4.4	0.024	0.029	0.034	0.038	0.042	0.047	0.055	0.063	0.070	0.077	0.084	0.098	0.144
4.6	0.022	0.026	0.031	0.035	0.039	0.043	0.051	0.058	0.065	0.072	0.078	0.091	0.137
4.8	0.020	0.024	0.028	0.032	0.036	0.040	0.047	0.054	0.060	0.067	0.072	0.085	0.132
5.0	0.019	0.022	0.026	0.030	0.033	0.037	0.044	0.050	0.056	0.062	0.067	0.079	0.126

注:1. l、b——矩形基础边缘的长边和短边尺寸,m;

2. z——基底至下卧层土面的距离,m。

3. 基底合力偏心距验算

墩台基础设计计算时,必须控制基底合力偏心距,尽可能使基底压应力分布均匀,避免基底两侧压应力相差过大,使基础发生较大的不均匀沉降,致使墩台倾斜,影响正常使用。

桥涵墩台基底的合力偏心距容许值[e_0]应符合表4-2-3的规定。

墩台基底的合力偏心距容许值[e_0] 表4-2-3

作用情况	地基条件	[e_0]	备注
仅承受永久作用标准值组合	非岩石地基	桥墩,0.1ρ	拱桥、刚构桥墩台,其合力作用点应尽量保持在基底重心附近
		桥台,0.75ρ	
承受作用标准值组合或偶然作用标准值组合	非岩石地基	ρ	拱桥单向推力墩不受限制,但应符合《公路桥涵地基与基础设计规范》(JTG 3363—2019)表5.4.3规定的抗倾覆稳定安全系数
	较破碎~极破碎岩石地基	1.2ρ	
	完整、较完整岩石地基	1.5ρ	

基底以上外力作用点对基底重心轴的偏心距 e_0,应满足式(4-2-5):

$$e_0=\frac{M}{N}\leqslant[e_0] \tag{4-2-5}$$

式中:M——所有外力(竖向力、水平力)对基底截面重心的弯矩,kN·m;

N——作用于基底的竖向力,kN。

基底承受单向或双向偏心受压时的截面核心半径 ρ 值,可按下式计算:

$$\rho=\frac{e_0}{1-\dfrac{p_{\min}A}{N}} \tag{4-2-6}$$

$$p_{\min}=\frac{N}{A}-\frac{M_x}{W_x}-\frac{M_y}{W_y} \tag{4-2-7}$$

式中:$p_{\min}$——基底最小压应力,当为负值时表示拉应力,kPa。

进行该项验算时应选取竖向合力 N 值小、合力矩 M 值大的效应组合为最不利效应组合。

4. 基础稳定性验算

当桥梁墩台基础承受较大的偏心距和水平力时,有产生倾覆和滑动的危险,为保证基础具有足够的稳定性,需要分别进行倾覆稳定性验算和滑动稳定性验算,基础的稳定验算示意图如图4-2-4所示。

1)基础倾覆稳定性验算

桥涵墩台基础的抗倾覆稳定性系数 k_0,按下式计算:

$$k_0=\frac{s}{e_0} \tag{4-2-8}$$

$$e_0=\frac{\sum p_ie_i+\sum H_ih_i}{\sum p_i} \tag{4-2-9}$$

式中:k_0——墩台基础抗倾覆稳定性系数;

s——在截面重心至合力作用点的延长线上,自截面重心至验算倾覆轴的距离,m;

e_0——所有外力的合力 R 在验算截面的作用点对基底重心轴的偏心距,m;

p_i——不考虑其分项系数和组合系数的作用标准值组合或偶然作用标准值组合引起的

竖向力,kN;

e_i——竖向力 p_i 对验算截面重心的力臂,m;

H_i——不考虑其分项系数和组合系数的作用标准值组合或偶然作用标准值组合引起的水平力,kN;

h_i——水平力 H_i 对验算截面重心的力臂,m。

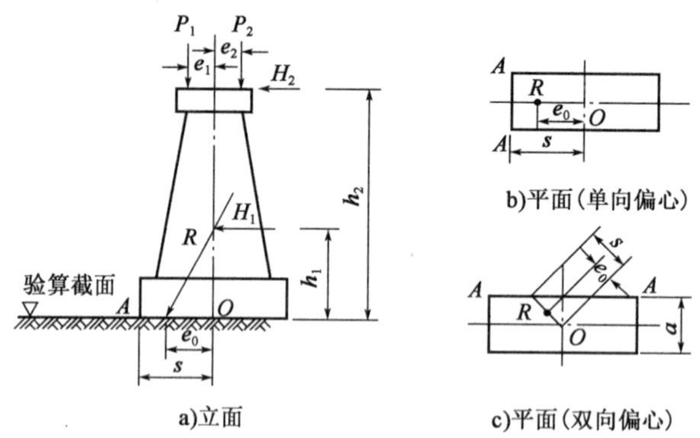

图 4-2-4 墩台基础的稳定验算示意图

O-截面重心;R-合力作用点;A-A-验算倾覆轴

该项验算时应选取竖向合力 N 值小、合力矩 M 值大的效应组合为最不利效应组合。

2)基础滑动稳定性验算

桥涵墩台基础的抗滑动稳定性系数 k_c,按下式计算:

$$k_c = \frac{\mu \sum p_i + \sum H_{ip}}{\sum H_{ia}} \tag{4-2-10}$$

式中:k_c——桥涵墩台基础的抗滑动稳定性系数;

$\sum p_i$——竖向力总和,kN;

$\sum H_{ip}$——抗滑稳定水平力总和,kN;

$\sum H_{ia}$——滑动水平力总和,kN;

μ——基础底面与地基土之间的摩擦系数,通过试验确定;当缺少实际资料时,可参照表 4-2-4采用。

注意:$\sum H_{ip}$、$\sum H_{ia}$分别为两个相对方向的各自水平力总和,绝对值较大者为滑动水平力$\sum H_{ia}$,另一为抗滑稳定力$\sum H_{ip}$。

基底摩擦系数表 表 4-2-4

地基土分类	μ
黏性土(流塑～坚硬)、粉土	0.25～0.35
砂土(粉砂～砾砂)	0.30～0.40
碎石土(松散～密实)	0.40～0.50
软岩(极软岩～较软岩)	0.40～0.60
硬岩(较硬岩、坚硬岩)	0.60～0.70

该项验算时应选取竖向合力 N 值小、水平合力 H 值大的效应组合为最不利效应组合。

3)稳定性系数

验算抗倾覆和抗滑动稳定性时,稳定性系数不应小于表 4-2-5 的规定。

抗倾覆和抗滑动的稳定性系数 表 4-2-5

作用组合		验算项目	稳定性系数限值
使用阶段	仅计永久作用(不计混凝土收缩及徐变、浮力)和汽车、人群作用的标准值组合	抗倾覆	1.5
		抗滑动	1.3
	各种作用的标准值组合	抗倾覆	1.3
		抗滑动	1.2
施工阶段	作用的标准值组合	抗倾覆	1.2
		抗滑动	

4)深层滑动验算

对于高填土的桥台和挡土墙,当地基土质很差时,基础除了有可能沿基底面滑动外,还有可能出现沿着图 4-2-5 中的滑动面,与地基土一起滑动的可能,这种滑动称为深层滑动。这时需另行验算其稳定性,验算方法可参照路基土坡稳定验算的原理进行,但应计入桥台所受外荷载及桥台或挡土墙和基础重量的影响。一般墩台基础出现这种滑动现象的可能性很小,所以通常可以不进行这项验算。

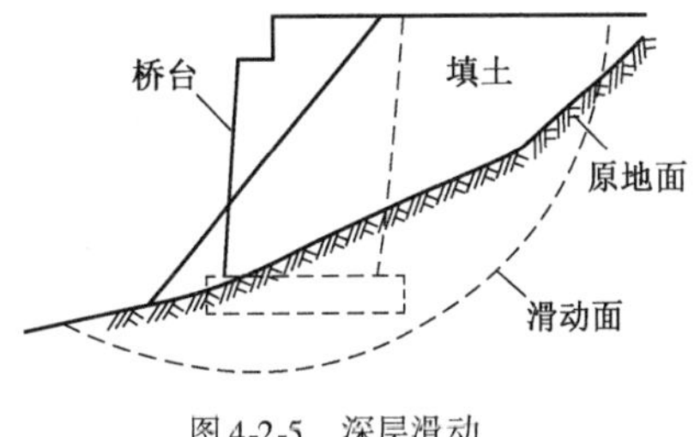

图 4-2-5 深层滑动

四、基础沉降计算

计算基础沉降时,基础底面的作用效应应采用正常使用极限状态下准永久组合效应,考虑的永久作用不包括混凝土收缩及徐变作用、基础变位作用,可变作用仅指汽车荷载和人群荷载。

一般对小桥或跨径不大的简支梁桥,在满足地基承载力特征值的情况下,可以不进行沉降计算。

桥梁墩台符合下列情况之一时,应验算基础沉降量。

(1)墩台建于地质情况复杂、土质不均匀及承载力较差地基上的一般桥梁。

(2)修建在非岩石地基上的拱桥、连续梁桥等超静定结构的基础。

(3)相邻基础下地基土的强度有显著不同或相邻跨度相差悬殊而必须考虑其沉降差。

(4)跨线桥、跨线渡槽要保证桥(或槽)下净空高度。

桥梁墩台的沉降,应符合下列规定:

(1)相邻墩台间不均匀沉降差值(不包括施工中的沉降),不应使桥面形成大于 0.2% 的附加纵坡(折角)。

(2)超静定结构桥梁墩台间不均匀沉降差值,还应满足结构的受力要求。

《公路桥涵地基与基础设计规范》(JTG 3363—2019)中规定,墩台基础的最终沉降量,可按式(4-2-11)计算:

$$s = \psi_s s_0 = \psi_s \sum_{i=1}^{n} \frac{p_0}{E_{si}} (z_i \overline{\alpha}_i - z_{i-1} \overline{\alpha}_{i-1}) \tag{4-2-11}$$

$$p_0 = p - \gamma h \tag{4-2-12}$$

式中：s——地基最终沉降量，mm；

s_0——按分层总和法计算的地基沉降量，mm；

ψ_s——沉降计算经验系数，根据地区沉降观测资料及经验确定，缺少沉降观测资料及经验数据时，可按表 4-2-6 确定。

n——地基沉降计算深度范围内所划分的土层数(图 4-2-6)；

p_0——对应于作用准永久组合时基础底面处的附加压应力，kPa；

E_{si}——基础底面下第 i 层土的压缩模量，MPa，应取土的"自重压应力"至"土的自重压应力与附加压应力之和"的压应力段计算；

z_i、z_{i-1}——基础底面至第 i 层土、第 $i-1$ 层土底面的距离，m；

$\overline{\alpha}_i$、$\overline{\alpha}_{i-1}$——基础底面计算点至第 i 层土、第 $i-1$ 层土底面范围内平均附加压应力系数，可由 l/b，z/b 按表 4-2-7 查用；

p——基底压应力，kPa，当 $z/b>1$ 时，p 采用基底平均压应力；当 $z/b \leq 1$ 时，p 按基底压应力图形采用距最大压应力点 $b/3$ 或 $b/4$ 处的压应力(对于梯形图形前后端压应力差值较大时，可采用上述 $b/4$ 点处的压应力值；反之，则采用上述 $b/3$ 处压应力值)，以上 b 为矩形基底宽度。

沉降计算经验系数 ψ_s 表 4-2-6

基底附加压应力	$\overline{E}_s$/MPa				
	2.5	4.0	7.0	15.0	20.0
$p_0 \geq [f_{a0}]$	1.4	1.3	1.0	0.4	0.2
$p_0 \leq 0.75[f_{a0}]$	1.1	1.0	0.7	0.4	0.2

注：沉降计算范围内压缩模量的当量值 $\overline{E}_s$，应按此式计算：$\overline{E}_s = \dfrac{\sum A_i}{\sum \dfrac{A_i}{E_{si}}}$。其中，$A_i$ 为第 i 层土的附加压应力系数沿土层厚度的积分值。

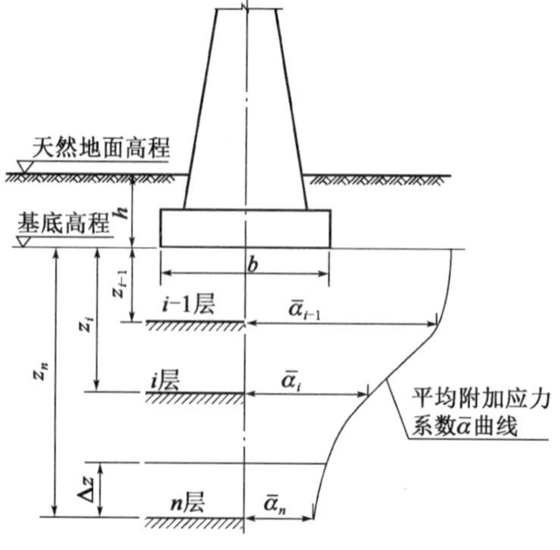

图 4-2-6 基底沉降计算分层示意图

矩形面积上均布荷载作用时中点处平均附加压应力系数 表 4-2-7

z/b	l/b												
	1.0	1.2	1.4	1.6	1.8	2.0	2.4	2.8	3.2	3.6	4.0	5.0	≥10.0
0.0	1.000	1.000	1.000	1.000	1.000	1.000	1.000	1.000	1.000	1.000	1.000	1.000	1.000
0.1	0.997	0.998	0.998	0.998	0.998	0.998	0.998	0.998	0.998	0.998	0.998	0.998	0.998
0.2	0.987	0.990	0.991	0.992	0.992	0.992	0.993	0.993	0.993	0.993	0.993	0.993	0.993
0.3	0.967	0.973	0.976	0.978	0.979	0.979	0.980	0.980	0.981	0.981	0.981	0.981	0.981
0.4	0.936	0.947	0.953	0.956	0.958	0.965	0.961	0.962	0.962	0.963	0.963	0.963	0.963
0.5	0.900	0.915	0.924	0.929	0.933	0.935	0.937	0.939	0.939	0.940	0.940	0.940	0.940
0.6	0.858	0.878	0.890	0.898	0.903	0.906	0.910	0.912	0.913	0.914	0.914	0.915	0.915
0.7	0.816	0.840	0.855	0.865	0.871	0.876	0.881	0.884	0.885	0.886	0.887	0.887	0.888
0.8	0.775	0.801	0.819	0.831	0.839	0.844	0.851	0.855	0.857	0.858	0.859	0.860	0.860
0.9	0.735	0.764	0.784	0.797	0.806	0.813	0.821	0.826	0.829	0.830	0.831	0.830	0.836
1.0	0.698	0.728	0.749	0.764	0.775	0.783	0.792	0.798	0.801	0.803	0.804	0.806	0.807
1.1	0.663	0.694	0.717	0.733	0.744	0.753	0.764	0.771	0.775	0.777	0.779	0.780	0.782
1.2	0.631	0.663	0.686	0.703	0.715	0.725	0.737	0.744	0.749	0.752	0.754	0.756	0.758
1.3	0.601	0.633	0.657	0.674	0.688	0.698	0.711	0.719	0.725	0.728	0.730	0.733	0.735
1.4	0.573	0.605	0.629	0.648	0.661	0.672	0.687	0.696	0.701	0.705	0.708	0.711	0.714
1.5	0.548	0.580	0.604	0.622	0.637	0.648	0.664	0.673	0.679	0.683	0.686	0.690	0.693
1.6	0.524	0.556	0.580	0.599	0.613	0.625	0.641	0.651	0.658	0.663	0.666	0.670	0.675
1.7	0.502	0.533	0.558	0.577	0.591	0.603	0.620	0.631	0.638	0.643	0.646	0.651	0.656
1.8	0.482	0.513	0.537	0.556	0.571	0.588	0.600	0.611	0.619	0.624	0.629	0.633	0.638
1.9	0.463	0.493	0.517	0.536	0.551	0.563	0.581	0.593	0.601	0.606	0.610	0.616	0.622
2.0	0.446	0.475	0.499	0.518	0.533	0.545	0.563	0.575	0.584	0.590	0.594	0.600	0.606
2.1	0.429	0.459	0.482	0.500	0.515	0.528	0.546	0.559	0.567	0.574	0.578	0.585	0.591
2.2	0.414	0.443	0.466	0.484	0.499	0.511	0.530	0.543	0.552	0.558	0.563	0.570	0.577
2.3	0.400	0.428	0.451	0.469	0.484	0.496	0.515	0.528	0.537	0.544	0.548	0.554	0.564
2.4	0.387	0.414	0.436	0.454	0.469	0.481	0.500	0.513	0.523	0.530	0.535	0.543	0.551
2.5	0.374	0.401	0.423	0.441	0.455	0.468	0.486	0.500	0.509	0.516	0.522	0.530	0.539
2.6	0.362	0.389	0.410	0.428	0.442	0.473	0.473	0.487	0.496	0.504	0.509	0.518	0.528
2.7	0.351	0.377	0.398	0.416	0.430	0.461	0.461	0.474	0.484	0.492	0.497	0.506	0.517
2.8	0.341	0.366	0.387	0.404	0.418	0.449	0.449	0.463	0.472	0.480	0.486	0.495	0.506
2.9	0.331	0.356	0.377	0.393	0.407	0.438	0.438	0.451	0.461	0.469	0.475	0.485	0.496
3.0	0.322	0.346	0.366	0.383	0.397	0.409	0.429	0.441	0.451	0.459	0.465	0.474	0.487
3.1	0.313	0.337	0.357	0.373	0.387	0.398	0.417	0.430	0.440	0.448	0.454	0.464	0.477
3.2	0.305	0.328	0.348	0.364	0.377	0.389	0.407	0.420	0.431	0.439	0.445	0.455	0.468
3.3	0.297	0.320	0.339	0.355	0.368	0.379	0.397	0.411	0.421	0.429	0.436	0.446	0.460
3.4	0.289	0.312	0.331	0.346	0.359	0.371	0.388	0.402	0.412	0.420	0.427	0.437	0.452
3.5	0.282	0.304	0.323	0.338	0.351	0.362	0.380	0.393	0.403	0.412	0.418	0.429	0.444
3.6	0.276	0.297	0.315	0.330	0.343	0.354	0.372	0.385	0.395	0.403	0.410	0.421	0.436
3.7	0.269	0.290	0.308	0.323	0.335	0.346	0.364	0.377	0.387	0.395	0.402	0.413	0.429
3.8	0.263	0.284	0.301	0.316	0.328	0.339	0.356	0.369	0.379	0.388	0.394	0.405	0.422
3.9	0.257	0.277	0.294	0.309	0.321	0.332	0.349	0.362	0.372	0.380	0.387	0.398	0.415

续上表

z/b	l/b												
	1.0	1.2	1.4	1.6	1.8	2.0	2.4	2.8	3.2	3.6	4.0	5.0	≥10.0
4.0	0.251	0.271	0.288	0.302	0.311	0.325	0.342	0.355	0.365	0.373	0.379	0.391	0.408
4.1	0.246	0.265	0.282	0.296	0.308	0.318	0.335	0.348	0.358	0.366	0.372	0.384	0.402
4.2	0.241	0.260	0.276	0.290	0.302	0.312	0.328	0.341	0.352	0.359	0.366	0.377	0.396
4.3	0.236	0.255	0.270	0.284	0.296	0.306	0.322	0.335	0.345	0.353	0.359	0.371	0.390
4.4	0.231	0.250	0.265	0.278	0.290	0.300	0.316	0.329	0.339	0.347	0.353	0.365	0.384
4.5	0.226	0.245	0.260	0.273	0.285	0.294	0.310	0.323	0.333	0.341	0.347	0.359	0.378
4.6	0.222	0.240	0.255	0.268	0.279	0.289	0.305	0.317	0.327	0.335	0.341	0.353	0.373
4.7	0.218	0.235	0.250	0.263	0.274	0.284	0.299	0.312	0.321	0.329	0.336	0.347	0.367
4.8	0.214	0.231	0.245	0.258	0.269	0.279	0.294	0.306	0.316	0.324	0.330	0.342	0.362
4.9	0.210	0.227	0.241	0.253	0.265	0.274	0.289	0.301	0.311	0.319	0.325	0.337	0.357
5.0	0.206	0.223	0.237	0.249	0.260	0.269	0.284	0.296	0.306	0.313	0.320	0.332	0.352

地基沉降计算时设定计算深度为 z_n,应符合式(4-2-13)的要求;当计算深度下面仍有较软土层时,应继续计算。

$$\Delta s_n \leqslant 0.025 \sum_{i=1}^{n} \Delta s_i \tag{4-2-13}$$

式中:Δs_n——计算深度 z_n 底面向上取厚度为 Δz 的土层的计算沉降量,mm,Δz 见图 4-2-6,并按表 4-2-8 取值;

Δs_i——计算深度范围内第 i 层土的计算沉降量,mm。

Δz 值 表 4-2-8

基底宽度 b/m	$b \leqslant 2$	$2 < b \leqslant 4$	$4 < b \leqslant 8$	$b > 8$
Δz/m	0.3	0.6	0.8	1.0

当无相邻荷载影响且基础宽度在 1 ~ 30m 范围内时,基底中心的地基沉降计算深度 Δz 也可按简化公式(4-2-14)计算。

$$z_n = b(2.5 - 0.4\ln b) \tag{4-2-14}$$

式中:b——基础宽度,m。

在计算深度范围内存在基岩时,z_n 可取至基岩表面;当存在较厚的坚硬黏土层,其孔隙比小于 0.5、压缩模量大于 50MPa,或存在较厚的密实砂卵石层,其压缩模量大于 80MPa 时,z_n 可取至该土层表面。

五、设计案例

(一)设计资料

(1)上部结构为跨径 20m 的预应力钢筋混凝土空心板,桥面净宽为:净 8m + 2 × 0.5m;

(2)下部结构为混凝土重力式桥墩;

(3)设计荷载等级为公路—Ⅱ级,人群荷载为 3.5kN/m^2;

(4)地质资料:

①地基土质分布状况见图 4-2-7 左侧所示。

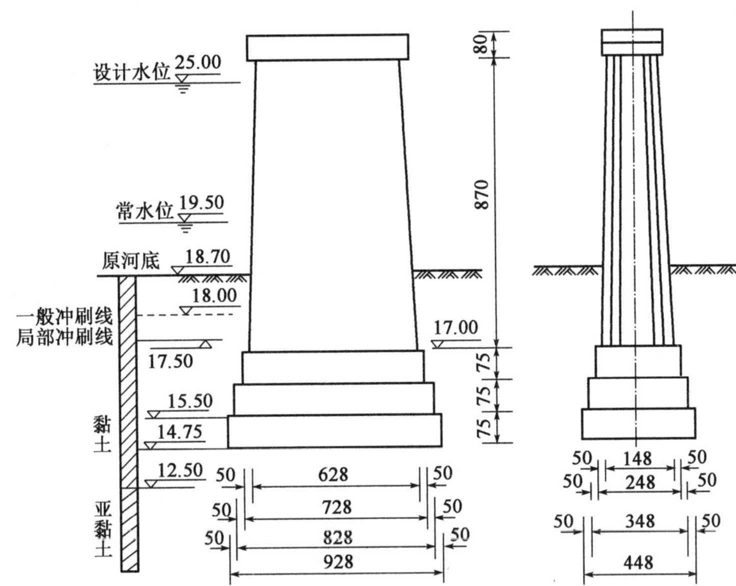

图 4-2-7 地基土质分布及构造图(尺寸单位:cm,高程尺寸:m)

②地基土的物理性质指标见表 4-2-9。

地基土的物理性质指标 表 4-2-9

层次	土名	土重度 γ/kN·m^{-3}	土粒比重 G_s/MPa	天然含水率 w/%	液限 w_L/%	塑限 w_p/%	土孔隙比 e
1	黏土	19.8	2.73	23.0	33.9	12.1	0.664
2	亚黏土	18.5	2.72	29.6	34.7	19.8	0.867

(5)水文资料:设计水位高程 25.00m;常水位高程 19.50m;一般冲刷线高程 18.00m;局部冲刷线高程 17.50m。

(6)其他:桥梁处于公路直线段上,无冰冻,风压力为 0.5kPa,拟在枯水季节施工。

(二)设计任务

设计桥梁的中墩基础。

（三）设计内容

1. 确定基础埋置深度

从地质条件看，表层黏土的液性指数$I_L = \frac{w - w_p}{w_L - w_p} = 0.5$，土的孔隙比 $e = 0.664$，查表 2-5-7 得承载力特征值$f_{a0} = 308\text{kPa}$；第二层亚黏土的液性指数$I_L = \frac{w - w_p}{w_L - w_p} = 0.658$，$e = 0.867$，查表 2-5-7 得承载力特征值$f_{a0} = 196\text{kPa}$；因此，对于公路—Ⅱ级荷载而言，应选用表层黏土作为持力层。

考虑到表层黏土$I_L = 0.5 < 1.0$，可视为不透水，常水位仅为 0.8m，可采用土围堰明挖法修筑扩大浅基础。

考虑水流冲刷影响，基底应设置在局部冲刷线以下安全距离。本案例中水流总冲刷深度为 1.2m，所以初步拟定基础底面设在局部冲刷线以下 2.75m 处，满足设计规范要求。故基底高程为 17.5m − 2.75m = 14.75m。

2. 拟定基础尺寸

选用片石混凝土基础。根据荷载和地基承载力情况，初步拟定基础设三层台阶，每层的厚度为 75cm，台阶的宽度为 50cm，由此算出台阶扩展角 $\alpha = \arctan \frac{50\text{cm}}{75\text{cm}} = 34° < 45°$，扩展角小于刚性角，符合设计要求。

因此，基础顶面尺寸为：

$a_1 = 628 + 2 \times 50 = 728(\text{cm}) = 7.28(\text{m})$

$b_1 = 148 + 2 \times 50 = 248(\text{cm}) = 2.48(\text{m})$

基础底面尺寸为：

$a_2 = 628 + 6 \times 50 = 928(\text{cm}) = 9.28(\text{m})$

$b_2 = 148 + 6 \times 50 = 448(\text{cm}) = 4.48(\text{m})$

3. 作用组合

计算各种效应组合下作用于基础底面形心处的竖向合力 N、水平合力 H 及合力矩 M 值，见表 4-2-10。

基础底面形心处的 *N*、*H* 和 *M* 值 表 4-2-10

序号	效应组合情况	基底处的合力及合力矩		
		N/kN	H/kN	M/kN·m
1	用于验算地基强度和偏心距			
	组合Ⅰ			
	A：恒载 + 双孔车辆 + 双孔人群	9333	0	3
	B：恒载 + 单孔车辆 + 单孔人群	8108	0	204

续上表

序号	效应组合情况	基底处的合力及合力矩		
		N/kN	H/kN	M/kN·m
1	组合Ⅱ			
	A:恒载+双孔车辆+双孔人群+双孔制动力+常水位时风力	9333	203	1909
	B:恒载+单孔车辆+单孔人群+单孔制动力+常水位时风力	8108	203	2111
2	用于验算基础稳定性			
	组合Ⅰ			
	恒载+单孔车辆+单孔人群+设计水位时浮力	6946	0	204
	组合Ⅱ			
	A:恒载+单孔车辆+单孔人群+设计水位时浮力+设计水位时浮力	6946	183	2041
	B:恒载+单孔车辆+单孔人群+常水位时浮力+常水位时浮力	7541	203	2111

4. 基底合力偏心距验算

由合力偏心距$e_0=\dfrac{M}{N}$,对照表4-2-10中所列的效应组合情况,较易看出最不利效应组合应为序号1中的组合ⅡB情况,其$M=2111$kN·m,$N=8108$kN,比序号2中组合ⅡA情况的N大很多,由此以组合ⅡB情况的合力及合力矩设计基础。

基础底面面积:

$A=4.48\times9.28=41.57(\text{m}^2)$

截面抵抗矩:

$$W=\frac{lb^2}{6}=\frac{1}{6}\times9.28\times4.48^2=31.04(\text{m}^3)$$

$$\rho=\frac{W}{A}=\frac{31.04}{41.57}=0.747(\text{m})$$

$$e_0=\frac{M}{N}=\frac{2111}{8108}=0.26(\text{m})$$

$e_0<\rho$,合力偏心距符合设计要求。

5. 地基强度验算

(1)持力层强度验算

①确定持力层地基承载力特征值

持力层为不透水黏土层,$f_{a0}=308$kPa,由$I_L=0.5$,查表2-5-9得$k_1=0$,$k_2=1.5$;基础埋置深度h从一般冲刷线算起,$h=18.00-14.75=3.25(\text{m})$;持力层不透水应考虑地面水影响,$f_{a0}$按平均常水位至一般冲刷线的水深每米再增大10kPa;基底以上土的重度γ_2采用黏土的饱和重度:

$$\gamma_2=\gamma_{sat}=\frac{\gamma_s+e\gamma_w}{1+e}=\frac{27.3+0.664\times10}{1+0.664}=20.4(\text{kN/m}^3)$$

$$f_a=f_{a0}+k_1\gamma_1(b-2)+k_2\gamma_2(h-3)+10\,h_w=308+0+1.5\times20.4\times(3.25-3)+10\times(19.5-18)$$
$$=330.7(\text{kPa})$$

②计算基底最大压应力

如果按序号1中的组合Ⅱ的A计算,因其 $W=31.04\ m^3$,$e_0=0.26m$,故

$$p_{min}^{max}=\frac{N}{A}\pm\frac{M}{W}=\frac{9333}{41.57}\pm\frac{1909}{31.04}=\frac{287}{163}(kPa)$$

对于组合Ⅱ,承载力抗力系数 $\gamma_R=1.25$,

$p_{max}=287kPa<\gamma_R f_a=1.25\times330.7=413(kPa)$

各种效应组合下的基底压应力计算结果见表4-2-11。

各种效应组合下的基底压应力计算结果　　表4-2-11

效应组合		N/kN	M/kN·m	$\frac{N}{A}$/kPa	$\frac{M}{W}$/kPa	p_{max}/kPa	p_{min}/kPa
组合Ⅰ	A	9333	3	225	0	225	225
	B	8108	204	195	7	202	188
组合Ⅱ	A	9333	1909	225	62	287	163
	B	8108	2111	195	68	263	127

经比较各荷载组合作用下的基底最大压应力均满足 $p_{max}<\gamma_R f_a$,满足设计要求。

(2)软弱下卧层强度验算

①确定下卧层承载力特征值

下卧层为亚黏土 $f_{a0}=196kPa$,小于持力层 $f_{a0}=308kPa$,为软弱下卧层。

下卧层亚黏土 $I_L=0.658>0.5$,由表2-4-9得 $k_1=0$,$k_2=1.5$,因为持力层不透水,需计入水深修正;$h+z$ 范围内为黏土,由于持力层不透水,所以 γ_2 采用黏土的饱和重度。

$$\begin{aligned}f_a&=f_{a0}+k_1\gamma_1(b-2)+k_2\gamma_2(h+z-3)+10\,h_w\\&=196+0+1.5\times20.4\times(3.25+2.25-3)+10\times1.5\\&=288(kPa)\end{aligned}$$

②计算下卧层顶面最大压应力

计算下卧层顶面自重应力时,$(h+z)$ 和 h 范围内均为黏土,计算时采用天然重度,故 $\gamma_1=19.8kN/m^3$;h 从原河底算起,$h=18.7-14.75=3.95(m)$;

因 $z/b=2.25/4.48=0.5<1$,故取 $p=\frac{3p_{max}+p_{min}}{4}$;

由 $l/b=9.28/4.48=2.07$,$z/b=2.25/4.48=0.5$,查表4-2-2得 $\alpha=0.801$,各种效应组合下下卧层顶面最大压应力计算结果见表4-2-12。

各种效应组合下下卧层顶面最大压应力　　表4-2-12

效应组合		p_{max}	p_{min}	$p=\frac{3p_{max}+p_{min}}{4}$	$\alpha(p-\gamma_2 h)$	$\gamma_1(h+z)$	p_z
组合Ⅰ	A	225	225	225	127	123	250
	B	202	188	199	106		229
组合Ⅱ	A	287	163	256	152		275
	B	263	127	229	130		253

经比较,各荷载组合作用下满足$p_z < \gamma_R f_a = 1.25 \times 288 = 360\text{kPa}$,符合强度要求。

6. 基础稳定性验算

(1)抗倾覆稳定性验算

$k_0 = \frac{y}{e_0}$,式中$y = \frac{b}{2} = \frac{4.48}{2} = 2.24\text{m}$,$e_0 = \frac{M}{N}$,取不利效应组合,$k_0$的计算结果见表4-2-13,经检验符合设计要求。

k_0的计算结果 表4-2-13

效应组合	N/kN	M/kN·m	e_0	k_0	要求最小稳定系数
组合Ⅰ	6946	2041	0.29	7.7	1.5
组合Ⅱ	7541	2111	0.28	8	1.3

(2)抗滑动稳定性验算

$k_c = \frac{\mu \sum p_i + \sum H_{ip}}{\sum H_{ia}}$,且黏土$I_L = 0.5$,属于软塑状态,查表4-2-4得$\mu = 0.25$,$k_c$的计算结果见表4-2-14,经检验符合设计要求。

k_c的计算结果 表4-2-14

效应组合		N/kN	H/kN	μN	k_0	要求最小稳定系数
组合Ⅱ	A	6946	183	1737	9.5	1.3
	B	7541	203	1885	9.3	1.2

7. 地基变形

本桥为静定梁桥,跨径较小,且地基土质良好,可不必计算沉降。

匠心工程

建于隋朝的赵州桥由匠师李春设计建造,它是一座单孔弧形石桥,全长64.4m。主拱净跨37.02m,拱矢7.23m(图4-2-8)。圆弧形的主拱设计降低了石拱的高度,实现了低桥面和大跨度的设计目的。"敞肩拱"的设计更是世界桥梁史首创,两端对称的敞肩拱大拱净跨3.81m,小拱净跨2.85m。敞肩拱设计既能增加桥梁泄洪能力,减轻水流对桥身的冲击;又能减轻桥身自重,减小基底压力;同时还可节省建桥石料。赵州桥整个桥体由28道独立的拱券纵向并列砌筑构成,采用了勾石、收分、蜂腰、伏石"腰铁"连结等一系列科学技术措施既利于增强拱券间的横向紧密联系,又方便后期修缮。

合理选址也是赵州桥成为千年古桥的一个重要原因。李春经过周密勘查与比较,选择了洨河两岸地形较为平坦的地方建桥。桥址区地貌单一,地层由河水冲积而成,地层表面是久经水流冲刷的粗砂层,下面是细石、粗石、细砂和黏土层。地层分布稳定,压缩性低,地震时不会产生砂土液化,属于良好的天然地基。1979年由中国社会科学院等四家单位组成联合考察组,经国家文物局批准,对赵州桥桥基进行了钻探和坑探后的结论是:赵州桥桥台长约5m,

宽为 9.6m,厚为 1.549m。拱脚下为 5 层平铺条石,灰缝很薄,无裂缝,每层略有出台,石料下层较上层稍厚。基础宽度在 9.6 ~ 10m 之间,长度约 5.5m。基础的埋置深度为 2 ~ 2.5m。

赵州桥结构合理,选址科学,建造工艺独特,具有极高的科学研究价值。同时桥面两侧栏板和望柱上面的石雕纹饰精细,刀法苍劲有力,艺术风格新颖豪放,也具有极高的艺术价值(图 4-2-9)。赵州桥不仅在中国造桥史上占有重要的历史地位,对世界桥梁建筑也有着深远影响。

图 4-2-8 赵州桥全貌

图 4-2-9 赵州桥精美的石雕艺术

中华民族是充满智慧的民族,从古至今无数的中国工匠创造了辉煌灿烂的物质文明,也为后人留下了丰厚的文化遗产。同时,在长期实践中培育形成的执着专注、精益求精、一丝不苟、追求卓越的工匠精神值得每一个从业者传承。

1. 刚性扩大浅基础设计时要进行哪些项目验算?各项验算如何选取最不利效应组合?如何考虑不同水位时,水对墩台及基础的浮力作用?

2. 计算下卧层顶面应力时,基础底面压应力如何选取?在软弱下卧层顶面应力计算及其承载力特征值的计算中,埋置深度和土重度的选取有何区别?

3. 基础稳定性验算包含哪些内容?如何进行验算?

4. 什么情况下应验算基础沉降?

背景资料:

1. 上部构造:30m 预应力钢筋混凝土空心板,桥面净宽为净 8m + 2 × 1.5m。

2. 下部构造:混凝土重力式桥墩。

3. 设计荷载:公路—Ⅱ级,人群荷载为 3.0kN/m^3。作用于基顶(墩底)处的效应组合见表 4-2-15。

作用于基顶(墩底)处的效应组合 表 4-2-15

序号	效应组合情况	作用于基顶(墩底)处的力和力矩		
		N/kN	H/kN	M/kN·m
1	用于验算地基强度和偏心距			
	组合Ⅰ			
	A:恒载+双孔车辆+双孔人群	9876	0	26
	B:恒载+单孔车辆+单孔人群	9846	0	328
	组合Ⅱ			
	A:恒载+双孔车辆+双孔人群+双孔制动力+常水位时风力	9876	226	2110
	B:恒载+单孔车辆+单孔人群+单孔制动力+常水位时风力	9846	226	2412
2	用于验算基础稳定性			
	组合Ⅰ			
	恒载+单孔车辆+单孔人群+设计水位时的浮力	8542	0	328
	组合Ⅱ			
	A:恒载+单孔车辆+单孔人群+单孔制动力+设计水位时风力+设计水位时浮力	8542	226	2041
	B:恒载+单孔车辆+单孔人群+单孔制动力+常水位时风力+常水位时浮力	7541	226	2111

4. 地质资料。

(1)地质柱状图见图 4-2-10。

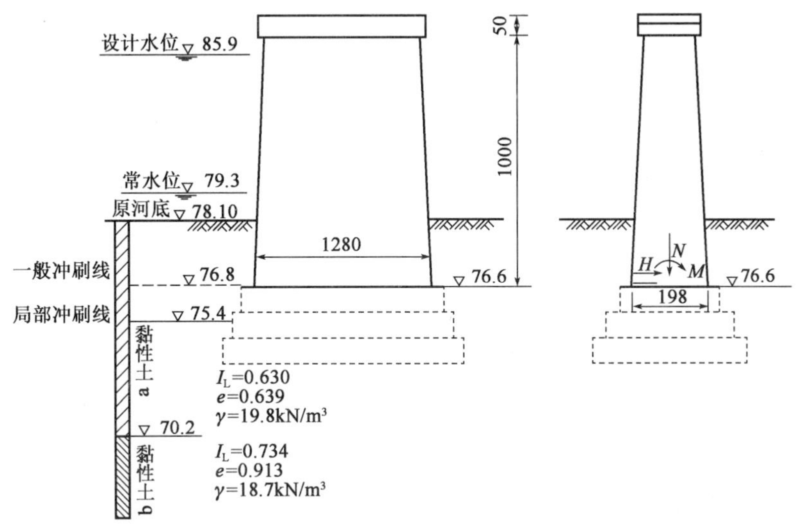

图 4-2-10 地质柱状图(尺寸单位:cm,高程单位:m)

(2)地基土的物理性质指标见表4-2-16。

地基土物理性质指标　　表4-2-16

地基土层	土名	γ/kN/m^{-3}	G_s	w/%	w_L/%	w_p/%	e	I_L
1	黏性土a	19.8	2.72	21.60	26.88	12.60	0.639	0.630
2	黏性土b	18.7	2.74	33.09	38.64	17.75	0.913	0.734

任务要求:

1. 根据设计资料,确定基础埋置深度;
2. 初步拟定基础的尺寸;
3. 完成地基与基础的各项验算。

任务三 刚性浅基础施工

学习目标

1. 知识目标

(1)熟悉浅基础的施工内容和程序;

(2)掌握浅基础各道工序的施工方法与基本要求;

(3)了解常用围堰类型及适用条件。

2. 能力目标

(1)能根据项目具体情况选择施工方法;

(2)能按照规范要求进行浅基础施工质量控制。

任务描述

通过对浅基础施工内容和方法等相关知识的学习,能根据提供的桥梁基础施工图,参阅现行《公路桥涵施工技术规范》(JTG/T 3650)及相关技术文献资料,编制简单的浅基础施工方案,进行施工技术交底。

相关知识

刚性浅基础的施工程序包括:基础定位放样,基坑开挖与坑壁围护结构的设置,基坑排水,基底检验与处理,基础砌筑、养生和基坑回填。位于水中的浅基础,开挖基坑前应在水中先设置围堰临时挡水。

一、基础的定位放样

基础的定位放样是指在施工现场标定出墩台基础的设计位置和尺寸,它包含基础和基坑平面位置以及基础各部分高程的标定。放样的顺序是:首先定出桥梁中线和墩台基础底面形心点 A、B、C、D 的定位桩,再根据桥涵的设计交角分别标出墩台基础轴线Ⅰ-Ⅰ、Ⅱ-Ⅱ、Ⅲ-Ⅲ和Ⅳ-Ⅳ,最后详细确定各墩台基础和基坑的尺寸和边线(图 4-3-1)。

由于基底形心处的定位桩会随着基坑的开挖被挖除,所以必须在基坑范围以外,不受施工影响的地方钉立护桩,以备随时核对基坑与基础的位置。基坑外围通常可用龙门板固定(图 4-3-2)或在地面上用石灰线标出轮廓线。如施工现场附近没有水准点,还必须专门设置临时水准点,方便随时核查基坑开挖高程。

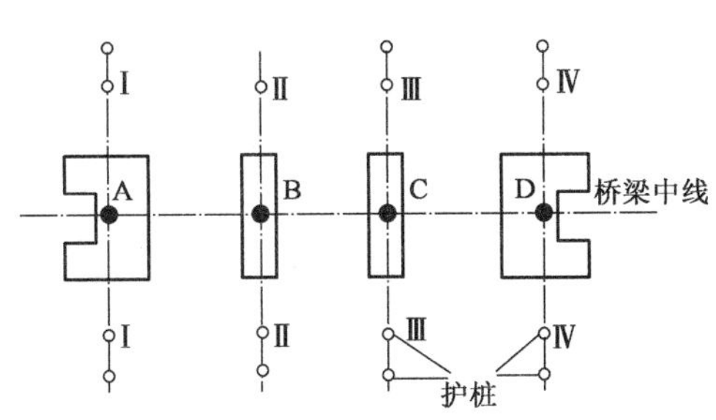

图 4-3-1 基础定位放样

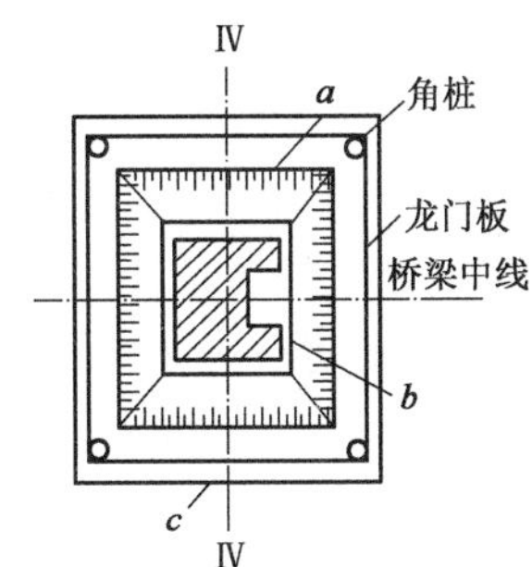

图 4-3-2 基坑放样

a-基坑顶面边线;*b*-基坑底面边线;*c*-基础轮廓线

二、基坑开挖及坑壁围护

基坑开挖前,应根据水文、地质、开挖方式及施工环境条件等因素,验算基坑边坡的稳定,确定是否对坑壁采取支护措施。当基坑深度较小且坑壁土层稳定时,可直接放坡开挖;坑壁土层不易稳定且有地下水影响,或放坡开挖场地受到限制,或开挖工程量过大时,应按设计要求对坑壁进行支护。设计未要求时,应结合实际情况选择适宜的坑壁支护方案,并应进行支护的专项设计。

基坑开挖时,应对基坑结构的受力、变形、稳定性、坑外重要构筑物和地下管线的位移变形等进行监测控制,以保证施工安全以及周边构筑物和地下管线的安全。基坑较小时,一般安排有经验的施工人员目测或采用简易的观测手段进行监测;对危险性较大的基坑,除应按边开挖、边支护的原则进行施工外,尚应建立信息化实时监控系统进行监测和控制,指导施工。

基坑边缘顶面应设置防止地面水流入基坑的设施。基坑开挖时,应对基坑边缘顶面的各种荷载进行严格限制,并应在基坑边缘与荷载之间设置护道,基坑深度小于或等于 4m 时护道的宽度应不小于 1m;基坑深度大于 4m 时,护道的宽度应按边坡稳定计算的结果进行适当加宽,水文和地质条件较差时应采取加固措施。基坑的开挖施工如需爆破,爆破作业的安全管理应符合现行《爆破安全规程》(GB 6722)的规定。

开挖基坑所产生的弃土应进行妥善处置,不得阻塞河道,影响泄洪,污染环境。

1. 基坑开挖施工一般规定

(1)基坑开挖施工宜安排在枯水或少雨季节进行。基坑的开挖应连续施工,对有支护的基坑应采取防碰撞的措施;基坑附近有其他结构物时,应有可靠的防护措施。

(2)开挖过程中进行排水时,应不对基坑的安全产生影响;确认基坑坑壁稳定的情况下,方可进行基坑内的排水。排水困难时，宜采用水下挖基方法，但应保持基坑中的原有水位高程。

(3)采用机械开挖时应避免超挖，宜在挖至基底前预留一定厚度，再由人工开挖至设计高程；如超挖，则应将松动部分清除，并应对基底进行处理。常用机械有挖掘机、抓土斗、铲运机和装载车等。

(4)基坑开挖施工完成后不得长时间暴露、被水浸泡或被扰动，应及时检验其尺寸、高程和基底承载力，检验合格后应尽快进行基础工程的施工。

2. 不设支护的基坑

当基坑深度较小且坑壁土层稳定时，坑壁可不设支护，基坑断面形式如图4-3-3所示。竖直坑壁只适宜在岩石地基或无地下水的硬黏土中采用；一般土质情况下均采用放坡开挖的形式。基坑坑壁坡度宜按地质条件、基坑深度、施工方法等情况确定。当为无水基坑且土层构造均匀时，基坑坑壁坡度可按表4-3-1确定；当土质较差有可能使坑壁不稳定而引起坍塌时，坑壁坡度应适当缓于表4-3-1的坡度。

基坑坑壁坡度 表4-3-1

坑壁土类	坑壁坡度		
	坡顶无荷载	坡顶有静荷载	坡顶有动荷载
砂类土	1:1	1:1.25	1:1.5
卵石、砾类土	1:0.75	1:1	1:1.25
粉质土、黏质土	1:0.33	1:0.5	1:0.75
极软岩	1:0.25	1:0.33	1:0.67
软质岩	1:0	1:0.1	1:0.25
硬质岩	1:0	1:0	1:0

注：1. 挖基经过不同土层时，边坡可分层决定，并酌设平台。
2. 在山坡上开挖基坑，如土质不良，应注意防止坍滑。

为了保证基坑坑壁边坡的稳定，当基坑深度大于5m时，基坑坑壁坡度可适当放缓或加设宽为0.5～1.0m的平台，如图4-3-4所示。坑壁有不同土层时，基坑坑壁坡度可分层选用，并酌设平台。

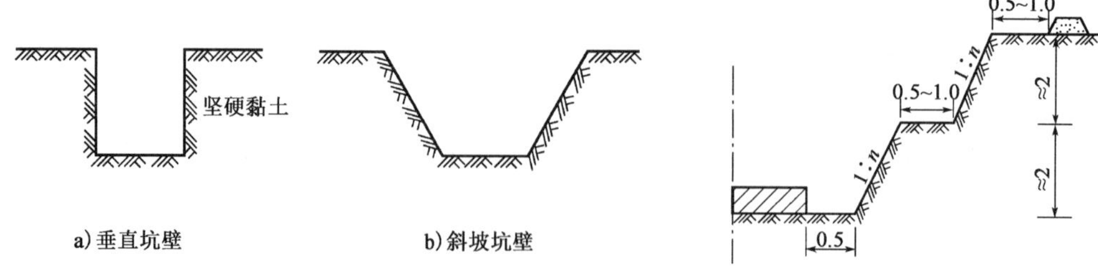

图4-3-3 不设支护的基坑形式

图4-3-4 基坑坑壁边坡(尺寸单位：m)

当有地下水时，地下水位以上的基坑部分可放坡开挖；地下水位以下部分，若土质易坍塌或水位在基坑底以上较高时，应采用加固土体或降低地下水位等方法开挖。

基坑为渗水性的土质基底时，坑底的平面尺寸应根据排水要求(包括集水沟、集水坑、排水管网等)和基础模板所需基坑大小确定,一般按基底的平面尺寸每边增宽0.5~1.0m。对无水且土质密实的基坑,如坑壁垂直不设基础模板,可按基底的平面尺寸开挖。

3.采取支护措施的基坑

基坑较浅且渗水量不大时,可采用竹排、木板、混凝土板或钢板等对坑壁进行支护;基坑深度小于或等于4m且渗水量不大时,可采用槽钢、H型钢或工字钢等进行支护;地下水位较高,基坑开挖深度大于4m时,宜采用锁口钢板桩或锁口钢管桩围堰进行支护,其施工要求应符合施工规范的相关规定;在条件许可时亦可采用水泥土墙、混凝土围圈或桩板墙等支护方式。

支护结构应进行设计计算,支护结构受力过大时应加设临时支撑,支护结构和临时支撑的强度、刚度及稳定性应满足基坑开挖施工的要求。

下面介绍几种常用的支护方法。

1)挡板支撑

挡板支撑适用于开挖面积不大、基坑深度较浅、地下水位较低的基坑。若坑壁土质密实,不会边挖边坍,可将基坑一次挖至设计高程,坑壁设置竖向挡板,上压横枋增加整体性,两侧挡板间用横撑支撑,如图4-3-5a)所示;若坑壁土质较差,坑壁土有随挖随坍的可能时,可用水平挡板支撑,分层开挖,随挖随撑,如图4-3-5b)所示。

为便于挖基出土,上下横撑应设在同一竖直面内。根据土质情况,挡板排列可采用连续式和间断式,图4-3-6所示挡板为间断式排列。

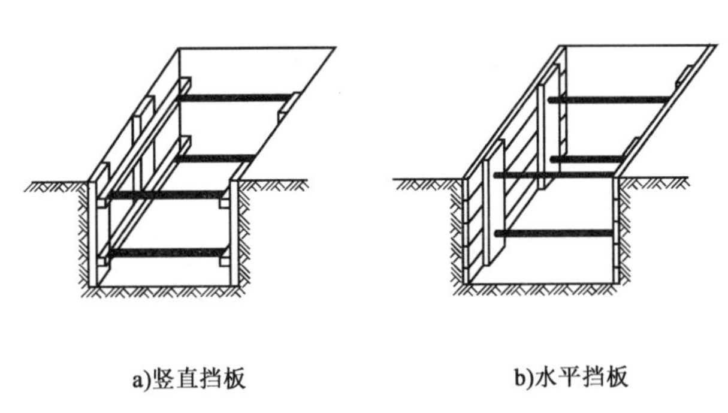

图4-3-5 挡板支撑结构示意图

图4-3-6 间断式排列挡板支撑现场

2)型钢桩横挡板支撑

型钢桩横挡板支撑是沿挡土位置预先打入槽钢、工字钢或H型钢,间距1~1.5m,并以钢拉杆把型钢上端锚固于锚桩上,然后边向下挖土,边在两相邻型钢桩之间紧贴坑壁安设水平挡板,并在挡板与型钢桩之间打上木楔,使挡板与土体紧密接触,如图4-3-7和图4-3-8所示。型钢桩横挡板支撑适用于地下水位较低、基坑深度不大的一般黏性土或砂土层。

3)钢板桩支护

地下水位较高,基坑开挖深度大于4m时,可采用钢板桩支护。它是先在基坑四周沉入板桩,当桩尖深入基坑底面以下一定深度后再开挖基坑,如图4-3-9所示。它的工作特点是先支护,后开挖。当基坑较深时,可待基坑挖至一定深度后,再在板桩上部加设横向支撑或设置锚桩,以增强板桩的稳定性,如图4-3-10所示。

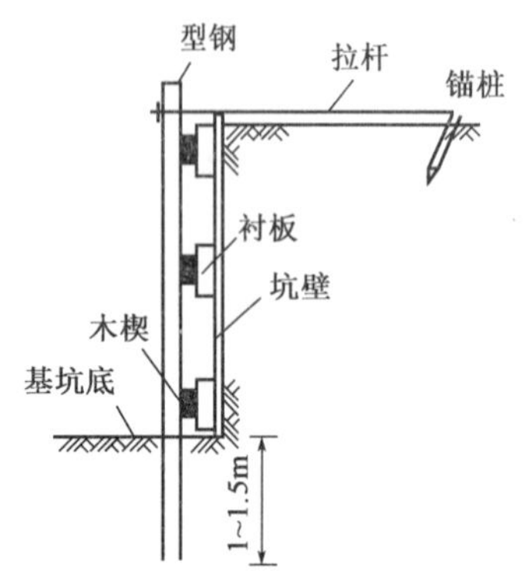

图 4-3-7 型钢桩横挡板支撑结构示意图

图 4-3-8 型钢桩横挡板支撑施工现场

图 4-3-9 沉入钢板桩

图 4-3-10 设横向支撑的钢板桩支护

钢板桩由于强度高,能穿透半坚硬黏土层、碎卵石类和风化岩层,再加上断面形式较多,可适应不同形状的基坑,在桥梁基础施工中使用较为普遍。钢板桩断面间用锁口搭接,如图 4-3-11 所示,连接紧密不易漏水,且能承受锁口拉力。钢板桩还可焊接接长,且能多次重复使用。

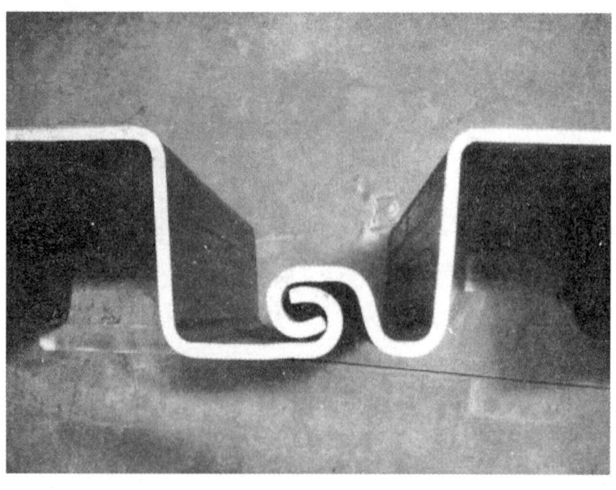

图 4-3-11 钢板桩搭接断面

钢板桩的施工程序是先沿基坑边缘外侧打入导桩,在导桩上用螺栓装上两根水平导框,作为固定板桩位置之用,再在两根水平导框之间插入板桩,按照一定顺序方向,逐根将板桩打入土中,如图 4-3-12 所示。导桩的入土深度视基坑深度而定,桩尖至少沉入基坑底面以下 2 ~ 4m。插打板桩常从角上开始。图 4-3-13 为钢板桩施工现场。

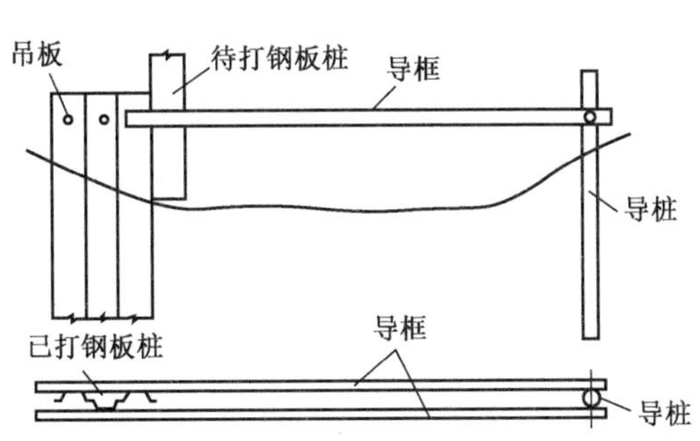

图 4-3-12 钢板桩施工示意图

图 4-3-13 钢板桩施工现场

钢板桩既能挡土又能隔水,除了用于基坑支护外,也可用于水中围堰。

4)喷射和现浇混凝土护壁

(1)喷射混凝土护壁

对于基坑开挖深度小于 10m 的较完整中风化基岩,可直接喷射混凝土加固坑壁。喷射层厚度根据地质条件、渗水情况、基坑直径和深度等因素确定。

喷射混凝土护壁的基本原理是以高压空气为动力,将搅拌均匀的砂、石、水泥和速凝剂干料,由喷射机经输料管吹送到喷枪,在通过喷枪的瞬间,加入高压水进行混合,自喷嘴射出,喷射在坑壁,形成环形混凝土护壁结构,以承受土压力作用,如图 4-3-14 所示。

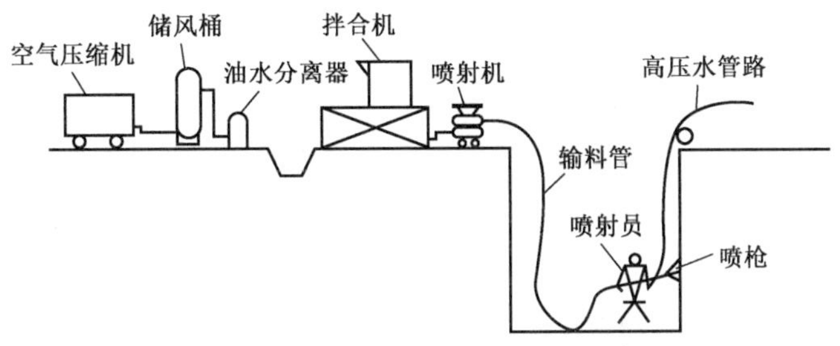

图 4-3-14 喷射混凝土护壁作业示意图

基坑开挖前,先在基坑口设置预制或就地浇制的混凝土护筒,护筒顶端应高出地面 10 ~ 20cm,护筒长 1 ~ 2m,从中心向外开挖,每挖深 0.5 ~ 1.0m 随即喷射混凝土。喷射混凝土之前应将坑壁上的松散层或岩渣清理干净,随挖随喷直至设计深度。

(2)现浇混凝土护壁

现浇混凝土护壁适应性较强,基坑深度可达 15 ~ 20m,除可用于流砂和流塑状黏土外,可用于其他各类土。施工时应自上而下分层垂直开挖基坑,每开挖一层后在坑壁与内模之间浇筑混凝土。混凝土护壁壁厚一般为 15 ~ 30cm,也可经计算确定。为防止已浇筑的围圈混凝土施工时因失去支承而下坠,顶层混凝土应一次性整体浇筑,以下各层均间隔开挖和浇筑,并将上下层混凝土纵向接缝错开。开挖面应均匀分布对称施工,每层混凝土壁支护总长度应不大于周长的一半。分层高度以垂直开挖面不坍塌为原则,一般顶层高2m左右,以下每层高1~1.5m。

现浇混凝土中一般应加入早强剂。也可采用混凝土预制块分层砌筑来代替就地浇筑的混凝土,可以省去现场混凝土浇筑和养护的时间,使开挖与支护砌筑连续不间断地进行,且混凝土质量容易得到保证。

5)土钉支护

土钉是一种原位岩土加筋技术,通过在土体内增设密集排列的土钉锚固体作为补强土体的手段,提高被加固土体的强度与自稳能力。土钉是全长度与土层相结合,通过土钉和土层之间的摩阻力传递荷载。

土钉支护也称为土钉墙(图4-3-15),它是用机械钻孔或洛阳铲成孔,孔内放入钢筋制成的土钉,并孔内注浆,通过土钉对基坑边坡进行加固后,在边坡表面铺设一道钢筋网,再喷射一层混凝土面层与土方边坡相结合以稳固边坡,如图4-3-16所示。土钉支护适用于地下水位较低的黏土、砂土、粉土地基,基坑深度一般在15m以内。

图4-3-15 土钉墙施工现场

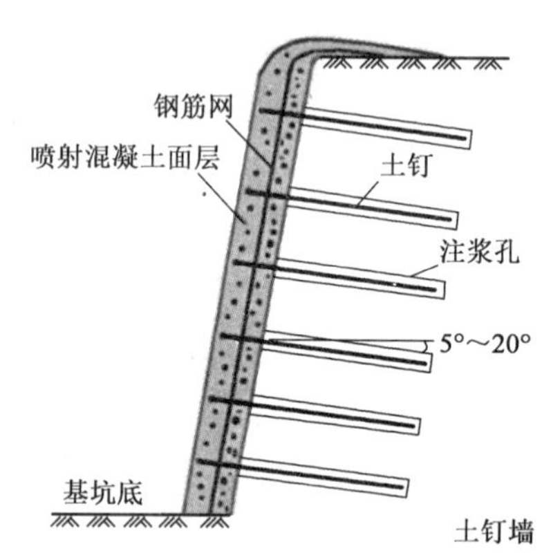

图4-3-16 土钉墙结构示意图

采用土钉支护加固坑壁时,施工前应制订专项施工方案和施工监控方案,配备适宜的机具设备。土钉支护中的开挖、成孔、土钉的设置及喷射混凝土面层等的施工可按现行《基坑土钉支护技术规程》(CECS 96)的规定执行。

6)锚杆挂网喷射混凝土支护

当基坑为不稳定的强风化岩质地基或淤泥质黏土时,可用锚杆挂网喷射混凝土支护,它是通过在岩土体内施工一定长度和分布的锚杆,与岩土体共同作用形成复合体,弥补土体强度不足并发挥锚拉作用,使岩土体自身结构强度潜力得到充分发挥,保证边坡的稳定。坡面设置钢筋网喷射混凝土,起到约束坡面变形的作用,使整个坡面形成一个整体,如图4-3-17和图4-3-18所示。

锚杆挂网喷射混凝土支护,通过拉力杆将表层不稳定岩土体的荷载传递至岩土体深部稳定位置,从而实现被加固岩土体的稳定。锚杆全长分为自由段和锚固段,荷载主要靠锚杆末端锚固段长度传递。

采用锚杆挂网喷射混凝土加固坑壁时,各层锚杆进入稳定层的长度、间距和钢筋直径或钢绞线束数应符合设计要求。孔深小于或等于3m时,宜采用先注浆后插入锚杆的施工工艺;孔深大于3m时,宜先插入锚杆后注浆。锚杆插入孔内后应居中固定,注浆应采用孔底注浆法,注浆管应插至距孔底 50 ~ 100mm 处，并随浆液的注入逐渐拔出，注浆的压力宜不小于 0.2MPa。

图 4-3-17　锚杆挂网

图 4-3-18　钢筋网喷射混凝土

7）水泥土搅拌桩墙

水泥土搅拌桩墙亦称 SMW 工法（Soil Mixing Wall），它是利用专门的多轴搅拌机就地钻进切削土体，同时在钻头端部将水泥浆液注入土体，经充分搅拌混合后，再将 H 型钢或其他型材插入搅拌桩体内，形成具有一定强度和刚度，完整无接缝的地下连续墙体，利用该墙体作为挡土和止水结构，如图 4-3-19 和图 4-3-20 所示。其中的 H 型钢还可以重复使用。

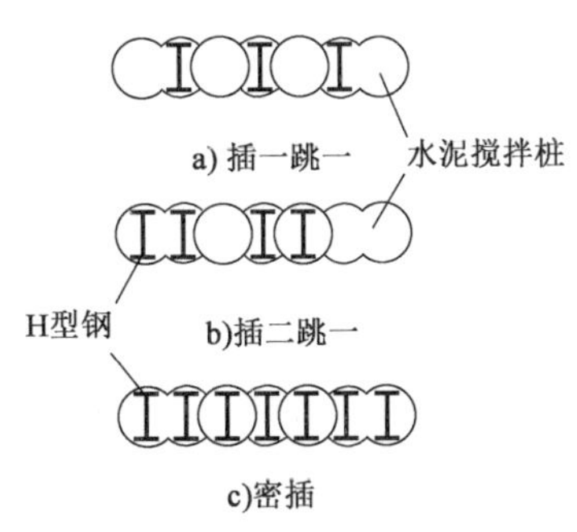

图 4-3-19　H 型钢插入形式（平面图）

图 4-3-20　水泥搅拌桩墙

8）地下连续墙

地下连续墙是先在地面上沿着深开挖工程的周边轴线构筑导墙，在泥浆护壁条件下，采用挖槽机械开挖出一条狭长的深槽，清槽后，在槽内吊放钢筋笼，然后用导管法灌筑水下混凝土筑成一个单元槽段，如此逐段进行，在地下筑成一道连续的钢筋混凝土墙壁，作为截水、防渗、承重、挡水结构。

墙体的截面形式和分段长度应根据整体平面布置、受力情况、槽壁稳定性、环境条件和施工条件等确定，单元墙段长度可取 4 ~ 8m；墙体厚度应考虑成槽机械能力由计算确定，不宜小于 600mm。墙体单元槽段间可采用接头管接头。当整体性和抗渗性要求较高时，宜采用铣削接头、钢隔板或接头箱等接头形式。

三、基坑排水

基坑底面如果位于地下水位以下,随着基坑的下挖,渗水将不断涌入基坑,因此,基坑开挖过程中必须不断地排水,以保持基坑干燥,便于挖土和后期基础的砌筑与养护。

1. 表面排水法

表面排水法也称为集水坑排水法。基坑开挖时,在基础范围之外沿坑底周围开挖集水沟,用以汇集坑壁及基底的渗水,并引向一个或数个更深一些的集水坑,然后用机械将集水坑内的水排走,如图 4-3-21 所示。

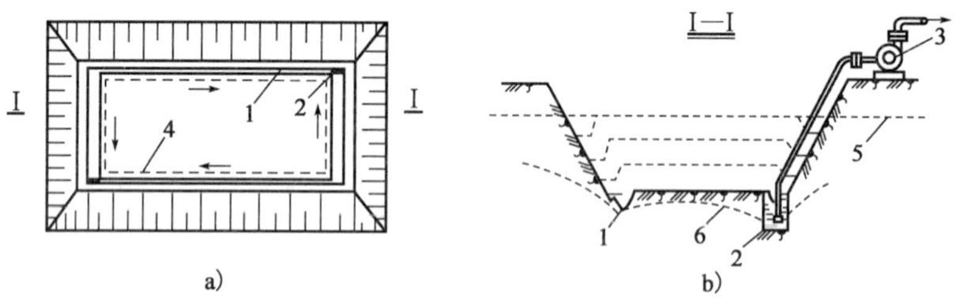

图 4-3-21 表面排水法

1-集水沟;2-集水坑;3-水泵;4-基础外缘线;5-原地下水位线;6-降水后的水位线

集水沟底应始终低于基坑底 0.3 ~ 0.5m 且要有一定的流水坡度,集水沟边缘距离基坑坡脚通常不小于 0.3m。集水坑的尺寸宜视渗水量的大小确定。集水坑深度应始终低于挖土面至少 0.7m,并大于吸水龙头的高度。当基坑开挖到设计高程后,集水坑坑底要低于基底至少 1m,并铺设碎石滤水层。

基坑渗水量大小与土的透水性、基坑内外的水头差、基坑坑壁围护结构的类型以及基坑渗水面积等因素有关。施工前必须对基坑的渗水量进行估算,拟定排水方案。排水设备的能力宜为总渗水量的 1.5 ~ 2.0 倍。

渗水量确定的方法,一种是通过抽水试验确定,另一种是利用经验公式估算。当渗水量很小时,可用人工抽水或小型水泵排水;当渗水量较大时,一般用电动或内燃机发动的离心式抽水机。考虑排水过程中,机械可能发生故障,应有备用的水泵。根据基坑深度、水深及吸程大小,抽水机应分别安装在坑顶、坑中护坡道或活动脚手架上。坑深大于设备的吸程加扬程时,可用多台水泵串联或采用高压水泵。

表面排水法设备简单、费用低,一般土质条件下均可采用。但当地基土为饱和粉细砂土等黏聚力较小的细粒土层时,抽水会引起流砂现象,造成基坑的破坏和坍塌,应避免采用。

2. 井点降水法

井点降水法宜用于粉砂、细砂、地下水位较高、有承压水、挖基较深、坑壁不易稳定的土质基坑,在无砂的黏质土中不宜采用。

根据使用设备的不同,井点法施工的主要类型有轻型井点、喷射井点、管井井点、深井泵以及电渗井点等,宜按土层的渗透系数、要求降低水位的深度以及工程特点等参照《建筑地基基础工程施工规范》(GB 51004—2015)中常用地下水控制方法及适用条件表选用,见表 4-3-2。

由于浅基础埋置深度较小,所以下面只介绍轻型井点法。

常用地下水控制方法及适用条件 表 4-3-2

方法名称		土类	渗透系数 /cm·s^{-1}	降水深度 (地面以下)/m	水文地质特征
集水明排		填土、黏性土、粉土、砂土	$1\times10^{-7}\sim2\times10^{-4}$	≤3	上层滞水或潜水
降水	轻型井点			≤6	
	多级轻型井点			6~10	
	喷射井点		$1\times10^{-7}\sim2\times10^{-4}$	8~20	
	电渗井点		$<1\times10^{-7}$	6~10	
	真空降水管井		$>1\times10^{-6}$	>6	
	降水管井	黏性土、粉土、砂土、碎石土、黄土	$>1\times10^{-6}$	>6	含水丰富的潜水、承压水和裂隙水
回灌		填土、粉土、砂土、碎石土、黄土	$>1\times10^{-6}$	不限	不限

采用轻型井点法进行井点降水施工时,在基坑开挖前,沿基坑的四周将许多直径较细的井点管埋入地下蓄水层内,井点管的上端通过弯联管与总管相连接,利用抽水设备将地下水从井点管内不断抽出,如图 4-3-22 所示。井点降水曲线应低于基底设计高程或开挖高程至少 0.5m,以保证基坑开挖工作在无水情况下进行。图 4-3-23 为井点降水施工现场。

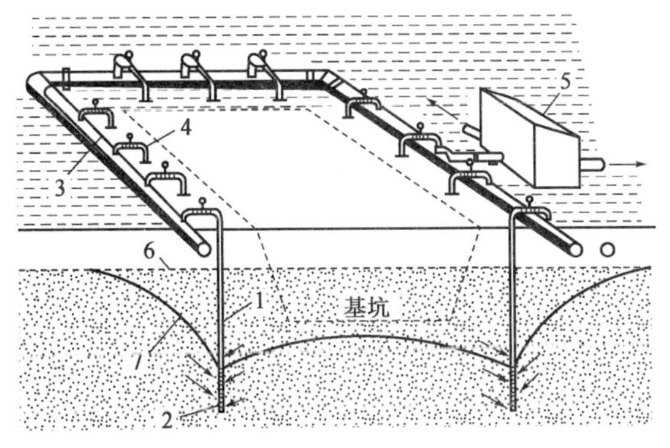

图 4-3-22 井点排水示意图

1-井点管;2-滤管;3-总管;4-弯联管;5-水泵房;6-原有地下水位线;7-降低后地下水位线

图 4-3-23 井点排水施工现场

1)轻型井点法主要设备

轻型井点设备由管路系统和抽水设备组成,管路系统包括滤管、井点管、弯联管及总管等。抽水装备主要由真空泵、离心水泵和集水箱组成。

轻型井点井点管直径宜为 38 ~ 55mm,其中井点管下端滤管的构造对抽水效果影响较大。如图 4-3-24 所示为滤管的构造。滤管管壁钻有小孔,分别用细、粗两层滤网外包;为使水流畅通,避免滤孔淤塞,在管壁与滤网间用小塑料管(或铁丝)绕成螺旋形隔开;滤网的外面用带孔的薄铁管或粗铁丝网保护;滤管下端有一锥形铸铁头以利于井管插埋。

井点管的上端用弯联管与总管相连。弯联管用胶皮管、塑料管或钢管弯头制成,每个连接管上宜安装阀门,以便于检修井点。总管采用内径为102~127mm的钢管,每间隔1~2m设一个与井点管连接的短接头。

2)井点的布置

井点布置应根据基坑大小、平面尺寸和要求的降水深度,以及土层的渗透性和地下水流向等因素确定。若要求降水深度在3~6m,可用单排井点;若降水深度要求大于16m,则可采用两级或多级井点;如基坑宽度小于5m,则可在地下水流的上游设置单排井点;当基坑面积较大时,可设置不封闭井点或封闭井点(如环形、U形),如图4-3-25所示。井管距离基坑坑壁应不小于1~2m,井点管的间距为1.0~1.8m,不超过3m。井管成孔可根据土质分别用射水成孔、冲击钻机、旋转钻机及水压钻探机成孔。

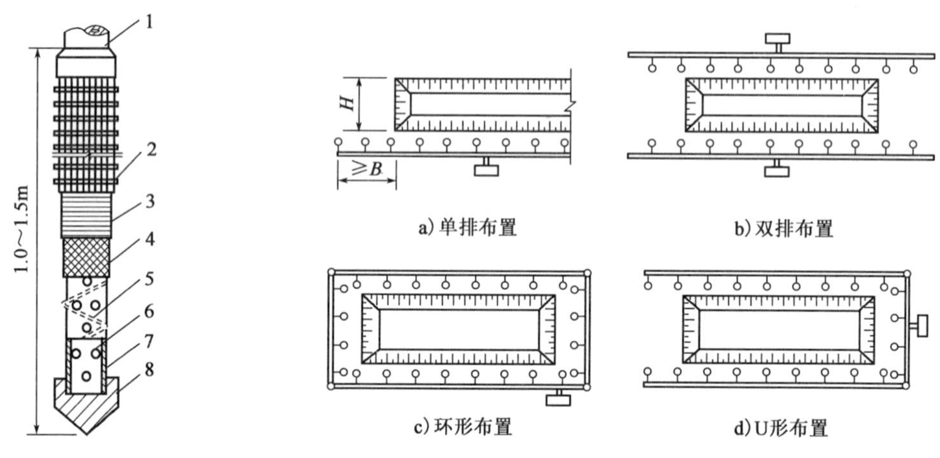

图4-3-24 滤管的构造

1-井点管;2-粗铁丝保护网;3-粗滤网;4-细滤网;5-缠绕的塑料管;6-管壁上的小孔;7-钢管;8-铸铁头

图4-3-25 轻型井点平面布置形式

降水过程中,应加强井点降水系统的维护和检修,保证降水效果,确保基坑表面无积水。同时应做好沉降及边坡位移监测,保证水位降低区域内构筑物的安全,必要时应采取防护措施。基础施工完成后应及时拆除井点,并回填土。

3.止水帷幕防渗法

止水帷幕防渗法是在基坑边线外设置一圈隔水幕墙,用以隔断水源,减少渗流水量,减小地下水水力坡度,防止流砂、突涌、管涌、潜蚀等地下水的作用。帷幕防渗层的厚度应满足基坑防渗要求,止水帷幕的渗透系数宜小于10×10^{-6}mm/s。具体的方法有隔水帷幕注浆、深层搅拌桩隔水墙、砂浆防渗板桩、高压喷射注浆、冻结帷幕法等,采用时均应进行专项施工设计并符合有关规定要求。

四、水中开挖基坑时的围堰工程

处于河流中的桥梁墩台基础,开挖基坑前,必须先在基坑外围设置一道封闭的临时挡水结构物,这种挡水结构物称为围堰。围堰修筑好后,才可以排水开挖基坑或在静水条件下进行水下开挖基坑作业。

围堰有土围堰、土袋围堰、竹(铅丝)笼围堰、膜袋围堰、钢板桩围堰及套箱围堰等类型,应根据水深、流速、地质情况以及通航要求等因素选用。围堰内既可以修筑浅基础,也可以修筑桩基础等。

《公路桥涵施工技术规范》(JTG/T 3650—2020)要求各围堰应满足下列基本要求:

(1)堰顶高程应高出施工期间可能出现的最高水位(包括浪高)50～70cm。

(2)围堰的外形和尺寸应考虑河流断面被压缩后流速增大,导致水流对围堰本身及河床的集中冲刷,以及对河道泄洪、通航和导流等的不利影响。

(3)围堰内的平面尺寸应满足坑壁放坡和基础施工作业的需要。

(4)围堰结构应能承受施工期间产生的土压力、水压力以及其他可能发生的荷载,满足强度和整体稳定性要求。

(5)围堰应达到防水严密,减少渗漏的效果。

围堰宜安排在枯水时期施工,如有洪水或流水冲击,则应有可靠的防护措施。

1. 土围堰

水深1.5m以内,流速0.5m/s以内,河床土质渗水性较小且满足泄洪要求时,可筑土围堰(图4-3-26)。堰顶的宽度宜根据施工需要确定,堰顶宽一般为1～2m。边坡的坡度应按围堰位置的不同、高度及基坑开挖深度等条件确定。堰外边坡视填土在水中的自然坡度而定,一般为1∶2～1∶3;堰内边坡一般为1∶1.5～1∶1,坡脚至基坑边缘距离根据河床土质及基坑深度而定,但不得小于1m。

筑堰之前应将堰底河床处的树根、石块及其他杂物清除干净。筑堰材料宜采用黏性土或砂夹黏土,填筑应自上游开始至下游合龙,不要直接向水中倾卸填土,而应顺已出水面的填土坡面往下倾倒,超出水面之后应进行夯实。堰外坡面有受水流冲刷的危险时,应采用合适的材料对其进行防护。

2. 土袋围堰

采用草袋、麻袋、玻璃纤维袋和无纺塑料袋等装土码叠而成的围堰统称为土袋围堰。水深在3m以内,流速在1.5m/s以内,河床土质渗水性较小且满足泄洪要求时,可筑土袋围堰(图4-3-27)。袋内填土宜采用黏性土,装填量宜为60%左右;水流流速较大时,在过水面及迎水面袋内可装填粗砂或卵石。堆码时土袋的上下层和内外层应相互错缝搭接长度,宜为1/2～1/3,堆码应密实平整。

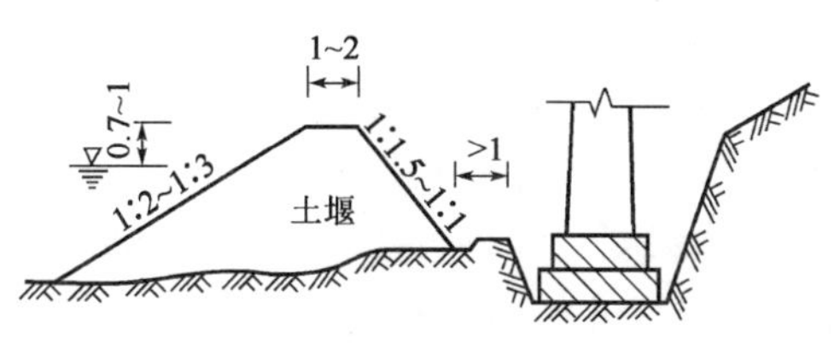

图4-3-26　土围堰(尺寸单位:m)

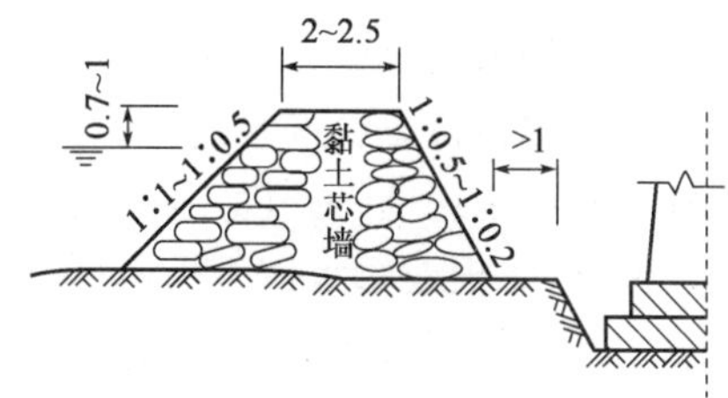

图4-3-27　土袋围堰(尺寸单位:m)

围堰的中心部分可填筑黏性土芯墙。堰外边坡宜为1∶0.5～1∶1,堰内边坡宜为1∶0.2～1∶0.5。

3. 竹(铅丝)笼围堰

水深在4m以内,流速较大且能满足泄洪要求时,可筑竹笼、木笼或铅丝笼围堰。图4-3-28为铅丝笼围堰。水深超过4m时可筑钢笼围堰(即用型钢制作的笼体)。

各种笼体的制作应坚固,并应满足使用要求。围堰的层数宜根据水深、流速、基坑大小及防渗要求等因素确定;宽度宜为水深的1.0～1.5倍。宜在堰底外围堆填土袋,防止堰底渗漏。

4. 膜袋围堰

膜袋围堰亦称为"大型土工织物充填袋围堰",如图4-3-29所示。水深在5m以内,流速在3.0m/s以内,且河床较平缓时,可筑膜袋围堰。膜袋的缝合应牢固严密,袋内可采用砂或水泥固化土材料填充,填充后应采取有效措施减少膜袋内的水分。筑堰前应将堰底河床处的树根、石块及其他杂物清除干净,将河床的陡坎整平。

图4-3-28 铅丝笼围堰

图4-3-29 膜袋围堰

以上围堰均是利用自重维持其稳定,故又称重力式围堰,主要是防地面水,但堰身断面大,堵水严重。如河底土质为粉砂、细砂,则在排水挖基坑时,可能会发生流砂现象,此时不宜采用此类围堰,而要考虑选用钢板桩围堰或套箱围堰。

5. 钢板桩围堰

钢板桩围堰适用于各类土(包括强风化岩)的水中基坑,它具有材料强度高,防水性能好,穿透土层能力强,堵水面积最小,并可重复使用的优点。因此,当水深超过5m或土质较硬时,可选用钢板桩围堰(图4-3-30)。

钢板桩成品长度有多种规格,可根据需要接长,但相邻的接缝要错开2m以上。施工前要详细检查每块钢板桩是否平直,特别是锁口部分。插打顺序是由上游插向下游。一般先将全部钢板桩逐根或逐组插打到稳定深度,然后再依次打入到设计高程。如果能保证钢板桩垂直沉入的条件下,每根或每组钢板桩也可一次打到设计深度。沉桩方法有锤击、振动和射水等,但在黏土中不宜使用射水下沉方法。在开始沉入几根或几组钢板桩时,要注意检查其平面位置是否正确,桩身是否垂直,如发现倾斜应立即纠正或拔起重插。

在深水处修筑围堰，为确保围堰不渗水，或基坑范围大，不便设置横向支撑时，可采用双层钢板桩围堰(图4-3-31)，即间隔一定距离打入两层钢板桩，两层钢板桩之间用钢拉杆固定其相对位置，并在板桩间填入土、砂石等材料增强稳固性。

图4-3-30 单层钢板桩围堰

图4-3-31 双层钢板桩围堰堰体

当钢板桩围堰较高且水深较大时，常用围囹(即以钢或钢木构成的框架)作为板桩定位和支撑。先在岸上或驳船上拼装好围囹，拖运至基础位置定位后，在围囹中插打定位桩使围囹挂在定位桩上，即可在围囹四周的导桩间插打钢板桩。插打时应先从上游打起(图4-3-32)。

6. 套箱围堰

套箱是一种无底的围套，内设木、钢支撑组成支架。木板套箱在支架外面钉装两层企口板，用油灰捻缝以防漏水；钢套箱则设焊接或铆合而成的钢板外壁。套箱围堰适用于埋置不深的水中基础。

木套箱采用浮运就位，然后加重下沉。钢套箱则要用船运起吊就位下沉。图4-3-33所示为吊放钢套箱。下沉套箱前，应清除河床覆盖层并整平岩层。套箱沉至河底后，宜在箱脚外侧填以黏土或用土袋抛填护脚。

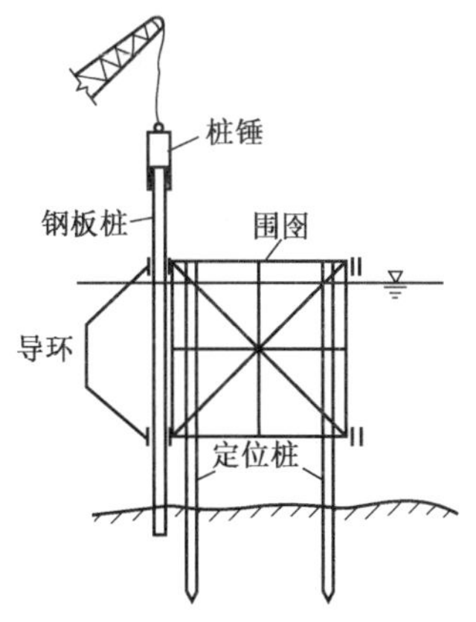

图4-3-32 设围囹钢板桩

图4-3-33 吊放钢套箱

五、基底检验与处理

1. 地基基底检验

1)地基基底检验内容

基坑开挖至设计高程后,应对地基基底进行检验,以确定是否达到设计要求,检验的主要内容为:

(1)基底平面位置、尺寸大小和基底高程是否与原设计相符。

基底平面位置和高程允许偏差规定如下:

①轴线平面位置:+20cm;

②基底高程:土质 ±5cm;石质 -20cm。

(2)基底地质情况和承载力是否与设计资料相符,如不符,施工单位应取样做土质分析试验,按程序及时会同设计、监理等有关单位共同研究处理办法,并加以实施。

(3)基底处理和排水情况是否符合施工规范要求。

(4)检查施工日志及有关试验资料等是否规范、完备。

检查完毕,应办理检验的签证手续,经检验签证的地基检验表由施工单位保存,作为竣工交验资料的一部分,存入工程档案中,以备查阅;未经签证,不得砌筑基础。

2)地基检验方法

特大桥或特殊结构桥梁的地基基底检验应符合设计规定,其余可按桥涵大小、地基土质复杂情况及结构对地基有无特殊要求等,采用下列方法进行地基的检验:

(1)小桥涵的地基检验可采用直观或触探方法,必要时可进行土质试验。

(2)大、中桥和地基土质复杂、结构对地基有特殊要求的地基检验,宜采用触探和钻探(钻深至少4m)取样做土工试验,亦可按设计的特殊要求进行荷载试验。

2. 基底处理

(1)细粒土及特殊土基底

对符合设计要求的细粒土、特殊土等基底,经修整完成后,应尽快设置混凝土垫层并进行基础的施工,不得使基底浸水或长期暴露;基坑开挖后如基底的地质情况与设计不符,则应按程序进行设计变更并应对地基进行处理。地基处理应根据地基土的种类、强度和密度,按照设计要求,并结合现场情况,采用相应的处理方法。地基处理的范围应宽出基础之外不小于0.5m。

(2)粗粒土及巨粒土基底

对于强度和稳定性满足设计要求的粗粒土及巨粒土基底,应将其承重面平整夯实。基底有水不能彻底排干时,应先将水引至排水沟,然后再在其上进行基础的施工。

(3)岩石基底

对风化岩层,应在挖至设计高程并满足地基承载力要求后尽快用混凝土进行封闭,防止其继续风化。在未风化的平整岩层上,基础施工前应先将淤泥、苔藓及松动的石块清除干净,并凿出新鲜岩面。对坚硬的倾斜岩层,宜将岩层面凿平,使承重面与重力线垂直,以防止基础滑动;倾斜度较大无法凿平时,可按设计要求凿成多级台阶,台阶的宽度宜不小于0.3m。

(4)岩溶地基

处理岩溶地基时,不得堵塞溶洞的水路。对干溶洞可采用砂砾石、碎石、干砌或浆砌片石、灰土、混凝土等回填密实;基底的干溶洞较大,回填处理有困难时,可设置桩基进行处理,桩基的设置应履行设计变更手续,并应由设计单位进行设计。

(5)泉眼地基

可采用有螺口的钢管紧密打入泉眼,盖上螺帽并拧紧,阻止泉水流出;或向泉眼内压注速凝的水泥砂浆,再打入木塞堵眼。堵眼有困难时,可采用管子塞入泉眼,将水引流至集水坑排出;亦可在基底设盲沟引流至集水坑排出,待基础施工完成后,再向盲沟压注水泥浆堵塞。采用引流方式排水时,应防止砂土流失,引起基底沉陷。不论采用何种方法处理基底的泉眼,均不应使基底饱水。

六、基础的浇筑、养生和基坑回填

浅基础的基底为非黏性土或干土时,在施工前应将其润湿,并应按设计要求浇筑混凝土垫层,垫层顶面不得高于基础底面设计高程。浇筑混凝土垫层的目的:一是为了方便基础支模施工和绑扎钢筋的需要,不致发生局部沉降;二是为了保证基础底面的平整。地基为淤泥或承载力不足时,应按设计要求处理后方可进行基础的施工。基底为岩石时,应采用水冲洗干净,且在基础施工前应铺设一层不低于基础混凝土强度等级的水泥砂浆,在其凝结前浇筑基础混凝土。

浅基础的施工宜采用钢模板。混凝土宜在全平截面范围内水平分层进行浇筑,且机械设备的能力应满足混凝土浇筑施工的要求;当浇筑量过大设备能力难以满足施工要求,或大体积混凝土温控需要时,可分层或分块浇筑。

混凝土的浇筑宜连续进行。自高处向模板内倾卸混凝土时,应防止混凝土离析。直接倾卸时,其自由倾落高度宜不超过2m;超过2m时,应通过串筒、溜管(槽)或振动溜管(槽)等设施下落;倾落高度超过10m时,应设置减速装置。混凝土应按一定的厚度、顺序和方向分层浇筑,且应在下层混凝土初凝或能重塑前浇筑完成上层混凝土。在倾斜面上浇筑混凝土,应从低处开始逐层扩展升高,并保持水平分层。

混凝土浇筑完成后,应在其收浆后尽快予以覆盖并洒水保湿养护。养护时间应不少于7d,对重要工程或有特殊要求的混凝土,应根据环境湿度、温度、水泥品种以及掺用的外加剂和掺合料等情况,酌情延长养护时间,并应使混凝土表面始终保持湿润状态。当气温低于5℃时,应采取保温养护措施,不得向混凝土表面洒水。

石砌基础在砌筑中应使石块大面朝下,外圈块石及所有砌体均必须坐浆饱满,石块要求丁顺相间,以加强石块间的连接,每层应保持基本水平。

基础施工完成后,应检查质量和各部分尺寸是否符合设计要求,如无问题,即可选土质较好的土回填基坑,回填土要分层夯实,每层厚约为30cm。

引思明理

2008 年 11 月 15 日 15:15 左右,杭州市正在施工的某地铁车站工地发生基坑坍塌事故(图 4-3-34)。该车站为南北向,车站全长分 8 个基坑施工,发生事故的是北向 2 号基坑。事故发生时,2 号基坑西侧的道路路面塌陷,路基下陷 6m 左右,土体失稳致使基坑西侧连续墙断裂,造成长约 100m、宽约 50m 的正在施工的基坑区域塌陷。路面上行进中的 11 辆汽车坠入塌陷处,路面下自来水管、排污管被挤压断裂,大量污水涌出。同时基坑东侧的河水及淤泥向施工塌陷地点溃泻,导致施工塌陷区域逐渐被泥水淹没,施工区内当时有 60 多名作业人员。图 4-3-35 为事故方位示意图。事故最终造成 21 人死亡、1 人重伤、3 人轻伤,直接经济损失达 4962 万余元。

图 4-3-34　事故现场

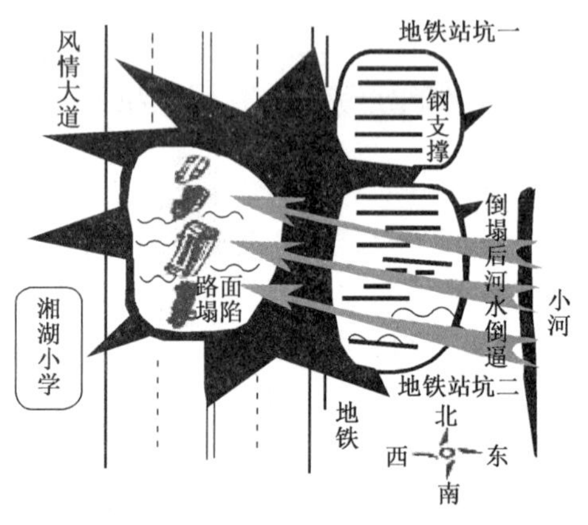

图 4-3-35　事故方位示意图

经调查,发生事故的路段属于淤泥质黏土。基坑西侧道路作为交通主干道,来往车流量大,加之十月份一次罕见的持续降雨使基坑坑壁土浸水严重等原因造成基坑内外压差较大,同时施工单位无视安全生产法规,未按施工方案和要求组织施工,擅自修改坑壁围护设计,为赶施工进度,明知存在基坑超挖、钢支撑支护不及时等多项严重安全隐患,仍未及时采取有效整改措施。最终 8 名事故相关责任人经法院审理后,认定犯重大事故责任罪,被判处三年到六年不等的有期徒刑。

建筑工程施工环境和条件较为复杂,且受诸多因素影响,致使工程施工质量和施工安全方面存在各类隐患。工程质量安全事故不仅会使国家和企业遭受经济损失,更会危及人民群众生命安全,因此,必须加强施工安全监督管理,实现安全生产管理制度的具体化和精细化。具体可在施工管理中积极引入 BIM(Building Information Model,建筑信息模型)等智能化、数字化的现代管理技术和方法,建立和健全施工风险监测和预警系统,发现问题后及时采取补救措施,防患于未然。同时,必须将“安全第一、预防为重、安全才施工、施工必安全”的思想渗透到每一位工程参建人员,让严格遵守和执行国家行业标准、施工规范和安全操作规程成为每一位工程技术人员的自觉行为。

1. 浅基础的施工程序和主要内容有哪些？
2. 基坑支护方式有哪些？简述挡板支撑与板桩支撑的区别。
3. 基坑排水方法有哪些？各适用于什么条件？
4. 基底检验与处理要注意些什么问题？
5. 围堰的作用是什么？设置围堰有哪些基本要求？围堰有哪些类型？它们各自的适用范围如何？
6. 基础浇筑和基坑回填时应注意哪些问题？

背景资料：

某混凝土重力式桥墩基础尺寸及地基土质分布状况见本学习项目任务二任务实施中的图4-2-10。地基土的物理性质指标见表4-2-16。设计水位高程25.00m；常水位高程19.50m；一般冲刷线高程18.00m；局部冲刷线高程17.50m。桥梁处于公路直线段上，无冰冻，风压力为0.5kPa，拟在枯水季节施工。

任务要求：

1. 为该基础施工选择合适的围堰类型；
2. 绘制基础施工流程图；
3. 选择合适的基坑排水方法；
4. 根据基础尺寸确定基坑开挖尺寸，并绘制草图；
5. 列出基底检验内容；
6. 写出至少3条施工质量控制和安全保证措施。

任务四 刚性浅基础施工质量检测

1. 知识目标

(1)掌握工程质量检验评定方法；

(2)掌握砌体基础与混凝土扩大基础质量检测内容和方法。

2. 能力目标

(1)能对砌体基础施工质量进行检测与评定；

(2)能对混凝土扩大基础施工质量进行检测与评定。

通过对浅基础施工质量检验内容与方法等相关知识的学习,能在基础施工结束后,正确按照现行《公路工程质量检验评定标准　第一册　土建工程》(JTG F80/1)和《公路桥涵施工技术规范》(JTG/T 3650)中的有关要求,对基础施工质量进行检测与评定,并填写质量检验原始记录单。

工程质量检测贯穿整个施工过程,通过获取的工程质量试验检测数据可以对工程施工状况、材料性能、工程质量和结构安全等方面存在的潜在风险和施工隐患进行科学分析,提升工程施工质量风险预控水平,为工程质量整改工作提供依据。

一、工程质量检验评定方法

公路工程质量检验评定应按分项工程、分部工程和单位工程逐级进行。在合同段中,具有独立施工条件和结构功能的工程为单位工程。在单位工程中,按路段长度、结构部位及施工特点等划分的工程为分部工程。在分部工程中,根据施工工序、工艺或材料等划分的工程为分项工程。基础及下部结构属于分部工程,扩大基础又属于该分部工程中的一项分项工程。本节主要介绍分项工程质量检验评定方法。

分项工程完工后,应依据标准进行检验,对工程质量进行评定。隐蔽工程在隐蔽前应检查合格。

1. 工程质量评定

工程质量等级应分为合格与不合格。

分项工程质量评定合格应符合下列规定:

(1)检验记录应完整;

(2)实测项目均应合格;

(3)外观质量应满足要求。

分部工程(单位工程)质量评定合格应符合下列规定:

(1)评定资料应完整;

(2)所含分项工程(分部工程)实测项目应合格;

(3)外观质量应满足要求。

评定为不合格的分项工程、分部工程,经返工、加固、补强或调测,满足设计要求后,可重新进行检验评定。

所含单位工程合格,该合同段评定为合格;所含合同段合格,该建设项目评定为合格。

2. 分项工程质量检验内容及要求

分项工程质量检验项目包含基本要求、实测项目、外观质量和质量保证资料等四项。分项工程质量应在所使用的原材料、半成品、成品及施工控制要点等符合基本要求的规定,无外观质量限制缺陷且质量保证资料真实齐全时,方可进行实测项目的检验评定。

1)基本要求检查规定

(1)分项工程应对所列基本要求逐项检查,经检查不符合规定时,不得进行工程质量的检验评定。

(2)分项工程所用的各种原材料的品种、规格、质量及混合料配合比和半成品、成品应符合有关技术标准规定并满足设计要求。

2)实测项目检验规定

(1)对检查项目按规定的检查方法和频率进行随机抽样检验并计算合格率。

(2)现行《公路工程质量检验评定标准　第一册　土建工程》(JTG F80/1)中规定的检查方法为标准方法,采用其他高效检测方法应经比对确认。

(3)检验评定标准中以路段长度规定的检查频率为双车道路段的最低检查频率,对多车道应按车道数与双车道之比相应增加检查数量。

(4)应按式(4-4-1)计算各检查项目合格率:

$$检查项目合格率(\%)=\frac{合格点(组)数}{该项目的全部检查点(组)数}\times 100 \tag{4-4-1}$$

检查项目合格判定应符合下列规定:

①关键项目的合格率应不低于95%(机电工程为100%),否则该检查项目为不合格。

②一般项目的合格率应不低于80%,否则该检查项目为不合格。

③有规定极值的检查项目,任一单个检测值不应突破规定极值,否则该检查项目为不合格。

④采用《公路工程质量检验评定标准》(JTG F80/1—2017)附录B至附录S所列方法进行检验评定的检查项目,不满足要求时,该检查项目为不合格。

检验项目评为不合格的,应进行整修或返工处理直至合格。

[例题4-4-1]　某混凝土扩大基础顶面高程检测结果见表4-4-1,检测方法为水准仪测量,检查频率为测5处,试判定该检测项目是否合格。

解:该检测项目实测及判定过程见表4-4-1。

某基础顶面高程检测结果　　表4-4-1

基础顶面高程					
测点编写	1	2	3	4	5
实测值/m	1990.010	1889.995	1990.045	1990.023	1989.984
设计值/m	1990.000				
偏差值/mm	+10	-5	+45	+23	-16
允许偏差值/mm	±30				
判定结果	合格	合格	不合格	合格	合格

$$检查项目合格率=\frac{4}{5}\times 100\%=80\%$$

由于基础顶面高程检测为一般项目,所以该检验项目评定为合格。

3)外观质量检查规定

外观质量应进行全面检查,并满足规定要求,否则该检验项目为不合格。

4)质量保证资料检查规定

工程应有真实、准确、齐全、完整的施工原始记录、试验检测数据、质量检验结果等质量保证资料。质量保证资料应包括下列内容:

(1)所用原材料、半成品和成品质量检验结果;

(2)材料配合比、拌和加工控制检验和试验数据;
(3)地基处理、隐蔽工程施工记录和桥梁、隧道施工监控资料;
(4)质量控制指标的试验记录和质量检验汇总图表;
(5)施工过程中遇到的非正常情况记录及其对工程质量影响分析评价资料;
(6)施工过程中如发生质量事故,经处理补救后达到设计要求的认可证明文件等。

二、砌体基础质量检验

1. 基本要求

砌体应符合下列基本要求:
(1)地基承载力应满足设计要求,严禁地基超挖后回填虚土;
(2)砌块应错缝、坐浆挤紧,缝宽均匀,砌块间嵌缝料和砂浆应饱满;
(3)勾缝砂浆强度不得小于砌筑砂浆强度。

2. 实测项目与检测方法

砌体基础实测项目与检测方法见表4-4-2。

砌体基础质量检验标准 表4-4-2

项次	检查项目		规定值或允许偏差	检查方法和频率
1△	砂浆强度/MPa		在合格标准内	按《公路工程质量检验评定标准 第一册 土建工程》(JTG F80/1—2017)附录F检查
2	轴线偏位/mm		≤25	经纬仪:纵、横各测量2点
3	平面尺寸/mm		±50	尺量:长、宽各3处
4	顶面高程/mm		±30	水准仪:测5处
5	基底高程/mm	土质	±50	水准仪:测5处
		石质	+50,-200	

注:表中标识"△"项目为关键项目,其他检查项目为一般项目。

3. 砌体外观质量要求

砌体外观质量应符合下列规定:

(1)砌缝开裂、勾缝不密实和脱落的累积换算面积不得超过该面面积的1.5%,单个换算面积不应大于0.04mm^2,且不应存在高度超过0.5mm,长度大于砌块尺寸的非受力砌缝裂隙。换算面积应按缺陷缝长度乘以0.1m计算。

(2)砌缝应无空洞、宽缝、大堆砂浆填隙和假缝。

三、混凝土扩大基础质量检验

1. 基本要求

(1)基底处理及地基承载力应满足设计要求;
(2)地基超挖后严禁回填虚土。

2. 实测项目与检测方法

混凝土扩大基础实测项目与检测方法见表 4-4-3。

混凝土扩大基础质量检验标准　　表 4-4-3

项次	检查项目		规定值或允许偏差	检查方法和频率
1△	混凝土强度/MPa		在合格标准内	按《公路工程质量检验评定标准　第一册　土建工程》(JTG F80/1—2017)附录 D 检查
2	平面尺寸/mm		±50	尺量：长、宽各测 3 处
3	基底高程/mm	土质	±50	水准仪：测 5 处
		石质	+50，-200	
4	基础顶面高程/mm		±30	水准仪：测 5 处
5	轴线偏位/mm		≤25	全站仪：纵、横向各测量 2 点

注：表中标识"△"项目为关键项目，其他检查项目为一般项目。

3. 外观质量要求

混凝土扩大基础外观质量应符合下列规定：

(1)表面应无垃圾、杂物、临时预埋件；

(2)混凝土表面不应存在《公路工程质量检验评定标准　第一册　土建工程》(JTG F80/1—2017) 附录 P 所列的限制缺陷。

引思明理

工程质量检测人员是检测工作的直接执行者，对检测结果起着决定性作用。检测方法选择不当、仪器操作不规范、检测数据计算处理有误、检测过程出现漏检、误检等都会影响到检测结果的准确性与有效性。工程质量检测人员应具备相关检测知识、仪器设备的操作技能和数据分析处理能力，严格遵照国家或行业工程技术标准、试验规程、工程质量检验评定标准中的相关技术要求，一丝不苟地对待每一个检测环节。

每一份失真的工程质量检测报告背后都是潜在的工程事故隐患。工程质量检测人员更应具备实事求是、诚实守信的良好职业品德，严禁出现修改、伪造检测数据，出具虚假检测报告等违规事件，确保检测结果的客观性与真实性。

工程质量检测是工程质量牢固可靠的重要保障，关系着人民生命和财产安全。因此，工程检测技术人员肩负责任重大，在日常工作中必须做到爱岗敬业，勤奋工作；科学检测、公平公正；程序规范、保质保量；遵章守纪，尽职尽责；坚持原则、廉洁自律；顾全大局、团结协作。

1. 混凝土扩大基础施工质量检测项目有哪些？简述各项目检测方法和评价标准。

2. 砌体基础施工质量检测项目有哪些？其中关键项目有哪些？

表 4-4-4

分项工程质量检验评定表

分项工程名称：　　工程部位：　　所属建设项目(合同段)：

所属分部工程名称：　　所属单位工程：　　施工单位：　　分项工程编号：

基本要求	1. 2. …															
实测项目	项次	检查项目	规定值或允许偏差	实测值或实测偏差值										质量评定		
				1	2	3	4	5	6	7	8	9	10	平均、代表值	合格率/%	合格判定
	1	混凝土强度/MPa		31.3	32.0	31.8	32.6	30.1	32.7	33.0	30.7	31.2	34.2			
	2	平面尺寸/mm		6517	6476	6523	2907	2889	2929							
	3	基底高程/mm		1215326	1215313	1215292	1215358	1215283								
	4	顶面高程/mm		1216818	1216796	1216829	1216793	1216831								
	5	轴线偏位/mm		6	4	7	13									
外观质量									质量保证资料							
工程质量等级评定																

检验负责人：　　检测：　　记录：　　复核：　　年　月　日

任务实施

背景资料：

某桥墩混凝土扩大基础地基为黏性土，基础长 6.5m，宽 2.9m。基础顶面设计高程为 1216.807m，基础底面设计高程为 1215.307m，采用 C30 混凝土浇筑。基础完工后，按照《公路工程质量检验评定标准　第一册　土建工程》(JTG F80/1—2017)中规定的检测项目、检测方法和频率对基础工程质量进行了实测，测量结果见表 4-4-4。

任务要求：

1. 填写表 4-4-4 中各实测项目规定值或允许偏差，并标画出关键项目；

2. 计算各实测项目的合格率，并判定是否合格。

桩基础

任务一 桩基础施工图识读

学习目标

1. 知识目标

(1)了解桩基础常用类型及适用条件;

(2)掌握桩基础的构造特点及设计要求。

2. 能力目标

(1)能识读桩基础施工图纸;

(2)能判别桩基础各构造尺寸是否符合设计规范要求。

任务描述

通过对桩基础类型及构造等相关知识的学习,能根据提供的桩基础设计图纸,识读桩与承台的高程、构造尺寸及材料组成等,并检验其是否符合现行《公路桥涵地基与基础设计规范》(JTG 3363)的基本构造要求。

相关知识

一、桩基础的组成及适用条件

桩基础是由单桩或多桩与(及)承台或系梁组成的基础形式(图 5-1-1)。墩台结构物自重及上部结构作用通过承台或盖梁,由桩传到较深的地基持力层中。桩身可全部或部分埋入地基土中,当桩身露出地面(自由长度)较高时,在桩之间应加设横系梁,以增强各桩之间的横向联系。

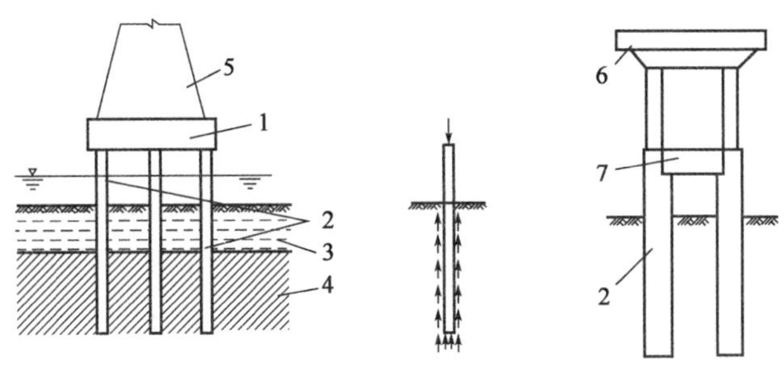

图 5-1-1 桩基础
1-承台;2-基桩;3-软土层;4-持力层;5-墩身;6-盖梁;7-横系梁

桩基础具有自重轻、承载力高、稳定性好、沉降量小而均匀等特点,是公路桥梁常用的深基础形式。它适用于下列条件:

(1)桥梁上部结构物作用较大,浅层地基土质不良时,可用桩穿越浅层土,将荷载传到深层承载力较大的地基土中,以满足结构物的使用要求。

(2)地基计算沉降过大或结构物对不均匀沉降较敏感时,可用桩穿过高压缩性土层,将荷载传到低压缩性土层中,以减小结构物沉降。

(3)河床冲刷较大,河道不稳定或冲刷深度不易准确计算,或施工水位较高,采用浅基础施工困难或不能保证基础安全时,可借助桩群穿越水流将荷载传到深层稳定地基中,以避免(或减少)水下工程、简化施工设备、加快施工速度和改善劳动条件。

(4)在地震区可液化的地基中,采用桩基础穿越可液化土层并伸入下部密实土层,可增加建筑物的抗震能力,消除或减轻地震对结构物的危害。

二、桩和桩基础的类型

1. 按承载性状分类

结构物荷载是通过桩基础传递给地基的。桩顶所受到的竖向荷载一般由桩侧与土产生的摩阻力以及桩端土对桩产生的桩端阻力来支承;水平荷载一般由桩和桩侧土的水平抗力来支承,桩承受水平荷载的能力与桩轴线方向的倾斜度有关。因此,根据桩的承载性状不同桩可分为:

1)端承桩和摩擦桩

当桩端支承在岩层或坚硬的土层上时,桩顶荷载主要通过桩身直接传到桩端下的土层中,产生的桩侧阻力相对较小,这种桩顶荷载主要由桩端阻力承受,并考虑桩侧阻力的桩称为端承桩[图 5-1-2a)]。穿过并支承在各种分散土层中,桩顶荷载主要由桩侧阻力承受,并考虑桩端阻力的桩称为摩擦桩[图 5-1-2b)]。端承桩承载力较大,基础沉降小,较为安全可靠,但若岩层或硬土层埋置很深时,则需要考虑摩擦桩。

端承桩和摩擦桩在土中工作条件不同,所以设计计算时采用的计算方法和参数也不同。在同一群桩基础中,不宜同时采用摩擦桩和端承桩,也不宜采用直径不同、材料不同和桩端深度相差过大的桩,以免产生不均匀沉降。

2)竖直桩和斜桩

桩按桩轴方向不同可分为竖直桩和斜桩(图 5-1-3)。斜桩的特点是能承受较大的水平荷载,但施工设备和工艺相对复杂。一般当水平力和外力矩不大,桩自由长度不长,桩身截面较大,具有一定的抗弯和抗剪强度时,桩基础常采用竖直桩。对于拱桥墩台等结构物的桩基础,往往需设斜桩以承受上部结构传来的较大水平推力,减小桩身弯矩、剪力和整个基础的侧向位移。斜桩的桩轴线与竖直线所成倾斜角的正切值不宜小于 1/8,否则设斜桩的作用不大。施工斜度误差会显著影响桩的受力情况。

a)端承桩　b)摩擦桩

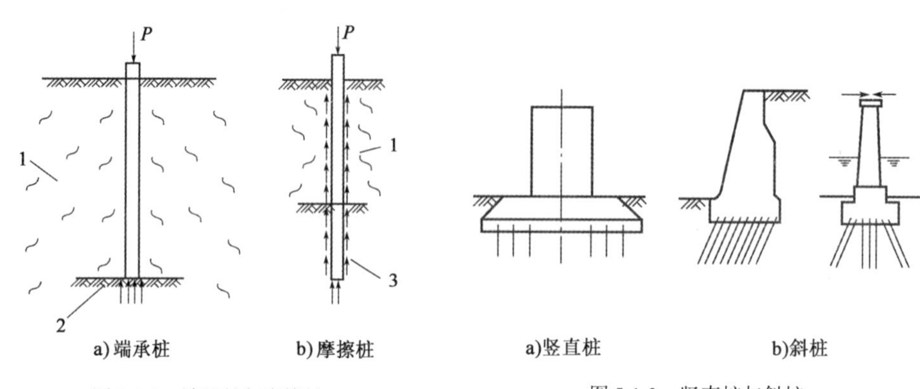

图 5-1-2　端承桩与摩擦桩

1-软弱土层;2-岩层或硬土层;3-中等土层

a)竖直桩　b)斜桩

图 5-1-3　竖直桩与斜桩

2. 按成桩方法分类

1)非挤土桩

非挤土桩是指在施工现场钻或挖桩孔,然后吊放钢筋骨架,浇筑混凝土而形成的桩,其成桩过程对周围土体扰动很小。它包括干作业法钻(挖)孔灌注桩、挤扩孔灌注桩、泥浆护壁法钻孔灌注桩、套管护壁法钻孔灌注桩等。

2)部分挤土桩

部分挤土桩是指施工时采用打入木桩、钢套管等方法,在地基土中挤扩土成孔,再放置钢筋骨架,浇筑混凝土而形成的桩。成桩过程中,桩周围土体仅受到轻微挤压扰动,土体原状结构及工程性质没有大的变化。它包括预钻孔沉桩、敞口预应力混凝土管桩、敞口钢管桩、根式灌注桩等。

3)挤土桩

a)低桩承台基础　b)高桩承台基础

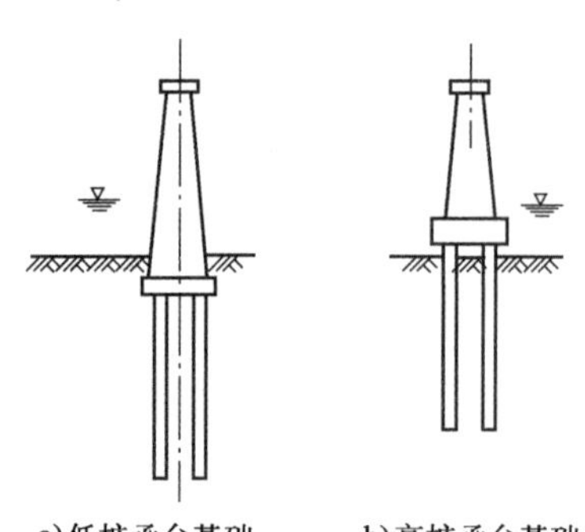

图 5-1-4　高桩承台基础和低桩承台基础

挤土桩是指施工时将预先制好的桩,通过锤击、静压、振动等方式沉入地基设计深度的桩。成桩过程中,桩周围的土被挤开,土的原始结构遭到破坏,土的工程性质也发生很大变化。它包括预制桩、闭口预应力混凝土管桩和闭口钢管桩。

3. 按承台位置分类

桩基础按承台位置不同可分为高桩承台基础和低桩承台基础。低桩承台基础的承台底面位于地面(或局部冲刷线)以下[图 5-1-4a)]。高桩承台基础的承台底面位于地面(或局部冲刷线)以上[图 5-1-4b)]。

高桩承台基础由于承台位置较高,可减少墩台圬工数量,避免或减少水下作业,施工较为方便,但由于承台及露出地面基桩的周围无土体共同承受水平外力作用,因此其桩身内力和位移都将大于在相同水平力作用下的低桩承台基础。而低桩承台基础的全部基桩是埋入土中的,在稳定性方面优于高桩承台基础。

三、基桩构造要求

基桩是指桩基础中的单桩。基桩根据施工所用材料和施工方法的不同分为混凝土灌注桩、钢筋混凝土预制桩、钢管桩和钢筋混凝土组合桩。

1.混凝土灌注桩

混凝土灌注桩是指采用机械钻孔、人工挖孔和压入空心钢管桩等方法在施工现场就地成孔,再在孔内灌注混凝土或钢筋混凝土而制成的桩。混凝土灌注桩的直径根据受力大小、桩基形式和施工条件等综合因素确定。钻孔桩设计直径不宜小于 0.8m。挖孔桩直径或最小边的宽度不宜小于 1.2m,以方便施工人员或机械在孔内挖土作业。

桩身混凝土强度等级一般按受力大小确定。一般情况下混凝土强度等级不应低于 C25,当采用强度标准值 400MPa 及以上钢筋时混凝土强度等级不应低于 C30;管桩内的填芯混凝土不应低于 C20。钻(挖)孔桩可按桩身结构受力大小要求分段配筋。当按内力计算不需要配筋时,应在桩顶 3 ~ 5m 内设构造钢筋。配筋应符合下列要求:

(1)为了便于吊装及保证主筋受力后的纵向稳定,桩内主筋直径不应小于 16mm,每桩的主筋数量不应少于 8 根,其净距不应小于 80mm 且不应大于 350mm,如图 5-1-5 所示。

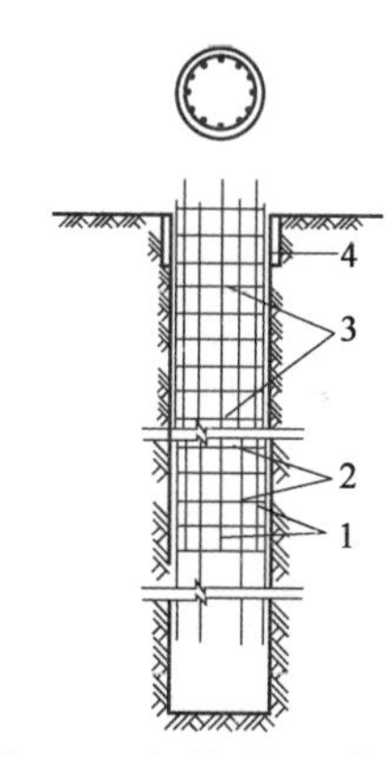

图 5-1-5 钢筋混凝土灌注桩
1-主筋;2-箍筋;3-加劲筋;4-护筒

(2)配筋较多时可采用束筋,束筋的单根钢筋直径不应大于 36mm。束筋的单根钢筋根数:当其直径不大于 28mm 时不应多于 3 根,当其直径大于 28mm 时应为 2 根。

(3)钢筋的保护层厚度应满足现行《公路钢筋混凝土及预应力混凝土桥涵设计规范》(JTG 3362)的规定。

(4)闭合式箍筋或螺旋筋直径不应小于主筋直径的 1/4,且不应小于 8mm,其中距不应大于主筋直径的 15 倍,且不应大于 300mm。

(5)为了增加吊装时的骨架刚度,钢筋笼骨架上每隔 2 ~ 2.5m 应设置一道直径为 16 ~ 32mm 的加劲筋。

(6)主筋若需焊接,焊接长度应符合以下规定:双面缝大于 $5d$(d 为钢筋直径),单面缝大于 $10d$。

(7)钢筋笼四周应设置凸出的混凝土定位块或采用其他可行的定位措施(图 5-1-6)。钢筋笼底部的主筋宜稍向内弯曲,作为导向之用。

2.钢筋混凝土预制桩

钢筋混凝土预制桩是指在预制构件加工厂预制,经过养护,达到设计强度后,运至施工现场,再用打桩设备打入土中的基桩。钢筋混凝土预制桩有实心的圆桩和方桩、空心管桩、管柱(用于管柱基础)等形式,图5-1-7为预制方桩成品。考虑到后期运输和起吊等原因,预制桩不宜过重,所以其截面尺寸较钻孔桩尺寸要小。桩身配筋应按运输、沉入和使用各阶段内力要求通长配筋。主筋直径一般为12~25mm,净距不小于5cm;箍筋直径为6~8mm。桩的两端和接桩区箍筋或螺旋筋的间距应加密,其值可取40~50mm。为了便于吊运,在钢筋笼骨架上可预设吊耳(图5-1-8),吊耳一般用直径为20~25mm的圆钢制成。

图5-1-6 混凝土定位块

图5-1-7 钢筋混凝土预制方桩实物

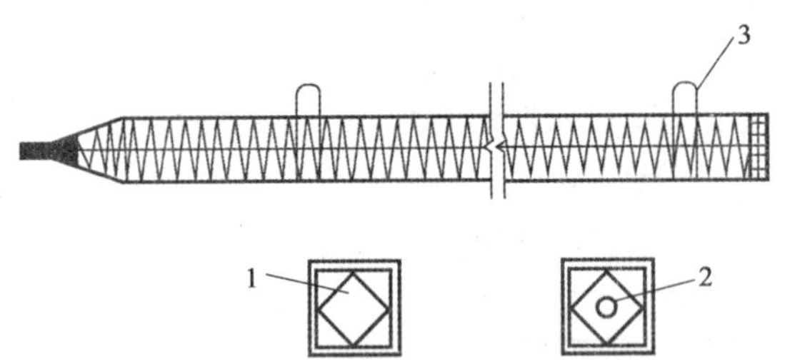

图5-1-8 钢筋混凝土预制方桩钢筋布置图
1-实心方桩;2-空心方桩;3-吊耳

钢筋混凝土预制管桩由预制厂以离心式旋转机生产,有普通钢筋混凝土预制管桩和预应力钢筋混凝土预制管桩两种(图5-1-9和图5-1-10)。目前大直径管桩多采用预应力钢筋混凝土预制管桩。管桩直径d可采用范围为0.4~1.2m,管壁最小厚度不宜小于80mm。管桩填芯混凝土强度等级不应低于C20。每节管桩的长度l为4~15m,管桩的两端装有法兰盘(一个圆盘状金属体,周边开有几个固定孔,现场连接时将两节管桩法兰盘上的孔对齐通过螺栓固接)以供现场用螺栓进行连接(也可采用焊接接头)。一般在最下一节管桩的底端设置桩尖,桩尖内部可预留圆孔,以便安装射水管辅助沉桩。

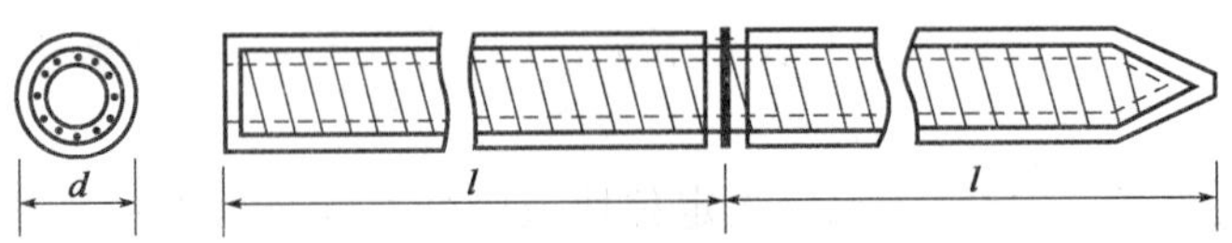

图5-1-9 钢筋混凝土预制管桩

钢筋混凝土预制桩的分节长度应根据施工条件决定,并应尽量减少接头数量。接头强度不应低于桩身强度,接头法兰盘不应突出于桩身之外,在沉桩和使用过程中接头不应松动和开裂。

图 5-1-10 预应力钢筋混凝土预制管桩

3. 钢管桩与钢管混凝土组合桩

钢管桩的材质应符合现行国家有关规范、标准规定。钢管桩的端部形式应根据桩所穿越的土层、桩端持力层性质、桩的尺寸、挤土效应等因素综合考虑确定。钢管桩可采用的桩端形式有:敞口带加强箍、敞口不带加强箍、闭口平底和锥底。图 5-1-11 所示为闭口锥底钢管桩。钢管桩在出厂时,两端应有防护圈,以防坡口受损。

图 5-1-11 闭口锥底钢管桩

闭口锥底钢管桩分节钢管桩应采用焊接连接,选择的焊条或焊丝的型号应与构件钢材的强度相适应,以实现等强度连接。在桩顶和桩底端的管壁处可设置加强箍,以提高钢管桩承受锤击和穿透地层的能力。

钢管桩直径及壁厚宜满足下列要求:

(1)直径与壁厚之比不宜大于 100。

(2)抗锤击要求的最小壁厚,可根据经验或按式(5-1-1)确定:

$$t = 6.35 + \frac{d}{100} \tag{5-1-1}$$

式中:t——钢管桩壁厚,mm;

d——钢管桩直径,mm。

钢管混凝土组合桩的钢管直径 d 与壁厚 t 之比则按式(5-1-2)计算:

$$\frac{d}{t}=(20\sim135)\frac{235}{f_d} \tag{5-1-2}$$

式中:f_d——钢材的强度设计值,MPa。

钢管桩或钢管混凝土组合桩可根据环境条件采用外壁加覆防腐涂层或其他覆盖层;增加管壁预留腐蚀余量厚度;水下采取阴极保护和选用耐腐蚀钢材等防腐处理措施。当钢管内壁同外界隔绝时,可不考虑内壁防腐。

四、桩的布置和间距

基桩平面布置形式应根据荷载、地基土质及基桩承载力等确定。对于采用大直径钻孔灌注桩的中小桥梁常用单排式;对于大型桥梁或当水平推力较大时,则采用多排式(行列式或梅花式),如图 5-1-12 所示。

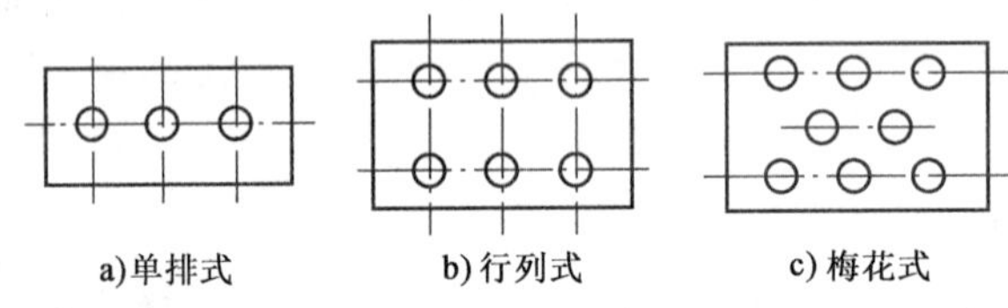

图 5-1-12 基桩的平面布置形式

各种类型桩的中距应符合下列要求:

1. 摩擦桩

(1)采用锤击、静压沉桩时,在桩端处的中距不应小于桩径(或边长)的 3 倍,对软土地基宜适当增大;振动沉入砂土内的桩,在桩端处的中距不应小于桩径(或边长)的 4 倍。桩在承台底面处的中距不应小于桩径(或边长)的 1.5 倍。

(2)钻孔桩中距不应小于桩径的 2.5 倍。

(3)挖孔桩中距可按钻孔桩采用。

2. 端承桩

支承或嵌固在基岩中的端承型钻(挖)孔桩的中距不宜小于桩径的 2 倍。

3. 扩底灌注桩

扩底灌注桩是一种桩底端直径大于上部桩身直径的灌注桩,扩底的目的是为了提高承载力。扩底灌注桩的中距不应小于 1.5 倍扩底直径和扩底直径加 1m 中的较大者。

为了避免承台边缘距桩身过近而发生破裂,边桩(或角桩)外侧与承台边缘的距离:桩径(或边长)小于或等于 1m 时,不应小于 0.5 倍桩径(或边长)且不应小于 250mm;桩径(或边长)大于 1m 时,不应小于 0.3 倍桩径(或边长)且不应小于 500mm。

五、承台和横系梁的构造

承台的平面形状和尺寸应根据上部墩台身底部尺寸与形状以及基桩的平面布置而定,一般采用矩形、圆形和圆端形。排架桩式墩台盖梁的平面形状一般为矩形，其平面尺寸应根据支座的尺寸及布置情况而定。

为保证承台有足够的强度和刚度，承台的厚度宜为桩直径的1.0倍及以上，且不宜小于1.5m，混凝土强度等级不应低于C25，当采用强度标准值400MPa及以上钢筋时不应低于C30。对于盖梁式承台和柱式墩台、空心墩台的承台，应验算承台强度并设置必要的钢筋，承台厚度可不受上述限制。

当桩顶直接埋入承台连接时，应在每根桩的顶面上设1～2层钢筋网。当桩顶主筋伸入承台时，承台底面内宜设一层钢筋网，如图5-1-13a）所示。底面内每一方向的钢筋用量宜为1200～1500mm²/m，钢筋直径宜采用12～16mm。钢筋网应通过桩顶且不应截断。当桩中心距大于3倍桩直径时，受力钢筋也可均匀布置于距桩中心1.5倍桩直径范围内，在此范围以外应布置配筋率不小于0.1%的构造钢筋，如图5-1-13b）所示。

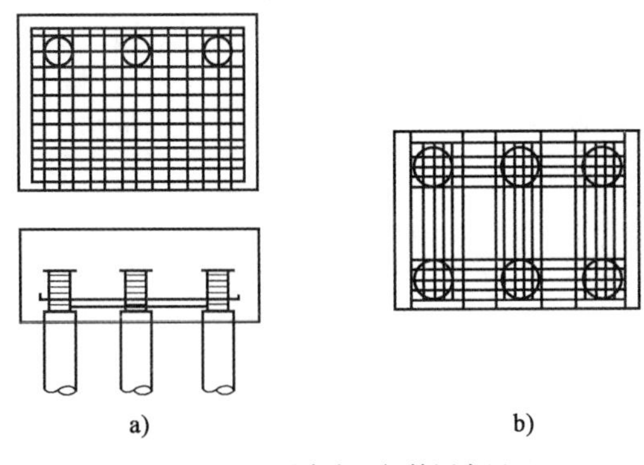

图5-1-13 承台底面钢筋网布置

承台的顶面和侧面应设置表层钢筋网，每个面在两个方向的截面面积均不宜小于400mm²/m，钢筋间距不应大于400mm。

当用横系梁加强桩之间的整体性时，横系梁的高度可取为0.8～1.0倍桩的直径，宽度可取为0.6～1.0倍桩的直径。一般情况下混凝土的强度等级不应低于C25；当采用强度标准值为400MPa及以上的钢筋时，不应低于C30。纵向钢筋不应少于横系梁截面面积的0.15%；箍筋直径不应小于8mm，且其间距不应大于400mm。

六、桩与承台、横系梁的连接

1. 桩顶直接埋入承台连接

当桩径（或边长）小于0.6m时，埋入长度不应小于2倍桩径（或边长）；当桩径（或边长）为0.6～1.2m时，埋入长度不应小于1.2m；当桩径（或边长）大于1.2m时，埋入长度不应小于桩径（或边长）。

2. 混凝土桩主筋伸入承台连接

桩身嵌入承台内的深度可采用100mm；伸入承台内的桩顶主筋可做成喇叭形（相对竖直线倾斜约15°），如图5-1-14所示。伸入承台内的主筋长度：HPB300钢筋不应小于40倍钢筋直径（设弯钩），带肋钢筋不应小于35倍钢筋直径（不设弯钩）。

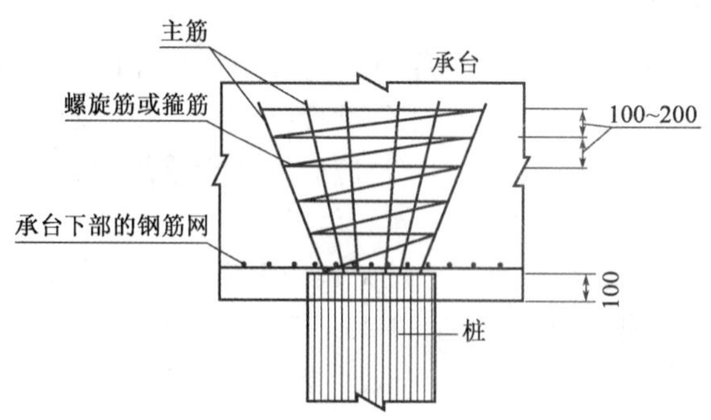

图 5-1-14 桩顶主筋伸入承台连接(尺寸单位:mm)

对大直径灌注桩的一柱一桩连接,可设置横系梁或将桩与柱直接连接。

3. 混凝土管桩与承台的连接

混凝土管桩与承台连接,伸入承台内的纵向钢筋如采用插筋,插筋数量不应少于 4 根,直径不应小于 16mm,锚入承台长度不宜小于 35 倍钢筋直径,插入管桩顶的填芯混凝土长度不宜小于 1.0m。

4. 钢管桩与承台的连接

钢管桩与承台之间应采用固结连接,并应满足连接部受力需要。固结连接可采用如下一种或几种方式的组合:

(1)桩顶直接伸入承台[图 5-1-15a)],钢管桩伸入承台部分应设置必要的剪力键。

(2)桩顶部可设置锚固件或锚固钢筋[图 5-1-15b)],锚固钢筋伸入承台长度与前面所述的混凝土桩主筋伸入承台连接时的规定相同。

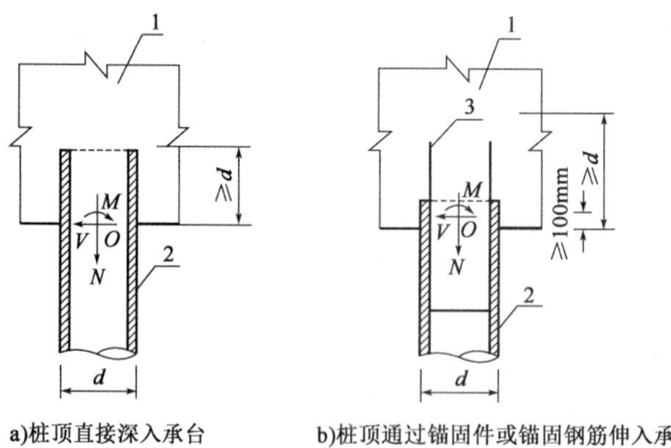

图 5-1-15 钢管桩与承台连接

1-承台;2-钢管桩;3-锚固件或锚固钢筋

(3)桩顶部可设置桩芯钢筋混凝土。桩芯钢筋混凝土与承台的连接应符合前面所述的混凝土桩主筋伸入承台连接时的规定。钢管内桩芯混凝土的长度、配筋应满足受力要求。

横系梁的主钢筋应伸入桩内,其长度不小于35倍主筋直径。

引思明理

桩基础是一种古老的基础形式。浙江余姚河姆渡遗址表明,我们的祖先早在7000年前已采用将一排排木桩打入土中的方式做屋基,在距地面约1m高的木桩间架设地梁,修建干栏式房屋,以避开潮湿软弱地基(图5-1-16)。西安隋代灞桥遗址考古发现,灞桥的石砌桥墩下铺砌有石板底座,石板下垫有一层方木,方木下为满堂木桩,是早期的桥梁桩基础。宋代桩基础技术已经比较成熟,现存完好的上海龙华塔和山西晋祠圣母殿均是北宋时期采用桩基础的古建筑。到明、清两代,桩基础技术更趋完善,如清代《工程做法》一书对桩基础的选料、布置和施工方法等方面都有明确规定。

图5-1-16 河姆渡木桩遗址

随着时代变迁,桩基础从形式、工艺到规模都有了飞跃式的发展,现在已经成为建筑物、桥梁、码头、海洋平台等常用的基础形式。在建中的通苏嘉甬高铁杭州湾跨海铁路桥是世界上距离最长、建设标准最高的跨海高速铁路大桥,全长29.2km,由北、中、南三座航道桥和跨大堤、海中、浅滩区引桥组成。其中主跨450m的北航道桥是世界上跨度最大的无砟轨道双塔双索面钢箱-钢桁组合梁斜拉桥。北航道桥全长932.7m。北端8号和南端9号两个主塔墩采用曲线H形钢筋混凝土结构,塔高200m,基础均采用52根直径2.5m钻孔灌注桩,呈梅花式布置,最大桩长129.5m,钻孔深度约151m,为大直径超长钻孔桩,采用C40水下混凝土灌注;辅助墩及边墩采用圆端形空心墩,基础均采用16根直径2.5m钻孔灌注桩。海中引桥则采用80m主跨的预应力混凝土连续梁,最长联长达3080m,其超长联、大跨度、曲线连续梁无缝线路的特点也创造了世界纪录。除54~60号墩基础采用钻孔灌注桩外,引桥其余基础均采用钢管打入桩,钢管桩直径1.8~2.2m,桩长84~98m。

为了提高工程品质、确保设计使用寿命,工程技术人员在大桥建设过程中不断地进行探索、改革和总结,寻求工程技术创新。工程技术创新不仅可以提升生产效率和工程质量,而且能够拓展科技的范围和边界,促进学科间的交叉融合与发展,从而推动科学技术的进步。

1. 桩基础根据承载性状可分为哪几类?各自有何特点?
2. 钻孔灌注桩配筋时应满足哪些基本要求?对混凝土强度等级有何要求?
3. 钢管桩防腐措施有哪些?
4. 桩与承台的连接方式有哪些?

背景资料:

某桥桩基础施工图如图 5-1-17 ~ 图 5-1-19 所示。

任务要求:

读识桩基础施工图,并检验其构造尺寸是否符合《公路桥涵地基与基础设计规范》(JTG 3363—2019)中的设计要求。请读写出下列内容:

1. 该桥梁上部结构形式、桥面纵坡坡度;
2. ①号桥墩形式,墩柱直径和高度;
3. 横系梁的高度和宽度;
4. ①号桥墩的桩径和桩长;判断桩中心距是否满足设计规范要求;
5. ①号桥墩基桩属于摩擦桩还是端承桩?
6. ①号桥墩基桩纵向受力筋的直径、数量和长度;判断是否满足设计规范要求;
7. 墩桩和基桩混凝土强度等级。

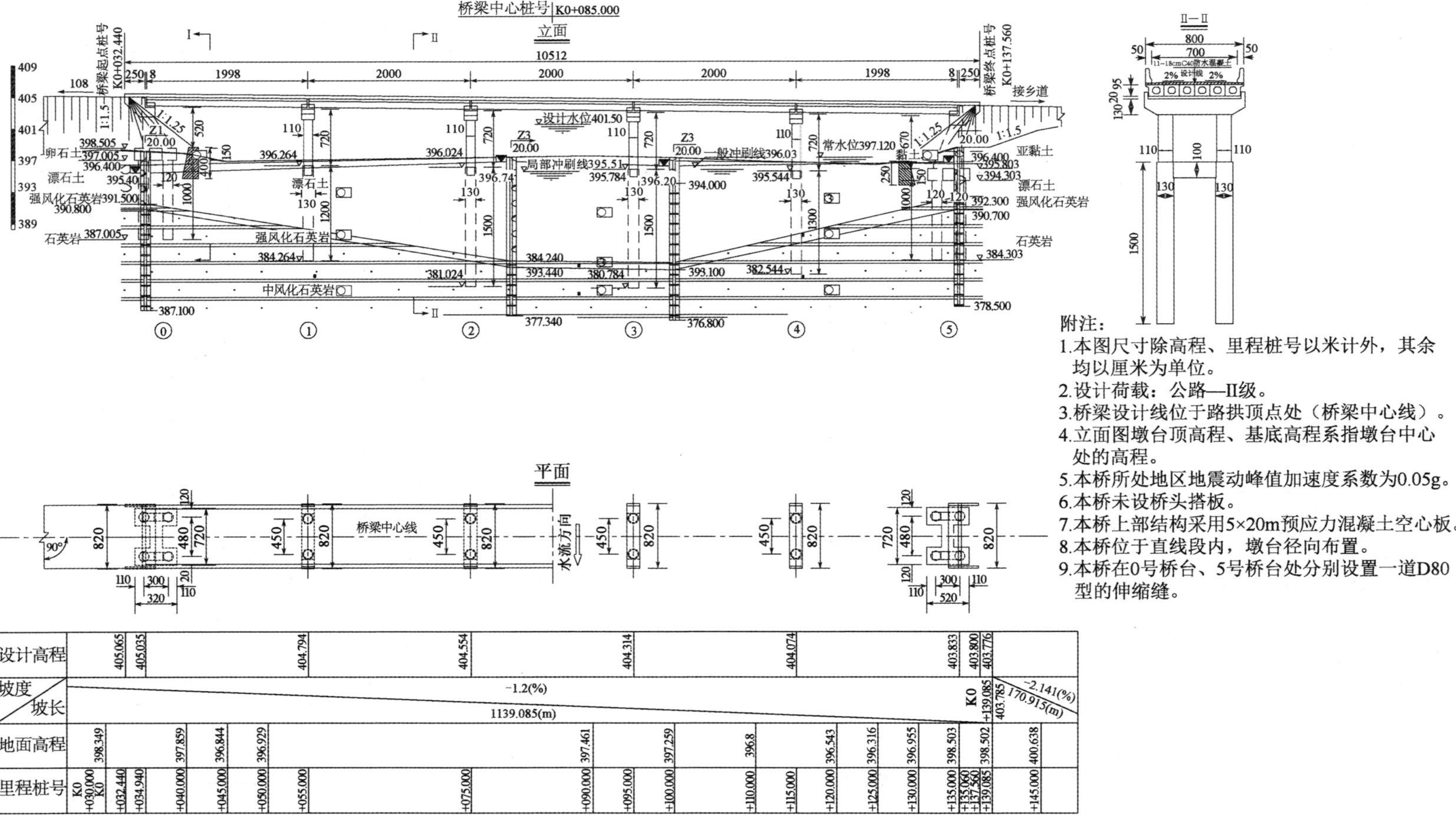

图 5-1-17 桥梁总体布置图

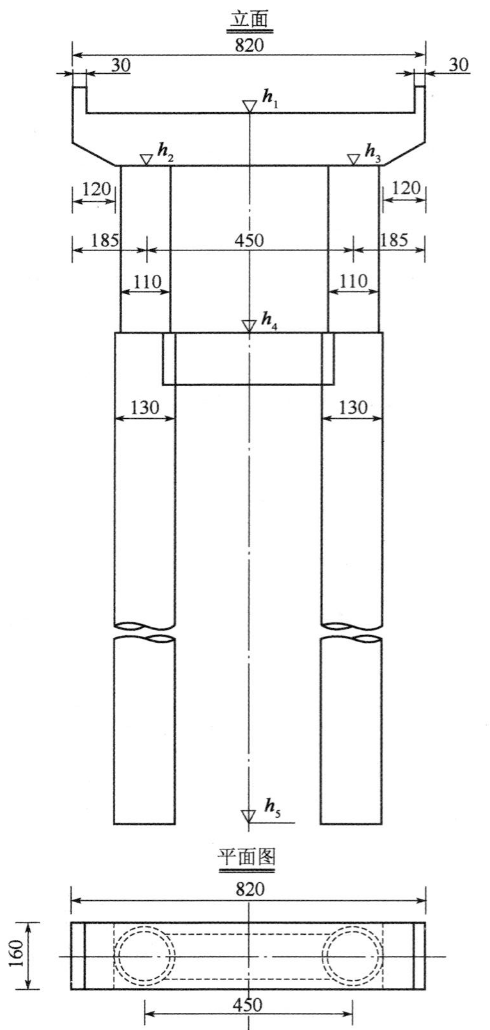

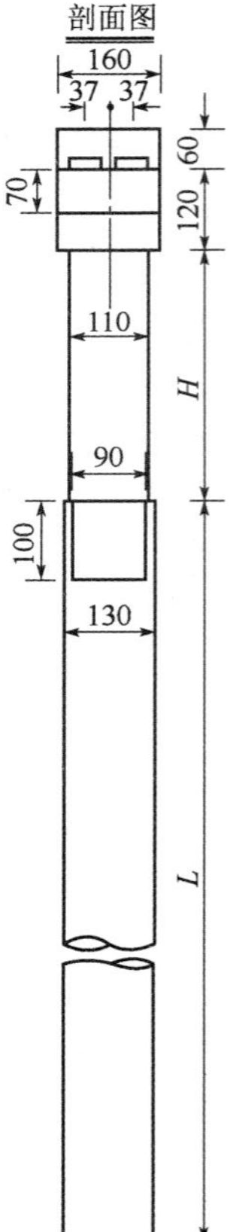

设计参数表

设计参数	1号墩	2号墩	3号墩	4号墩
横坡i	0	0	0	0
柱高H/m	6	6	6	6
桩长L/m	12	15	15	13
h_1/m	403.464	403.224	402.984	402.744
h_2/m	402.264	402.024	401.784	401.544
h_3/m	402.264	402.024	401.784	401.544
h_4/m	396.264	396.024	395.784	395.544
h_5/m	384.264	381.024	380.784	382.544

附注：

1.图中尺寸均以厘米为单位。

2.图中支座+垫块=20cm，其中支座厚度4.1cm，垫石厚度15.9cm。

3.桥墩采用GYZ25042板式橡胶支座，全桥共需96块。

4.桥墩桩基按照嵌岩桩设计，中风化石英岩单轴饱和极限抗压强度78MPa，桩基嵌入基岩长度按照不小于2m控制。

图 5-1-18 桥墩一般构造图

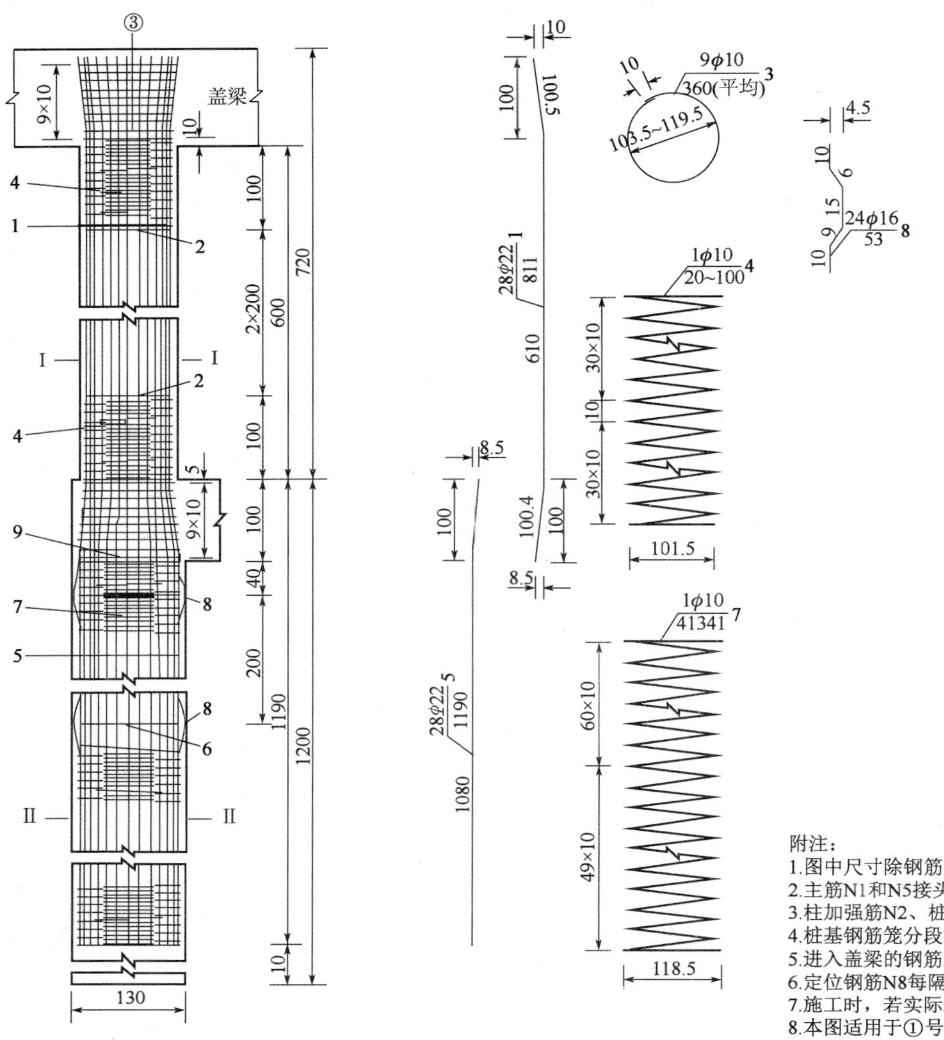

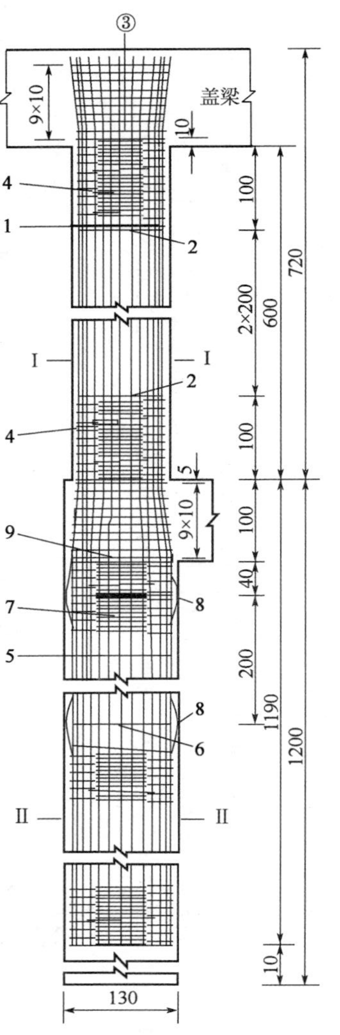

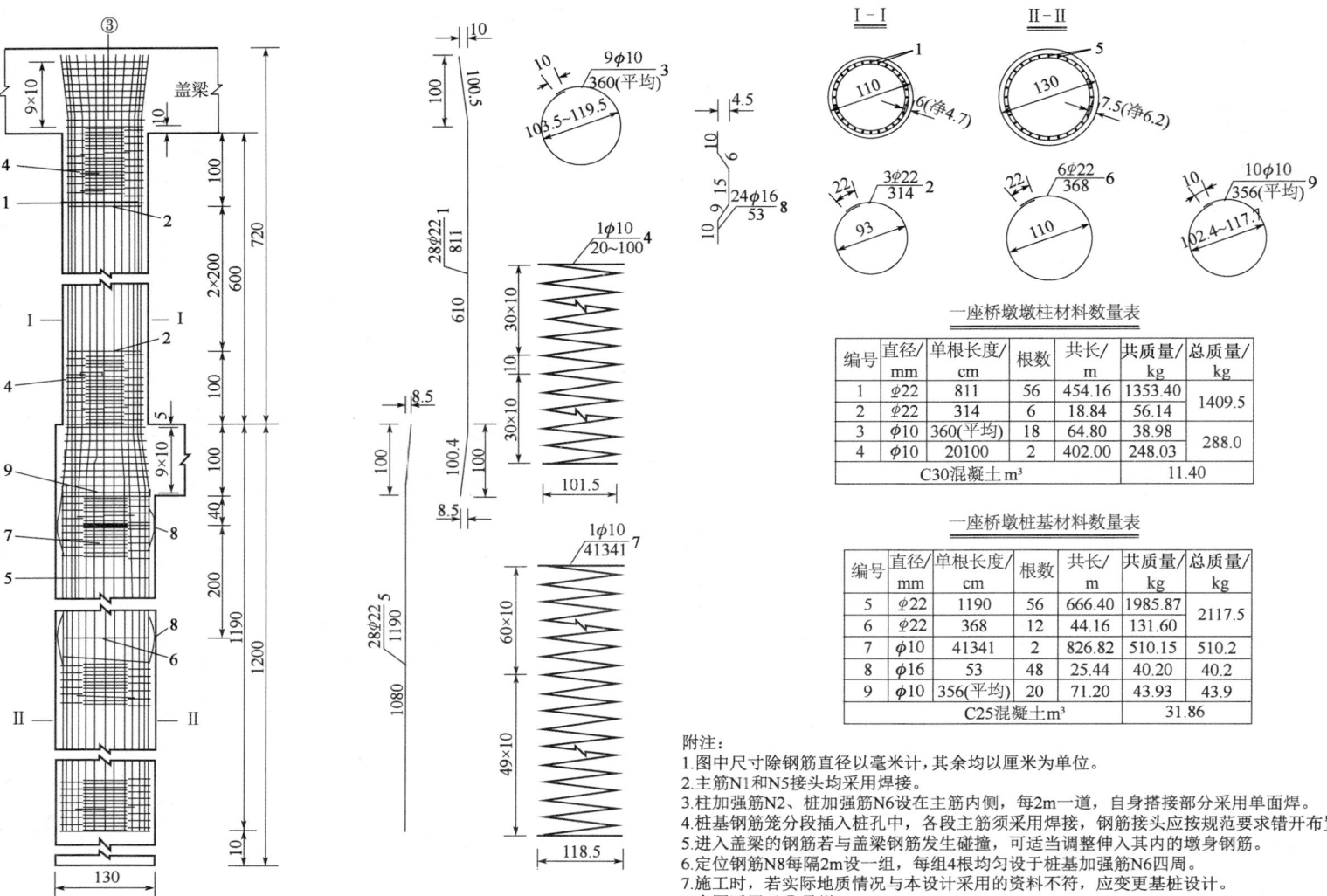

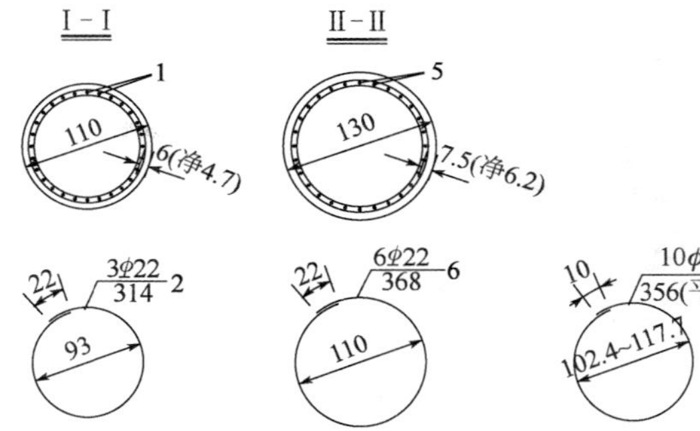

一座桥墩墩柱材料数量表

编号	直径/mm	单根长度/cm	根数	共长/m	共质量/kg	总质量/kg
1	φ22	811	56	454.16	1353.40	1409.5
2	φ22	314	6	18.84	56.14	
3	φ10	360(平均)	18	64.80	38.98	288.0
4	φ10	20100	2	402.00	248.03	
C30混凝土m³					11.40	

一座桥墩桩基材料数量表

编号	直径/mm	单根长度/cm	根数	共长/m	共质量/kg	总质量/kg
5	φ22	1190	56	666.40	1985.87	2117.5
6	φ22	368	12	44.16	131.60	
7	φ10	41341	2	826.82	510.15	510.2
8	φ16	53	48	25.44	40.20	40.2
9	φ10	356(平均)	20	71.20	43.93	43.9
C25混凝土m³					31.86	

附注：
1.图中尺寸除钢筋直径以毫米计，其余均以厘米为单位。
2.主筋N1和N5接头均采用焊接。
3.柱加强筋N2、桩加强筋N6设在主筋内侧，每2m一道，自身搭接部分采用单面焊。
4.桩基钢筋笼分段插入桩孔中，各段主筋须采用焊接，钢筋接头应按规范要求错开布置。
5.进入盖梁的钢筋若与盖梁钢筋发生碰撞，可适当调整伸入其内的墩身钢筋。
6.定位钢筋N8每隔2m设一组，每组4根均匀设于桩基加强筋N6四周。
7.施工时，若实际地质情况与本设计采用的资料不符，应变更基桩设计。
8.本图适用于①号墩。

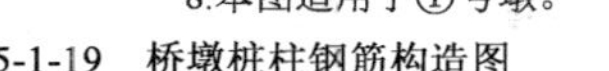
图 5-1-19 桥墩桩柱钢筋构造图

任务二 灌注桩施工

学习目标

1. 知识目标

(1)了解灌注桩的类型及适用条件;

(2)掌握各种类型灌注桩的施工方法和程序;

(3)掌握钻(挖)孔灌注桩各施工环节基本要求;

(4)了解灌注桩施工常见质量问题及处理方法。

2. 能力目标

(1)能进行钻孔灌注桩的施工及质量控制;

(2)能进行挖孔灌注桩的施工及质量控制。

任务描述

通过对各种类型灌注桩施工工艺流程及方法等相关知识的学习,能够根据提供的桥梁施工背景资料,参阅现行《公路桥涵施工技术规范》(JTG/T 3650)及相关的技术文献资料,编制简单的灌注桩施工方案;能分析施工中出现的工程问题,并初步提出解决方案。

相关知识

灌注桩施工前,应具有工程地质和水文地质资料,对地质情况复杂地区的大直径嵌岩桩,宜适当增加地质钻孔数量。施工前应制订专项施工方案。对工程地质、水文地质或技术条件特别复杂的灌注桩,宜在施工前进行工艺试桩,获得相应的工艺参数后再正式施工。

桩基础施工前,首先应定出墩台纵横中心轴线,再定出桩基础轴线和各基桩桩位。目前,普遍应用全站仪直接定位,并设置好固定桩标志或控制桩,以便施工时随时校核。

一、钻孔灌注桩的施工

钻孔灌注桩施工主要包括:施工准备,根据土质、桩径大小、入土深度和机具设备等条件选用适当的钻具和方法进行钻孔、清孔、吊放钢筋骨架。之后,对于旱地桩孔,孔内无积水时,用串筒等滑落设备灌入混凝土;对于孔内有积水的桩孔则采用导管法灌注水下混凝土。

1. 施工准备

1)准备场地

施工前应平整好场地,以便安装钻机(架)进行钻孔。当基础位于无水岸滩时,应清除钻架所在位置的杂物,挖换软土,整平夯实形成工作平台;位于浅水区时,宜采用筑岛法施工;位于深水区时,宜搭设钢制平台,当水位变动不大时,亦可采用浮式工作平台,但在水流湍急或潮位涨落较大的水域,不应采用浮式平台。各类施工平台的平面面积大小,应满足钻孔成桩作业的需要;其顶面高程应高于桩施工期间可能的最高水位 1.0m 以上,在受波浪影响的水域,尚应考虑波高的影响。

钢制固定式施工平台应牢固、稳定,应能承受钻孔桩施工期间的全部静荷载和动荷载。平台应进行专项施工设计,并应符合下列规定:

(1)对钢管桩施工平台,钢管桩的位置偏差宜在 300mm 以内,倾斜度宜在 1% 以内;平台的顶面应平整,各连接处应牢固。

(2)利用双壁钢围堰或钢套箱等作为钻孔桩的施工平台时,应验算平台结构的刚度和稳定性;利用钢护筒搭设钻孔施工平台时,除应对钢护筒的受力情况进行验算外,应使其位置保持准确、相互连接稳定、倾斜度不超过允许偏差;采用冲击钻成孔时,钢护筒不宜兼作工作平台。

(3)当平台位于有冲刷的河流或水域,且有超过设计允许冲刷深度的风险时,应采取必要的措施对其基础进行冲刷防护;位于有流冰、漂浮物的河段时,应设置临时防撞设施,保证平台在施工期间的稳定。

(4)在通航水域中搭设的平台,除应有临时防撞措施外,尚应设置明显的安全警示标志。

2)埋置护筒

钻孔前应按要求制作并埋置护筒。护筒必须坚固、有一定的刚度,接缝严密不漏水。护筒的作用是:①固定钻孔位置;②开始钻孔时对钻头起导向作用;③保护孔口,防止孔口土层坍塌;④隔离孔内外表层水,并保持钻孔内水位高出施工水位,以产生足够的静水压力稳固孔壁。

护筒宜采用钢板卷制形成的钢护筒(图 5-2-1)。陆上或浅水区域筑岛处的护筒,其内径应大于桩径至少 200mm,壁厚应能使护筒保持圆筒状且不变形;在水中以机械沉设的护筒,其内径和壁厚的大小,应根据护筒的平面、垂直度偏差要求及长度等因素确定,并应在护筒的顶、底口处采取适当的加强措施,保证其在沉设过程中不变形;对参与结构受力的护筒,其内径、壁厚及长度应符合设计的规定。钢护筒可以拼装接长使用图 5-2-2,施工结束后拔出可重复使用。

图 5-2-1 钢护筒

图 5-2-2 拼接接长钢护筒

护筒埋设可采用下埋式[适于旱地埋置,如图 5-2-3a)所示]、上埋式[适于地下水位较高的旱地或浅水筑岛埋置,如图 5-2-3b)、c)所示]和下沉埋设[适于深水埋置,如图 5-2-3d)所示]。

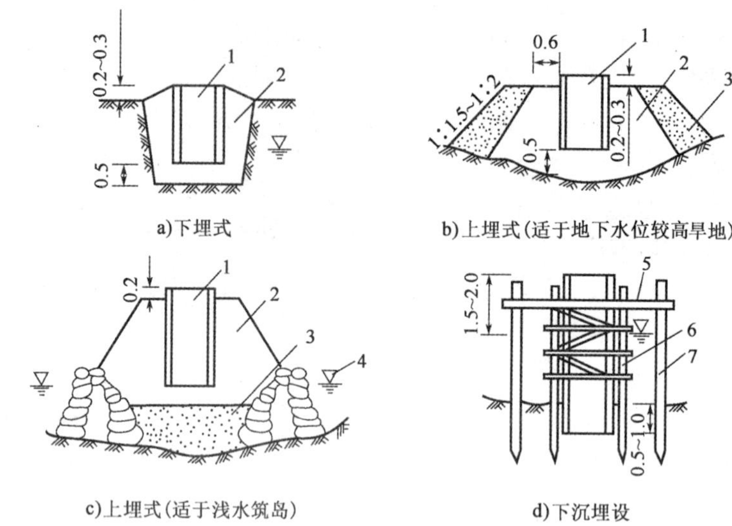

图 5-2-3　护筒埋置形式(尺寸单位:m)
1-护筒;2-夯实黏土;3-砂土;4-施工水位;5-施工平台;6-导向架;7-脚手桩

在旱地和筑岛处设置护筒时,可采用挖坑埋设法实测定位,且护筒的底部和外侧四周应采用黏质土回填并分层夯实,使护筒底口处不致漏失泥浆(图 5-2-4);在水中下沉埋设护筒时(图 5-2-5),宜采用导向架定位,并应采取有效措施保证其平面位置、倾斜度的准确以及护筒接长连接处的焊接质量,焊接连接处的内壁应无突出物,且应耐拉、压,不漏水。埋置护筒时应注意下列几点:

(1)除设计另有规定外,护筒中心与桩中心的平面位置偏差应不大于 50mm,护筒在竖直方向的倾斜度应不大于 1%;深水基础中的护筒,在竖直方向的倾斜度宜不大于 1/150,平面位置的偏差可适当放宽,但应不大于 80mm。

(2)护筒顶面宜高于地面 0.3m 或水面 1.0 ~ 2.0m,同时应高于桩顶设计高程 1m。在有潮汐影响的水域,护筒顶面应高出施工期最高潮水位 1.5 ~ 2.0m,并应在施工期间采取稳定孔内水头的措施;当桩孔内有承压水时,护筒顶面应高于稳定后的承压水位 2.0m 以上。

(3)护筒的埋置深度在旱地或筑岛处宜为 2 ~ 4m,在水中或特殊情况下应根据设计要求或桩位的水文、地质情况经计算确定。对有冲刷影响的河床,护筒宜沉入施工期局部冲刷线以下 1.0 ~ 1.5m,且宜采取防止河床在施工期过度冲刷的防护措施。

(4)永久钢护筒的制作、运输和沉入应符合《公路桥涵施工技术规范》(JTG/T 3650—2020)第 10 章中钢管桩的相关规定。

3)制备泥浆

钻孔过程中,孔内应保持具有一定稠度的泥浆。泥浆的作用是:在孔内产生较大的静水压力,防止坍孔;泥浆向孔外土层渗漏,在孔壁表面形成一层胶泥,具有护壁作用;泥浆还可将孔内外水流切断,稳定孔内水位;同时泥浆相对密度大,具有挟带钻渣的作用,利于钻渣的排出。

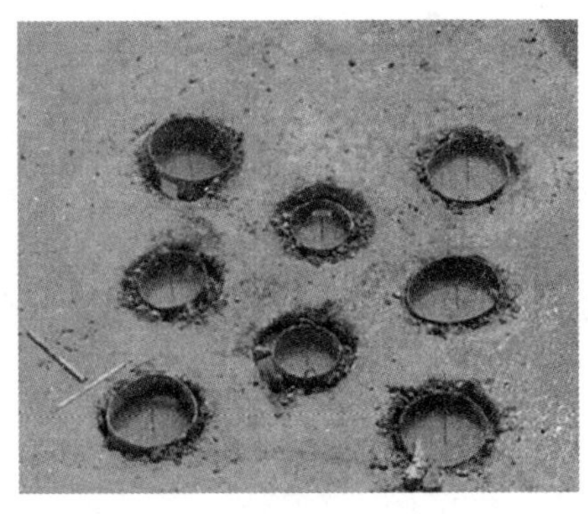

图 5-2-4 旱地下埋式钢护筒

图 5-2-5 水中下沉埋设式钢护筒

泥浆一般由水、黏土(或膨润土)和添加剂按适当配合比配制而成后注入孔内。在较好的黏性土层中钻孔时,也可灌入清水,在钻头作用下自造泥浆。泥浆的配合比和配制方法宜通过试验确定,其性能应与钻孔方法、土层情况相适应。当缺乏泥浆的性能指标参数时,可参照表 5-2-1 选用。

泥浆的调制和使用技术要求 表 5-2-1

钻孔方法	地层情况	泥浆性能指标							
		相对密度	黏度/Pa·s	含砂率/%	胶体率/%	失水率/mL·(30min)$^{-1}$	泥皮厚/mL·(30min)$^{-1}$	静切力/Pa	酸碱度(pH 值)
正循环	一般地层	1.05~1.20	16~22	9~4	≥96	≤25	≤2	1.0~2.5	8~10
	易坍地层	1.20~1.45	19~28	9~4	≥96	≤15	≤2	3.0~5.0	8~10
反循环	一般地层	1.02~1.06	16~20	≤4	≥95	≤20	≤3	1.0~2.5	8~10
	易坍地层	1.06~1.10	18~28	≤4	≥95	≤20	≤3	1.0~2.5	8~10
	卵石土	1.10~1.15	20~35	≤4	≥95	≤20	≤3	1.0~2.5	8~10
旋挖	一般地层	1.02~1.10	18~24	≤4	≥95	≤20	≤3	1.0~2.5	8~11
冲击	易坍地层	1.20~1.40	22~30	≤4	≥95	≤20	≤3	3.0~5.0	8~11

注:1. 地下水位高或其流速大时,指标取高限;反之取低限。
2. 地质状态较好,孔径或孔深较小的取低限;反之取高限。

钻孔过程中,应随时对孔内泥浆的性能进行检测,不符合要求时应及时调整。钻孔泥浆宜进行循环处理后重复使用,减小排放量。对重要工程的钻孔桩施工,宜采用泥沙分离器进行泥浆的循环。施工完成后废弃的泥浆应采取先集中沉淀再处理的措施,严禁随意排放,污染环境。

4)制作钢筋骨架

钻孔之前或钻孔同时,应制作钢筋骨架,以便成孔、清孔后尽快吊装钢筋骨架入孔并灌注混凝土,防止坍孔事故发生。

钢筋骨架要求主筋平直,箍筋圆顺,尺寸准确。制作钢筋骨架时应采取必要的措施,保证骨架的刚度;主筋的接头应错开布置。大直径长桩的钢筋骨架宜在胎架上分段制作,且宜编号,安装时应按编号顺序连接。应在骨架外侧设置控制混凝土保护层厚度的垫块,垫块间距在竖向应不大于 2m,在横向圆周应不少于 4 处。

5)安装钻机或钻架

钻架是钻孔、吊放钢筋骨架、灌注混凝土的支架。我国生产的定型旋转钻机和冲击钻机都附有定型钻架。此外,还有木制和钢制的四脚架、三脚架或人字扒杆。

钻机就位前,应对钻孔各项准备工作进行检查。钻机安装后的底座和顶端应平稳,在钻进中不应产生位移、倾斜或沉陷,否则应及时处理。钻机(架)安装就位时应详细测量。底座应用枕木垫实塞紧,顶端应用缆风绳固定平稳,并在钻孔过程中经常检查。

2. 钻孔

钻机的选型宜根据孔径、孔深、桩位处的水文和地质情况、施工环境条件等因素综合确定,所选用的钻机及钻孔方法应能满足施工质量和施工安全的要求。常用的钻机类型分为旋转钻、冲击钻和冲抓钻三种。

1)旋转钻进成孔

旋转钻进成孔是利用钻具旋转切削土体钻进,钻进的同时采用循环泥浆的方法护壁排渣,随着孔的加深不断接长钻杆直至设计深度。我国现用的旋转钻机按泥浆循环程序的不同分为正循环与反循环两种。

正循环旋转钻孔是在钻进的同时,使用泥浆泵将泥浆压进泥浆笼头,通过钻杆内腔从钻头出口喷入钻孔,泥浆挟带钻渣沿着钻孔上升,从护筒顶部的排浆孔排出至沉淀池,钻渣沉淀后,泥浆仍进入泥浆池循环使用,如图 5-2-6 所示。

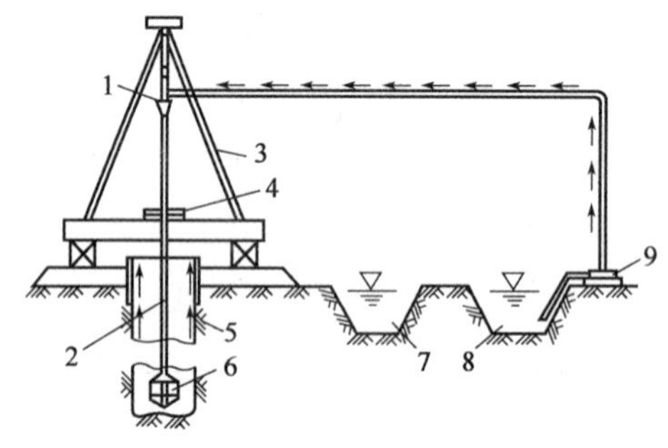

图 5-2-6　正循环旋转钻孔

1-泥浆笼头;2-钻杆;3-钻架;4-钻机;5-护筒;6-钻头;7-沉淀池;8-泥浆池;9-泥浆泵

正循环成孔的设备简单,操作方便,当孔深不超过 40m、孔径小于 800mm 时钻进效率高。

反循环旋转钻孔是用泥浆泵将泥浆直接送至钻孔内,与钻渣混合,在压缩空气或高压水造成的负压下,钻渣将通过钻头的下口吸进,通过钻杆中心排出至沉淀池,泥浆经沉淀后再循环使用。反循环钻机根据吸渣动力的不同,分为泵吸反循环和气举反循环,如图 5-2-7 所示。

反循环钻机的钻进及排渣效率较正循环高,但接长钻杆时装卸较麻烦,当钻渣粒径超过钻杆内径时易堵塞管路,故不宜采用。

旋转钻进成孔适用于较细、软的土层,如各种塑性状态的黏性土、砂土、夹少量粒径小于 100 ~ 200mm 的砂卵石土层,在软岩中也可使用。

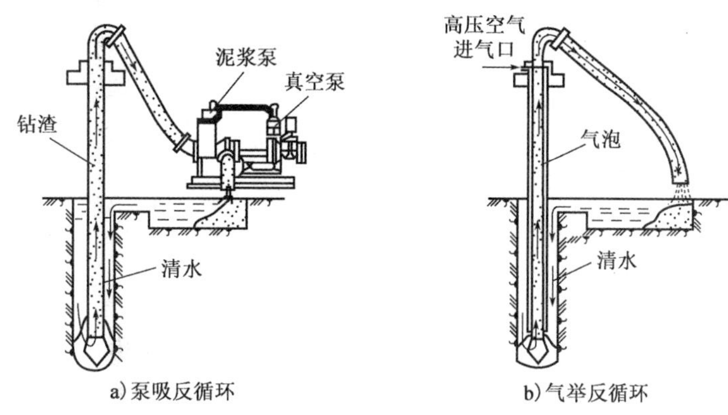

a)泵吸反循环　　b)气举反循环

图 5-2-7　反循环旋转钻孔

采用旋转钻进成孔时,应根据不同的地质条件选用相应的钻头。钻进过程中应采取有效措施严格控制钻进速度,避免进尺过快造成坍孔埋钻事故。钻头的升降速度宜控制在0.75～0.80m/s,在粉砂层或亚砂土层中,升降速度应更加缓慢。泥浆初次注入时,应垂直向桩孔中间进行注浆。

(1)普通旋转钻机成孔

正循环旋转钻机的钻头有鱼尾锥、圆柱形钻头(刮刀设置在钻头前端,又称超前钻)、刺猬钻头等,如图 5-2-8 所示。常用的反循环旋转钻机的钻头为三翼空心钻,如图 5-2-9 所示。

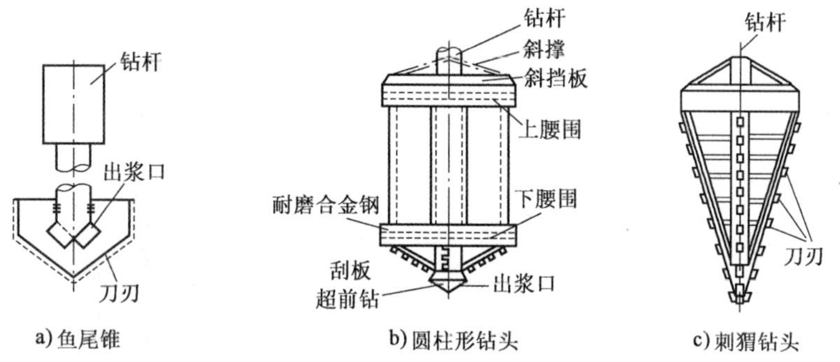

a)鱼尾锥　　b)圆柱形钻头　　c)刺猬钻头

图 5-2-8　正循环旋转钻机的钻头

(2)人工或机动推钻成孔

过去,旋转钻孔采用简易的机具施工,只需配置必要的钻架、钻杆、卷扬机和钻头,用人工推钻或机动旋转钻机,钻头一般用大锅锥(图 5-2-10)。钻孔时旋转钻锥削土入锅,然后提锥出渣,再放锥入孔继续钻进。这种方法钻进速度较慢,效率低,遇大卵石、漂石土层不易钻进,现在已很少采用。

(3)螺旋钻机成孔

螺旋钻机成孔是通过动力旋转钻杆,使钻头上的螺旋叶片旋转削土,土沿螺旋叶片提升并排出孔外。这种钻孔方法适用于地下水位较低的一般黏土、粉土、砂土及人工填土地基,不适用于有地下水的土层和淤泥质土。

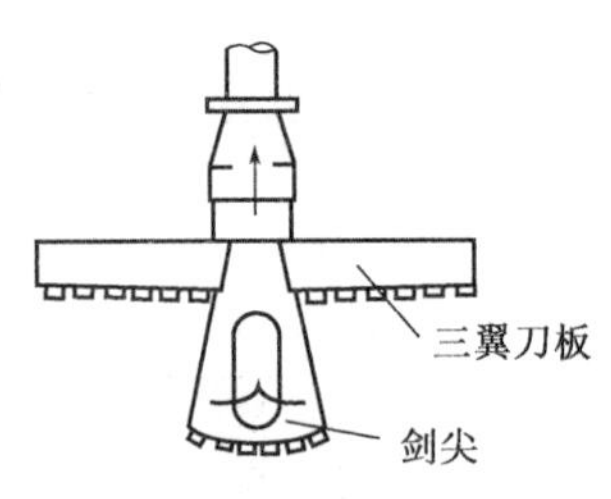

图 5-2-9 三翼空心钻

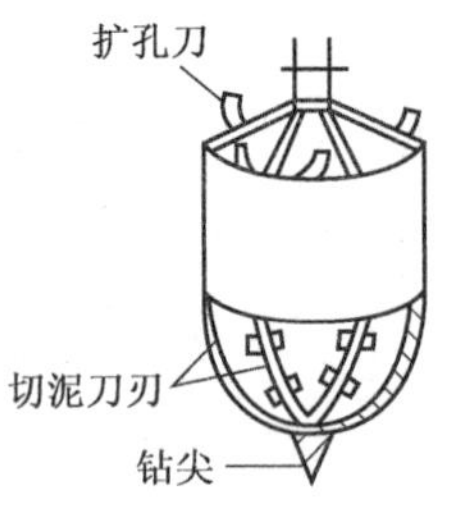

图 5-2-10 大锅锥

螺旋钻机根据钻杆上螺旋叶片的多少分为长螺旋钻机和短螺旋钻机(图 5-2-11)。长螺旋钻头外径较小,成孔深度一般为 8 ~ 12m,桩长不宜大于 30m。短螺旋钻机成孔直径和深度较大,孔径可超过 2m,孔深可达 100m。

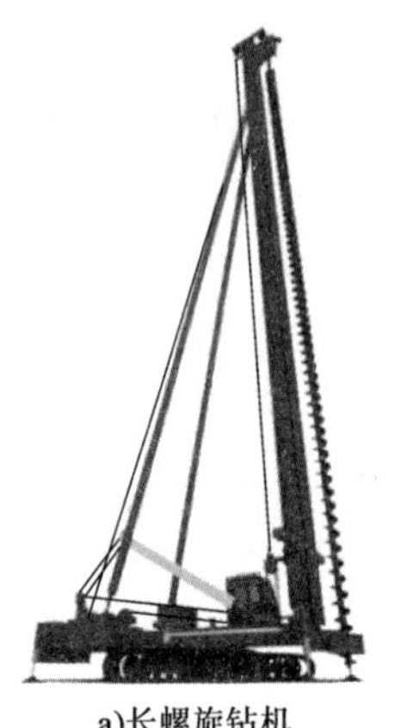
a)长螺旋钻机

b)短螺旋钻机

图 5-2-11 螺旋钻机

在软塑土层,含水率大时,可用疏纹叶片钻杆,便于较快钻进。在可塑或硬塑黏土中或含水率较小的砂土中,应用密纹叶片钻杆,缓慢、均匀地钻进。

操作时要求钻杆垂直,钻孔过程中如发现钻杆摇晃或难钻进时,可能是遇到石块等异物,应立即停机检查。钻进速度应根据电流值变化及时调整。钻进过程中,应随时清理孔口积土,遇到坍孔、缩孔等异常情况,应及时研究解决。

(4)旋挖钻机成孔

旋挖钻机(图 5-2-12 和图 5-2-13)钻孔取土时,依靠钻杆和钻头自重切入土层,斜向斗齿在钻斗回转时切下土块向斗内推进而完成钻孔取土。如遇硬土,自重不足以使斗齿切入土层时,可通过加压油缸对钻杆加压,强行将斗齿切入土中,完成钻孔取土。钻斗内装满土后,由起重机提升钻杆及钻斗至地面,拉动钻斗上的开关即打开底门,钻斗内的土依靠自重作用自动排出。钻杆向下放,关好斗门再回转到孔内进行下一斗的挖掘。旋挖钻机行走机动、灵活,终孔后能快速地移位至下一桩位施工。

旋挖钻机一般适用黏土、粉土、砂土、淤泥质土、人工回填土及含有部分卵石、碎石的地层。

(5)潜水钻机成孔

潜水钻机钻进成孔的方法与正循环法相同,钻头与动力装置(电动机)连成一体,电动机直接驱动钻头旋转切土,并在钻头端部喷出高速水流冲刷土体,以水力排渣,如图 5-2-14a)所示。电动机及变速装置均经密封后安装在钻头与钻杆之间,如图 5-2-14b)所示。相比于其他钻具,潜水电钻的使用更轻便和高效。

图 5-2-12 旋挖钻机

图 5-2-13 旋挖钻机施工现场

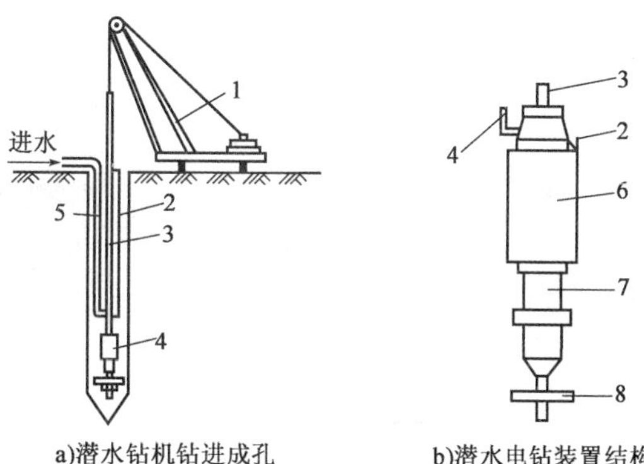

a)潜水钻机钻进成孔

b)潜水电钻装置结构

图 5-2-14 潜水钻机工作示意图

1-钻机架;2-电缆;3-钻杆;4-潜水电钻头;5-进水高压水管;6-密封电动机;7-密封变速箱;8-钻头母体

2)冲击成孔

冲击成孔是利用钻锥(重量为 10 ~ 35kN)不断地提锥、落锥,反复冲击孔底土层,把土层中的泥沙、石块挤向四壁或打成碎渣,再用掏渣筒将悬浮于泥浆中的钻渣取出的成孔方法。重复上述过程冲击钻进成孔。

冲击成孔所采用的主要机具有定型冲击钻机(包括钻架、动力、起重装置等)[图 5-2-15a)和图 5-2-16]、冲击钻头、转向装置和掏渣筒等。也可用 30 ~ 50kN 带离合器的卷扬机配合钢(木)钻架组成简易冲击钻机[图 5-2-15b)]。

冲击锥钻头一般是由整体铸钢做成的实体钻锥,钻刃为十字形,用高强度耐磨钢材制成,底刃不完全平直,以加大单位长度上的压重,如图 5-2-17 所示。冲击时钻头应有足够的重量、适当的冲程和冲击频率,以保证有足够的能量将岩块打碎。

冲击锥每冲击一次应旋转一个角度,才能得到圆形钻孔,因此在钻头和提升钢丝绳连接处设有转向装置,常用的有合金套或转向环。转向装置在保证冲锥转动的同时,也可避免钢丝绳打结扭断。

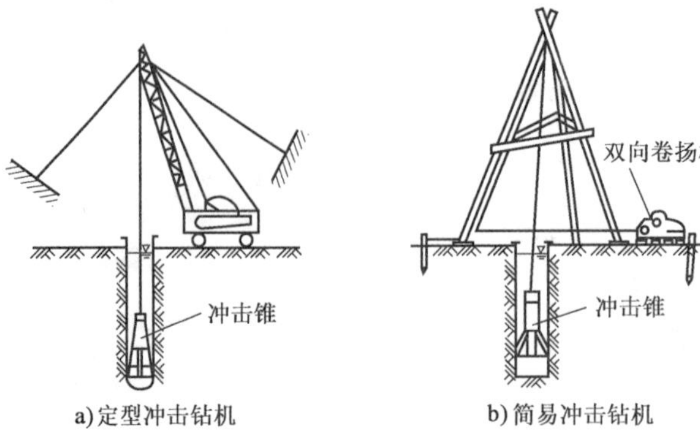

图5-2-15　冲击成孔主要机具示意图

图5-2-16　冲击钻机

图5-2-17　冲击锥钻头

掏渣筒是用以掏取孔内钻渣的工具,如图5-2-18所示,它是用厚30mm左右的钢板制成的,下面的碗形阀门应与掏渣筒密合,以防止漏水、漏浆。

采用冲击钻机冲击成孔时,应小冲程开孔,并应使初成孔的孔壁坚实、竖直、圆顺,能起到导向的作用。待钻进深度超过钻头全高加冲程后,方可进行正常的冲击。冲击钻进过程中,应采取有效措施防止坍孔;掏取钻渣和停钻时,应及时向孔内补浆,保持水头高度。

冲击成孔适用于含有漂石、卵石、大块石的土层及岩层,也能用于其他土层。其成孔深度一般不宜大于50m。

3)冲抓成孔

冲抓成孔是将兼有冲击和抓土作用的冲抓锥,通过钻架由带离合器的卷扬机操纵,在自重(重量为10~20kN)作用下,使其抓瓣的锥尖张开插入土层,然后由卷扬机提升锥头,收拢抓瓣将土抓出,弃土后继续冲抓钻进成孔的成孔方法,如图5-2-19所示。

冲抓锥常采用具有四瓣或八瓣抓瓣的冲抓锥,其构造如图5-2-20和图5-2-21所示。当收紧外套钢丝绳、松内套钢丝绳时,内套钢丝绳在自重作用下相对外套钢丝绳下坠,从而使抓瓣张开插入土中。

冲抓成孔适用于较松或紧密黏性土、砂性土及夹有碎卵石的砂砾土层,成孔深度一般小于30m。

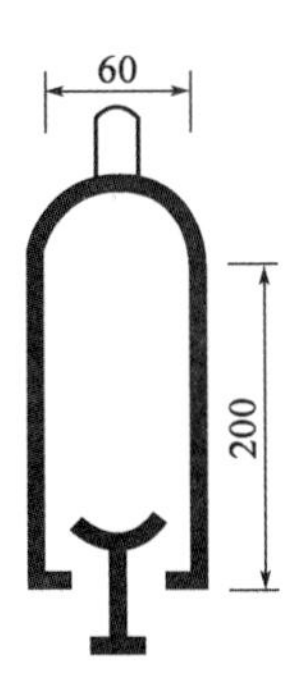

图 5-2-18　掏渣筒(尺寸单位:cm)

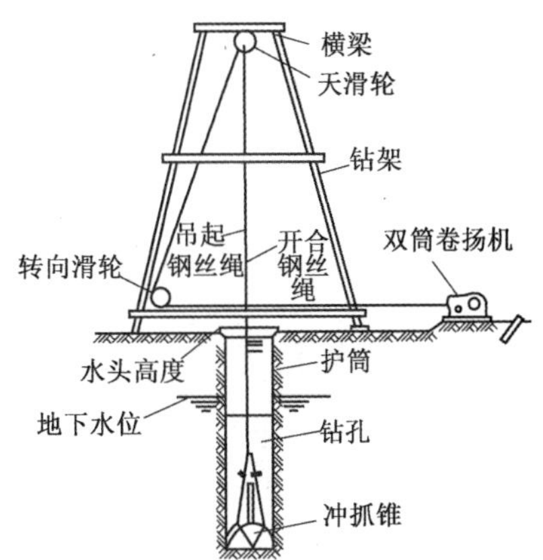

图 5-2-19　冲抓成孔示意图

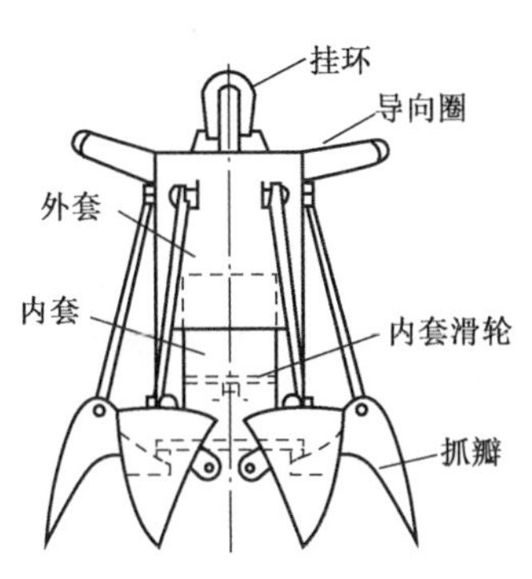

图 5-2-20　冲抓锥的构造

图 5-2-21　冲抓锥

在采用以上方法钻孔过程中应注意以下几点:

(1)钻孔的孔位必须准确。钻孔过程中,应根据土质等情况控制钻进速度、调整泥浆稠度。开钻时应慢速钻进,待导向部位或钻头全部进入地层后,方可正常钻进。钻机在钻进施工时不应产生位移或沉陷,否则应及时处理。分级扩孔钻进施工时应保持桩轴线一致。钻孔宜一气呵成,不宜中途停钻以免坍;若坍孔严重,应回填重钻。

(2)采用正、反循环回旋钻机(含潜水钻)钻孔时,宜根据成孔的不同阶段、不同地层以及岩层坡面等情况,采取不同的钻进工艺。减压钻进时,钻机的主吊钩始终应承受部分钻具的重力,孔底承受的钻压应不超过钻具重力之和(扣除浮力)的 80% 。

(3)在钻孔排渣、提钻头除渣或因故停钻时,应保持孔内保持规定的水位及要求的泥浆相对密度和黏度。处理孔内事故或因故停钻时,必须将钻头提出孔外。

(4)钻孔作业应分班连续进行,填写钻孔施工记录,交接班时应交待钻进情况及下一班工作注意事项。应经常对钻孔泥浆进行检测和试验,不符合要求时,应随时改正。应经常注意地层变化,在地层变化处均应抽取渣样,判明后填入记录表中并与地质剖面图核对。

(5)钻孔过程中,应加强对桩位、成孔情况的检查工作。终孔时应对桩位、孔径、形状、深度、倾斜度及孔底土质等情况进行检验,合格后应立即清孔,吊放钢筋骨架,灌注混凝土。

当钻孔桩桩径较大,或钻孔机械的能力不能满足一次成孔的要求时,可采用二次成孔的方式进行钻孔施工。对于溶洞发育的地区,为了保证施工安全,可用超声波与地质雷达等地质超前预报方法探测桩位处地下溶洞的分布情况,并用小钻头先试钻,探明溶洞分布情况后,再进行二次成孔。对于大直径的回旋钻成孔,一次成孔的钻头阻力较大时,可先用小钻头成孔,再二次扩孔至设计桩径。

3. 清孔

当钻孔深度达到设计高程后,应对孔径、孔深和孔的倾斜度进行检验,符合要求后方可清孔。清孔目的是清除孔内残余的钻渣与孔底沉淀层,减少桩基沉降量,提高其承载能力,同时为水下灌注混凝土创造良好条件,确保桩基质量。

清孔的方法有抽浆、换浆、掏渣、喷射、砂浆置换等,具体选用时应根据设计要求、钻孔方法、机具设备条件和地层情况决定。不得用加深钻孔深度的方式代替清孔。

1)抽浆清孔

抽浆清孔是用空气吸泥机吸出含钻渣的泥浆而达到清孔的目的(图5-2-22)。它由风管将压缩空气输进排泥管,使泥浆形成密度较小的泥浆空气混合物,在水柱压力下沿排泥管向外排出泥浆和孔底沉渣,同时用水泵向孔内注水,保持水位不变直至喷出清水或沉渣厚度达到设计要求为止,适用于孔壁不易坍塌的使用各种钻孔方法成孔的端承桩和摩擦桩。

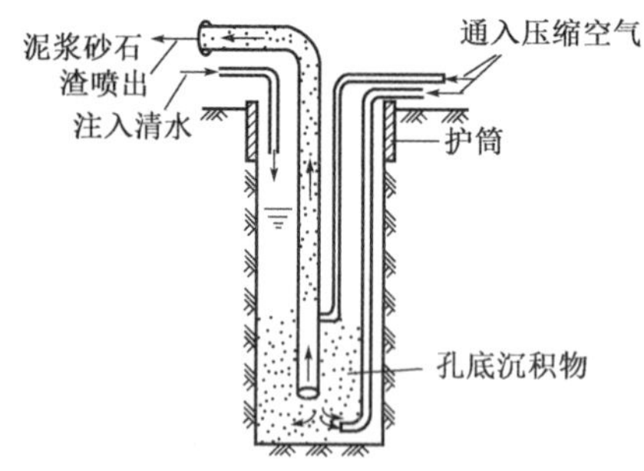

图5-2-22 抽浆清孔

2)换浆清孔

正、反循环旋转钻机可在钻孔完成后不停钻、不进尺,继续循环换浆清渣,直至达到规定的泥浆清理要求。它适用于各类土层的摩擦桩。

3)掏渣清孔

用掏渣筒或大锅锥掏清孔内粗粒钻渣,适用于冲抓、冲击、简便旋转成孔的摩擦桩。

4)喷射清孔

喷射清孔只宜配合抽浆法或换浆法清孔后使用。该法是在灌注水下混凝土前,对孔底进行高压射水或射风数分钟,使孔底剩余少量沉淀物漂浮后,立即灌注水下混凝土。

5)砂浆置换清孔

砂浆置换清孔适宜于掏渣清孔后使用,应按下述工序进行:

(1)用掏渣筒尽量清除钻渣;

(2)以高压水管插入孔底射水,降低泥浆相对密度;

(3)以活底箱在孔底灌注0.6m厚的以粉煤灰与水泥加水拌和并掺入缓凝剂的特殊砂浆,

常用配合比(质量比)为水泥:粉煤灰:砂:加气剂 =1:0.4:1.4:0.007,砂浆初凝时间应延长到6~12h;

(4)插入比孔径稍小的搅拌器,慢速旋转,将孔底残渣搅入砂浆中;

(5)吊出搅拌器,吊入钢筋骨架,灌注水下混凝土,搅入残渣的砂浆被混凝土置换后,一直被顶托在混凝土面以上而被推到桩顶后,再予以清除。

无论采用何种方法清孔,清孔排渣时,必须注意保持孔内水头,防止坍孔。清孔后,应从孔底提取泥浆试样进行性能指标试验。清孔后,泥浆相对密度宜控制在1.03~1.10,对冲击成孔的桩可适当提高,但不宜超过1.15;黏度宜为17~20Pa·s;含砂率宜小于2%;胶体率宜大于98%。

孔底沉淀厚度应不大于设计的规定。设计未规定时,对桩径小于或等于1.5m的摩擦桩宜不大于200mm,对桩径大于1.5m或桩长大于40m以及土质较差的摩擦桩宜不大于300mm,对支承桩宜不大于50mm。

4. 吊放钢筋骨架

吊放钢筋骨架前,应检查孔底深度是否符合设计要求,孔壁有无妨碍骨架吊放和正确就位的情况。骨架入孔一般用吊机,无吊机时,可采用钻机钻架、灌注塔架。起吊应按骨架长度的编号入孔。钢筋骨架主筋的现场连接,宜采用机械连接接头。

安装钢筋骨架时,不得直接将钢筋骨架支承在孔底,应将其吊挂在孔口的钢护筒上,或在孔口地面上设置扩大受力面积的装置进行吊挂,且不应采用钢丝绳或其他容易变形的材料进行吊挂。安装时应采取有效的定位措施,减小钢筋骨架中心与桩中心的偏位,使钢筋骨架的混凝土保护层满足要求。

钢筋骨架的制作和吊放的允许偏差为:主筋间距±10mm;箍筋间距±20mm;骨架外径±10mm;骨架倾斜度±0.5%;骨架保护层厚度±20mm;骨架中心平面位置20mm;骨架顶端高程±20mm,骨架底面高程±50mm。

在吊入钢筋骨架后,灌注水下混凝土之前,应再次检查孔内泥浆性能指标和孔底沉淀层厚度,如超过规定限值,应进行第二次清孔,符合要求后方可灌注水下混凝土。

5. 灌注水下混凝土

1)灌注水下混凝土的方法

目前我国多采用直升导管法灌注水下混凝土,其施工过程如图5-2-23所示。

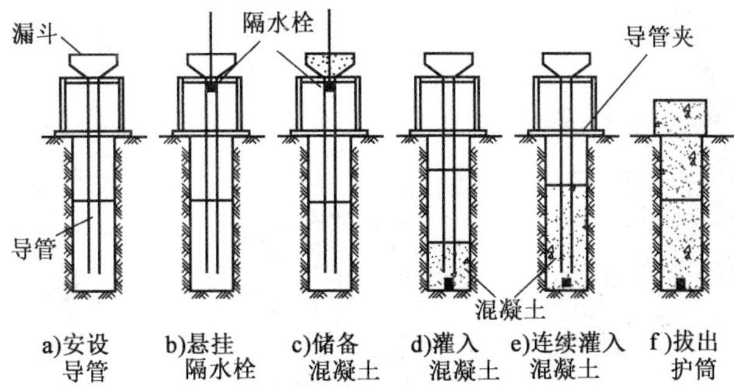

图5-2-23 直升导管法的施工过程

(1)安设导管,将导管居中插入到离孔底0.3～0.4m处,导管上口接漏斗,如图5-2-24和图5-2-25所示。

图5-2-24 下放导管

图5-2-25 安设漏斗

(2)在漏斗与导管接口处悬挂隔水栓,以隔绝料斗中混凝土与导管内的水。

(3)漏斗中储备足够数量的混凝土。

(4)放开隔水栓,储备的混凝土连同隔水栓向孔底猛落,将导管内的水挤出,孔内水位骤涨外溢,说明混凝土已灌入孔内。

(5)连续灌注混凝土,同时不断地提升和拆除导管,应始终保持导管埋入混凝土中的状态,拆除导管时间不超过15min,此时钻孔内初期灌注的混凝土及其上面的水或泥浆会被不断顶托升高。

(6)混凝土灌注完毕,拔出护筒。灌注最后部分的混凝土时,漏斗顶端至少应高出桩顶(桩顶在水面以下时应为水面)3m,以保证管内混凝土能满足顶托管外混凝土及其上面的水或泥浆重力的需要。

2)灌注水下混凝土的主要设备

(1)导管

导管为内径200～350mm的钢管,壁厚为3～4mm,具体视桩径大小而定。导管每节长度为1～2m,最下面一节一般长3～4m。导管构造及导管夹如图5-2-26所示。导管接头宜采用卡口式螺纹连接法或法兰盘螺栓连接。导管使用前应进行水密承压和接头抗拉试验,严禁用压气试压。导管内壁应光滑,内径大小应一致,保证连接牢固,在压力下不漏水。导管应按自下而上的顺序编号,对单节导管应做好尺度标识,吊装导管设备能力应充分满足施工要求。

a)导管

b)导管口双密封圈

c)导管夹

图5-2-26 导管构造与导管夹

(2)隔水栓

隔水栓常用直径较导管内径小 20～30mm 的木球,或混凝土球、砂袋等,将其用粗铁丝悬挂在导管上口或近导管内水面处,要求隔水栓能在导管内滑动自如,不致卡管。也可采用在漏斗与导管接头处设置活门或铁抽板来代替隔水栓的。

(3)料斗

首批混凝土灌注时,应采用大、小料斗同时储料,两者相加的储料体积应大于或等于首次灌注混凝土的体积。首批混凝土灌注后可仅用小料斗进行灌注。料斗的出口应能方便开启和关闭。

(4)混凝土运送机具

泵送机具宜采用混凝土泵,距离稍远的宜采用混凝土搅拌运输车。采用普通汽车运输时,运输容器应严密坚实,不漏浆、不吸水,便于装卸,混凝土不应离析。

(5)混凝土搅拌机

混凝土搅拌机搅拌能力应能满足桩孔在规定时间内灌注完毕的需要。灌注时间不得长于首批混凝土初凝时间。若预估灌注时间长于首批混凝土初凝时间,则应掺入缓凝剂。

(6)测深锤

混凝土浇筑过程中,为了随时掌握钻孔内混凝土顶面的实际高度,可用测绳和测深锤直接测定。测深锤一般用锥形锤,锤的质量为 5kg,外壳可用钢板焊制,内装铁砂配重后密封,如图 5-2-27 所示。

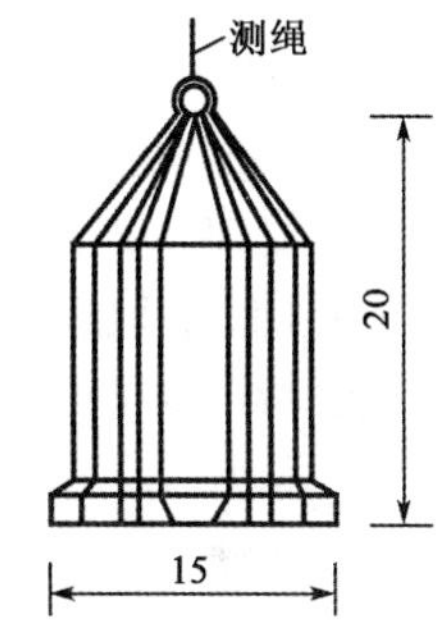

图 5-2-27　测深锤(尺寸单位:cm)

3)对混凝土材料的要求

为保证水下灌注混凝土的质量,混凝土的配合比应按设计的混凝土强度等级提高 20% 进行设计。可采用火山灰水泥、粉煤灰水泥、普通硅酸盐水泥或硅酸盐水泥,采用矿渣水泥时应采取防离析措施。粗集料宜选用卵石,如采用碎石宜适当增加混凝土配合比中的砂率,粗集料的最大粒径应不大于导管内径的 1/6～1/8 和钢筋最小净距的 1/4,同时应不大于 37.5mm。细集料宜采用级配良好的中砂。

水泥的品种和强度等级应通过混凝土配合比试验选定,且其特性应不会对混凝土的强度、耐久性和工作性能产生不利影响。当混凝土中采用碱活性集料时,宜选用含碱量不大于 0.6% 的低碱水泥。

混凝土拌合物应具有良好的和易性,灌注时应能保持足够的流动性,坍落度宜为 160～220mm,且应充分考虑气温、运距及施工时间的影响导致的坍落度损失。

4)灌注水下混凝土的有关规定

(1)水下混凝土的灌注时间不得超过首批混凝土的初凝时间。

(2)混凝土运至灌注地点时,应检查其均匀性和坍落度等,不符合要求时不得使用。

(3)首批灌注混凝土的数量应能满足导管首次埋置深度 1.0m 以上的需要,所需混凝土数量可参考式(5-2-1)计算:

$$V \geqslant \frac{\pi D^2}{4}(H_1 + H_2) + \frac{\pi d^2}{4}h_1 \tag{5-2-1}$$

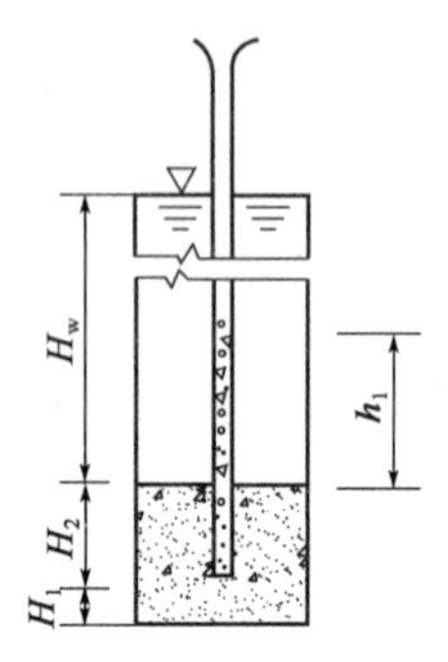

图 5-2-28 首批混凝土数量计算

式中：V——灌注首批混凝土所需数量，m^3；

D——桩孔直径，m；

H_1——桩孔底至导管底端间距，m，一般为 0.3 ~ 0.4m；

H_2——导管初次埋置深度，m；

d——导管内径，m；

h_1——桩孔内混凝土达到埋置深度 H_2 时，导管内混凝土柱平衡导管外(或泥浆)压力所需的高度，m，即 $h_1 = \dfrac{H_w \gamma_w}{\gamma_c}$，如图 5-2-28 所示。其中，$H_w$ 为井孔内混凝土面以上水或泥浆深度(m)；γ_w 为井孔内水或泥浆的重度(kN/m^3)；γ_c 为混凝土拌合物的重度(kN/m^3)。

(4)首批混凝土入孔后，应连续灌注，不得中断。

(5)在灌注过程中，应保持孔内的水头高度。导管的埋置深度宜控制在 2 ~ 6m，并应随时测探桩孔内混凝土面的位置，及时调整导管埋深；在确保能将导管顺利提升的前提下，方可根据现场的实际情况适当放宽导管的埋深，但最大埋深应不超过 9m。应将桩孔内溢出的水或泥浆引流至适当地点处理，不得随意排放。

(6)灌注时应采取措施防止钢筋骨架上浮。当灌注的混凝土顶面距钢筋骨架底部以下 1m 左右时，宜降低灌注速度；混凝土顶面上升到骨架底部 4m 以上时，宜提升导管，使其底口高于骨架底部 2m 以上后再恢复正常灌注速度。

(7)对于变截面桩，应在灌注过程中采取措施，保证变截面处的水下混凝土灌注密实。

(8)采用全护筒钻机施工的桩灌注水下混凝土时，护筒应随导管的提升逐步上拔，上拔的过程中除应保证导管的埋置深度外，同时应使护筒底口始终保持在混凝土面以下。施工时应边灌注、边排水，并应保持护筒内的水位稳定。

(9)混凝土灌注至桩顶部位时，应采取措施保持导管内的混凝土压力，避免桩顶的泥浆密度过大而产生泥团或桩顶的混凝土不密实、松散等现象。在灌注即将结束时，应核对混凝土的灌入数量，以及所测混凝土的灌注高度是否正确。灌注桩桩顶高程应比设计高程高出不小于 0.5m，当存在地质条件较差、孔内泥浆密度过大、桩径较大等情况时，应适当提高其超灌部分的高度。超灌的多余部分在承台施工前或接桩前应凿除，凿除后的桩头应密实、无松散层，混凝土应达到设计规定的强度等级。

(10)灌注过程中发生故障时，应尽快查明原因，确定合适的处置方案，并进行处理。

待桩身混凝土达到设计强度的要求后，按规定检查合格后才可以灌注系梁、盖梁或承台。

二、挖孔灌注桩的施工

在无地下水或有少量地下水且较密实的土层或风化岩层中，或无法采用机械成孔或机械成孔非常困难且水文、地质条件允许的地区，可采用人工挖孔施工。挖孔桩直径不应小于 1.2m，挖孔的深度一般不宜大于 15m，孔深大于 10m 或空气质量不符合要求时必须采取机械强制通风措施。

岩溶地区和采空区不宜采用人工挖孔；孔内空气污染物超过《环境空气质量标准》(GB 3095—2012)规定的三级标准浓度限值且无通风措施时，不得采用人工挖孔施工。

挖孔灌注桩的施工必须在保证安全的前提下不间断地快速进行。每处桩孔的开挖、提升出土、排水、支撑、立模板、吊装钢筋骨架、灌注混凝土等作业都应事先做好准备，各步骤紧密配合完成。

1. 施工准备

挖孔灌注桩施工前应编制专项施工方案，并应对作业人员进行安全技术交底。挖孔作业前，应详细了解地质、地下水文等情况，不得盲目施工。清除现场四周及山坡上的悬石、浮土等，排除一切不安全因素，做好孔口四周的临时围护。孔口处应设置高出地面不小于 300mm 的护圈，并应设置临时排水沟，防止地表水流入孔内。布置好排土提升设备和弃土通道，必要时，孔口搭设遮雨棚(图 5-2-29)。井孔内照明应用防水带罩灯泡，电压为 12V 低电压，电缆应为防水绝缘电缆，并应设置漏电保护器。当需要设置水泵、电钻等动力设备时，设备应严格接地。图 5-2-30 所示为挖孔桩施工现场布置。挖孔的弃土应及时转运，孔口四周作业范围内不得堆积弃土及其他杂物，同时禁止任何车辆在桩孔边 5m 内行驶。

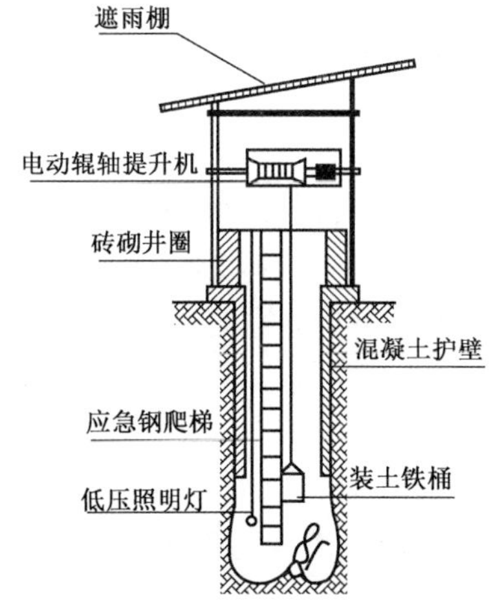

图 5-2-29 挖孔桩施工现场示意图

图 5-2-30 挖孔桩孔口安全防护

2. 开挖桩孔

挖孔桩施工一般采用人工开挖的方式。施工时，相邻两桩孔不得同时开挖，宜间隔交错跳挖。挖孔过程中应经常性地检查桩孔尺寸、平面位置和竖轴线倾斜情况，如偏差超出规定范围应随时纠正。

桩孔内的作业人员必须佩戴安全帽、安全带，人员上下时必须系安全绳。必须经常性地检查孔内空气情况和提取渣土机具的牢固性。

桩孔内遇岩层需爆破作业时，应进行爆破的专门设计，且宜采用浅眼松动爆破法，并应严格控制炸药用量，在炮眼附近应加强对孔壁的防护或支护。孔深大于 5m 时，必须采用导爆索或电雷管引爆。桩孔内爆破后应先通风排烟 15min，并经检查确认无有害气体后，施工人员方可进入孔内继续作业。爆破作业的安全管理应符合现行《爆破安全规程》(GB 6722)的有关规定。

3. 护壁和支撑

为了防止施工过程中孔壁坍塌,必须挖一节桩孔、浇筑一节护壁,护壁的节段高度必须严格按专项施工方案执行,严禁只挖但不及时浇筑护壁的冒险作业。护壁外侧与孔壁间应填实,浇筑不密实或有空洞时,应采取措施进行处理。

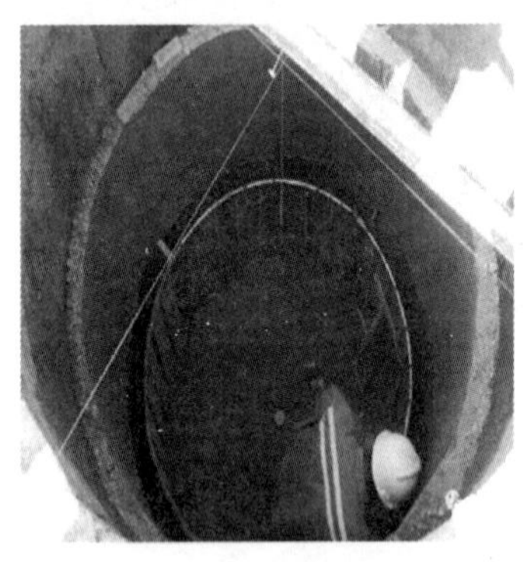

图5-2-31 浇筑混凝土护壁

孔壁支护方案应根据地质和水文地质等情况因地制宜地选择,护壁方式主要有:

1)现浇混凝土护圈

现浇混凝土护圈是就地支模灌注混凝土护壁的支护方式,如图5-2-31所示。护壁混凝土的强度等级取值为:当桩径小于或等于1.5m时应不小于C25,桩径大于1.5m时应不小于C30。必要时可配置少量的钢筋。有时也可在架立钢筋网后直接锚喷砂浆形成护圈来代替现浇混凝土护圈。

2)沉井护圈

沉井护圈是先在桩位上制作钢筋混凝土井筒,然后在井筒内挖土,井筒靠自重或附加荷载克服井壁与土之间的摩阻力,使其下沉至设计高程,再在井内吊装钢筋骨架及灌注桩身混凝土的支护方式。

3)钢套管护圈

钢套管护圈是在桩位处先用桩锤将钢套管打入土层中,在钢套管的保护下,挖土,吊放钢筋骨架,浇筑桩基混凝土的支护方式。待浇筑混凝土完毕后,拔出钢套管,移至下一桩位使用。它适用于地下水丰富的强透水地层或承压水地层,可避免产生流砂和管涌现象,能确保施工安全。

在保证桩孔直径的前提下,孔壁凹凸可不进行处理,孔壁支护不得占用桩径尺寸。

4. 孔内排水

若孔内渗水量不大,可采用人工排水(手摇小绞车或小卷扬机配合提升);若渗水量较大,可用高扬程抽水机或将抽水机吊入孔内抽水。若同一墩台有几个桩孔同时施工,则可以安排一孔超前开挖,使地下水集中到一孔内排出。

5. 吊装钢筋骨架及灌注桩身混凝土

挖孔达到设计深度后,应检查和处理孔底、孔壁,清除孔壁及孔底的浮土。孔底必须平整且符合设计条件及尺寸,这样可以保证桩身混凝土与孔壁及孔底密贴,受力均匀。

吊装钢筋骨架和灌注水下混凝土的施工方法及注意事项与钻孔灌注桩基本相同。孔内无积水时,灌注混凝土可通过串筒、溜管(槽)等设施滑落至孔内(图5-2-32),以防混凝土离析。倾落高度超过10m时,应设置减速装置。桩顶混凝土应用插入式振动棒振捣密实。孔内有积水且无法排净时,应按水下灌注混凝土的要求施工,超灌混凝土宜高出设计桩顶高程1.0~1.5m。

三、沉管灌注桩的施工

沉管灌注桩适用于黏性土、粉土、淤泥质土、砂土及填土。在厚度较大、灵敏度较高的淤泥和流塑状态的黏性土等软弱土层中采用时,应制定专项施工方案,并经工艺试验成功后方可实施。

图 5-2-32　用串筒灌注桩身混凝土

沉管灌注桩是利用锤击打桩法或振动沉桩法,将带有活瓣式桩尖或带有钢筋混凝土桩靴的钢套管(图 5-2-33)压入土中成孔后,边拔管边灌注混凝土,利用拔管的振动将混凝土捣实形成混凝土桩。若配有钢筋时,则在灌注混凝土前先吊放钢筋骨架,其施工过程如图 5-2-34 所示。

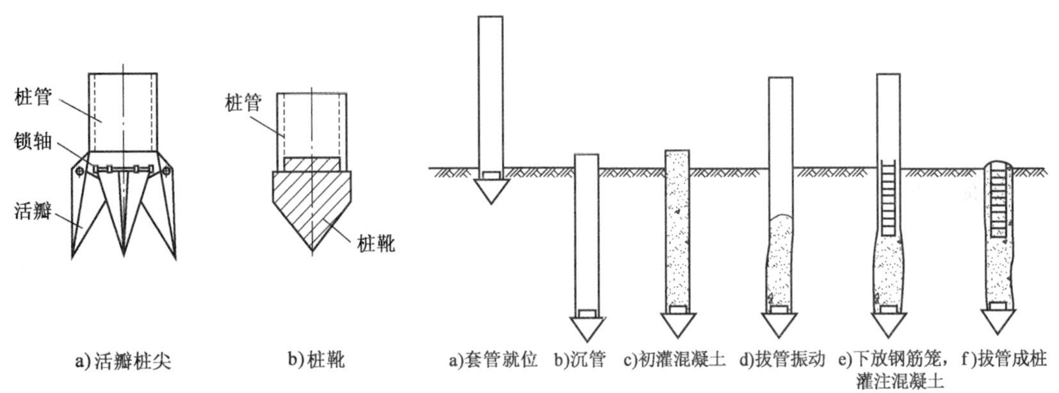

图 5-2-33　活瓣桩尖及桩靴

图 5-2-34　沉管灌注桩施工流程

沉管灌注桩的施工要点:

(1)就位

沉入套管前应检查套管与桩锤是否在同一垂直线上,套管偏斜程度应不大于 0.5%,锤击套管时先用低锤轻击,观察无偏移后,才可正常施打,直至达到符合设计要求的贯入度或沉入高程,并做好打桩记录。

(2)灌注混凝土

沉管至设计高程后,应立即灌注混凝土,尽量减少间隔时间。灌注混凝土之前,必须检查桩管内有无吞桩尖或进泥、进水。

(3)拔管

拔管时应先振后拔,满灌慢拔,边振边拔。开始拔管时应测得活瓣桩尖确已张开,或钢筋混凝土桩靴确已脱离,灌入混凝土已从套管中流出,方可继续拔管。拔管速度要均匀,宜控制在每分钟1.5m之内,软土中不宜大于每分钟0.8m。套管每拔起0.5m宜停拔,振动片刻后再拔,如此反复进行,直至将套管全部拔出。

(4)间隔跳打

在软土中沉管时,排土挤压作用会使周围土体侧移及隆起,可能会挤断邻近已完成但混凝土强度还不高的灌注桩,因此宜采用间隔跳打的施工方法,以避免对邻桩挤压过大。如采用跳打方法,中间空出的桩须待邻桩混凝土达到设计强度的50%以后方可施打。

(5)复打

由于沉管的挤压作用,在软黏土中或软硬土层交界处所产生的孔隙水压力较大或侧压力大小不一而易产生混凝土桩缩颈,处理此现象可采取"复打"措施。如果为了提高桩的质量和承载能力,也可采用复打法。

复打法是在第一次灌注桩施工完毕,拔出套管后,清除管外壁上的污泥和桩孔周围地面的浮土,立即在原桩位再埋设预制桩靴第二次复打套管,使未凝固的混凝土向四周挤压扩大桩径,然后第二次灌注混凝土的施工方法。拔管方法与初打时相同。施工时前后两次沉管的轴线应重合,复打施工必须在第一次灌注的混凝土初凝之前进行,也有采用内夯管进行夯扩的施工方法。复打法第一次灌注混凝土前不能放置钢筋笼,如配有钢筋,应在第二次灌注混凝土前放置。

四、灌注桩施工中常见事故预防及处理

钻孔灌注桩施工中常见事故主要是坍孔、桩中夹泥及断裂,还可能出现弯孔、斜孔、缩孔、梅花孔、卡钻或掉钻等现象,施工中应尽可能采取预防措施,避免出现此类工程问题。如果出现问题应分析原因,及时做出处治。

1.坍孔

钻孔和清孔过程中,常易发生坍孔,特别在砂性土地基中。其迹象是孔内水位骤然降落,并冒细密水泡,长时间钻进深度很小,钻机负荷显著增加,甚至锥头运转不起来。

1)原因分析

(1)护筒埋置太浅,周围封填不密实而漏水。

(2)操作不当,如提升钻头、冲击(抓)锥或掏渣筒倾斜、或吊放钢筋骨架时碰撞孔壁。

(3)泥浆稠度小,起不到护壁作用。

(4)泥浆水位高度不够,对孔壁压力小。

(5)向孔内加水时流速过大,直接冲刷孔壁。

(6)在松软砂层中钻进,进尺太快。

2)预防与处理措施

(1)孔口坍塌时,可拆除护筒,回填钻孔、重新埋设护筒再钻。

(2)轻度坍孔,可加大泥浆相对密度和提高水位。

(3)严重坍孔,用黏土泥膏(或纤维素)投入,待孔壁稳定后采用低速钻进。

(4)汛期或潮汐地区水位变化大时,应采取升高护筒,增加水头或用虹吸管等措施保证水头相对稳定。

(5)提升钻头、下放钢筋骨架时保持垂直,尽量不要碰撞孔壁。

(6)在松软砂层钻进时,应控制进尺速度,且用较好的泥浆护壁。

(7)坍塌情况不严重时,可回填至坍孔位置以上 1 ~ 2m,加大泥浆相对密度继续钻进。

(8)遇流沙坍孔情况严重时,可用沙夹黏土或小砾石夹黏土,甚至块片石加水泥回填,再行钻进。

2. 钻孔偏斜

钻孔过程中要经常用检孔器吊入孔内进行检查。检孔器可用较粗钢筋焊成圆笼状,其外径等于桩的设计孔径,长为直径的 4 ~6 倍。当检孔器不能沉到已钻的深度或发现钻杆倾斜、吊绳偏移护筒中心,或锥头上提困难、转动不灵等情况,应考虑可能发生了弯孔、缩孔和梅花孔等现象,如图 5-2-35 所示。

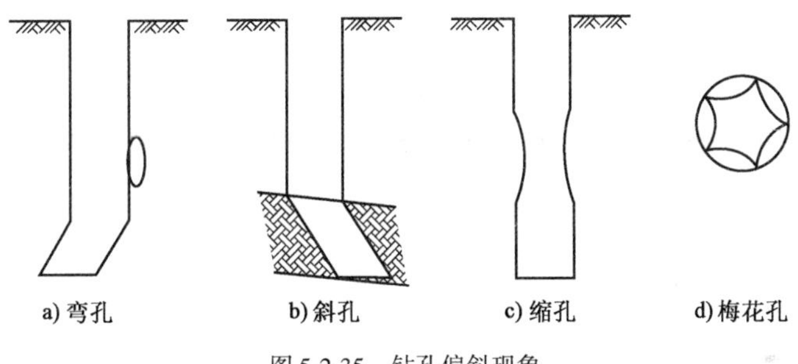

图 5-2-35 钻孔偏斜现象

1)原因分析

(1)桩架不稳,钻杆导架不垂直,钻机磨耗,部件松动。

(2)土层软硬不匀,致使钻头受力不匀。

(3)钻孔中遇有较大孤石或探头石。

(4)扩孔较大处,钻头摆偏向一方。

(5)钻杆弯曲,接头不正。

2)预防与处理措施

(1)将桩架重新安装牢固,并对导架进行水平和垂直校正,检修钻孔设备。

(2)偏斜过大时,填入石子黏土,重新钻进,控制钻速,慢速提升、下降,往复扫孔纠正。

(3)如有探头石,宜用钻机钻透,用冲孔机时用低锤击密,把石打碎,基岩倾斜时,可用混凝土填平,待凝固后再钻。

3. 卡钻

1)原因分析

(1)孔内出现梅花孔、探头石、缩孔等问题未及时处理。

(2)钻头被坍孔落下的石块或误落入孔内的大工具卡住。

(3)入孔较深的钢护筒倾斜或下端被钻头撞击严重变形。

(4)钻头尺寸不统一,焊补的钻头过大。

(5)下钻头太猛或吊绳太长,使钻头倾斜卡在孔壁上。

2)预防与处理措施

(1)对于向下能活动的上卡可用上下提升法,即上下提动钻头,并配以将钢丝绳左右拔移、旋转的方法。

(2)上卡时还可用小钻头冲击法。

(3)对于下卡和不能活动的上卡,可采用强提法,即除用钻机上卷扬机提拉外,还采用滑车组、杠杆、千斤顶等设备强提。

4. 掉钻

1)原因分析

(1)卡钻时强提强拉、操作不当,使钢丝绳或钻杆疲劳断裂。

(2)钻杆接头不良或滑丝。

(3)马达接线错误,使不应反转的钻机反转致钻杆松脱。

2)预防与处理措施

(1)卡钻时应设有保护绳才准强提,严防钻头空打。

(2)经常检查钻具、钻杆、钢丝绳和连接装置。

(3)掉钻后可采用打捞叉、打捞钩、打捞活套、偏钩和钻锥平钩等工具打捞。

5. 桩中夹泥或断裂

1)原因分析

(1)灌注水下混凝土时,如导管提升过快,会致其下口拔离钻孔中的混凝土面,使桩中夹泥。

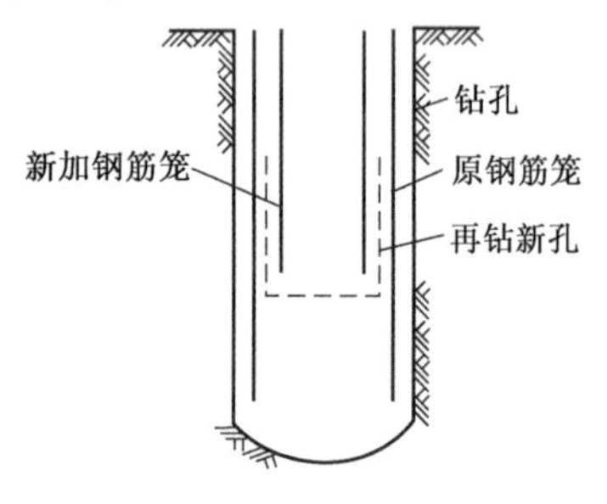

图 5-2-36 断桩的补救措施

(2)当一个桩孔未能保证混凝土的连续浇筑,两次浇筑之间的时间相隔较长时,由于孔中混凝土表面已凝固,使桩身在该处断裂。

2)预防与处理措施

拔起导管,在已灌注的混凝土中,钻一个较小直径的钻孔,并另插一个较小的钢筋笼,重新用导管灌注混凝土,如图 5-2-36 所示。

五、承台施工

挖孔灌注桩设计桩径较大,人员和机械直接在桩孔内进行施工作业,随时可观测到施工过程中存在的各类隐患,并进行调整与管控。施工作业人员只要严格遵守和执行国家行业标准、施工规范和安全操作规程要求,则可避免各类成孔施工事故的发生。

水中承台施工方法见本学习项目任务三。下面主要介绍旱地承台施工方法。

1. 破除桩头

待桩基混凝土强度达到规范规定的设计强度时，将灌注桩桩顶 0.5 ~ 1.0m 掺杂有泥浆或其他杂物的超灌混凝土用破桩机、或空压机结合人工凿除，凿除混凝土后的桩头如图 5-2-37 所示。空压机结合人工凿除时，上部采用空压机凿除，下部留有 10 ~ 20cm 由人工进行凿除。凿除时应注意不扰动设计桩顶以下的桩身混凝土，严禁用挖掘机或铲车将桩头强行拉断，以免破坏主筋。凿除至承台底面以上 15mm 时停止凿除，清理桩头表面，使其表面平整。

图 5-2-37　凿除混凝土后的桩头

将伸入承台的桩身钢筋清理整修成设计形状，复测桩顶高程，进行桩基检测。桩头凿完后应报与监理验收，并经超声波检测合格后方可浇筑混凝土垫层。

2. 重新测量放样

当基底经测量找平、监理验收合格后，利用筑岛顶面测设出的横纵中心线用全站仪测设到基底上，弹出横纵中线，然后用全站仪、钢尺精确放出承台基础结构大样及边缘线大样。

3. 安装钢筋网

承台钢筋网可在施工现场按设计要求绑扎成型，也可在场地预制成型，用车运至施工现场安装。如果是旱地高桩承台基础，必要时可采用钢管施工脚手架作为操作平台。钢筋安装时，应按设计文件中桩与承台的连接方式，将桩顶或桩顶主筋按要求长度伸入承台混凝土中，图 5-2-38 为桩顶主筋与承台钢筋相连接施工现场。

为了使后续施工的墩台身与承台连接牢固，钢筋安装时，应注意将墩台身钢筋直接预埋在承台混凝土里，墩台身钢筋的施工使用常规方法。预埋墩台身钢筋应注意测得墩台身的位置必须精确，预埋后墩台身钢筋的固定用地锚拉线进行找正和固定。

4. 安装模板

模板安装在钢筋骨架绑扎完毕后进行，安装前在模板表面涂刷脱模油，保证拆模顺利并且不破坏混凝土外观。安装模板时力求支撑稳固,以保证模板在浇筑混凝土过程中不致变形和移位。由于承台几何尺寸较大,模板上口用螺杆内拉并配合支撑方木固定,搭设承台模板施工现场如图5-2-39所示。承台模板与承台尺寸一致。模板与模板的接头处,应采用海绵条或双面胶带堵塞。

图5-2-38 桩顶与承台相连施工现场

图5-2-39 现场搭设承台模板

5. 清理承台底面,浇筑承台混凝土

混凝土施工采用混凝土集中搅拌站拌和、自动计量、罐车运输、泵送混凝土施工、插入式振捣器振捣的施工方式。

浇筑混凝土期间,设专人检查支撑、模板、钢筋和预埋件的稳固情况,当发现有松动、变形、移位现象时,应及时进行处理。

混凝土浇筑完毕后,对混凝土面应及时进行修整、收浆抹平,待定浆后混凝土稍有硬度时,再进行二次抹面。对墩柱接头处进行拉毛,以保证墩柱与承台混凝土连接良好。

2008年6月建成通车的苏通长江大桥是江苏省沿海高速公路跨越长江的重要通道,采用主跨1088m,全长2088m的七跨连续钢箱梁斜拉桥(图5-2-40),是世界上建成的首座超千米跨径斜拉桥。斜拉桥主跨跨度、主塔高度、斜拉索长度、群桩基础平面尺寸均创当时世界之最。

苏通长江大桥主桥基础是其关键性控制工程之一,南北主塔基础均采用131根长约120m,直径为2.5~2.8m变截面钻孔灌注桩群桩基础。哑铃型承台平面尺寸为114m×48.1m,相当于一个标准的足球场(图5-2-41)。面对施工区域水深、流急、潮涌,群桩效应突出等特殊、困难条件的挑战,大桥建设者们依靠国内力量,坚持自主创新,从桥梁结构型式、施工工艺到建桥材料和装备等各个方面采用了一系列技术创新方法,开发出潮汐河段深水区超大群桩基础建设成套技术,相继攻克了主塔墩冲刷防护工程、超长超大型群桩施工、巨型钢吊箱沉放以及混凝土封底等十多项世界级技术难题。

图 5-2-40　苏通长江大桥

图 5-2-41　苏通长江大桥桩基础动画模拟图

苏通长江大桥建设过程中首次采用永久钢护筒支承钻孔施工平台，有效解决了在主塔墩施工区域水深为 35m、流速为 4.01m/s、冲刷深度为 28m 的条件下，常规钢管桩平台难以实施的难题，保证了平台的顺利搭设和使用安全，减少了临时结构用钢量；采用优质泥浆集中制浆和循环净化措施，成功保证主桥全部 410 根桩的成桩质量。经超声波检测，所有桩基为无缺陷的Ⅰ类桩，优良率达 100%。首次采用计算机控制、液压千斤顶同步下放技术，成功实现了 40 台 250t 和 350t 千斤顶的联动，将重 5880t 的超大钢吊箱同步沉放入水。另外，还克服了钢筋密度高、局部难以绑扎和混凝土浇注、振捣难度大等困难，采用分区分层浇筑方式优质完成了总量 8.6 万 m^3 的两座超大体积承台混凝土浇筑，成功实施混凝土封底。

此外，大桥建设中还采用多种现代信息技术，开展了主桥基础安全与健康监测、承台温控监测、钢吊箱整体下放过程中应力变形监测，应用浅地层剖面仪、侧扫声呐系统和多波速测深仪对河床防护结构和桩底注浆进行检测。为工程顺利实施提供了科学手段，有效地控制和保障了施工质量和安全。

苏通长江大桥的成功建成提升了我国桥梁技术在世界工程领域的地位，代表了当代中国桥梁建设的先进水平。中国桥梁建设者们求实创新，用实际行动赢得了世界瞩目，也使中国的桥梁建设走上了一条从大国到强国的道路。

1. 钻孔前为什么要埋设护筒？其埋设方式有哪些？

2. 简述钻孔灌注桩施工工艺流程。其成孔方式有哪些？各自的适应性如何？

3. 泥浆在钻孔过程中有什么作用？泥浆性能指标有哪些？

4. 水下灌注混凝土时应注意哪些问题？

5. 挖孔灌注桩适用什么条件？挖孔中护壁形式有哪些，支护时有何要求？

6. 出现桩中夹泥的原因是什么？如何处置？

7. 沉管灌注桩拔管时有何要求？

任务实施

背景资料:

某沿海大桥,其主墩基础有40根桩径为1.55m的钻孔灌注桩,实际成孔深度达50m。桥位区地质条件如下:表层为5m的砾石,以下为37m的卵漂石层,再往下为软岩层。

施工时采用导管法灌注桩身混凝土。安装导管时,导管下口距孔底的距离为35cm,施工单位考虑到灌注时间较长,在混凝土中加入缓凝剂。首批混凝土灌注后埋置导管的深度为0.6m,在随后的灌注过程中,导管的埋置深度为3m。当灌注混凝土进行到10m时出现塌孔,此时,施工人员立即用吸泥机进行清理;当灌注混凝土进行到23m时,发现导管埋管,但堵塞长度较短,施工人员采取用型钢插入导管的方法疏通导管;当灌注到27m时,导管挂在钢筋骨架上,施工人员采取了强制提升的方法;进行到32m时,又一次堵塞导管,施工人员在导管始终处于混凝土中的状态下,抽拔抖动导管,之后继续灌注混凝土,直到完成。但是,对灌注桩养生一段时间后发现有断桩现象。

任务要求:

1. 根据地质条件,选择合适的钻机类型,并说明理由;
2. 根据主要工序,绘制钻孔灌注桩施工流程图;
3. 钻机钻孔时应注意哪些问题?
4. 采用导管法灌注桩身混凝土的操作是否有不妥之处;
5. 断桩可能发生在何处?简要说明理由。

任务三 预制沉桩与水中桩基础的施工

学习目标

1. 知识目标

(1)掌握沉桩的不同方法及其适用条件;

(2)掌握预制桩的施工程序和施工技术要点;

(3)了解预制桩施工中常见事故预防及处理措施;

(4)了解水中桩基础施工主要方法。

2. 能力目标

(1)能根据土质条件选择沉桩方法;

(2)能进行预制沉桩的施工及质量控制;

(3)能描述深水中桩基础的主要施工方法。

任务描述

通过对预制桩施工工艺流程及施工基本要求等相关知识的学习,能够根据提供的桥梁施工背景资料,参阅现行《公路桥涵施工技术规范》(JTG/T 3650)及相关技术文献资料,编制简单的预制沉桩施工方案,进行施工技术交底;能分析施工中出现的工程问题,提出初步解决方案。

一、预制沉桩施工

预制沉桩是将预制好的桩(包括钢筋混凝土桩、预应力钢筋混凝土桩和钢管桩等)通过锤击、振动或静力压桩等方式沉入到地层中的设计高程。沉桩施工前应具备工程地质、水文等资料,并应制订专项施工方案,配置合理的沉桩设备。沉桩施工过程中如发现实际地质情况与勘测报告出入较大时,宜补充地质钻探。制作、连接和沉桩的施工过程应有完整的施工记录。

沉桩工程应在施工前进行工艺试桩和承载力试桩,进而确定沉桩的施工工艺、技术参数和检验桩的承载力。

1. 桩的预制

用以制作桩的原材料应符合设计和施工规范相关规定。外购或自行制作的成品桩,每节或每段均应有出厂合格证明、质量检验等资料。

制作钢筋混凝土桩和预应力钢筋混凝土桩时,预制场的设置、模板、钢筋、混凝土和预应力的施工除应符合公路桥涵施工规范各所属章节规定外,尚应符合下列规定:

(1)钢筋混凝土桩的主筋宜采用整根钢筋,如需接长时,宜采用对焊连接或机械连接,接头应相互错开,在桩尖、桩顶各2m长范围内的主筋不应有接头。箍筋或螺旋筋与纵筋的交接处宜采用点焊焊接。当采用矩形绑扎筋时,箍筋末端应为135°弯钩或90°弯钩加焊接。桩两端的加密箍筋均应采用点焊焊成封闭箍。如图5-3-1所示为钢筋混凝土预制方桩。

(2)采用焊接连接的混凝土桩,应按设计要求准确预埋连接钢板。采用法兰盘连接的混凝土桩,法兰盘应对准位置连接在钢筋或预应力筋上。先张法预应力混凝土桩采用法兰盘连接时,应先将法兰盘连接在预应力筋上,然后再进行张拉。采用法兰盘连接时应保证焊接质量。

(3)每根或每一节桩的混凝土应连续浇筑,不得留施工缝。混凝土浇筑完毕后,应及时覆盖养护,并应在桩上标明编号、浇筑日期和吊点位置,同时应填写制桩记录。

预制钢筋混凝土桩和预应力混凝土桩的制作质量应符合现行《公路工程质量检验评定标准　第一册　土建工程》(JTG F80/1)的规定。

制作钢管桩的材料应符合设计要求,并应有出厂合格证明和质量检验报告。钢管桩的分节长度应满足桩架的有效高度、制作场地条件、运输与装卸能力等要求。钢管桩可采用成品钢管或自制钢管(图5-3-2),焊接钢管的制作工艺应符合相应标准规范的规定。钢管桩的防腐处理应符合设计要求及现行《公路桥梁钢结构防腐涂装技术条件》(JT/T 722)的规定。钢管桩的焊接也应符合设计要求或《公路桥涵施工技术规范》(JTG/T 3650—2020)第8章相关规定。

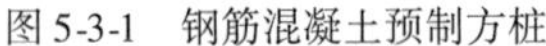
图 5-3-1 钢筋混凝土预制方桩

图 5-3-2 钢管桩

2. 桩的吊运、存放和运输

1)钢筋混凝土桩和预应力混凝土桩

(1)钢筋混凝土桩和预应力混凝土桩在厂(场)内吊运时,桩身混凝土强度应符合设计规定,否则应经验算确认不会对桩身混凝土产生损伤时方可进行。吊桩时,桩身上的吊点位置距设计规定位置的允许偏差应不超过 ±20mm,并应使各吊点同时均匀受力。吊点处应采取适当措施进行保护,避免绳扣或桩角的损伤。

吊点位置应按设计规定设置。如设计无规定时,常根据吊点处由桩重产生的负弯矩与吊点之间桩重产生的正弯矩相等原则计算确定。一般桩吊运时,采用两个吊点,吊点位置如图 5-3-3a)所示(其中 L 为桩长);插桩时为单点起吊,吊点位置如图 5-3-3b)所示;吊运较长的桩时,为减少内力、节省钢筋,可采用三点或四点起吊,吊点的布置如图 5-3-3c)所示。

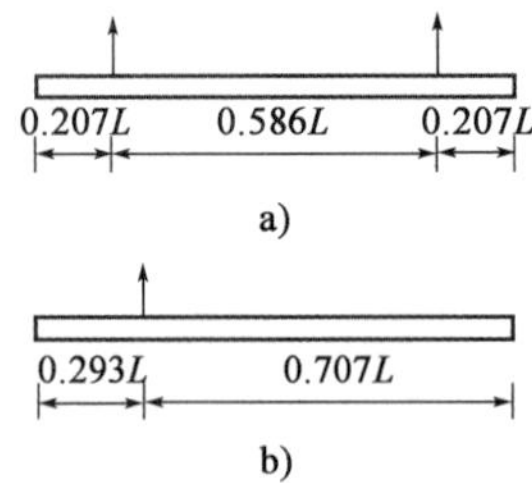

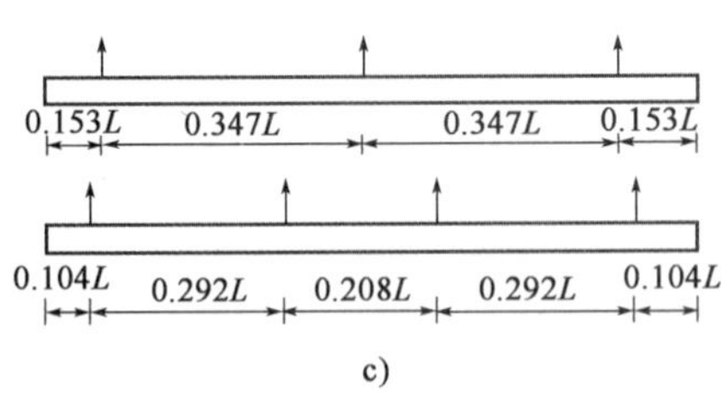

图 5-3-3 桩身吊点布置

图 5-3-4 预制桩的堆放

(2)混凝土桩的存放场地应平整、坚实,不应有不均匀沉降,且场地应有防排水设施。堆放时应设置垫木,支垫位置宜按设计吊点位置确定,其偏差不宜超过 200mm;多层堆放时,各层垫木均应位于同一垂直面上,且层数宜不超过 3 层,如图 5-3-4 所示。

(3)混凝土桩在运输时,应采用多支垫堆放,垫木应均匀放置且其顶面应在同一平面上;桩的堆放形式应使装载工具在装卸和运输过程中保持平稳。采用驳船装运时,对桩体应采取加撑和系绑等措施,防止在风浪的影响下发生倾斜;对混凝土管桩应采用特殊支架进行固定，防止其滚动和坠落。

2）钢管桩

（1）钢管桩吊运时吊点的位置应符合设计规定。

（2）钢管桩应按不同规格分别堆放，堆放的形式和层数应安全可靠，并应避免产生纵向变形和局部压曲变形；长期存放时，应采取防腐蚀等保护措施。

（3）钢管桩在运输时，宜放置在半圆形专用支架上，必要时应采用缆索紧固；采用船舶装运多根不同规格的桩时，应考虑沉桩顺序的要求。

（4）吊运、存放和运输钢管桩时应采取适当措施，防止对其因碰撞或摩擦而导致防腐涂料破损、管身变形和其他损伤。

3. 桩的就位

沉桩前应在陆域或水域建立平面测量与高程测量的控制网点，桩基础轴线的测量定位点应设置在不受沉桩作业影响处，如桩的轴线位于水中，应在岸上设置控制桩。打桩机就位后，将桩锤和桩帽吊起，然后起吊桩并送至导杆内，垂直对准桩位，缓缓送下插入土中。桩插入土后即可固定桩帽和桩锤，使桩、桩帽、桩锤在同一条铅垂线上，以保证桩的垂直下沉。

桩帽的作用是直接承受锤击、保护桩顶，并保证锤击力作用于桩的断面中心。桩帽上部是由硬木制成的垫木，下部套在桩顶上，桩帽与桩顶之间宜填塞麻袋或草垫等缓冲物。桩帽要求构造坚固，尺寸与锤底、桩顶及导向杆相吻合，顶面与底面均平整且与中轴线垂直，还应设耳环以便吊起。

送桩可用硬木、钢或钢筋混凝土制成，构造如图5-3-5所示。当桩顶位于水下或地面以下，打桩机位置较高时，可用一定长度的送桩套联在桩顶上，将桩顶送达设计高程。送桩长度应按实际需要确定，为施工方便，应多备几根不同长度的送桩。

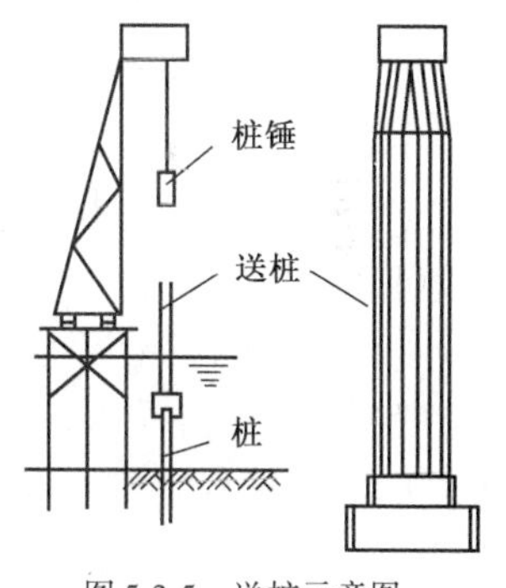

图5-3-5　送桩示意图

4. 沉桩

沉桩前应根据桩的类型、地质条件、水文条件及施工环境条件等确定沉桩的方法和机具，并应对地上和地下的障碍物进行妥善处理。

沉桩顺序宜由一端向另一端进行[图5-3-6a)]，当基础尺寸较大时，宜由中间向两端或四周进行[图5-3-6b)和c)]；如桩埋置有深有浅，宜先沉深的，后沉浅的；在斜坡地带，应先沉坡顶的，后沉坡脚的。当一侧毗邻建筑物或有其他需保护的地下（地面）构筑物、管线等时，应由毗邻建筑物等处向另一方向施打。在桩的沉入过程中，应始终保持锤、桩帽和桩身在同一轴线上。

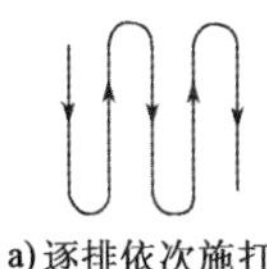
a)逐排依次施打

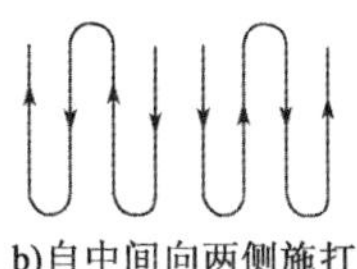
b)自中间向两侧施打

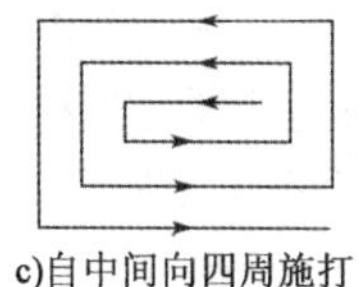
c)自中间向四周施打

图5-3-6　沉桩顺序示意图

1)锤击沉桩法

锤击沉桩法是依靠桩锤的冲击能量将桩打入土中,因此桩径不能太大(一般土质中,桩径不大于0.6m),桩的入土深度也不宜太深(一般土质中不超过40m),否则对打桩设备要求较高,打桩效率也较低。打桩设备主要是桩锤、桩架、起重机具和动力设备等,此外还有射水装置、桩帽和送桩等辅助设备。

锤击沉桩法一般适用于松散、中密砂土和黏性土。

图5-3-7 柴油打桩机

预制钢筋混凝土桩和预应力混凝土桩在锤击沉桩前,桩身混凝土强度应达到设计要求。桩锤的选择宜根据地质条件、桩身结构强度、单桩承载力、锤的性能并结合试桩情况确定,且宜选用液压锤和柴油锤。其他辅助装备应与所选用的桩锤相匹配。图5-3-7所示为柴油打桩机。

开始沉桩时,宜保持较低落距,且桩锤、送桩与桩宜保持在同一轴线上;在锤击过程中,应采用重锤低击。打桩过程中应有专人负责填写打桩记录。

沉桩过程中,若遇到贯入度剧变,桩身突然发生倾斜、移位或有严重回弹,桩顶出现严重裂缝、破碎,桩身开裂等情况时,应暂停沉桩,查明原因,采取有效措施后方可继续沉桩。

锤击沉桩时应考虑锤击振动对其他新浇筑混凝土结构物的影响,当结构物混凝土强度未达到5MPa时,距离结构物30m范围内不得进行沉桩;锤击能量超过280kN·m时,应适当加大沉桩点与结构物的距离。

选择锤击沉桩的控制指标时,应根据地质情况、设计承载力、锤型、桩型和桩长综合考虑,并应符合下列规定:

(1)设计桩尖土层为一般黏性土时,应以高程控制。桩沉入后,桩顶高程的允许偏差为100mm。

(2)设计桩尖土层为砾石、密实砂土或风化岩时,应以贯入度控制。当沉桩贯入度已达到控制贯入度,而桩端未达到设计高程时,应继续锤击贯入100mm或锤击30~50击,其平均贯入度应不大于控制贯入度,且桩端距设计高程宜不超过1~3m(硬土层顶面高程相差不大时取小值)。超过上述规定时,应会同监理和设计单位研究处理。

(3)设计桩尖土层为硬塑状黏性土或粉细砂时,应以高程控制为主,贯入度作为校核。当桩尖已达到设计高程而贯入度仍较大时,应继续锤击使其贯入度接近控制贯入度,但继续下沉时,应考虑施工水位的影响;当桩尖距离设计高程较大,而贯入度小于控制贯入度时,可按上述第(2)条执行。

(4)对发生"假极限""吸入""上浮"现象的桩,应进行复打。

桩的"假极限"是指在饱和的细、中、粗砂中连续沉桩时,易使流动的砂紧密挤实于桩的周围,妨碍砂中水分沿桩上升,在桩尖下形成水压很大的"水垫",使桩产生暂时的极大贯入阻力,休止一定时间之后贯入阻力降低。

桩的"吸入"是指在黏性土中连续沉桩时,由于土的渗透系数小,桩周围水不能渗透扩散而沿桩身向上挤出,形成桩周围的润滑套,使桩周围的摩阻力大为减小,但休止一定时间后,桩周围水消失，桩周围摩阻力恢复增大。

桩的上浮有两种情况，被锤击的桩上浮和附近的桩上浮。对于前者，如使用桩锤时，一般将桩锤停留在桩头时间长一些。当用柴油锤时，如为空心管桩，桩尖不要封闭，将桩内土排除，能减少桩的上浮。

锤击沉桩发现上述情况时，均需要进行复打，以确定桩的实际承载力。

钢管桩锤击沉桩时，锤的选择除应符合上述相关规定外，尚应考虑钢管桩桩尖形式的影响因素。沉入封闭式桩尖的钢管桩时，应采取必要措施防止其上浮；在砂土中沉入开口或半封闭桩尖的钢管桩时应防止管涌。环境温度在 -10℃以下时，应暂停钢管桩锤击沉桩和焊接接桩施工。

2）振动沉桩法

振动沉桩法是用振动打桩机（图 5-3-8）或振动桩锤（图 5-3-9）将桩打入土中的施工方法。打桩机工作原理是在振动桩锤的作用下使桩产生上下振动，减小桩与周围土层间摩阻力的同时使桩尖地基松动，从而使桩贯入或拔出。振动沉桩法的特点是噪声较小、施工速度快、不会损坏桩头、不用导向架也能打进、移位操作方便，但需要的电源功率大。

图 5-3-8　振动打桩机

图 5-3-9　振动桩锤

振动沉桩法一般适用于砂性土、硬塑及软塑的黏性土和中密及较软的碎石土。其中，在砂性土中最为有效，而在较硬地基中效果不佳。

在选择或更换振动锤时，应验算振动上拔力对于桩身结构的影响。振动沉桩机、机座、桩帽应连接牢固，与桩的中心轴线应保持在同一直线上。

开始沉桩时，宜利用桩自重下沉或射水下沉，待桩身入土达一定深度确认稳定后，再采用振动下沉。每一根桩的沉桩作业，宜一次完成，不宜中途停顿过久，避免土的阻力恢复，使继续下沉困难。

振动沉桩时，应以设计规定的或通过试桩验证的桩尖高程控制为主，以最终贯入度（mm/min）作为校核指标。当桩尖已达到设计高程，而与最终的贯入度相差较大时，应查明原因，会同监理和设计单位研究处理。

在沉桩过程中，若遇到贯入度剧变，桩身突然发生倾斜、移位或有严重回弹，桩顶出现严重裂缝、破碎，桩身开裂等情况，或振动沉桩机的振幅有异常现象时，应立即暂停沉桩，查明原因，采取有效措施后再恢复施工。

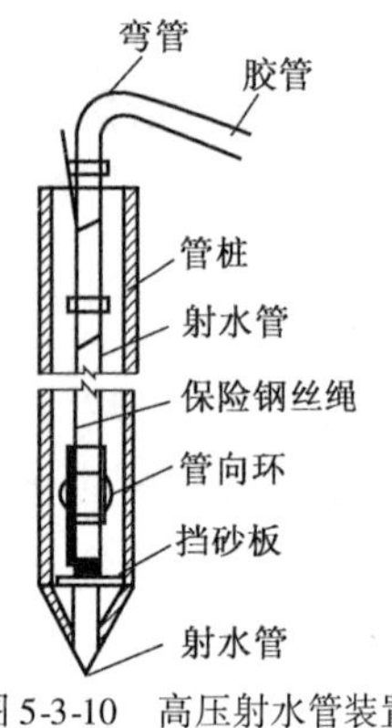

图 5-3-10 高压射水管装置

3)射水沉桩

射水沉桩是锤击或振动沉桩的一种辅助方法,其设备是由随桩沉入土中的高压射水管和高压水泵组成。工作原理是利用高压水流经过空心桩内部的射水管来冲松桩尖附近的土层(图 5-3-10),减少桩下沉时的阻力,使桩在自重和锤击作用下沉入土中。

在砂类土层、碎石类土层中,锤击沉桩困难时,可采用射水锤击沉桩,以射水为主,锤击配合;在黏性土、粉土中采用射水锤击沉桩时,应以锤击为主,射水配合;在湿陷性黄土中采用射水沉桩时,应按设计要求进行。

射水锤击沉桩时,应根据土质情况随时调节射水压力,控制沉桩速度。当桩尖接近设计高程时,应停止射水,改用锤击,保证桩的承载力。停止射水的桩尖高程,可根据沉桩试验确定的数据及施工情况决定,当缺乏资料时,距设计高程不得小于 2m。

钢筋混凝土桩或预应力混凝土桩采用射水配合锤击沉桩时,宜采用较低落距锤击。采用中心射水法沉桩时,应在桩垫和桩帽上留有排水通道;采用侧面射水法沉桩时,射水管应对称设置。采用射水锤击沉桩后,应及时与邻桩或稳定结构夹紧固定,防止桩倾斜位移。

4)静力压桩

静力压桩是利用液压千斤顶或桩头加重物以施加顶进力,将桩压入土中的沉桩方法。静力压桩法适用于软弱土层,当土层中存在厚度大于 2m 的中密以上砂夹层时,不宜采用静力压桩。

静力压桩法的特点是:施工噪声和振动较小,桩头不易损坏,桩贯入时相当于做桩基静载试验,可准确知道桩的承载力。静力压桩法不仅用于竖直桩,而且也可用于斜桩和水平桩,但施工所用机械拼装移动均需要较多的时间。

静力压桩机有机械式和液压式之分。根据顶压桩的部位不同,压桩机又可分为桩顶顶压式和桩身抱压式。目前使用的较多的是液压式静力压桩机,压力可达 6000kN(甚至更大),图 5-3-11 所示为抱压式液压静力压桩机示意图,图 5-3-12 为施工现场的液压式静力压桩机。

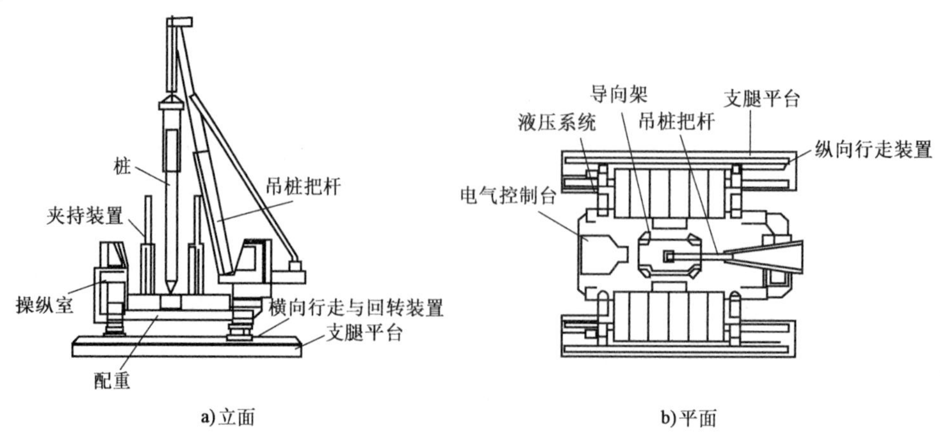

图 5-3-11 抱压式液压静力压桩机结构示意图

静力压桩机应根据土质情况配足额定重量。如压桩时桩身发生较大移位，突然下沉或倾斜，桩顶混凝土破坏或压桩阻力剧变时，则应暂停压桩，及时研究处理。

5. 接桩

混凝土预制桩的接桩方法有焊接、法兰接及硫黄胶泥锚接，如图 5-3-13 所示。其中，前两种方法可用于各类土层，硫黄胶泥锚接适用于软土层。

图 5-3-12 液压式静力压桩机施工现场

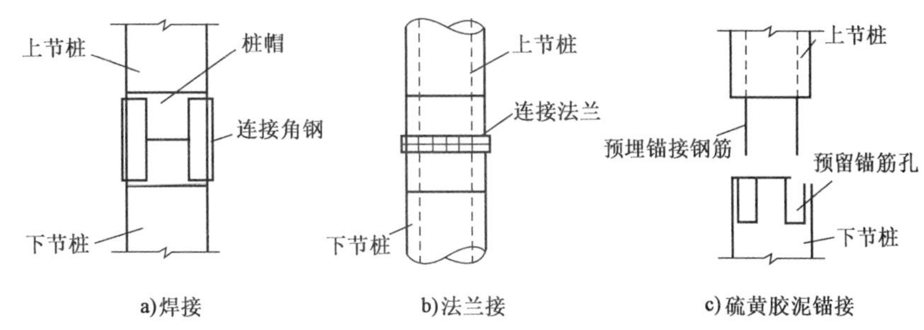

图 5-3-13 混凝土预制桩的接桩方法

当采用焊接连接时，焊接应牢固，位置应准确；采用法兰盘接桩时，法兰盘的结合处应密贴，法兰螺栓应对称逐个拧紧，并加设弹簧垫圈或加焊，锤击时应采取有效措施防止螺栓松动。

在同一墩、台的桩基中，同一水平面内的桩接头数不得超过基桩总数的 $\frac{1}{4}$，但采用法兰盘按等强度设计的接头可不受此限制。接桩时，应保持各节桩的轴线在同一直线上，接好后应进行检查，符合要求方可进行下道工序。

在宽阔水域沉设的大直径管桩和钢管桩，宜在厂内制作时按设计桩长拼接成整根，不宜在现场连接接长；必须在现场连接时，每根桩的接头数不得超过 1 个。

二、预制桩施工中常见事故预防及处理措施

1. 桩顶破损

1）原因分析

（1）桩顶部分混凝土质量差，强度低；

（2）锤击偏心，即桩顶面与桩轴线不垂直，落锤与桩面不垂直；

（3）未安置桩帽或桩帽内无缓冲垫或缓冲垫不良没有及时调换；

（4）遇坚硬土层，或中途停歇后土质恢复，阻力增大，用重锤猛打所致。

2）预防及处理措施

（1）加强桩预制、装、运的管理，确保桩的质量要求；

（2）施工中及时纠正桩位，使锤击力与桩轴线方向一致；

（3）采用合适桩帽，并及时调换缓冲垫；

(4)正确选用合适桩锤,且施工时每桩要一气呵成。

2. 桩身破裂

1)原因分析

(1)桩质量不符合设计要求;

(2)装卸吊装时,吊点或支点设置不符合规定,悬臂过长或中跨过多所致;

(3)打桩时,桩的自由长度过大,桩身产生较大纵向挠曲和振动;

(4)锤击或振动过甚。

2)预防及处理措施

(1)加强桩的预制、装、运、卸管理;

(2)木桩可用8号镀锌铁丝捆绕加强;

(3)当混凝土桩的破裂位于水上部位时,用钢夹箍加螺栓拉紧焊接补强加固;当位于水中部位时用,套筒横板浇筑混凝土加固补强;

(4)适当减小桩锤落距或降低锤击频率。

3. 桩身扭转或位移

1)原因分析

桩端制造不对称,或桩身有弯曲。

2)预防与处理措施。

可用棍撬、慢锤低击纠正;偏心不大时,可不做处理。

4. 桩身倾斜或位移

1)原因分析

(1)桩头不平,桩端倾斜过大;

(2)桩接头破坏;

(3)一侧遇石块等障碍物,或土层倾斜:

(4)桩帽桩身不在一条直线上。

2)预防与处理措施

(1)偏差过大,应拔出移位再打;

(2)入土深度小于1m,偏差不大时,可利用木架顶正,再慢锤打入;

(3)障碍物如不深时,可挖除回填后再继续沉桩。

5. 桩涌起

1)原因分析

桩在较厚软土上或遇流沙现象。

2)预防及处理措施

应选择涌起量较大桩做静载试验,如合格可不再复打,如不合格,应进行复打或重打。

6. 桩急剧下沉,有时随之发生倾斜或移位

1)原因分析

(1)遇软土层、土洞;

(2)接头破裂或桩端劈裂;
(3)桩身弯曲或有严重的横向裂缝;
(4)落锤过高,接桩不垂直。
2)预防及处理措施
(1)应暂停沉桩,查明情况,再决定处理措施;
(2)如不能查明时,可将桩拔起,检查、改正、重打,或在靠近原桩位作补桩处理。

7. 桩贯入度突然减小

1)原因分析
(1)桩由软土层进入硬土层;
(2)桩端遇到石块等障碍物。
2)预防与处理措施
(1)查明原因,不能硬打;
(2)改用能量较大桩锤;
(3)配合射水沉桩。

8. 桩不易沉入或达不到设计高程

1)原因分析
(1)遇旧埋设物、坚硬土夹层或砂夹层;
(2)打桩间歇时间过长,摩阻力增大;
(3)定错桩位。
2)预防及处理措施
(1)遇障碍或硬土层,用钻孔机钻透后再复打;
(2)根据地质资料正确确定桩长,如确实已达要求时,可将桩头截除。

9. 桩身跳动,桩锤回弹

1)原因分析
(1)桩端遇障碍物,如树根或坚硬土层;
(2)桩身过曲,接桩过长;
(3)落锤过高;
(4)冻土地区沉桩困难。
2)预防与处理措施
(1)检查原因,穿过或避开障碍物;
(2)如入土不深,应将桩拔起避开或换桩重打;
(3)应先将冻土挖除或解冻后进行。如用电热解冻,应在切断电源后沉桩。

三、水中桩基础施工

修筑水中桩基础需要围堰、筑岛或设置稳固的支架平台进行施工作业,同时配置相关浮运、沉桩设备,如打桩船(图 5-3-14)、定位船、混凝土拌和船(图 5-3-15)、水泵、空气压缩机、动力设备、龙门吊或履带吊车及塔架等。

图 5-3-14 打桩船

图 5-3-15 混凝土拌和船

施工设备应根据采用的施工方法和施工条件选择确定,并根据水上施工特点采取有效措施,确保水上施工的安全性。

1. 浅水桩基础的施工

位于浅水中或临近河岸的桩基,可采用钢板桩围堰、筑岛,或设置工作平台等方法进行施工。

钢板桩围堰法施工与水中浅基础围堰施工相同,即先筑围堰,再抽水挖基坑或水中吸泥挖坑,最后同旱地基桩施工,如图 5-3-16 所示。筑岛法施工应按桩基础设计尺寸、钻孔方法、机具大小等要求决定筑岛面积,筑岛高度应高出最高施工水位 0.5 ~ 1.0m,在岛上完成桩基础的施工(图 5-3-17)。

图 5-3-16 钢板桩围堰法施工

图 5-3-17 筑岛法施工

水中基桩施工还可借围堰支撑、或用万能杆件拼制或施打临时钢管桩搭设固定施工平台(图 5-3-18)。如果桥位旁设置有施工临时便桥和脚手架,可将桩架或龙门架与导向架等设置其上进行基桩施工,同时解决料具、人员运输问题。

图 5-3-18　水中施工平台

2. 深水桩基础的施工

在深水或有潮汐影响的河海中,常采用围堰法(钢围堰、双壁钢围堰)、吊箱法、套箱法及沉井结合法施工。

1)钢围堰

钢围堰既是围水挡土的临时构造物,同时其顶部又是水中施工的平台,具有良好的刚度和水密性能。采用钢围堰作为挡水(土)设施时,应根据承台的结构特点、水文、地质和施工条件等因素确定适宜的围堰形式,并应对围堰进行专项设计。施工期间环境条件发生较大变化时,应对围堰设计方案重新进行论证。高桩承台基础和低桩承台基础均可采用钢围堰。

钢围堰的设计与施工应符合下列规定:

(1)围堰的平面尺寸宜根据桩基础承台的结构尺寸、安装及放样误差等确定,且宜满足承台施工操作空间的需要,围堰内侧距承台边缘的净距宜不小于 1m(围堰内侧兼作模板时除外)。围堰的顶面高程应高出施工期间可能出现的最高水位(包括浪高)0.5 ~0.7m;在有潮汐的水域,应同时考虑最高和最低施工潮位对围堰的不利影响。

(2)围堰除应满足自身的强度、刚度和稳定性要求外,尚应考虑河床断面被压缩后,流速增大导致的河床冲刷和对通航、导流等的影响。

(3)对围堰结构进行计算时,除应考虑施工荷载及结构重力、水流压力、浮力、土压力等荷载外,尚应根据现场的具体情况考虑可能出现的冲刷、风力、波浪力、流冰压力、施工船舶或漂浮物撞击力等作用。

(4)围堰结构应根据施工过程中的各种工况,按最不利荷载组合进行强度、刚度及稳定性计算。在围堰内设置支撑的,除应对内支撑结构本身进行局部验算外,尚应将其与围堰作为整体进行总体稳定性验算。设置内支撑时,对支撑与堰壁的连接处应设置纵横向分配梁予以局部加强,并应考虑其对承台及后续墩身施工的干扰影响。

(5)钢围堰的混凝土封底厚度应符合设计规定;设计未规定时,应根据桩周摩擦力、浮力、围堰结构自重及封底混凝土自身强度等因素经计算后确定。

(6)钢围堰在施工前应制订专项施工方案,明确施工工艺流程。

(7)围堰钢结构的制造可按照施工规范相关规定执行,并应保证其在施工过程中防水严密,不渗漏。

(8)在岸上整体加工制造的钢围堰,当通过滑道或其他装置下水时(图5-3-19),其进入的水域面积和水深应足够,并应采取措施控制其下水的速度。采用起重船吊装时(图5-3-20),起重船的吊装能力应能满足整体吊装的要求,各吊点的受力应控制均匀,必要时宜进行监控。

图5-3-19 钢围堰滑入水中

图5-3-20 起吊下沉钢围堰

(9)钢围堰在灌注封底混凝土之前,应将桩身和堰壁上附着的泥浆冲洗干净,经检验合格后方可进行封底混凝土的施工。

(10)钢围堰拆除时,除应采取措施防止撞击墩身外,对水下按设计规定可不拆除的结构,尚应保证其不会对通航产生不利的影响。

2)双壁钢围堰

双壁钢围堰适用于深水基础施工,形状常为圆形,也有为适应基础形状而做成异形的(图5-3-21)。堰壁钢壳由有加劲肋的内外壁板和多层水平桁架所组成(图5-3-22),堰壁底端设刃脚,利于切土下沉。

图5-3-21 8字形双壁钢围堰

图5-3-22 圆形双壁钢围堰

围堰的双壁间距应根据下沉时需要克服的浮力、土层摩阻力及基底抗力等经计算确定,并应在双壁之间分设多个对称的、横向互不相通的隔水仓。设隔水仓的目的是为了在钢围堰下沉过程中分仓对称地进行注水、加砂砾石或浇筑混凝土，增加钢围堰的自重，利于下沉。

围堰的平面尺寸应根据基础尺寸、安装及放样误差确定，围堰高度应根据其设计下沉深度和施工期间可能出现的最高水位及浪高等因素确定。

双壁钢围堰施工主要工序为：岸上制作—岸边或拼装船上拼装—浮运—起吊下沉—钢壁接高并在壳内灌水或混凝土—下沉至基岩面—清基—安装施工平台及钻孔桩护筒—封底—钻孔灌注桩施工—抽水灌注承台（基础）及墩身—拆除上部钢壁—墩身继续灌注至墩帽。图 5-3-23 所示为下沉到位的双壁钢围堰。

图 5-3-23　双壁钢围堰下沉到位

制造双壁钢围堰时立面分若干层，平面分若干块（图 5-3-24），其大小可视制造设备、运输条件和安装起吊能力而定（图 5-3-25 所示为起吊拼装双壁钢围堰）。当条件许可时，块件宜大，以减少工地焊接工作量，并提高质量，加快进度。双壁钢围堰结构的制作宜在工厂按设计要求进行，各节、块应按预定的顺序对称组装拼焊，制作完成后应进行焊接质量检验，并应进行水密性试验。

图 5-3-24　岸边分块制造双壁钢围堰

图 5-3-25 起吊拼装双壁钢围堰

双壁钢围堰兼作钻孔平台时,应将钻孔施工产生的全部荷载及各种工况加入围堰结构的最不利荷载组合中进行设计和验算。钢围堰需度汛或度凌施工时,应制订稳定和防撞击、防冲刷的可靠方案,并应进行相应的验算。

围堰应根据现场的水文、地质和通航等情况,设置可靠的定位系统和导向装置,其浮运、下沉、定位等工序的施工及允许偏差应符合公路桥涵施工技术规范的相关规定。

围堰下沉至设计高程,在灌注封底混凝土之前,应对河床面进行清理和整平。围堰置于岩面上时,宜将岩面整平;基岩岩面倾斜或凹凸不平时,宜将围堰底部制作成与岩面相应的异形刃脚,增加其稳定性并减少渗漏。

3)吊箱法

深水中修筑高桩承台桩基时,由于承台位置较高不需座落到河底,一般采用吊箱法修筑桩基础,或在已完成的基桩上安置套箱的方法修筑高桩承台。

吊箱是悬吊在水中的箱形围堰。吊箱的作用是在基桩施工时用作导向定位,基桩完成后封底抽水,灌注混凝土承台。

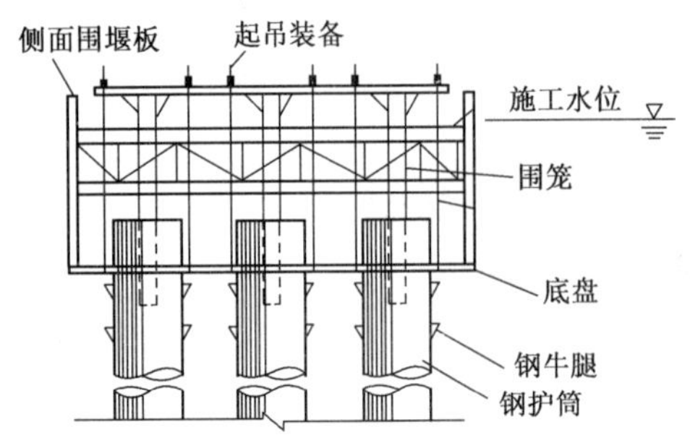

图 5-3-26 钢吊箱立面布置图

吊箱一般由围笼、底盘、侧面围堰板等几部分组成,如图 5-3-26 所示。吊箱围笼是由立面桁架及联结系等组成的临时结构,用以支撑侧面围堰板,其平面尺寸与承台相对应,分层拼装,最下一节将埋入封底混凝土内,以上部分可拆除周转使用。顶部设有起吊的横梁和工作平台,并留有导向孔。底盘用槽钢作纵、横梁,梁上铺以木板作封底混凝土的底板,并留有导向孔以控制桩位。侧面围堰板由钢板制成,整块吊装。

吊箱法施工内容主要包括:

(1)在岸上或岸边驳船上拼制吊箱围堰,浮运至墩位,将吊箱下沉至设计高程,如图 5-3-27

和图 5-3-28 所示。

(2)插打围堰外定位桩,并固定吊箱于定位桩上。

(3)基桩施工。

(4)填塞底板缝隙,灌注水下混凝土。

(5)抽水,将桩顶钢筋伸入承台,铺设承台钢筋,灌注承台及墩身混凝土。

(6)拆除吊箱围堰连接螺栓外框,吊出吊箱上部,继续灌注墩身混凝土。

图 5-3-27 钢吊箱起吊

图 5-3-28 钢吊箱下沉到位

小型钢吊箱还可在施工现场进行拼装,如图 5-3-29 和图 5-3-30 所示。

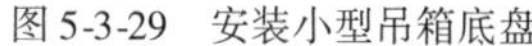

图 5-3-29 安装小型吊箱底盘

图 5-3-30 安装小型吊箱侧面围堰板

施工中应注意:水中直接打桩及浮运箱形围堰吊装的正确定位,一般均采用交汇法控制,在大河中有时还需搭临时观测平台;在吊箱中插打基桩时,由于桩的自由长度大,应细心把握吊沉方位;在灌注水下混凝土前应将底板缝隙堵塞好。

4)套箱法

当用打桩船(或其他方法)先完成全部基桩施工时,可采用在已完成的基桩上安置套箱的方法修筑水中高桩承台。套箱围堰宜采用预制钢筋混凝土套箱或钢套箱。

套箱围堰的平面尺寸应根据承台尺寸、安装及放样误差确定,套箱顶标高应根据施工期间可能出现的最高水位及浪高等因素确定,套箱底板标高应根据承台底标高及封底混凝土厚度确定。

套箱围堰可采用有底套箱或无底套箱。当承台底与河床之间距离较大时,一般采用有底套箱;当承台高程较低,承台底距离河床较近或已进入河床时,宜采用无底套箱。有底套箱(图5-3-31)在工程中应用较多,其箱底板应按基桩平面位置留有桩孔。

套箱围堰施工方法是:基桩施工完成后吊放套箱围堰(图5-3-32),将基桩顶端套入套箱围堰内(基桩顶端伸入套箱的长度按基桩与承台的构造要求确定),并将套箱固定在定位桩(可直接用基础的基桩)上,然后浇筑水下混凝土封底,待达到规定强度后抽水,继而施工承台和墩身结构。

图5-3-31 有底钢套箱

图5-3-32 吊放套箱围堰

若采用钢套箱围堰,其施工应符合下列规定:

(1)对有底钢套箱,除应进行结构的计算和验算外,尚应针对套箱内抽干水后的工况进行抗浮验算。钢套箱采用悬吊方式安装时,应验算悬吊装置及吊杆的强度是否满足受力要求。

(2)钢套箱应根据现场设备的起吊能力和移运能力确定采用整体式或装配式制作,制作时应采取防止接缝渗漏的措施。

(3)钢套箱下沉就位时,在下沉过程中应保持平稳,当采用多个千斤顶吊放时,应使各千斤顶的行程同步,且宜设置导向装置或利用已成桩作为导向的承力结构进行准确定位。钢套箱就位后应对其平面位置和高程进行精确调整,并应及时予以固定;当水流速度过大,会使套箱的位置发生改变时,应具有稳定套箱的可靠措施。

(4)有底钢套箱在浇筑封底混凝土之前,应对底板和钢护筒的表面进行清理,并应采用适宜的止水装置或材料对底板与桩基之间的缝隙进行封堵。

(5)钢套箱内的排水应在封底混凝土符合设计规定的强度后或达到设计强度的80%及以上时方可进行。在封底混凝土未达到规定强度之前,应打开套箱上设置的连通器,保持套箱内外水头一致,排水时不应过快,并应在排水过程中加强对套箱情况变化的监测;对有底钢套箱,必要时可设反压装置抵抗过大的浮力。

(6)钢套箱侧壁兼作承台模板时,其位置和尺寸应符合承台结构的允许偏差规定。

5)沉井结合法

当深水河床底基岩裸露或卵石、漂石土层钢板围堰无法插打时,或在水深流急的河道上为使钻孔灌注桩在静水中施工时,可以采用浮运钢筋混凝土沉井或薄壁沉井作为桩基施工时的挡水、挡土结构(相当于围堰)和工作平台。

沉井既可作为桩基础的施工设施,又可作为桩基础的一部分(承台),如图5-3-33所示。薄壁沉井多用于钻孔灌注桩的施工,它既能保持在静水状态下施工,还可将几个桩孔一起圈在沉井内代替单个安设的护筒,并可周转重复使用。沉井具体构造及施工方法见学习项目六。

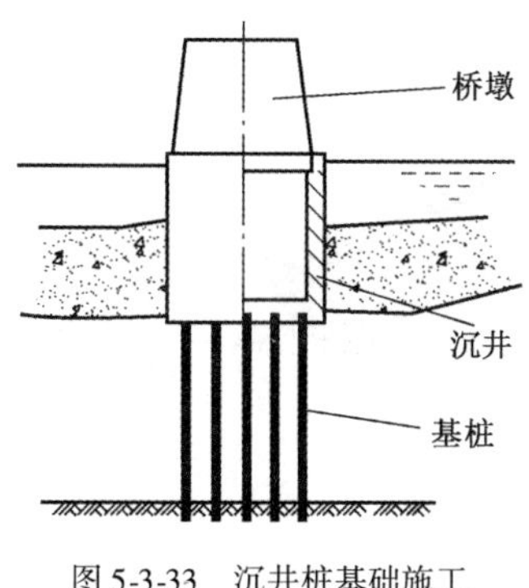

图5-3-33 沉井桩基础施工

水中承台混凝土灌注要求同旱地承台要求,见本学习项目任务二内容。

引思明理

工欲善其事,必先利其器。性能优良的工程施工机械对提高海上桥梁施工效率,保证施工质量和安全起着重要作用。

世界上最大跨度无砟轨道双塔双索面钢箱-钢桁组合梁斜拉桥为杭州湾跨海铁路桥北航道桥,其所处海域海水不仅流速大,而且伴有强涌潮,海底多为流塑或软塑土层,地质条件复杂。在如此恶劣的条件下进行2.8m大直径和151m超长钻孔桩基础施工,难度大、风险高。为确保工程顺利施工,中铁大桥局专门成立科研团队进行技术攻关,创造性地采用了"旋挖钻覆盖层引孔+反循环钻机成孔"的成孔组合工艺,用最大钻孔达直径4.5m、钻孔深度可达155m的SWDM800大型旋挖钻机和XR580旋挖钻机接力配合钻进成孔,用73天时间高质量完成了8号主塔墩52根桩基的施工。对于海中引桥桥墩基础的钢管桩,生产线成桩后通过驳船水运至墩位,采用配有HHD-1000大能量液压锤、137m高桩架的"水欣麒1号"打桩船完成精准定位和沉放。

随着我国大跨径桥梁建设规模的扩大,桥梁施工机械装备不断向自动化、智能化和集成化方向发展。如我国自主研发制造的140m级打桩船——"一航津桩",它是世界上桩架最高(142m)、吊桩能力最大(最大700t)、施打桩长最长(水深118m以上)、作业桩径最大(6m)、抗风浪能力最强的专用打桩船(图5-3-34),它集成了多项首创技术:采用液压动力系统实现了打桩船全电力"一键启动"便捷操作;采用全电力辅助推进,实现船体全方位灵活移动及方位调整;配备自主研发的施工管理控制系统,采用"北斗+近岸4G+卫星通信"组合技术有效应对外海恶劣海况,满足无限航区调遣,完成自航移泊驻位,降低了对辅助船舶的需求,极大提高了施工效率,实现了数字化管理、智能化施工和绿色化运行。图5-3-35所示为国内首创的单体船型结构、全电力推进的海上架梁施工专用起重船“天一号”,它最高起重高度为60m,最大起吊重量为3600t,无需辅助船舶,即可独立完成取梁、运梁和架梁工作。

图5-3-34 “一航津桩”专用打桩船

图5-3-35 “天一号”架梁起重船

智能化的施工机械装备在提升工程质量和施工效率的同时,也实现了施工过程数字化、可视化和可控化施工管理,为建造更多“世界第一”大桥提供强大助力,实现创新引领,智慧智造和绿色环保的工程建设目标。

1. 简述预制沉桩的主要施工工序。
2. 桩的沉入方式有哪些?各自适用条件是什么?
3. 接桩的方式有哪些?
4. 锤击沉桩中的“假极限”现象是如何造成的?如何处治这种现象?
5. 沉桩施工中造成桩身倾斜的原因有哪些?如何预防与处理?
6. 深水中桩基础承台施工有哪些方法?
7. 吊箱法和套箱法主要适用于什么情况?

背景资料:

某桥墩基础设计采用40cm×40cm预制钢筋混凝土方桩,桩长12m,分节制作,每一节长度为6m。地质条件:表层为9m的黏土,以下为砂土。施工过程中发现桩顶有轻微破损。

任务要求:

1. 请根据地质条件选择合适的沉桩方式;
2. 绘制预制沉桩施工流程图;
3. 选择合适的接桩方法;
4. 沉桩过程应注意哪些问题?如何控制桩的下沉?
5. 出现桩顶破损的原因有哪些?如何预防?

任务四 桩基础施工质量检测

1. 知识目标

(1)掌握泥浆性能指标的检测方法;

(2)掌握桩基础钢筋质量检测内容和方法;

(3)掌握钻(挖)孔灌注桩成孔质量检测内容和方法;

(4)掌握钻(挖)孔灌注桩成桩质量检测内容和方法;

(5)掌握预制沉桩质量检测内容和方法。

2. 能力目标

(1)能测定泥浆性能指标;

(2)能评定灌注桩的成孔和成桩质量;

(3)能评定预制桩的施工质量。

通过对桩基础施工质量检测内容和方法等相关知识的学习,能按照现行《公路工程质量检验评定标准　第一册　土建工程》(JTG F80/1)正确确定桩基础各施工环节的质量控制指标、选择合规的检测方法和检测频率,并填写质量检验报告单。

桩基础除了与浅基础实测项目内容不同外,工程质量评定方法是相同的。具体评定方法可见学习项目四中任务四的相关内容。分项工程质量应在符合基本要求的规定,无外观质量限制缺陷且质量保证资料真实齐全时,方可进行实测项目的检验评定。

一、泥浆性能指标的检测

泥浆一般由水、黏土(或膨润土)和添加剂按适当配合比配制而成,其性能指标可按表 5-2-1 选用。各泥浆性能指标检测方法如下:

1. 相对密度

泥浆的相对密度可用泥浆相对密度计测定(图 5-4-1)。先将待量测的泥浆装满泥浆杯,加盖并洗净从小孔溢出的泥浆,然后置于支架上,移动游码,使杠杆呈水平状态(水平泡位于中央),读出游码左侧所示刻度,即为泥浆的相对密度γ_X。

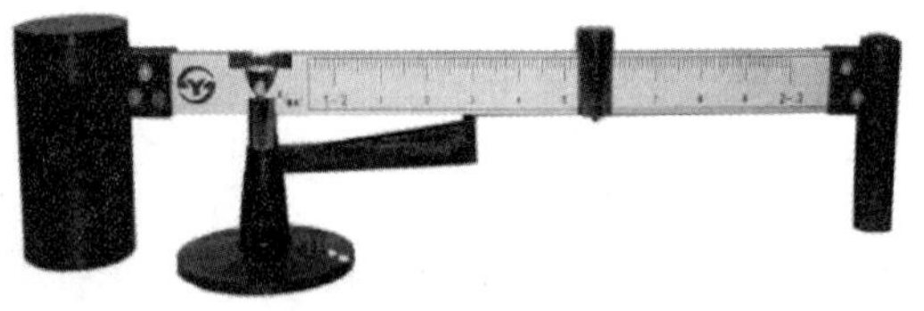

图 5-4-1 泥浆相对密度计

若工地无泥浆相对密度计,可用一口杯先称其质量设为 m_1,再装满清水称其质量设为 m_2。倒去清水,装满泥浆并擦去杯周溢出的泥浆,称其质量设为 m_3,通过式(5-4-1)可计算出泥浆比重γ_X。

$$\gamma_X = \frac{m_3 - m_1}{m_2 - m_1} \tag{5-4-1}$$

2. 黏度

泥浆的黏度用标准漏斗黏度计测定,如图 5-4-2 和图 5-4-3 所示。用两端开口量杯分别量取 200mL 和 500mL 泥浆,通过滤网滤去大砂粒后,将 700mL 泥浆注入漏斗,然后使泥浆从漏斗口流出,流满 500mL 量杯所需的时间即为泥浆的黏度。

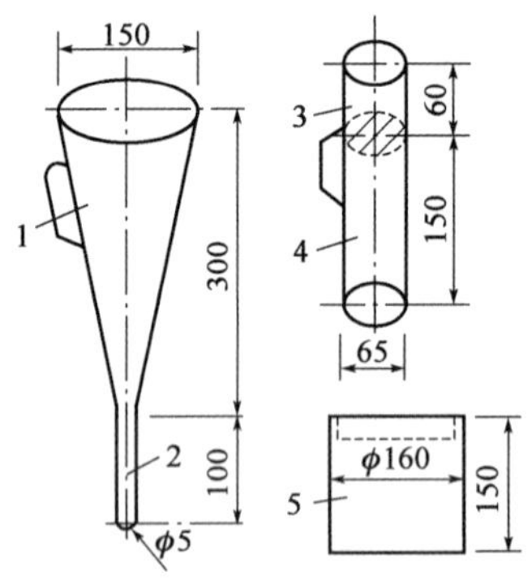

图 5-4-2 标准漏斗黏度计示意图(尺寸单位:mm)
1-漏斗;2-管子;3-量杯(200mL);4-量杯(500mL);5-滤网及杯子

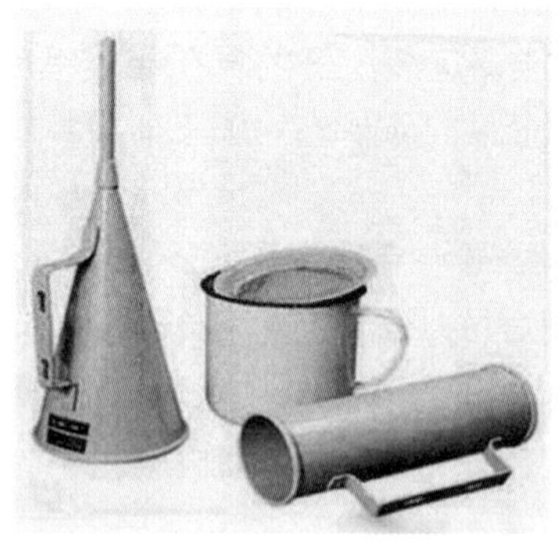

图 5-4-3 标准漏斗黏度计实物图

图 5-4-4 浮筒切力计
1-刻度尺;2-泥浆筒;3-切力浮筒

校正方法:向漏斗中注入 700mL 清水,流出 500mL,所需时间应是 15s,其偏差如超过 ±1s,则测量泥浆黏度时应校正。

3. 静切力

静切力 θ 在工地上可用浮筒切力计测定(图 5-4-4)。量测时,先将约 500mL 泥浆搅匀后,立即倒入泥浆筒,将切力浮筒沿刻度尺垂直向下移至与泥浆接触时,轻轻放下,当它自由下降到静止不动时(即静切力与浮筒重力平衡时),读出浮筒上泥浆面所对的刻度 h,按式(5-4-2)计算泥浆的静切力。

$$\theta = \frac{G - \pi d\delta h\gamma}{2\pi dh + \pi d\delta} \tag{5-4-2}$$

式中：θ——泥浆静切力，Pa；

G——为铝制浮筒质量，g；

d——为浮筒的平均直径，cm；

h——浮筒的沉没深度，cm；

γ——泥浆密度，g/cm^3；

δ——浮筒壁厚，cm。

4. 含砂率

含砂率(%)在工地上可用含砂率计测定(图 5-4-5)。量测时，把调好的泥浆倒进含砂率计，加清水至测管上标有“水”的刻线处，堵死管口并摇振。将混合物倒入过滤筒筛网上过滤，并用清水反复冲洗筛上余留的砂粒，剔除其中残留泥浆；最后翻转过滤筒，用清水把附在筛网上的砂子全部冲入含砂率计内，待砂子沉淀后，读出沉淀物体积的毫升数，即为泥浆的含砂率。

5. 胶体率

胶体率(%)是泥浆中土粒保持悬浮状态的性能。胶体率的测定方法是将 100mL 泥浆倒入有刻度的量筒中，静置 24h，量杯上部的泥浆可能澄清为水，观察泥浆析出水分的情况。例如测量时其体积为 5mL，则胶体率为 95%。

6. 失水率

将一张 12cm × 12cm 的滤纸置于水平玻璃板上，先在其中央画一个直径为 3cm 的圆，然后将 2mL 的泥浆滴入圆圈内，30min 后，测量湿圆圈的平均直径，用其减去泥浆摊平的直径得到的即为失水率(mL/30min)，在滤纸上量出泥浆皮的厚度即为泥皮厚度。泥皮越平坦、越薄则泥浆质量越高，一般不宜厚于 2mm。此外也可采用专门试验仪器测定，如 NS-1 型气压泥浆式失水量测定器(图 5-4-6)，它适用于现场或实验室测量泥浆失水量，一定体积的泥浆在规定空气压力下流出的滤液量即为失水量。

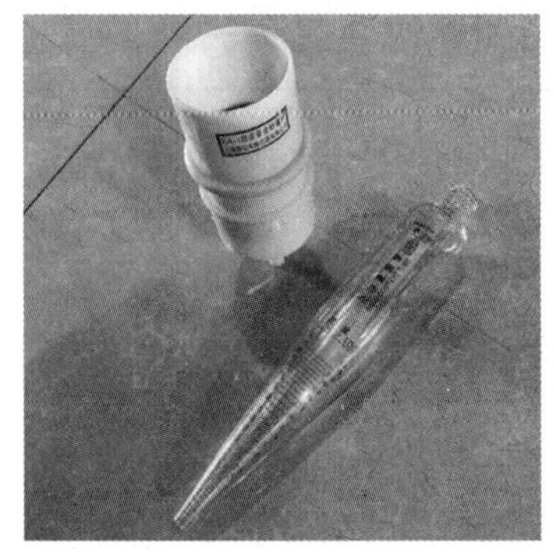

图 5-4-5　含砂率计

图 5-4-6　NS-1 型气压泥浆式失水量测定器

7. 酸碱度 pH

工地上测量 pH 值的方法是取一条 pH 试纸放在泥浆面上，0.5s 后拿出来与标准颜色对比，即可读出 pH 值。也可用 pH 酸碱计，将其探针插入泥浆，直接读出 pH 值。pH 值等于 7 时为中性，大于 7 时为碱性，小于 7 时为酸性。

二、钢筋质量检测

1. 钢筋加工及安装基本要求

(1)钢筋安装应保证设计要求的钢筋根数。

(2)钢筋的连接方式、同一连接区段内的接头面积应满足设计要求。接头位置应设在受力较小处,任何连接区段内同一根钢筋不得有两个接头。

(3)钢筋的搭接长度、焊接和机械接头质量应满足施工技术规范的规定。

(4)受力钢筋表面不得有裂纹及其他损伤。

(5)钢筋的保护层垫块应分布均匀,数量及材料性能应满足设计要求和有关技术规范的规定。

(6)钢筋应安装牢固,钢筋网应有足够的钢筋支撑,在混凝土浇筑过程中钢筋不应出现移位。

2. 钻(挖)孔灌注桩钢筋安装实测项目

钻(挖)孔灌注桩钢筋安装实测项目见表5-4-1。

钻(挖)孔灌注桩钢筋安装实测项目 表5-4-1

项次	检查项目	规定值或允许偏差	检查方法和频率
1	主筋间距/mm	±10	尺量:每段测2个断面
2	箍筋或螺旋筋间距/mm	±20	尺量:每段测10个间距
3	钢筋骨架外径或厚、宽/mm	±10	尺量:每段测2个断面
4	钢筋骨架长度/mm	±100	尺量:每个骨架测2处
5	钢筋骨架底端高程/mm	±50	水准仪:测顶端高程测,用骨架长度计算
6△	保护层厚度/mm	±20,-10	尺量:测每段钢筋骨架外侧定位块处

注:表中标识"△"项目为关键项目,其他检查项目为一般项目。

3. 预制桩钢筋安装实测项目

预制桩钢筋安装实测项目见表5-4-2。

预制桩钢筋安装实测项目 表5-4-2

项次	检查项目	规定值或允许偏差	检查方法和频率
1	主筋间距/mm	±5	尺量:测3个断面
2	箍筋、螺旋筋间距/mm	±10	尺量:测10个间距
3△	保护层厚度/mm	±5	尺量:测5个断面,每个断面4处
4	桩顶钢筋网片位置/mm	±5	尺量:测网片每边线中点
5	桩尖纵向钢筋位置/mm	±5	尺量:测垂直两个方向

注:表中标识"△"项目为关键项目,其他检查项目为一般项目。

预应力钢筋混凝土桩钢筋还需重点检测钢筋张拉应力值和张拉伸长率等项目,具体要求可参见现行《公路工程质量检验评定标准　第一册　土建工程》(JTG F80/1)相关内容。

4. 钢筋加工及安装外观质量要求

(1)钢筋表面应无裂皮、油污、颗粒状或片状锈蚀及焊渣、烧伤,绑扎或焊接的钢筋网和钢筋骨架不得松脱和开焊。

(2)焊接接头、连接套筒不得出现裂纹。

三、钻(挖)孔桩成孔质量检测方法

钻(挖)孔桩在终孔和清孔后,应进行孔径、孔深、孔底沉淀厚度,桩孔倾斜度,孔位等项目的检验。

1. 孔径的检测方法

1)超声波成孔检测仪测定

超声波成孔检测仪由控制箱、超声探头、深度测量装置和提升装置组成(图5-4-7)。超声探头、深度测量装置和提升机构集成在提升装置的线架上,由两根钢丝绳牵引。控制箱与线架之间通过连接电缆连接。它可用于检测钻孔灌注桩成孔的孔径、垂直度、垮塌扩缩径、倾斜方位和沉渣厚度。

超声波成孔检测仪工作原理是采用超声波反射技术,在提升装置的控制下将超声探头从孔口匀速下降,深度测量装置测取探头下放深度并传至控制箱。控制箱根据设定的时间间隔控制超声发射探头发射超声波并同步启动计时,同时控制箱启动信号采集器接受并记录四个方向(或两个方向)的垂直孔壁的超声波脉冲反射信号,通过传播时间计算超声换能器与孔壁的距离,从而计算出该截面的孔径值和垂直度(图5-4-8)。图5-4-9为超声波成孔检测仪检测现场。

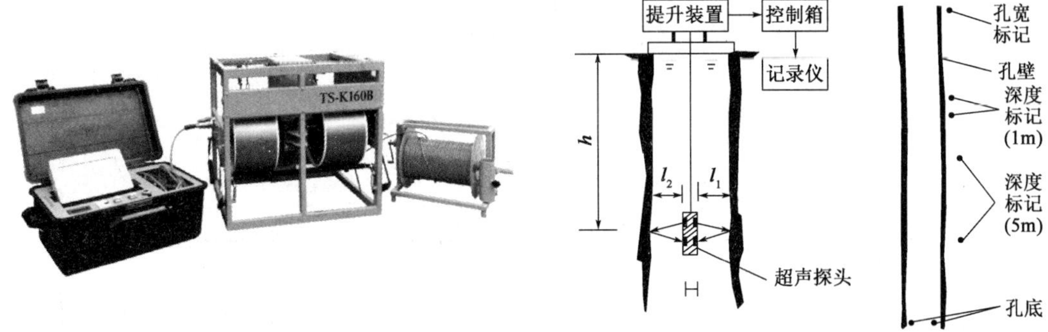

图5-4-7　超声波成孔检测仪　　图5-4-8　超声波成孔检测仪工作原理

沉渣厚度采用探针压力测试法:将沉渣探头下放到孔底时,电机自动停止下放探头,控制箱读取探头状态。控制箱控制探针缓慢伸出,同时测定探针压力和伸出长度,当压力大于一定值时停止,此时探针伸出长度即为当前位置沉渣厚度(图5-4-10)。

图 5-4-9 超声波成孔检测仪测孔深和孔径

图 5-4-10 超声波成孔检测仪探头测沉渣

2)井径仪测定

井径仪由井下机械结构和地面记录两部分组成,图 5-4-11 所示为井径仪井下机械结构。井下机械结构有把机械位移变成电信号的转换装置。常见的井径仪有三或四个测量臂,在弹簧的作用下末端张开紧贴井壁。随着井径的变化,测量臂的末端也随着张开或合拢,同时带动电位器滑臂移动,于是井径的变化就变成了电阻的变化。当通过电缆给电位器供电时,变化的电阻间电位差就反映了井径的变化。地面记录部分则记录电位差的变化,根据测得的电位差变化情况,可间接反映井径的大小变化。

3)探孔器测定

当缺乏专用仪器时,可采用外径为钻孔桩钢筋笼直径加 100mm(不得大于钻头直径),长度为 4 ~6 倍外径的钢筋探孔器吊入钻孔内检测。检测时,将探孔器吊起,使钢筋笼的中心、孔的中心与起吊钢绳保持一致,慢慢放入孔内。上下通畅无阻表明孔径大于给定的笼径,遇阻则有可能在遇阻部位有缩径或孔斜现象,如图 5-4-12 所示为现场下放探孔器。

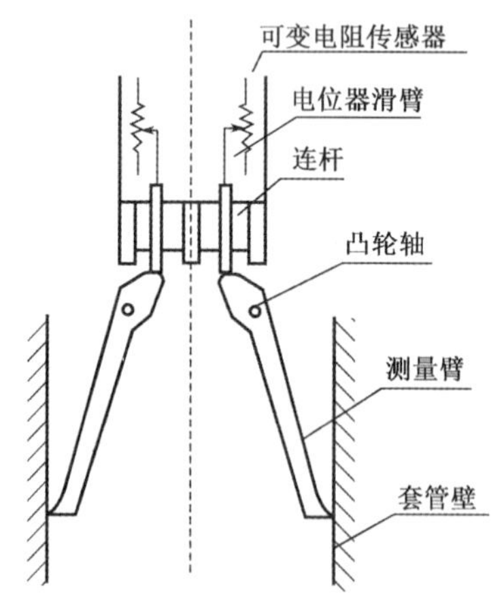

图 5-4-11 井径仪工作原理图

图 5-4-12 下放探孔器

2. 孔深和孔底沉渣的检测

孔深和孔底沉渣除了用超声波成孔检测仪测定外,还可以用标准测深锤进行检测。用测绳将测深锤缓慢地沉入孔内,凭手感探测到测深锤落地时,测绳在护筒上沿的示数为孔深,其施工孔深和测量孔深之差即为沉渣厚度。

沉渣厚度也可用取样盒检测法,它是在清孔后用取样盒(开口铁盒)吊到孔底,待到灌注混凝土前取出,测量沉淀在盒内的渣土厚度。

检测沉渣厚度比较先进的方法还有声呐法、电阻率法和电容法等。

3. 桩孔倾斜度的检测

检测倾斜度常用钻杆垂线法,即将带有钻头的钻杆放到孔底,在孔口处的钻杆上装一个与孔径或护筒内径一致的导向环,使钻杆柱保持在桩孔中心线的位置上,然后将带有扶正圈的钻孔测斜仪下入钻杆内,分点测斜,并将各点数值描画在坐标纸上,通过所绘图形检查桩孔偏斜情况。

桩孔倾斜度的检测也可以用超声波成孔检测仪检测。

4. 桩位的检测

复测桩位时,桩位的测点宜选在新鲜桩头面的中心点,然后测量该点偏移设计桩位的距离,并按坐标位置分别标明在桩位复测平面图上。测量仪器选用全站仪。

四、灌注桩质量检测

1. 钻孔灌注桩质量检测

1)基本要求

(1)钻孔灌注桩成孔后应清孔,并测量孔径、孔深、孔位和沉淀层厚度,确认满足设计要求后,方可灌注水下混凝土。

(2)水下混凝土应连续灌注,灌注时钢筋笼不应上浮。

(3)嵌入承台的锚固钢筋长度不得小于设计要求的锚固长度。

2)实测项目

钻孔灌注桩实测项目应符合表5-4-3的规定,且任一排架桩的桩位不得有超过表中数值2倍的偏差。

钻孔灌注桩实测项目 表5-4-3

项次	检查项目		规定值或允许偏差	检查方法和频率
1△	混凝土强度/MPa		在合格标准内	按《公路工程质量检验评定标准 第一册 土建工程》(JTG F80/1—2017)附录D检查
2	桩位/mm	群桩	≤100	全站仪:每桩测中心坐标
		排架桩	≤50	
3△	孔深/m		≥设计值	测绳:每桩测量
4	孔径/mm		≥设计值	探孔器或超声法波成孔检测仪:每桩测量
5	钻孔倾斜度/mm		≤1%S,且≤500	钻杆垂线法或超声法波成孔检测仪:每桩测量

续上表

项次	检查项目	规定值或允许偏差	检查方法和频率
6	沉淀厚度/mm	满足设计要求	沉淀盒或测渣仪:每桩测量
7△	桩身完整性	每桩均满足设计要求,设计未要求时,每桩不低于Ⅱ类	满足设计要求,设计未要求时,采用低应变反射波法或超声波透射法:每桩检测

注:1. S 为桩长,计算规定或允许偏差时以 mm 计。
2. △表示关键项目。

3)外观质量

钻孔灌注桩外观质量应符合下列规定:

(1)凿除桩头预留混凝土后,桩顶应无残余的松散混凝土。

(2)外露混凝土表面不应存在《公路工程质量检验评定标准　第一册　土建工程》(JTG F80/1—2017)附录 P 所列限制缺陷,具体内容见表 5-4-4。

结构混凝土外观质量限制缺陷　　表 5-4-4

名称	现象	限制缺陷		
		支座垫石、锚下混凝土、锚索垫块等局部承压构件或部位	梁、板、拱、墩台身、盖梁、塔柱、防撞护栏、挡块、伸缩装置锚固块、封锚、小型预制构件等	挡土墙、承台、锚碇块体、隧道锚塞体、沉井、基础、桥头搭板、边坡框格梁等
裂缝	表面延伸到内部的缝隙	存在非受力裂缝和宽度超过设计规定值的受力裂缝①	存在宽度超过设计规定限值的非受力裂缝①(设计未规定的,对防撞护栏及边坡框格梁、隐蔽结构或构件等为 0.3mm,其他结构或构件为 0.2mm); 全预应力及 A 类预应力混凝土构件存在受力裂缝,B 类预应力构件和钢筋混凝土构件存在宽度超过设计和相关规范限值的受力裂缝	
孔洞	深度超过保护层厚度的孔穴	存在孔洞		
露筋	钢筋未被混凝土包裹而形成的外露	存在露筋		
蜂窝	表面缺失水泥浆形成的局部蜂窝样粗骨料外露	存在蜂窝	主要受力部位②:存在蜂窝; 其他部位:单个蜂窝面积大于 0.02m²,或蜂窝总面积超过所在面面积的 1%,或深度超过 10mm 及 1/2 保护层厚度的蜂窝	单个蜂窝面积大于 0.04m²,或蜂窝总面积超过所在面面积的 2%,或深度超过 15mm 及 1/2 保护层厚度的蜂窝
疏松	由离析、振捣不足而形成的局部不密实	存在疏松	主要受力部位①:存在疏松;其他部位;疏松总面积超过所在面面积的 1%;任何一处面积大于 0.02m² 的疏松;深度超过 10mm 的疏松	疏松总面积超过所在面面积的 2%;任何一处面积大于 0.04m² 的疏松;深度超过 15mm 的疏松
壳渣	混凝土中夹有杂物	存在夹缝	若杂物为钢筋、钢板等易腐蚀金属,视同为露筋;若杂物为土块、木块、混凝土碎块及其他杂物等视同为蜂窝	—

续上表

名称	现象	限制缺陷		
		支座垫石、锚下混凝土、锚索垫块等局部承压构件或部位	梁、板、拱、墩台身、盖梁、塔柱、防撞护栏、挡块、伸缩装置锚固块、封锚、小型预制构件等	挡土墙、承台、锚碇块体、隧道锚塞体、沉井、基础、桥头搭板、边坡框格梁等
麻面	混凝土表面局部缺浆、粗糙或密集小凹坑	预制构件：麻面总面积超过所在面面积的2%； 其他结构或构件：麻面总面积超过所在面面积的3%		本隐蔽结构或构件：麻面总面积超过所在结构或构件面积的4%；隐蔽结构或构件：麻面总面积超过所在结构或构件面积的6%
外形缺陷	棱线不直，翘曲不平，飞边凸肋、啃边、蹦角	影响结构使用功能或构件安装的外形缺陷，深度超过保护层厚度的啃边、蹦角		
其他表面缺陷	掉皮、起砂、污染	预制构件：缺陷超过所在面面积的2%； 其他构件：缺陷超过所在面面积的3%	非隐蔽结构或构件：缺陷总面积超过所在结构或构件面积的4%； 隐蔽构件或结构：缺陷总面积超过所在结构或构件面积的6%	

注：①非受力裂缝系指由荷载以外的作用面产生的裂缝，受力裂缝系指由荷载而产生的裂缝。

②主要受力部位包括梁、板、盖梁的跨中、支承区段、拱脚、拱顶区段、塔、柱底区段，连接区段等部位。

2. 挖孔灌注桩质量检测

1）基本要求

（1）挖孔达到设计深度后，应及时进行孔底清理，清理后应无松渣、淤泥等易扰动软土层，孔底地质状况应满足设计要求。

（2）灌注混凝土时钢筋笼不应上浮。水下灌注时应连续灌注，干灌时应进行振捣。

（3）嵌入承台的锚固钢筋长度不得小于设计要求的锚固长度。

2）实测项目

挖孔桩实测项目应符合表5-4-5的规定，且任一排架桩的桩位不得有超过表中数值2倍的偏差。

挖孔灌注桩实测项目 表5-4-5

项次	检查项目		规定值或允许偏差	检查方法和频率
1△	混凝土强度/MPa		在合格标准内	按《公路工程质量检验评定标准 第一册 土建工程》（JTG F80/1—2017）附录D检查
2	桩位/mm	群桩	≤100	全站仪：每桩测中心坐标
		排架桩	≤50	
3△	孔深/m		≥设计值	测绳量：每桩测量
4	孔径或边长/mm		≥设计值	井径仪：每桩测量
5	钻孔倾斜度/mm		≤0.5%S，且不大于200	铅锤法：每桩测量
6△	桩身完整性		每桩均满足设计要求，设计未要求时，每桩不低于Ⅱ类	满足设计要求，设计未要求时，采用低应变反射波法或声波透射法：每桩检测

注：1. S为桩长，计算规定值或允许偏差时以mm计。

2. 表中标识"△"项目为关键项目，其他检查项目为一般项目。

3)外观质量

挖孔灌注桩外观质量应符合下列规定:

(1)凿除桩头预留混凝土后,桩顶应无残余的松散混凝土。

(2)外露混凝土表面不应存在《公路工程质量检验评定标准 第一册 土建工程》(JTG F80/1)附录P所列限制缺陷(表5-4-4)。

3. 灌注桩桩身完整性检测

灌注桩桩身完整性是反映桩身长度和截面尺寸、桩身材料密实性和连续性的综合状况。桩身缺陷指桩身存在断裂、裂缝、缩径、夹泥、离析、蜂窝、松散等现象。桩身完整性类别应按表5-4-6划分。

桩身完整性类别的划分 表5-4-6

桩身完整性类别	特征
Ⅰ类桩	桩身完整,可正常使用
Ⅱ类桩	桩身基本完整,有轻度缺陷,不影响正常使用
Ⅲ类桩	桩身有明显缺陷,对桩身结构承载力有影响
Ⅳ类桩	桩身有严重缺陷,对桩身结构承载力有严重影响

桩身完整性检测方法包括低应变反射波法、高应变动测法和超声波法,检测时应根据工程需要和检测目的按表5-4-7规定的检测内容选用。

基桩的检测方法和检测内容 表5-4-7

检测方法		检测内容
低应变反射波法		检测桩身缺陷位置及影响程度,判定桩身完整性类别
高应变动测法		分析桩侧和桩端土阻力,推算单桩轴向抗压极限承载力;检测桩身缺陷位置、类型及影响程度,判定桩身完整性类别;试打桩及打桩应力监测
超声波法	透射法	检测灌注桩中声测管之间混凝土的缺陷位置及影响程度,判定桩身完整性类别
	折射法	检测灌注桩钻芯孔周围混凝土的缺陷位置及影响程度

现行《公路工程质量检验评定标准 第一册 土建工程》(JTG F80/1)中规定桩身完整性检测采用低应变反射波法或超声波透射法。

1)低应变反射波法

低应变反射波法是在桩顶施加低能量冲击荷载,实测加速度(或速度)响应时程曲线,运用一维线性波动理论的时域和频域分析,对被检测桩的完整性进行评判的检测方法。该方法适用于检测桩身混凝土的完整性,推定缺陷类型及其在桩身中的位置。

低应变反射波仪由主机系统、敲击设备、接收传感器和分析处理软件组成。其工作原理源于应力波理论,如图5-4-13所示,在桩顶进行竖向激振,弹性波沿着桩身向下传播,在桩身存在明显波阻抗界面(如桩底、断桩或严重离析等部位)或桩身截面积变化(如缩径或扩径)部位,将产生反射波。经接收、放大滤波和数据处理,可识别来自桩身不同部位的反射信息,并据此计算桩身波速,判断桩身完整性和混凝土强度等级。图5-4-14为低应变反射波法测试现场。

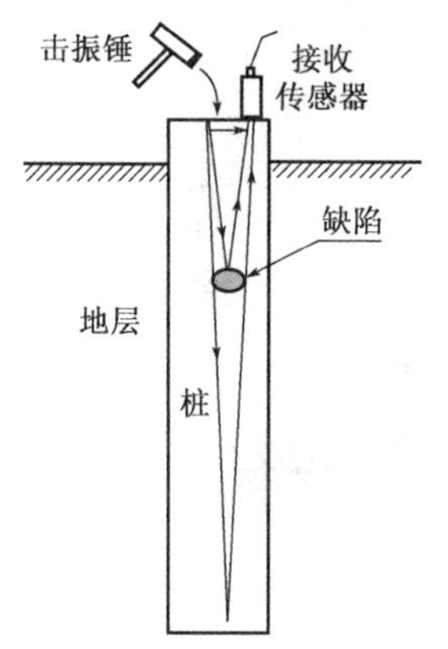

图 5-4-13 低应变反射波测试原理

图 5-4-14 低应变反射波测试现场

2)超声波透射法

超声波透射法是根据超声波透射或折射原理,在桩身混凝土内发射并接收超声波,通过实测超声波在混凝土介质中传播的历时、波幅和频率等参数的相对变化来判定桩身完整性的检测方法。

超声波透射法设备由超声检测仪、超声波发射器及接收换能器(探头)、预埋声测管等组成(图 5-4-15)。其工作原理是:超声波在正常混凝土中传播速度是有一定范围的,当传播路径遇到混凝土有缺陷时,声波要绕过缺陷或在传播速度较慢的介质中通过,声波将发生衰减,造成传播时间延长,从而使声时增大,计算声速降低,波幅减小,波形畸变,利用超声波在混凝土中传播的这些声学参数的变化,来分析判断桩身混凝土质量(图 5-4-16)。

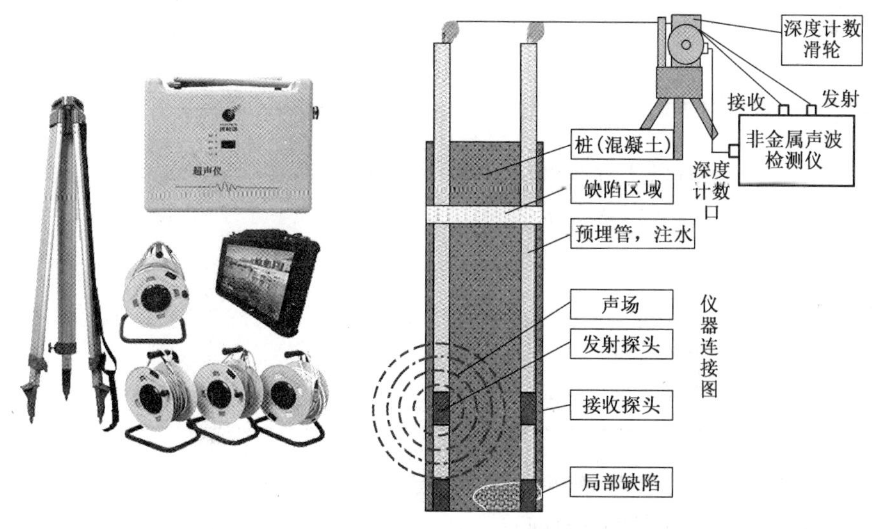

图 5-4-15 超声波透射法设备

图 5-4-16 超声波透射法工作原理示意图

超声波透射法适用于检测桩径大于 0.6m 的混凝土灌注桩质量,因为桩径较小时,声波换能器与检测管的声耦合会引起较大的相对误差。适用于检测的桩长则不受限制。

预埋的声波检测管宜采用钢管、塑料管或钢质波纹管,其内径宜为 50～60mm。钢管宜用螺纹连接,管的下端应封闭,上端应加盖。声测管可焊接或绑扎在钢筋笼的内侧,声测管之间应相互平行。现场检测时,预埋声测管应符合下列规定:桩径小于1.0m时应埋设双管;桩径为1.0~2.5m时应埋设三根管;桩径在2.5m以上时应埋设四根管(图5-4-17)。

根据同批次桩的大小选择合适的换能器,设置相应的仪器参数,采用标定法确定超声波检测仪系统的延迟时间。

现场检测时,将发射探头和各接收换能器放入标志深度的各声测管底部,保持固定高差进行同步升降,实时记录接收信号的时程曲线。对所测数据进行初步分析,存在桩身质量可疑点,再进行加密测试或扇形扫测,进一步确定桩身缺陷的位置和范围(图5-4-18)。

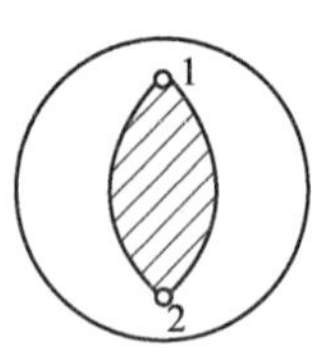

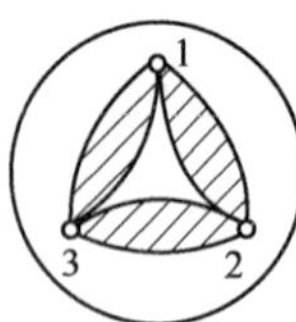

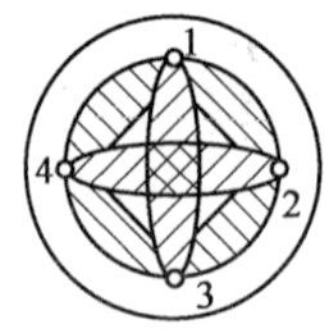

图5-4-17 超声波透射埋管编组
1,2,3,4-声测管埋设位置

图5-4-18 超声波透射法检测现场

五、沉入桩质量检测

1. 基本要求

(1)沉入桩下沉应符合施工技术规范的要求。

(2)桩的接头数量应满足设计要求。

2. 实测项目

沉入桩实测项目应符合表5-4-8~表5-4-10的规定,且任一排架桩的桩位不得有超过表中数值2倍的偏差。

混凝土桩预制实测项目 表5-4-8

项次	检查项目	规定值或允许偏差	检查方法和频率
1△	混凝土强度/MPa	在合格标准内	按《公路工程质量检验评定标准 第一册 土建工程》(JTG F80/1—2017)的附录D检查
2	长度/mm	±50	尺量:每桩测量

续上表

项次	检查项目		规定值或允许偏差	检查方法和频率
3	横截面/mm	桩径或边长	±5	尺量:抽查10%桩,每桩测3个断面
		空心中心与桩中心偏差	≤5	
4	桩尖与桩的纵轴线偏差/mm		≤10	尺量:抽查10%桩,每桩测量
5	桩纵轴线弯曲矢高/mm		≤0.1%S,且≤20	沿柱长拉线量,取最大矢高:抽查10%桩
6	桩顶面与桩纵轴线倾斜偏差/mm		≤1%D,且≤3	角尺:抽查10%桩,各测2个垂直方向
7	接桩的接头平面与桩轴线垂直度		≤0.5%	角尺:抽查20%桩,各测2个垂直方向

注:1. S为桩长,D为桩径或边长,计算规定值或允许偏差时以mm计。

2. 表中标识"△"项目为关键项目,其他检查项目为一般项目。

钢管桩制作实测项目 表5-4-9

项次	检查项目			规定值或允许偏差	检查方法和频率
1	长度/mm			+300,0	尺量:每桩测量
2	桩纵轴线弯曲矢高/mm			≤0.1%S,且≤30	沿桩长拉线量,取最大矢高:抽查10%桩,每桩测量
3	管节外形尺寸	管端椭圆度/mm		±0.5%D,且≤±5	尺量:抽查10%桩,各测3个断面
		周长/mm		±0.5%L,且≤±10	
4△	接头尺寸	管径差/mm	≤700	≤2	尺量:抽查10%桩,每个接头测量
			>700	≤3	
		对接板高差/mm	δ≤10	≤1	
			10<δ≤20	≤2	
			δ>20	≤δ/10,且≤3	
5	焊缝尺寸/mm			满足设计要求	量规:抽查10%桩,检查全部缝
6△	焊缝探伤				超声法:满足设计要求,抽查10%桩,每桩检查20%焊缝,且不少于3条; 射线法:满足设计要求,抽查10%桩,每桩检查2%焊缝,且不少于1条

注:1. D为桩径,S为桩长,L为桩的周长,计算规定值或允许偏差时以mm计;δ为壁厚,以mm计。

2. 表中标识"△"项目为关键项目,其他检查项目为一般项目。

沉桩实测项目 表5-4-10

项次	检查项目			规定值或允许偏差	检查方法和频率
1	桩位/mm	群桩	中间桩	≤D/2且≤250	全站仪:抽查20%桩,调桩中心坐标
			外缘桩	≤D/4且≤150	
		排架桩	顺桥方向	≤40	
			垂直桥轴方向	≤50	
2△	桩尖高程/mm			≤设计值	水准仪测桩顶面高程后反算:每桩测量
3△	贯入度/mm			≤设计值	与控制贯入度比较:每桩测量

续上表

项次	检查项目		规定值或允许偏差	检查方法和频率
4	倾斜度	直桩	≤1%	铅锤法:每桩测量
		斜桩	≤15% $\tan\theta$	

注:1. 深水中采用打桩船沉桩时,其允许偏差应满足设计要求。
2. D 为桩径或短边长度,以 mm 计。
3. θ 为斜桩轴线与垂线间的夹角。
4. 当贯入度满足设计要求但桩尖高程未达到设计高程,应按施工技术规范的规定进行检验,并得到设计认可时,桩尖高程为合格。
5. 表中标识"△"项目为关键项目,其他检查项目为一般项目。

3. 外观质量

沉入桩外观质量应符合下列规定:

(1)预制桩混凝土表面不应存在《公路工程质量检验评定标准 第一册 土建工程》(JTG F80/1—2017)附录 P(表 5-4-4)所列限制缺陷。

(2)桩头应无未处理的劈裂、破碎、破损。

(3)钢管桩桩身不得有凹凸现象或深度大于 0.5mm 和该钢材厚度允许负偏差 1/2 的划痕,焊接应无裂纹、焊瘤、夹渣、未焊透、电弧擦伤、未填满弧坑及设计不允许出现的外观缺陷。

引思明理

桩基础基桩多位于土中或水下,属于隐蔽性工程,出现工程问题很难发现,后期修复也较为困难,因此,加强前期对桩基施工过程的全面监管与控制非常必要,通过试验检测可以获取真实有效的质量检测数据,适时评价工程质量状况。

工程质量检测技术是涉及数学、力学、光学、电学等多学科,需要自动化检测、信息处理、计算机辅助工程等多个技术领域融合的一项综合性技术,与工程实践联系密切。随着计算机技术的普及,自动化控制、超声波与激光应用、高精度测微等技术的进步,工程质量检测技术也由人工向自动化,有损向无损,低速向高速,低精度向高精度发展。其中超声波等无损检测技术凭借其无破损、测速快、精度高等优势已得到广泛应用,如图 5-4-19 所示为超声波成孔检测现场。

图 5-4-19 超声波成孔检测

当今时代知识与技术更新很快,是一个需要终身学习的时代。宋·朱熹曰:"举一而三反,闻一而知十,乃学者用功之深,穷理之熟,然后能融会贯通,以至于此。"意指学习中应将各方面的知识或道理融会贯通起来才能达到系统透彻的理解。工程检测技术人员必须与时俱进,努力学习工程专业知识,只有将多学科多技术领域的理论知识融会贯通,才能游刃有余地根据具体工程情况进行综合比选,选择并应用合理有效的检测技术,正确完成仪器设备的操作和检测数据的分析处理,保证检测结果的准确性和可靠性。同时工程检测技术人员应在实践中及时发现问题,努力钻研,提出解决或创新方案,并以此为基础,研究开发检测新设备、新技术和新方法,推动检测技术的进一步发展,提高工程质量检测技术水平。

1. 泥浆性能指标及检测方法有哪些?
2. 灌注桩钢筋质量检测项目有哪些?
3. 灌注桩质量检测项目有哪些? 分别用哪些检测方法?
4. 沉桩质量检测项目有哪些? 分别用哪些检测方法?
5. 灌注桩桩身完整性分为几个类别? 其检测方法有哪些?

背景资料:

某高架桥全长8777m,基础设计为深钻孔灌注混凝土摩擦桩,下部构造设计为双柱式墩台,上部设计为20m预制混凝土组合箱型梁。基础共有1754根桩,桩径为1.5m,桩长在62m~70m之间,平均桩长66m。

任务要求:

请列表写出整个施工过程中检测人员应进行的检测项目,各检测项目使用的检测方法和所用仪器设备;并用"△"标识出其中的关键项目。

任务五 桩基础设计

1. 知识目标

(1)掌握桩基础的设计计算方法、步骤与要求;

(2)掌握静载试验确定单桩承载力特征值的方法;

(3)掌握规范公式确定单桩轴向受压承载力特征值的计算方法;

(4)掌握m法计算桩基础作用效应及位移;

(5)掌握群桩基础计算条件及方法;

(6)了解桩身负摩阻力的产生条件及作用。

2. 能力目标

(1)能计算确定单桩轴向受压承载力特征值;

(2)能完成单排桩的设计及验算。

任务描述

通过对桩基础设计计算方法等相关知识的学习,能根据提供的地质水文资料和桩身设计资料,按照现行《公路桥涵地基与基础设计规范》(JTG 3363)中的计算要求,正确完成单排桩的设计及验算。

相关知识

一、桩基础设计内容与步骤

设计桩基础时应根据荷载性质与大小,上部结构形式与使用要求,地质和水文资料以及材料供应和施工条件等,确定适宜的桩基础类型和各组成部分尺寸,并保证承台、基桩和地基在强度、变形和稳定性方面均能满足安全和使用要求。同时也要考虑到设计方案的可行性与合理性。

桩基础的设计计算,一般包括下述步骤与内容:

1. 桩基础类型的选择

选择桩基础类型时,应根据设计要求和现场条件,考虑各种类型的桩和桩基础所具有的不同特点,注意扬长避短,综合选定。

1)承台底面高程的确定

承台底面高程应根据桩的受力情况,桩的刚度,地形、地质、水流情况等施工条件确定。低桩承台基础稳定性好、但水中施工难度较大,常用于季节性河流、冲刷小的河流或岸上的墩台及旱地上其他结构物的基础。当承台埋于冻胀土层中时,为了避免由于土的冻胀引起桩基损坏,承台底面应低于冻结线。对于常年有流水、冲刷较深、或水位较高、施工排水困难等情况,受力条件允许时应尽可能采用高桩承台基础。水中承台底面应低于在最低冰冻层;在有漂流物或通航的河道中,承台底面应保证基桩不会直接受到撞击。对于有冲刷的河流,还应考虑水流冲刷的影响。

2)端承桩和摩擦桩的选定

工程中选择采用端承桩还是摩擦桩主要是根据地质条件和受力情况确定。当基岩埋深较浅时,应考虑采用端承桩;若适宜的基岩埋深较大或受施工条件限制不宜采用端承桩时,应考虑采用摩擦桩。

3)单排桩基础和多排桩基础的选定

多排桩基础稳定性好,抗弯刚度较大,能承受较大的水平荷载,水平位移较小,但多排桩的设置会增大承台尺寸,增加施工困难,有时还会影响通航。单排桩能较好地与柱式墩台结构形式配合,可节省圬工,减小作用在桩基上的竖向荷载。因此,单排桩基础和多排桩基础的确定主要是根据受力、桩长、桩数的情况确定。当桩基受较大水平力作用时,一般还需选用斜桩或竖直桩配斜桩的形式增加桩基抗水平力的能力并提升桩基的稳定性。

4)桩型与成桩工艺的选择

桩型与成桩工艺的选择应根据结构类型、荷载性质、桩的使用功能、穿越的土层、桩端持力层土类、地下水位、施工设备、施工环境以及材料供应条件等确定。

2. 桩径、桩长的拟定和单桩承载力特征值的确定

1）桩径的拟定

当桩基础类型选定后，桩的横截面尺寸可根据各类桩的特点及常用尺寸，并考虑工程地质情况和施工条件选择确定。

2）桩长的拟定

桩长应根据地质条件和施工可能性（如钻进的最大深度、孔径等）选择确定。设计时尽可能将桩底置于岩层或坚实的土层上，以获得较大的承载力、减小基础沉降，应避免将桩底置于软土层上或离软弱下卧层距离太近，导致基础发生过大沉降。

摩擦桩桩底持力层可能有多种选择时，可通过试算比较，选用更为合理的桩长。摩擦桩桩长不宜拟定太短（一般不宜小于4m），因为桩长过短则无法达到通过桩基将荷载传递到深层，达到减小基础沉降的目的，同时还需增加桩数，使承台尺寸扩大，也影响施工进度。此外，为充分发挥摩擦桩桩底土层支承力，桩底端应插入桩底持力层一定深度。

3）单桩承载力特征值的确定

单桩横截面尺寸和桩长确定后，应根据地质资料确定单桩轴向受压承载力特征值。对于一般的桥梁和结构物，可在工程初步设计阶段按规范公式计算；对于大型、重要桥梁或复杂地基条件，应通过静载试验确定单桩轴向受压承载力特征值。

3. 确定基桩的根数及其在平面上的布置

1）桩的根数估算

桩基础所需桩的根数可根据承台底面上的竖向荷载和单桩的承载力特征值按下式估算：

$$n = \mu \frac{N}{R_a} \tag{5-5-1}$$

式中：n——桩的根数；

N——作用在承台底面的竖向荷载，kN；

R_a——单桩轴向受压承载力特征值，kN；

μ——考虑偏心荷载时各桩受力不均匀而适当增加桩数的经验系数，一般可取1.1～1.2；估算的桩数是否合适，尚待验算各桩的受力状况后验证确定。

2）确定桩的平面布置

一般墩台基础多以纵向荷载控制设计，控制方向上桩的布置应尽可能以使各桩受力相近为目标，同时考虑施工的可能与便利。当荷载偏心较大时，承台底面的压应力图呈梯形，若两端压应力比值较大，宜用不等距排列：两侧密、中间疏；若两端压应力比值不大，宜用等距排列；非控制方向上一般均采用等距排列。相邻桩之间的距离不宜太大，也不宜过小，因为若桩间距大，承台平面尺寸和质量将相应增大；若桩间距过小，摩擦桩桩端处的地基应力叠加现象严重。不同类型桩的间距应满足现行《公路桥涵地基与基础设计规范》（JTG 3363）中的设计要求。

4. 承台尺寸的拟定

承台应根据上部结构作用情况、墩台底面尺寸，基桩根数及布置形式，按照设计规范和施工规范要求，拟定其平面和立面尺寸。承台厚度一般为1.0～2.5m，承台底面尺寸的拟定，要求扩展角不得超过刚性角。

5. 桩基础设计方案的检验

桩基础设计方案拟定后,应进行基桩和承台强度、稳定性和变形的验算,经过计算、比较、修改直至符合各项要求,最后通过比选确定较佳的设计方案。

1)单根基桩的检验

(1)单桩竖向承载力检验

①按地基土的支承力确定和验算单桩竖向承载力。单桩竖向承载力验算应满足:

$$N_{max} + G \leqslant \gamma_R R_a \tag{5-5-2}$$

式中:N_{max}——作用于桩顶的最大轴向力;

G——桩重,当桩埋在透水土层中时,对处于水下的桩应考虑浮力作用,对钻孔桩,当采用表5-5-1中q_{ik}值计算R_a时,按规定对局部冲刷线以下的桩身应取其自重的一半计算,即G等于局部冲刷线以上的桩重加局部冲刷线以下桩重的一半;

R_a——单桩轴向受压承载力特征值,取用按照土的阻力和材料强度算得结果中的较小值;

γ_R——地基承载力抗力系数。

②按桩身材料强度确定和检验单桩承载力。检验时,把桩作为一根压弯构件,以承载能力极限状态验算桩身压屈稳定和截面强度,以正常使用极限状态验算桩身裂缝宽度。

(2)单桩横向承载力检验

当有水平静载试验资料时,可以直接检验桩的水平承载力是否满足地面处水平力作用,一般情况下桩身还作用有弯矩;无水平静载试验资料时,均应验算桩身截面强度。对于预制桩还应验算起吊、运输时的桩身强度。

(3)单桩水平位移检验

荷载作用下的墩台水平位移除了与其自身材料受力变形有关外,还取决于桩端的水平位移及转角,因此墩台顶水平位移验算包含了对单桩水平位移的检验。

2)群桩基础承载力和沉降量的检验

对9根桩及以上的多排摩擦型桩群桩,在桩端平面内桩间距小于6倍桩径时,群桩可作为整体基础验算桩端平面处的土的承载力。当桩端平面以下有软土层或软弱地基时,还应验算该土层的承载力。

桩基为端承桩或桩端平面内桩的中距大于桩径(或边长)的6倍时,桩基的总沉降量可取单桩的沉降量。在其他情况下,应计算群桩的沉降量,并应计入桩身压缩量。

3)承台强度检验

承台作为构件,一般应进行局部受压、抗冲剪、抗弯和抗剪强度验算。具体验算可参阅《结构设计原理》教材及有关设计手册进行。

二、单桩轴向承载力特征值的确定

1. 基本概念

单桩承载力特征值是指单桩在外荷载作用下,地基土和桩的强度及稳定性均能得到保证,且变形在安全容许范围之内时,桩所能承受的最大荷载。单桩承载力特征值分为轴向受压承载力特征值和横向承载力特征值。

单桩桩身在轴向荷载的作用下,将产生弹性压缩,同时部分荷载通过桩身传至桩底,使桩底土产生压缩变形。当单桩相对于桩侧土产生向下位移时,桩侧土对单桩将产生向上作用的桩侧摩阻力,桩底土对单桩产生向上的桩端阻力,而单桩需要不断克服桩侧土的摩阻力和桩端阻力将荷载传递给土体。桩身变形还与其所采用的材料强度有关,因此,确定单桩轴向受压承载力特征值时,必须从土对桩的阻力和桩身材料强度两个方面加以考虑。目前单桩轴向受压承载力特征值常用方法有静压试验法、规范公式法和静力触探法。

2. 静载试验法

静载试验法是在施工现场对基桩桩顶逐级施加轴向荷载,测量每级荷载作用下桩的沉降值,逐级加载直至桩破坏,最后根据沉降与荷载及时间的关系,分析确定单桩承载力特征值的方法。

1)试验时间:静载试验应在冲击试验后立即进行。对钻(挖)孔灌注桩,应待混凝土达到能承受设计要求荷载后,方可进行试验。

2)试验加载装置:可采用液压千斤顶加载。千斤顶的反力装置可根据现场实际条件选用下列三种形式之一:

(1)锚桩承载梁反力装置

锚桩承载梁反力装置能提供的反力,应不小于预估最大试验荷载的1.3~1.5倍。锚桩宜采用4根,入土较浅或土质松软时可增至6根,如图5-5-1所示。锚桩与试桩的中心间距取值为:当试桩直径(或边长)小于或等于800mm时,可为试桩直径(或边长)的5倍;当试桩直径(或边长)大于800mm时,不得小于4m。

(2)压重平台反力装置

利用在平台上压重作为对桩静压试验的反力装置,如图5-5-2所示。压重不得小于预估最大试验荷载的1.3倍且压重应在试验开始前一次加上。试桩中心至压重平台支承边缘的距离与上述试桩中心至锚桩中心距离的确定方法相同。

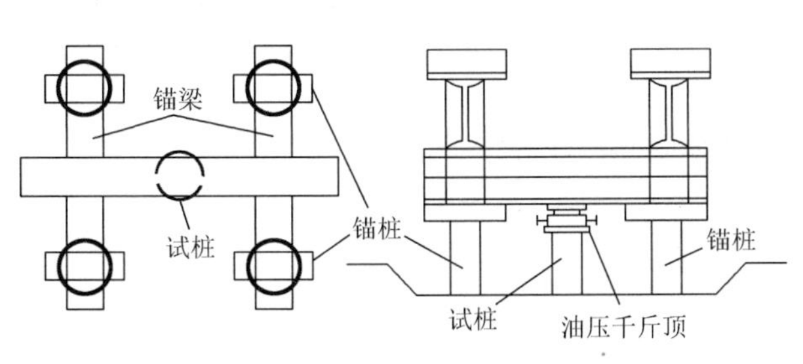

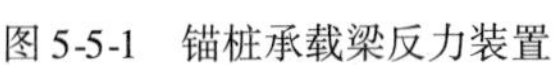
图5-5-1 锚桩承载梁反力装置

图5-5-2 压重平台反力装置

(3)锚桩压重联合反力装置

当试桩最大加载量超过锚桩的抗拔能力时,可在承载梁上放置或悬挂一定重物,由锚桩和重物共同承受千斤顶反力。

3)位移测量装置

测量仪表应精确,可使用1/20mm光学仪器或力学仪表,如水平仪、挠度仪、偏移计等。支承仪表的基准架应有足够的刚度和稳定性。基准梁的一端在其支承上应能自由移动,不受温度影响引起上拱或下挠。基准桩应埋入地基表面以下一定深度,不受气候条件等影响,其中心与试桩、锚桩中心(或压重平台支承边缘)之间的距离宜符合规范规定值。

4)试验方法

分级加载时,加载重心应与试桩轴线相一致,使荷载传递均匀,无冲击。加载过程中,不应使荷载超过每级的规定值。加载分级时,每级加载量宜为预估最大荷载的1/10~1/15。当桩的下端埋入巨粒土、粗粒土以及坚硬的黏质土中时,第一级可按2倍的分级荷载加载。对于施工检验性试验,预估最大荷载可采用设计荷载的2.0倍。

每级荷载作用下,下沉未达稳定时不得进行下一级加载。每级加载的观测时间规定为:每级加载完毕后,每隔15min观测一次;累计1h后,每隔30min观测一次。

每级加载后的下沉量,在下列时间内如不大于0.1mm时即可认为稳定:

(1)桩端下为巨粒土、砂类土、坚硬黏质土,最后30min;

(2)桩端下为半坚硬和细粒土,最后1h。

5)加载终止及极限荷载取值规定

(1)总位移量大于或等于0.05D(D为桩的直径),本级荷载的下沉量大于或等于前一级荷载下沉量的5倍时,加载即可终止。取此终止时荷载小一级的荷载为极限荷载。

(2)总位移量大于或等于0.05D,本级荷载加上后24h未达到稳定,加载即可终止。取此终止时荷载小一级的荷载为极限荷载。

(3)巨粒土、密实砂类土以及坚硬的黏质土中,总下沉量小于0.05D,但荷载已大于或等于设计荷载乘以设计规定的安全系数,加载即可终止。取此时的荷载为极限荷载。

(4)施工过程中的检验性试验,一般加载应继续到桩的2倍设计荷载为止。如果桩的总沉降量不超过0.05D,且最后一级加载引起的沉降不超过前一级加载引起的沉降的5倍,则该桩可予以检验。

极限荷载的确定困难时,应绘制荷载-沉降曲线(p-s曲线)、沉降-时间曲线(s-t曲线)确定,必要时还应绘制s-lg$t$曲线、s-lg$p$曲线(单对数法)、s-$[1-p/p_{max}]$曲线(百分率法)等进行综合比较,确定比较合理的极限荷载取值。

极限荷载确定后,可按式(5-5-3)确定单桩轴向受压承载力特征值。

$$R_a = \frac{P_j}{K} \tag{5-5-3}$$

式中:R_a——单桩轴向受压承载力特征值,kN;

P_j——极限荷载,kN;

K——安全系数,一般取值为2。

静载试验是在施工现场进行的,桩的尺寸、结构、入土深度、沉桩方式以及地质条件等接近工程实际情况,是较为可靠的方法。对具有下列情况的大桥、特大桥,应通过静载试验确定单桩轴向受压承载力:

(1)桩的入土深度远超过常用桩。

(2)地质情况复杂,难以确定桩的承载力。

(3)新型桩基础或采用新工艺施工的桩基础。

(4)有其他特殊要求的桥梁桩基础。

3. 规范公式法

规范公式法是利用现行《公路桥涵地基与基础设计规范》(JTG 3363)中的公式直接计算单桩轴向受压承载力特征值的方法,它是根据大量的静载试验资料、经过理论分析和统计整理得出的,具有一定的理论根据和实践基础,可在一般桥梁基础设计中应用。

(1)对支承在土层中的钻(挖)孔灌注桩,其单桩轴向受压承载力特征值R_a可按下列公式计算:

$$R_a = \frac{1}{2}u\sum_{i=1}^{n} q_{ik} l_i + A_p q_r \tag{5-5-4}$$

$$q_r = m_0 \lambda [f_{a0} + k_2 \gamma_2 (h-3)] \tag{5-5-5}$$

式中:R_a——单桩轴向受压承载力特征值,kN,桩身自重与置换土重(当自重计入浮力时,置换土重也计入浮力)的差值应计入作用效应;

u——桩身周长,m;

A_p——桩端截面面积,m^2,对于扩底桩,取扩底截面面积;

n——土的层数;

l_i——承台底面或局部冲刷线以下各土层的厚度,m,扩孔部分及变截面以上$2d$(d为桩的直径)长度范围内不计;

q_{ik}——与l_i对应的各土层与桩侧的摩阻力标准值,kPa,宜采用单桩摩阻力试验确定,当无试验条件时按表5-5-1选用,扩孔部分及变截面以上$2d$长度范围内不计摩阻力;

q_r——修正后的桩端土承载力特征值,kPa,当持力层为砂土、碎石土时,若计算值超过下列值,宜采用下列值:粉砂1000kPa;细砂1150kPa;中砂、粗砂、砾砂1450kPa;碎石土2750kPa;

f_{a0}——桩端土的承载力特征值,kPa,由桩端土的类别与物理状态按学习项目二中表2-5-2~表2-5-8选用;

h——桩端的埋置深度,m,对有冲刷的桩基,埋深由局部冲刷线起算;对无冲刷的桩基,埋深由天然地面线或实际开挖后的地面线起算;h的计算值不大于40m,当大于40m时,按40m计算;

k_2——承载力特征值的深度修正系数,根据桩端处持力层土类按学习项目二中表2-5-9选用;

γ_2——桩端以上各土层的加权平均重度,kN/m^3,若持力层在水位以下且不透水时,均应取饱和重度;当持力层透水时,水中部分土层应取浮重度;

λ——修正系数,按表5-5-2选用;

m_0——清底系数,按表5-5-3选用。

钻孔桩桩侧土的摩阻力标准值q_{ik} 表 5-5-1

土类	状态	q_{ik}/kPa
中密炉渣、粉煤灰		40～60
黏性土	流塑	20～30
	软塑	30～50
	可塑、硬塑	50～80
	坚硬	80～120
粉土	中密	30～55
	密实	55～80
粉砂、细砂	中密	35～55
	密实	55～70
中砂	中密	45～60
	密实	60～80
粗砂、砾砂	中密	60～90
	密实	90～140
圆砾、角砾	中密	120～150
	密实	150～180
碎石、卵石	中密	160～220
	密实	220～400
漂石、块石	—	400～600

注:挖孔桩的摩阻力标准值可参照本表采用。

修正系数 λ 值 表 5-5-2

桩端土情况	l/d		
	4～20	20～25	>25
透水性土	0.70	0.70～0.85	0.85
不透水性土	0.65	0.65～0.72	0.72

清底系数 m_0 值 表 5-5-3

t/d	0.3～0.1
m_0	0.7～1.0

注:1. t、d 为桩端沉渣厚度和桩的直径。

2. $d≤1.5$m 时,$t≤300$mm;$d>1.5$m 时,$t≤500$mm 且 $0.1<t/d<0.3$。

(2)支承在土层中的沉桩单桩轴向受压承载力特征值R_a可按下式计算:

$$R_a=\frac{1}{2}\left(u\sum_{i=1}^{n}\alpha_i l_i q_{ik}+\alpha_r\lambda_p A_p q_{rk}\right) \tag{5-5-6}$$

式中:R_a——单桩轴向受压承载力特征值,kN,桩身自重与置换土重(当自重计入浮力时,置换土重也计入浮力)的差值计入作用效应;

u——桩身周长，m；

n——土的层数；

l_i——承台底面或局部冲刷线以下各土层的厚度，m；

q_{ik}——与l_i对应的各土层与桩侧摩阻力标准值，kPa，宜采用单桩摩阻力试验或静力触探试验测定，当无试验条件时按表5-5-4选用；

q_{rk}——桩端土的承载力标准值，kPa，宜采用单桩摩阻力试验或静力触探试验测定，当无试验条件时按表5-5-5选用；

α_i、α_r——分别为振动沉桩对各土层桩侧摩阻力和桩端承载力的影响系数，按表5-5-6采用；对于锤击、静压沉桩其值均取1.0；

λ_p——桩端土塞效应系数。对闭口桩取1.0；对开口桩，$1.2\text{m} < d \leqslant 1.5\text{m}$时取0.3～0.4，$d > 1.5\text{m}$时取0.2～0.3。

沉桩桩侧土的摩阻力标准值q_{ik} 表5-5-4

土类	状态	摩阻力标准值 q_{ik}/kPa
黏性土	流塑($1.5 \geqslant I_L \geqslant 1$)	15～30
	软塑($1 > I_L \geqslant 0.75$)	30～45
	可塑($0.75 > I_L \geqslant 0.5$)	45～60
	可塑($0.5 > I_L \geqslant 0.25$)	60～75
	硬塑($0.25 > I_L \geqslant 0$)	75～85
	坚硬($0 > I_L$)	85～95
粉土	稍密	20～35
	中密	35～65
	密实	65～80
粉、细砂	稍密	20～35
	中密	35～65
	密实	65～80
中砂	中密	55～75
	密实	75～90
粗砂	中密	70～90
	密实	90～105

注：1. 表中土的液性指数I_L，是按照76g平衡锥测定的数值。

2. 对钢管桩宜取小值。

沉桩桩端处土的承载力标准值q_{rk} 表5-5-5

土类	状态	桩端承载力标准值 q_{rk}/kPa
黏性土	$I_L \geqslant 1$	1000
	$1 > I_L \geqslant 0.65$	1600
	$0.65 > I_L \geqslant 0.35$	2200
	$0.35 > I_L$	3000

续上表

土类	状态	桩端承载力标准值 q_{rk}/kPa		
—		桩尖进入持力层的相对深度		
		$1>\frac{h_c}{d}$	$4>\frac{h_c}{d}\geqslant 1$	$\frac{h_c}{d}\geqslant 4$
粉土	中密	1700	2000	2300
	密实	2500	3000	3500
粉砂	中密	2500	3000	3500
	密实	5000	6000	7000
细砂	中密	3000	3500	4000
	密实	5500	6500	7500
中、粗砂	中密	3500	4000	4500
	密实	6000	7000	8000
圆砾石	中密	4000	4500	5000
	密实	7000	8000	9000

注:表中 h_c 为桩端进入持力层的深度(不包括桩靴);d 为桩的直径或边长。

系数α_i、α_r值 表 5-5-6

桩径或边长 d/m	系数 α_i、α_r			
	黏土	粉质黏土	粉土	砂土
$0.8\geqslant d$	0.6	0.7	0.9	1.1
$2.0\geqslant d>0.8$	0.6	0.7	0.9	1.0
$d>2.0$	0.5	0.6	0.7	0.9

当采用静力触探试验测定桩侧摩阻力和桩端土承载力时,沉桩承载力特征值计算中q_{ik}和q_{rk}宜按下式计算:

$$q_{ik}=\beta_i\overline{q}_i \tag{5-5-7}$$

$$q_{rk}=\beta_r\overline{q}_r \tag{5-5-8}$$

当土层的$\overline{q}_r$ 大于 2000kPa,且$\overline{q}_i/\overline{q}_r$ 小于或等于 0.014 时:

$$\beta_i=5.067\left(\overline{q}_i\right)^{-0.45}$$

$$\beta_r=3.975\left(\overline{q}_r\right)^{-0.25}$$

如不满足上述$\overline{q}_r$ 和$\overline{q}_i/\overline{q}_r$ 的条件时:

$$\beta_i=10.045\left(\overline{q}_i\right)^{-0.55}$$

$$\beta_r=12.064\left(\overline{q}_r\right)^{-0.35}$$

式中:$\overline{q}_i$——由静力触探测得的桩侧第 i 层土局部侧摩阻力的平均值,kPa,当$\overline{q}_i$ 小于 5kPa 时,采用 5kPa;

$\overline{q}_r$——桩端(不包括桩靴)高程 ±4d(d 为桩身直径或边长)范围内静力触探端阻的平均值,kPa。桩端高程以上 4d 范围内端阻的平均值大于桩端高程以下 4d 的端阻平均值时,可取桩端以下 4d 范围内端阻的平均值;

β_i、β_r——分别为侧摩阻和端阻的综合修正系数。

上列综合修正系数计算公式不适合城市杂填土条件下的短桩;综合修正系数用于黄土地区时,应做试桩校核。

(3)支承在基岩上或嵌入基岩内的钻(挖)孔桩、沉桩的单桩轴向受压承载力特征值R_a可按下式计算:

$$R_a = c_1 A_p f_{rk} + u\sum_{i=1}^{m} c_{2i} h_i f_{rki} + \frac{1}{2}\zeta_s u \sum_{i=1}^{n} l_i q_{ik} \tag{5-5-9}$$

式中:R_a——单桩轴向受压承载力特征值,kN,桩身自重与置换土重(当自重计入浮力时,置换土重也计入浮力)的差值计入作用效应;

c_1——根据岩石强度、岩石破碎程度等因素而确定的端阻力发挥系数,按表 5-5-7 采用;

A_p——桩端截面面积,m^2,对扩底桩,取扩底截面面积;

f_{rk}——桩端岩石饱和单轴抗压强度标准值,kPa,黏土岩取天然湿度单轴抗压强度标准值,当f_{rk}小于 2MPa 时按支承在土层中的桩计算;

f_{rki}——第 i 层的f_{rk}值;

c_{2i}——根据岩石强度、岩石破碎程度等因素而定的第 i 层岩层的侧阻发挥系数,按表 5-5-7 采用;

u——各土层或各岩层部分的桩身周长,m;

h_i——桩嵌入各岩层部分的厚度,m,不包括强风化层、全风化层及局部冲刷线以上基岩;

m——岩层的层数,不包括强风化层和全风化层;

ζ_s——覆盖层土的侧阻力发挥系数,其值应根据桩端f_{rk}确定,见表 5-5-8;

l_i——各土层的厚度,m;

q_{ik}——桩侧第 i 层土的侧阻力标准值,kPa,应采用单桩摩阻力试验值,当无试验条件时,对于钻(挖)孔桩可按表 5-5-1 选用,对于沉桩可按表 5-5-4 选用;扩孔部分不计摩阻力;

n——土层的层数,强风化和全风化岩层按土层考虑。

发挥系数 c_1、c_2 值 表 5-5-7

岩石层情况	c_1	c_2
完整、较完整	0.6	0.05
较破碎	0.5	0.04
破碎、极破碎	0.4	0.03

注:1. 当入岩深度小于或等于 0.5m 时,c_1乘以 0.75 的折减系数,$c_2=0$。

2. 对于钻孔桩,系数 c_1、c_2值应降低 20% 采用;对桩端沉渣厚度 t,$d\leq1.5$m 时,$t\leq50$mm;$d>1.5$m 时,$t\leq100$mm。

3. 对于中风化层作为持力层的情况,c_1、c_2应分别乘以 0.75 的折减系数。

覆盖层土的侧阻力发挥系数ζ_s　　表 5-5-8

f_{rk}/MPa	2	15	30	60
侧阻力发挥系数ζ_s	1.0	0.8	0.5	0.2

注:ζ_s 值可内插计算。当f_{rk} >60MPa 时,ζ_s 可按f_{rk} =60MPa 取值。

当河床岩层有冲刷时,桩基须嵌入基岩,桩基按嵌岩设计时,其嵌入基岩中的有效深度可按下列公式计算:

圆形桩:
$$h_r=\frac{1.27H+\sqrt{3.81\beta f_{rk}dM_H+4.84H^2}}{0.5\beta f_{rk}d} \tag{5-5-10}$$

矩形桩:
$$h_r=\frac{H+\sqrt{3\beta f_{rk}bM_H+3H^2}}{0.5\beta f_{rk}b} \tag{5-5-11}$$

式中:h_r——桩嵌入基岩中(不计强风化层、全风化层及局部冲刷线以上基岩)的有效深度,m,不应小于 0.5m;

H——基岩顶面处的水平力,kN;

M_H——基岩顶面处的弯矩,kN · m;

b——垂直于弯矩的平面桩边长,m;

β——岩石的垂直抗压强度换算为水平抗压强度的折减系数,取 0.5 ~ 1.0,应根据岩层侧面构造确定,节理发育岩石取小值,节理不发育岩石取大值;

f_{rk}——岩石饱和单轴抗压强度标准值,kPa。

(4)摩擦桩单桩轴向受拉承载力特征值

摩擦桩应根据桩承受作用的情况决定是否允许出现拉力。当桩的轴向力由结构自重、预加力、土重、土侧压力、汽车荷载和人群荷载的频遇组合引起时,桩不得受拉;当桩的轴向力由上述荷载与其他可变作用、偶然作用的频遇组合或偶然组合引起时,桩可受拉,其单桩轴向受拉承载力特征值按下式计算:

$$R_t=0.3u\sum_{i=1}^{n}\alpha_i l_i q_{ik} \tag{5-5-12}$$

式中:R_t——单桩轴向受拉承载力特征值,kN;

u——桩身周长,m。对于等直径桩,$u=\pi d$;对于扩底桩,自桩端起算的长度$\sum f_i\leqslant 5d$时,取$u=\pi D$;其余长度均取$u=\pi d$(其中D为桩的扩底直径,d为桩身直径);

α_i——振动沉桩对各土层桩侧摩阻力的影响系数,按表 5-5-6 选用;对于锤击、静压沉桩和钻孔桩,$\alpha_i=1$。

计算作用于承台底面由外荷载引起的轴向力时,应扣除桩身自重值。

后压浆灌注桩单桩轴向受压承载力特征值应按设计规范中专用公式计算,这里不做介绍。

4. 静力触探法

静力触探法的基本原理是利用准静力将一个内部装有传感器的触探头以匀速压入土中,由于地层中各种土的软硬程度不同,探头所受到的阻力也不相同,传感器将这种大小不同的贯入阻力通过电信号输入到记录仪表中记录下来,再通过贯入阻力与土的工程地质特征之间的定性关系和统计相关关系,来实现取得土层剖面、提供浅基承载力、选择桩端持力层和预估单桩承载力等工程地质勘察的目的。

静力触探仪的探头有两种:单桥探头可测得总的贯入阻力,双桥探头可同时测得贯入端端部阻力及侧壁阻力。由于探头的贯入速率和尺寸以及组成材料等均与基桩有较大差别,不能直接用探头阻力数值作为单桩承载力,必须将取得的数据与试桩结果进行比较,并经过大量资料的积累和分析研究,建立经验公式来确定轴向受压单桩承载力特征值。《公路桥涵地基与基础设计规范》(JTG 3363—2019)规定:当采用静力触探试验测定时,沉桩单桩轴向承载力计算公式见前述式(5-5-7)和式(5-5-8)。

静力触探法由于设备简单、取得数据快、机械化程度高,可在勘察设计阶段使用,是一种很有前途的方法,但有待于更加广泛的试验研究,并逐步加以完善以扩大其应用范围。

三、单桩横向承载力特征值的确定

1. 基本概念

单桩在横向力(包括弯矩)作用下,桩身将产生横向位移或挠曲,桩与桩侧的土共同变形,相互影响。按单桩工作性状不同通常分为以下两种情况:

1)刚性桩

当桩径较大、入土深度较小或周围土层较松软(即桩的刚度远大于土层刚度),且受横向力作用时,桩身挠曲变形不明显,只是绕桩轴上的某一点转动,如图 5-5-3a)所示,此为刚性桩。若不断增大横向荷载,桩身可能因桩侧土强度不够而失稳,使桩丧失承载能力而破坏。因此,刚性桩的横向承载力特征值是由其桩侧土的强度决定。

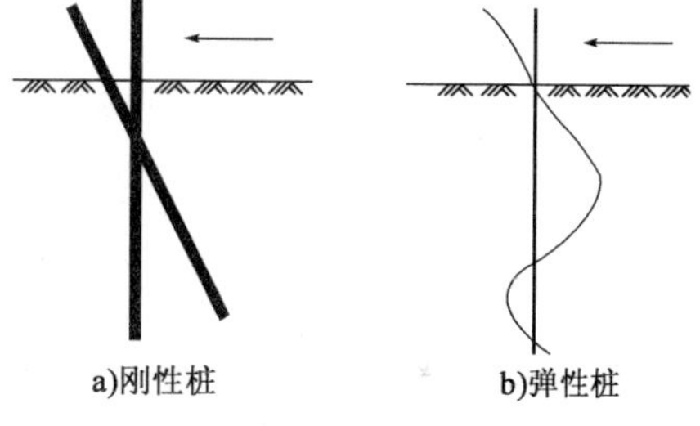

图 5-5-3　桩在横向力作用下的不同工作性状

2)弹性桩

当桩径较小、入土深度较大或周围土层较坚实(即桩的刚度相对较小)时,由于桩侧土抗力较大,桩身将发生挠曲变形,其侧向位移随着入土深度增大而逐渐减小,以至达到一定深度后几乎不受荷载影响,形成一端嵌固的地基梁,桩的变形如图 5-5-3b)所示波状曲线,此为弹性桩。如果不断增大横向荷载,可使桩身在较大弯矩处发生断裂或使桩发生过大的侧向位移(超过了桩或结构物的容许变形值)。因此,基桩的横向承载力特征值是由桩身材料的抗弯强度或侧向变形条件决定。确定单桩横向承载力特征值有横向静载试验法和分析计算法两种途径。

2. 横向静载试验法

横向静载试验法是确定单桩横向承载力较为可靠的方法,也是常用的研究分析试验方法。横向静载试验是在现场条件下进行,其所确定的单桩水平承载力和地基土的水平抗力系数较符合实际情况。如果预先在桩身埋有量测元件,则可以测定出桩身应力变化,并由此求得桩身弯矩分布。

横向静载试验装置示意图如图 5-5-4 所示。试验采用千斤顶施加横向荷载,其施力点的位置宜为实际受力点的位置。在千斤顶与试桩接触处宜安置一个球形铰座,以保证千斤顶的作用力能水平通过桩身轴线。桩的水平位移宜采用大量程百分表测量。固定百分表的基准桩,宜打设在试桩侧面靠位移的反力方向,与试桩的净距不应小于1倍试桩直径。

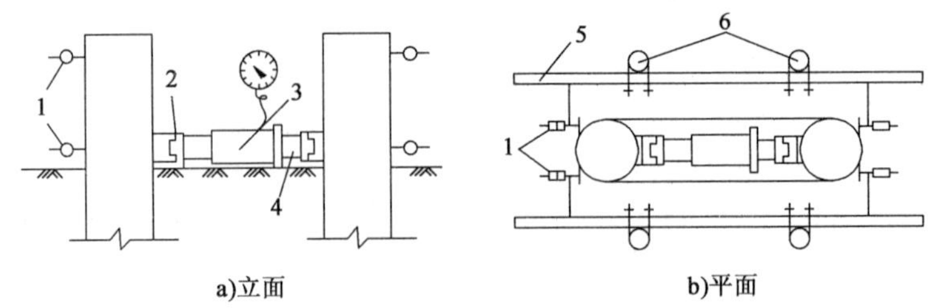

图5-5-4　桩横向静载试验装置

1-百分表;2-球形铰座;3-千斤顶;4-垫块;5-基准梁;6-基准桩

试验原理与垂直静载试验基本相似,只是力的作用方向不同。通过试验求得极限承载力,用极限承载力除以安全系数(一般取2.0)即得到桩的横向承载力特征值。

3. 分析计算法

分析计算法是根据某些理论(如弹性地基梁理论)计算桩在横向荷载作用下桩身内力与变位及桩对土的作用力,通过验算桩身材料和桩侧土的强度与稳定性,以及桩顶或墩(台)顶的位移等,从而评定桩的横向承载力的方法。目前桩基础设计多采用此方法。

四、桩基础设计中的基本概念

1. 土的横向抗力和地基系数

桩基础在荷载作用下产生变位(包括竖向位移、水平位移和转角),如图5-5-5所示,使桩挤压桩侧土体,桩侧土必然对桩身产生一个横向抗力σ_{zx},即土的横向抗力。土的横向抗力起着抵抗外力和稳定桩基础的作用,其大小取决于土的性质、桩身刚度、桩的入土深度、桩的截面形状、桩距及作用荷载等因素,可用下式表示:

$$\sigma_{zx} = Cx_z \tag{5-5-13}$$

式中:σ_{zx}——土的横向抗力,kN/m^2;

C——地基系数,kN/m^3;

x_z——深度z处桩的横向位移,m。

地基系数C的物理意义是使单位面积土在弹性限度内产生单位变形时所需施加的力,即桩侧某点发生单位横向位移时,土对桩的横向抗力。地基系数是反映地基土抗力性质的指标,大量的试验表明,地基系数不仅与土的类别和物理力学性质有关,而且还随着深度而变化。常用的三种地基系数分布规律如图5-5-6所示。其中K法假定地基系数在地面处为零,自地面到桩的挠曲曲线第一个零点A(图5-5-5)处,地基系数随深度的增加而增大,到A点后不再增大而为常数K。m法则假定地基系数在地面处为零,随深度成正比例增大,即$C = mz$,m为地基系数随深度变化的比例系数。C法则假定地基系数沿深度呈抛物线变化,即$C = cz^{0.5}$,c为地基土的比例系数。

上述三种方法地基系数随深度分布的规律各不相同,其计算结果也各有差异。试验资料分析表明,宜根据土质特性来选择恰当的计算方法。本书只介绍《公路桥涵地基与基础设计规范》(JTG 3363)中推荐使用的m法。

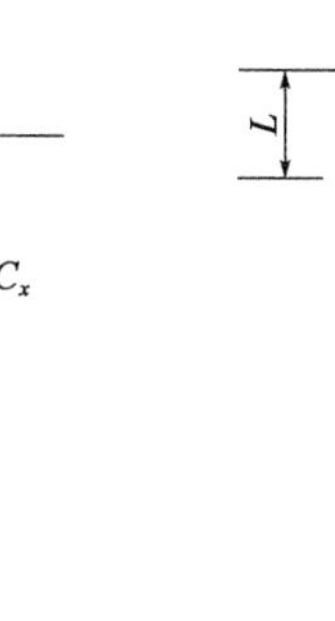

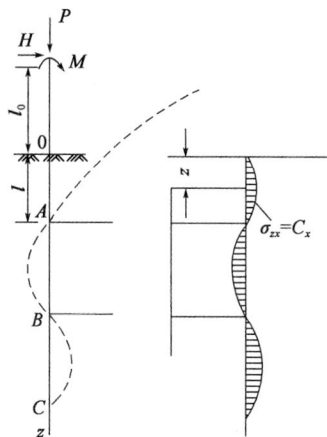

图 5-5-5　桩的挠曲变形与土的横向抗力

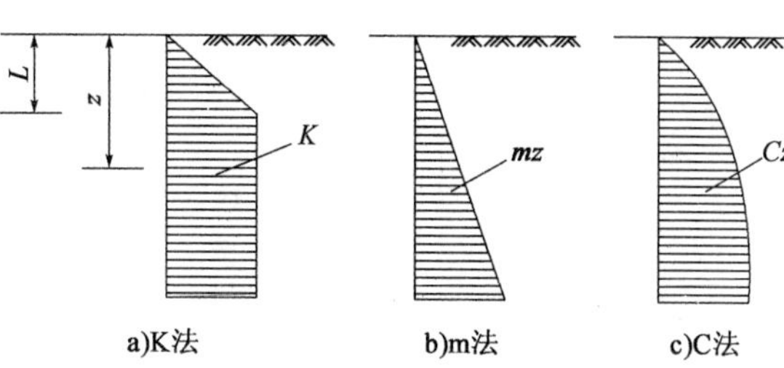

图 5-5-6　地基系数分布规律

2. 单桩、单排桩和多排桩

计算基桩内力时,应先根据作用在承台底面的轴向力 N、横向力 H 和弯矩 M,计算出作用于每根桩桩顶的荷载,它与桩基础的桩数和桩的布置情况有关。桩基础按桩的布置方式可分为单桩、单排桩和多排桩三种情况。计算时按横向作用力与基桩布置方式之间的关系,分为两种类型。

1)单桩或与横向外力作用方向相垂直的单排桩(图 5-5-7)

对于单桩,上部荷载全部由其自身来承担;对于单排桩,桥墩作纵向验算时,如果作用于承台底面中心的荷载为 N、H 和 M,当 N 在单排桩方向无偏心作用时,可以假定它是平均分布在各桩上的,即:

$$N_i = \frac{N}{n}, H_i = \frac{H}{n}, M_i = \frac{M}{n} \tag{5-5-14}$$

式中:N_i、H_i、M_i——平均分布在各桩上的轴向力、横向外力和弯矩;

n——桩数。

2)顺横向外力作用方向的单排桩或多排桩(图 5-5-8)

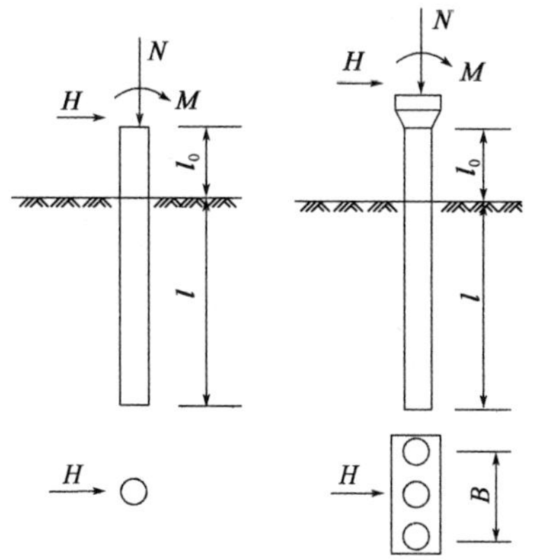

图 5-5-7　单桩及与横向外力相垂直的单排桩

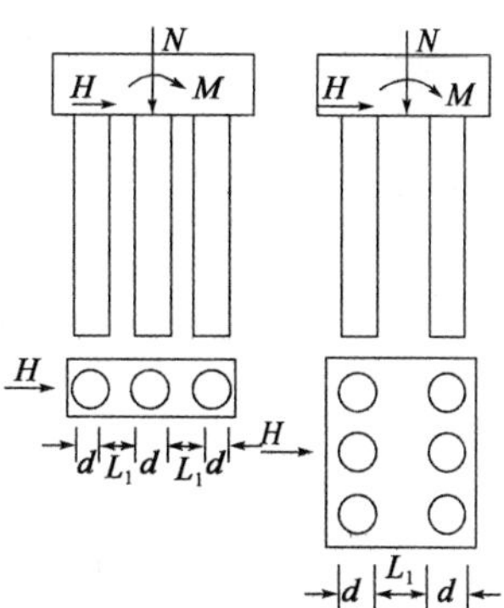

图 5-5-8　顺横向外力方向的单排桩和多排桩

此类桩基础实际上是一个超静定的平面或空间刚架,其内力分析和变位计算需用超静定方法求解,一般采用结构力学中的位移法计算各桩桩顶的受力。

3. 桩的计算宽度

桩侧土产生横向抗力的范围总要大于桩的侧向尺寸，且与桩的横截面形状、大小和相邻桩的间距等因素有关。为简化计算，又考虑到上述诸因素的影响，在计算中将各种不同情况下桩侧土抗力的实际作用范围，用b_1表示，称为桩的计算宽度。

桩的计算宽度可按下式计算：

当$d \geq 1.0$m 时：

$$b_1 = kk_f(d+1) \tag{5-5-15}$$

当$d < 1.0$m 时：

$$b_1 = kk_f(1.5d+0.5) \tag{5-5-16}$$

其中，对于单排桩或$L_1 > 0.6h_1$的多排桩：

$$k = 1.0 \tag{5-5-17}$$

对$L_1 < 0.6h_1$的多排桩：

$$k = b_2 + \frac{1-b_2}{0.6} \cdot \frac{L_1}{h_1} \tag{5-5-18}$$

式中：b_1——桩的计算宽度，m，$b_1 \leq 2d$；

d——桩径或垂直于水平外力作用方向桩的宽度，m；

k_f——桩形状换算系数，根据水平力作用面(垂直于水平力作用方向)而定，圆形或圆端截面$k_f = 0.9$；矩形截面$k_f = 1.0$；对圆端形与矩形组合截面(图 5-5-9)$k_f = \left(1-0.1\dfrac{a}{d}\right)$；

k——平行于水平力作用方向的桩间相互影响系数；

L_1——平行于水平力作用方向的桩间净距(图 5-5-10)；梅花形布桩时，若相邻两排桩中心距 c 小于$(d+1)$时，可按水平力作用面上各桩间的投影距离计算(图 5-5-11)；

h_1——地面或局部冲刷线以下桩的计算埋入深度，可取$h_1 = 3(d+1)$，但不应大于地面或局部冲刷线以下桩入土实际深度 h(图 5-5-10)；

b_2——平行于水平力作用方向的一排桩的桩数 n 有关系数，当 $n=1$ 时，$b_2 = 1.0$；$n=2$ 时，$b_2 = 0.6$；$n=3$ 时，$b_2 = 0.5$；$n \geq 4$ 时，$b_2 = 0.45$。

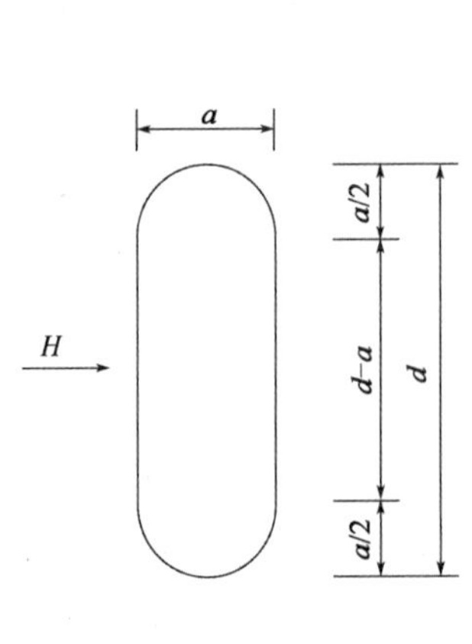

图 5-5-9 计算k_f值示意图

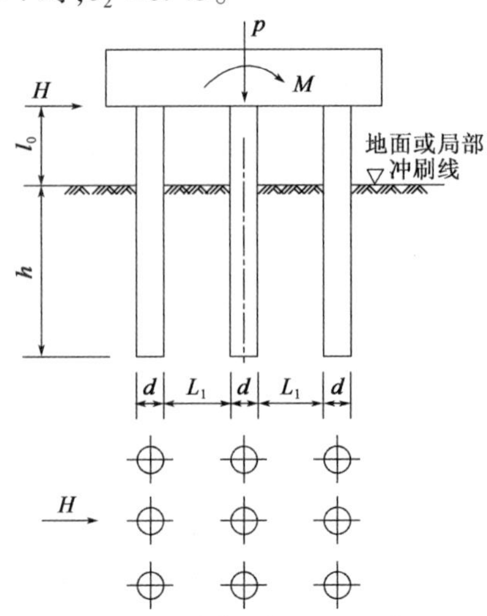

图 5-5-10 计算 k 值时桩基示意图

在桩平面布置中,若平行于水平力作用方向的各排桩数量不等,且相邻(任何方向)桩间中心距等于或大于$(d+1)$m,则所验算各桩可取同一个桩间影响系数 k,其值按桩数量最多的一排选取。此外,若垂直于水平力作用方向上有 n 根桩时,计算宽度取 nb_1,但应满足 $nb_1 \leqslant B+1$(B 为 n 根桩垂直于水平力作用方向的外边缘距离,以 m 计,见图 5-5-12)。

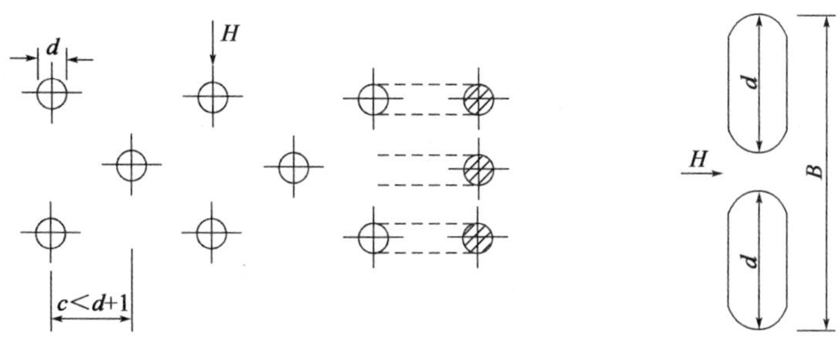

图 5-5-11　梅花形示意图　　　　图 5-5-12　单桩宽度计算示意图

4. 刚性桩与弹性桩

m 法计算中常将置于土中的桩柱分成刚性桩和弹性桩两类。刚性桩是指在横向力作用下,桩柱本身不发生挠曲变形,只发生转动和位移;弹性桩是指在横向力作用下,本身出现挠曲变形的桩柱。桩柱是否会出现挠曲变形,主要与桩柱的长度、截面形状、尺寸、刚度及土的性质等因素有关。为了反映桩柱截面、刚度和土的性质等对桩柱变形的影响,引入桩的变形系数,即:

$$\alpha = \sqrt[5]{\frac{mb_1}{EI}} \tag{5-5-19}$$

$$EI = 0.8E_cI \tag{5-5-20}$$

式中:α——桩的变形系数,1/m;

EI——桩的抗弯刚度,对以受弯为主的钢筋混凝土桩,根据现行《公路钢筋混凝土及预应力混凝土桥涵设计规范》(JTG 3362)规定确定;

E_c——桩的混凝土抗压弹性模量;

I——桩的毛面积惯性矩;

m——非岩石地基抗力系数的比例系数。非岩石地基的抗力系数随埋深成比例增大,深度 z 处的地基水平向抗力系数$C_z=mz$;m_0为桩端处的地基竖向抗力系数的比例系数。m 和m_0应通过试验确定,缺乏试验资料时,可根据地基土分类、状态按表 5-5-9 查用。

当基础侧面地面或局部冲刷线以下$h_m=2(d+1)$(对 $ah\leqslant 2.5$ 的情况,取$h_m=h$)深度内有两层土时,如图 5-5-13 所示,应将两层土的比例系数按式(5-5-21)换算成一个 m 值,作为整个深度的 m 值。

非岩石类土的 m 值和 m_0 值　　表 5-5-9

土的名称	m 和 m_0/kN·m^{-4}	土的名称	m 和 m_0/kN·m^{-4}
流塑性黏土 $I_L>1.0$,软塑黏性土 $1.0\geq I_L>0.75$,淤泥	3000～5000	坚硬、半坚硬黏性土 $I_L\leq0$,粗砂、密实粉土	20000～30000
可塑黏性土 $0.75\geq I_L>0.25$,粉砂、稍密粉土	5000～10000	砾砂、角砾、圆砾、碎石、卵石	30000～80000
硬塑黏性土 $0.25\geq I_L\geq0$,细砂、中砂、中密粉土	10000～20000	密实卵石夹粗砂,密实漂石、卵石	80000～120000

注:1. 本表用于基础在地面处位移最大值不应超过 6mm 的情况,当位移较大时,应适当降低。
2. 当基础侧面设有斜坡或台阶,且其坡度(横∶竖)或台阶总宽与深度之比大于 1∶20 时,表中 m 值应减小 50% 取用。

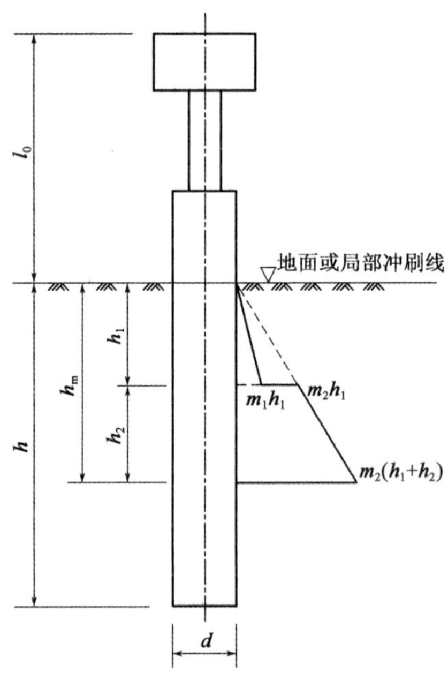

图 5-5-13　两层土 m 值换算计算示意图

$$m=\gamma m_1+(1-\gamma)m_2 \tag{5-5-21}$$

其中:

$$\gamma=\begin{cases}5\left(\dfrac{h_1}{h_m}\right)^2, & \dfrac{h_1}{h_m}\leq0.2\\ 1-1.25\left(1-\dfrac{h_1}{h_m}\right)^2, & \dfrac{h_1}{h_m}>0.2\end{cases}$$

岩石地基抗力系数不随岩层埋深变化,取其值可按表 5-5-10 采用或通过试验确定。

若桩底面置于地面或局部冲刷线以下的深度为 h,根据试验,当 $\alpha h\leq2.5$ 时,可将桩柱视为刚性构件,一般沉井、大直径管桩及其他实体深基础都属于刚性构件;当 $\alpha h>2.5$ 时,则应将桩柱视为弹性构件,一般沉桩与灌注桩多属此类。根据不同的构件,可采用不同公式计算桩的变位和内力及土的横向抗力。本书只介绍弹性构件中最简单的单排桩柱式桥墩的计算。

岩石地基抗力系数 C_0 表 5-5-10

编号	f_{rk}/kPa	C_0/kN·m^{-3}
1	1000	300000
2	≥25000	15000000

注:f_{rk}为岩石的单轴饱和抗压强度标准值,对无法进行饱和的试样,可采用天然含水率单轴抗压强度标准值,当 $1000 < f_{rk} < 25000$ 时,可用直线内插法确定 C_0。

五、m 法计算单排桩柱式桥墩的作用效应及位移

1. 计算假定

考虑到桩与土体共同承受外荷载的作用,为了方便计算,在基本理论中做了一些必要假设:

(1)将土视作弹性变形介质,它具有随深度成正比例增长的地基系数($C = mz$);

(2)土的应力应变关系符合文克尔假定;

(3)计算公式推导时,不考虑桩与土之间的摩擦力和黏结力;

(4)桩与桩侧土在受力前后始终密贴接触;

(5)桩作为一弹性构件。

2. 符号规定

计算中取图 5-5-14 所示的坐标系统,对力和位移的符号做如下规定:横向位移顺 x 轴正方向为正值;转角逆时针方向转动为正值;弯矩当左侧纤维受拉时为正值;横向力顺 x 轴正方向为正值。

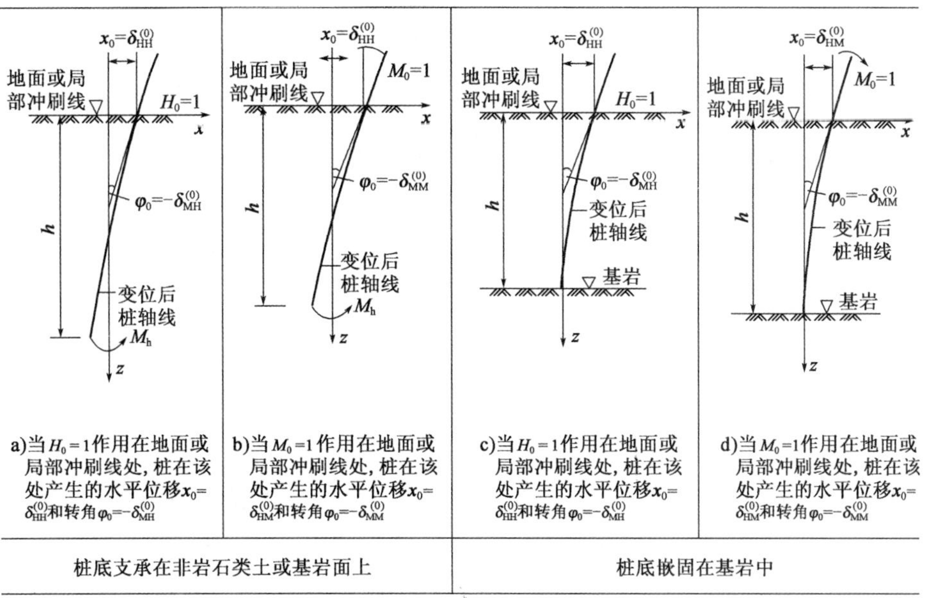

$x_0=\delta_{HH}^{(0)}$
地面或局部冲刷线
$H_0=1$
$\varphi_0=-\delta_{MH}^{(0)}$
变位后桩轴线
M_h
a)当 $H_0=1$ 作用在地面或局部冲刷线处,桩在该处产生的水平位移 $x_0=\delta_{HH}^{(0)}$ 和转角 $\varphi_0=-\delta_{MH}^{(0)}$
$x_0=\delta_{HH}^{(0)}$
$M_0=1$
$\varphi_0=-\delta_{MM}^{(0)}$
b)当 $M_0=1$ 作用在地面或局部冲刷线处,桩在该处产生的水平位移 $x_0=\delta_{HM}^{(0)}$ 和转角 $\varphi_0=-\delta_{MM}^{(0)}$
基岩
c)当 $H_0=1$ 作用在地面或局部冲刷线处,桩在该处产生的水平位移 $x_0=\delta_{HH}^{(0)}$ 和转角 $\varphi_0=-\delta_{MH}^{(0)}$
$x_0=\delta_{HM}^{(0)}$
d)当 $M_0=1$ 作用在地面或局部冲刷线处,桩在该处产生的水平位移 $x_0=\delta_{HM}^{(0)}$ 和转角 $\varphi_0=-\delta_{MM}^{(0)}$
桩底支承在非岩石类土或基岩面上
桩底嵌固在基岩中

图 5-5-14 荷载作用下桩的变形

3. 单排桩柱式桥墩桩顶受力时的作用效应及位移

当 $\alpha h > 2.5$ 时,单排桩柱式桥墩承受桩柱顶荷载时的作用效应及位移可按表 5-5-11 计算。表中单排桩柱式桥墩分为桩底支承在非岩石类土或基岩面和桩底嵌固在基岩中两种情况,其计算方法有所不同,设计计算时应注意区分。

桩柱顶受力的单排桩柱式桥墩计算用表 表 5-5-11

<table>
<tr><td colspan="3">计算图式</td><td>(1)柱顶自由,桩底支承在非岩石类土或基岩面上的单排桩式桥墩
P、Δ、H、M、h₂、h₁、h、0、变位后桩柱轴线、$E_1I_1=nEI$、地面或局部冲刷线、EI、M_h</td><td>(2)柱顶自由,桩底嵌固在基岩中的单排桩式桥墩
P、Δ、H、M、h₂、h₁、h、0、变位后桩柱轴线、$E_1I_1=nEI$、地面或局部冲刷线、EI、基岩</td></tr>
<tr><td colspan="2" rowspan="2">地面或局部冲刷线处桩的作用效应</td><td>弯矩</td><td colspan="2">$M_0 = M + H(h_2 + h_1)$</td></tr>
<tr><td>剪力</td><td colspan="2">$H_0 = H$</td></tr>
<tr><td rowspan="4">地面或局部冲刷线处作用单位“力”时该截面产生的变位</td><td rowspan="2">$H_0=1$ 作用时</td><td>水平位移</td><td>$\delta_{HH}^{(0)} = \frac{1}{\alpha^3 EI} \times \frac{(B_3D_4 - B_4D_3) + k_h(B_2D_4 - B_4D_2)}{(A_3B_4 - A_4B_3) + k_h(A_2B_4 - A_4B_2)}$</td><td>$\delta_{HH}^{(0)} = \frac{1}{\alpha^3 EI} \times \frac{B_2D_1 - B_1D_2}{A_2B_1 - A_1B_2}$</td></tr>
<tr><td>转角 /rad</td><td>$\delta_{MH}^{(0)} = \frac{1}{\alpha^2 EI} \times \frac{(A_3D_4 - A_4D_3) + k_h(A_2D_4 - A_4D_2)}{(A_3B_4 - A_4B_3) + k_h(A_2B_4 - A_4B_2)}$</td><td>$\delta_{MH}^{(0)} = \frac{1}{\alpha^2 EI} \times \frac{A_2D_1 - A_1D_2}{A_2B_1 - A_1B_2}$</td></tr>
<tr><td rowspan="2">$M_0=1$ 作用时</td><td>水平位移</td><td>$\delta_{HM}^{(0)} = \delta_{MH}^{(0)} = \frac{1}{\alpha^2 EI} \times \frac{(B_3C_4 - B_4C_3) + k_h(B_2C_4 - B_4C_2)}{(A_3B_4 - A_4B_3) + k_h(A_2B_4 - A_4B_2)}$</td><td>$\delta_{HM}^{(0)} = \delta_{MH}^{(0)} = \frac{1}{\alpha^2 EI} \times \frac{B_2C_1 - B_1C_2}{A_2B_1 - A_1B_2}$</td></tr>
<tr><td>转角 /rad</td><td>$\delta_{MM}^{(0)} = \frac{1}{\alpha EI} \times \frac{(A_3C_4 - A_4C_3) + k_h(A_2C_4 - A_4C_2)}{(A_3B_4 - A_4B_3) + k_h(A_2B_4 - A_4B_2)}$</td><td>$\delta_{MM}^{(0)} = \frac{1}{\alpha EI} \times \frac{A_2C_1 - A_1C_2}{A_2B_1 - A_1B_2}$</td></tr>
<tr><td rowspan="2">地面或局部冲刷线处桩变位</td><td colspan="2">水平位移</td><td colspan="2">$x_0 = H_0\delta_{HH}^{(0)} + M_0\delta_{HM}^{(0)}$</td></tr>
<tr><td colspan="2">转角/rad</td><td colspan="2">$\varphi_0 = -(H_0\delta_{MH}^{(0)} + M_0\delta_{MM}^{(0)})$</td></tr>
<tr><td rowspan="2">地面或局部冲刷线以下深度 z 处桩各截面内力</td><td colspan="2">弯矩</td><td colspan="2">$M_z = \alpha^2 EI\left(x_0A_3 + \frac{\varphi_0}{\alpha}B_3 + \frac{M_0}{\alpha^2 EI}C_3 + \frac{H_0}{\alpha^2 EI}D_3\right)$</td></tr>
<tr><td colspan="2">剪力</td><td colspan="2">$Q_z = \alpha^3 EI\left(x_0A_4 + \frac{\varphi_0}{\alpha}B_4 + \frac{M_0}{\alpha^2 EI}C_4 + \frac{H_0}{\alpha^3 EI}D_4\right)$</td></tr>
</table>

续上表

桩柱顶水平位移	$\Delta = x_0 - \varphi_0(h_2 + h_1) + \Delta_0$ 式中:$\Delta_0 = \frac{H}{E_1 I_1}\left[\frac{1}{3}(nh_1^3 + h_2^3) + nh_1 h_2(h_1 + h_2)\right] + \frac{M}{2E_1 I_1}[h_2^2 + nh_1(2h_2 + h_1)]$

注:1. 本表适用于 $\alpha h > 2.5$ 桩的计算,对于 $\alpha h \leq 2.5$ 的情况,见《公路桥涵地基与基础设计规范》(JTG 3363—2019)附录 M。

2. 系数A_i、B_i、C_i、D_i($i=1,2,3,4$)值,在计算$\delta_{HH}^{(0)}$、$\delta_{MH}^{(0)}$、$\delta_{HM}^{(0)}$、$\delta_{MM}^{(0)}$时,根据 $\overline{h} = \alpha h$ 由表 5-5-12 查用;在计算M_z和Q_z时,根据 $\overline{h} = \alpha z$ 也由表 5-5-12 查用;当 $\overline{h} > 4$,按 $\overline{h} = 4$ 计算。

3. $k_h = \frac{C_0}{\alpha E} \times \frac{I_0}{I}$为因桩端转动,桩端底面土体产生的抗力对$\delta_{HH}^{(0)}$、$\delta_{MH}^{(0)}$、$\delta_{HM}^{(0)}$和 $\delta_{MM}^{(0)}$的影响系数。当桩底置于非岩石类土且 $\alpha h \geq 2.5$ 时,或置于基岩上且 $\alpha h \geq 3.5$ 时,取$k_h = 0$。桩端地基竖向抗力系数C_0按前述内容确定;I 和 I_0分别为地面或局部冲刷线以下桩截面和桩端面积惯性矩。

4. n 为桩式桥墩上段抗弯刚度$E_1 I_1$与下段抗弯刚 EI 的比值,$E_1 I_1 = 0.8\,E_c I_1$,E_c为桩身混凝土抗压弹性模量,I_1为桩上段毛截面惯性矩。

5. 桩的入土深度 $h \geq 4/\alpha$ 时,$z = 4/\alpha$ 深度以下桩身截面作用效应可忽略不计。

6. 本表只适用于单排桩柱式桥墩,对于单排桩柱式桥台还应考虑桩柱侧面所受的土压力作用,按《公路桥涵地基与基础设计规范》(JTG 3363—2019)附录 L 中表 L.0.4 计算;对于多排竖直桩柱式桥墩和桥台则分别按表 L.0.6 和表 L.0.7 计算。

六、单排桩柱式桥墩基础设计算例

1. 设计资料

1)地质与水文资料(图 5-5-15)

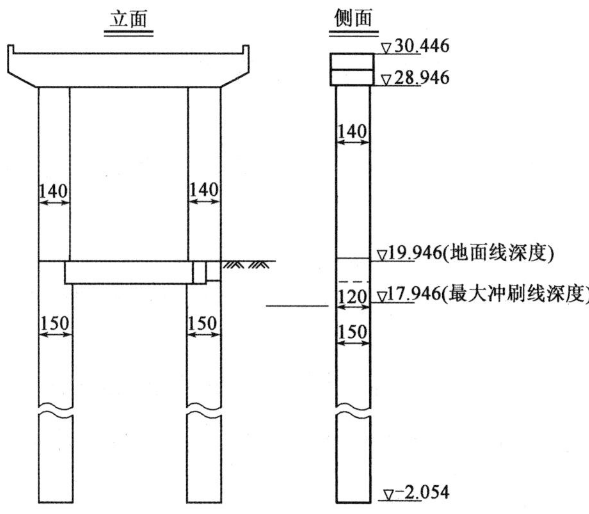

图 5-5-15　单排桩(尺寸单位:cm;高程单位:m)

(1)墩帽顶(支座垫石)高程:30.446m;墩柱顶高程:28.946m;桩顶(常水位):19.946m;墩柱直径:1.4m;桩直径:1.5m;

(2)桩身混凝土强度等级:C25,其受压弹性模量 $E_c = 2.8 \times 10^4$ MPa。

(3)地基土:中密粗砂,地基土比例系数 $m=20000\text{kN/m}^4$;桩身与土的极限摩阻力:$q_{ik}=65\text{kPa}$;地基与土的内摩擦角 $\varphi=45°$,黏聚力 $c=0$;地基承载力特征值$f_{a0}=430\text{kPa}$;土重度:$\gamma'=11.8\text{kN/m}^3$;

2)荷载情况

(1)桥墩为单排双柱式,桥面净宽 9m+2×1.5m+2×0.25m;

(2)公路—Ⅱ级,人群荷载 3kN/m^2;

(3)上部为30m 预应力钢筋混凝土梁,每一根桩承受的荷载为:

①两跨恒载反力:$N_1=1539.5\text{kN}$;

②盖梁自重反力:$N_2=360\text{kN}$;

③系梁自重反力:$N_3=122.4\text{kN}$;

④一根墩柱(直径1.4m)自重反力:$N_4=346.4\text{kN}$;

⑤桩(直径1.5m)每延米重:

$q=\dfrac{\pi\times1.5^2}{4}\times(25-10)=26.51(\text{kN})$(地基土为粗砂,应扣除浮力);

⑥每延米桩(直径1.5m)重与置换土重的差值:

$q'=\dfrac{\pi\times1.5^2}{4}\times(15-11.8)=5.65(\text{kN})$(扣除浮力)

⑦两跨活载反力:$N_5=751.6\times(1+0.1125)=836.2(\text{kN})$(考虑汽车荷载冲击力);

⑧一跨活载反力:$N_6=502\times(1+0.1125)=558.5(\text{kN})$(车辆荷载反力已按偏心受压原理考虑横向偏心的分配影响);

⑨在顺桥向引起的弯矩:$M=157.9\times(1+0.1125)=175.7(\text{kN}\cdot\text{m})$;

⑩制动力:$H=45\text{kN}$;

桩基础采用旋转钻孔灌注桩,基岩较深,决定采用摩擦桩。

2.桩长计算

由于地基土层单一,用公式$N_{max}+G=R_a$反算桩长。令该桩埋入局部冲刷线以下深度为h,一般冲刷线以下深度为$h_1=h+2$。

$$\begin{aligned}N_{max}+G&=N_1+N_2+N_3+N_4+N_5+L_0q+q'h\\&=1539.5+360+122.4+346.4+836.2+2\times26.51+5.65h\\&=3257.52+5.65h\end{aligned}$$

记 u 为桩的周长(m),按成孔直径计算。本例采用的旋转钻孔 d 按钻头直径增大50mm 计算;

$u=\pi d=\pi\times1.55=4.87\text{m}$,$q_{ik}=65\text{kPa}$;$A_p=\dfrac{\pi\times1.5^2}{4}=1.767$;则有:$\gamma_2=11.8\text{kN/m}^3$;

查表得:$\lambda=0.7$,$m_0=0.85$,$k_2=5.0$,

$$\begin{aligned}R_a&=\frac{1}{2}u\sum_{i=1}^{n}q_{ik}l_i+A_p\lambda\ m_0[f_{a0}+k_2\gamma_2(h-3)]\\&=\frac{1}{2}\times4.87\times65\times h+1.767\times0.7\times0.85\times[430+5.0\times11.8\times(h+2-3)]\\&=220.28h+389.92\end{aligned}$$

由$N_{max}+G=R_a$解得：$h=13.4\text{m}$

取 $h=14\text{m}$，则整个桩长为 16m，由上式反算，可知桩的轴向承载力满足要求。

3. 桩的内力计算

1）桩的计算宽度。

$b_1=kk_f(d+1)=1.0\times0.9\times(1.5+1)=2.25(\text{m})$

2）计算桩的变形系数。

$$\alpha=\sqrt[5]{\frac{mb_1}{EI}}=\sqrt[5]{\frac{20000\times2.25}{0.8\times2.8\times10^7\times0.2485}}=0.382(\text{m}^{-1})$$

其中，$I=\frac{\pi d^4}{64}=\frac{\pi\times1.5^4}{64}=0.2485(\text{m}^4)$，$EI=0.8\,E_cI$

桩在局部冲刷线以下深度为：$h=14\text{m}$；

其计算长度则为：$\alpha h=0.382\times14=5.348>2.5$，按弹性桩计算。

3）计算墩帽顶上受力 N_i、H_i、M_i，及桩在局部冲刷线处的受力 N_0、H_0、M_0。

墩帽顶的外力（按一跨活载计算）

$N_i=1539.5+558.5=2098(\text{kN})$；$H_i=45\text{kN}$；$M_i=175.7\text{kN}\cdot\text{m}$。

换算到局部冲刷线处

$N_0=2098+360+122.4+346.4+2\times26.51=2979.8(\text{kN})$

$M_0=175.5+45\times2=265.5(\text{kN}\cdot\text{m})$

$H_0=H_i=45(\text{kN})$

4）计算局部冲刷线处作用单位力产生的变位

当桩底置于非岩石类土且 $\alpha h\geqslant2.5$ 时，取$k_h=0$。

根据 $\alpha h=5.348>4$，按 $h=4$ 计算，查表 5-5-12 得：

$A_2=-6.53316$； $B_2=-12.15810$； $C_2=-10.60840$； $D_2=-3.76647$；

$A_3=-1.61428$； $B_3=-11.73066$； $C_3=-17.9186$； $D_3=-15.07550$；

$A_4=9.24368$； $B_4=-0.35762$； $C_4=-15.61050$； $D_4=-23.14040$。

（1）$H_0=1$ 作用时

$$\delta_{HH}^{(0)}=\frac{1}{\alpha^3EI}\times\frac{(B_3D_4-B_4D_3)+k_h(B_2D_4-B_4D_2)}{(A_3B_4-A_4B_3)+k_h(A_2B_4-A_4B_2)}=\frac{1}{\alpha^3EI}\times\frac{(B_3D_4-B_4D_3)}{(A_3B_4-A_4B_3)}$$
$$=7.866\times10^{-6}(\text{m})$$

$$\delta_{MH}^{(0)}=\frac{1}{\alpha^2EI}\times\frac{(A_3D_4-A_4D_3)+k_h(A_2D_4-A_4D_2)}{(A_3B_4-A_4B_3)+k_h(A_2B_4-A_4B_2)}=\frac{1}{\alpha^2EI}\times\frac{(A_3D_4-A_4D_3)}{(A_3B_4-A_4B_3)}$$
$$=1.996\times10^{-6}(\text{m})$$

表 5-5-12

计算桩身作用效应无量纲系数用表

$\bar{h}=\alpha z$	A_1	B_1	C_1	D_1	A_2	B_2	C_2	D_2	A_3	B_3	C_3	D_3	A_4	B_4	C_4	D_4
0	1.00000	0.00000	0.00000	0.00000	0.00000	1.00000	0.00000	0.00000	0.00000	0.00000	1.00000	0.00000	0.00000	0.00000	0.00000	1.00000
0.1	1.00000	0.10000	0.00500	0.00017	0.00000	1.00000	0.10000	0.00500	-0.00017	-0.00001	1.00000	0.10000	-0.00500	-0.00033	-0.00001	1.00000
0.2	1.00000	0.20000	0.02000	0.00133	-0.00007	1.00000	0.20000	0.02000	-0.00133	-0.00013	0.99999	0.20000	-0.02000	-0.00267	0.00020	0.99999
0.3	0.99998	0.30000	0.04500	0.00450	-0.00034	0.99996	0.30000	0.04500	-0.00450	-0.00067	0.99994	0.30000	-0.04500	-0.00900	-0.00101	0.99992
0.4	0.99991	0.39999	0.08000	0.01067	-0.00107	0.99983	0.39998	0.08000	-0.01067	-0.00213	0.99974	-0.39998	-0.08000	-0.02133	-0.00320	0.99966
0.5	0.99974	0.49996	0.12500	0.02083	-0.00260	0.99948	0.49994	0.12499	-0.02083	-0.00521	0.99922	0.49991	-0.12499	-0.04167	-0.00781	0.99896
0.6	0.99935	0.59987	0.17998	0.03600	-0.00540	0.99870	0.59981	0.17998	-0.03600	-0.01080	0.99806	0.59974	-0.17997	-0.07199	-0.01620	0.99741
0.7	0.99860	0.69967	0.24495	0.05716	-0.0100	0.99720	0.69951	0.24494	-0.05716	-0.02001	0.99580	0.69935	-0.24490	-0.11433	-0.03001	0.99440
0.8	0.99727	0.79927	0.31988	0.08532	-0.01707	0.99454	0.79891	0.31983	-0.08532	-0.03412	0.99181	0.79854	-0.31975	-0.17060	-0.05120	0.98908
0.9	0.99508	0.89852	0.40472	0.12146	-0.02733	0.99016	0.89779	0.40462	-0.12144	-0.05466	0.98524	0.89705	-0.40443	-0.24284	-0.08198	0.98032
1.0	0.99167	0.99722	0.49941	0.16657	-0.04167	0.98333	0.99583	0.49921	-0.16652	-0.08329	0.97501	0.99445	-0.49881	-0.33298	-0.12493	0.96667
1.1	0.98658	1.09508	0.60384	0.22163	-0.06096	0.97317	1.09262	0.60346	-0.22152	-0.12192	0.95975	1.09016	-0.60268	-0.44292	-0.18285	0.94634
1.2	0.97927	1.19171	0.71787	0.28758	-0.08632	0.95855	1.18756	0.71716	-0.28737	-0.17260	0.93783	1.18342	-0.71573	-0.57450	-0.25886	0.91712
1.3	0.96908	1.28660	0.84127	0.36536	-0.11883	0.93817	1.27990	0.84002	-0.36496	-0.23760	0.90727	1.27320	-0.83753	-0.72950	-0.35631	0.87638
1.4	0.95523	1.37910	0.97373	0.45588	-0.15973	0.91047	1.36865	0.97163	-0.45515	-0.31933	0.86573	1.35821	-0.96746	-0.90754	-0.47883	0.82102
1.5	0.93681	1.46839	1.11484	0.55997	-0.21030	0.87365	1.45259	1.11145	-0.55870	-0.42039	0.81054	1.43680	-1.10468	-1.11609	0.63027	0.74745
1.6	0.91280	1.55346	1.26403	0.67842	-0.27194	0.82565	1.53020	1.25872	-0.67629	-0.54348	0.73859	1.50695	-1.24808	-1.35042	-0.81466	0.65156
1.7	0.88201	1.63307	1.42061	0.81193	-0.34604	0.76413	1.59963	1.41247	-0.80848	-0.69144	0.64637	1.56621	-1.39623	-1.61340	-1.03616	0.52871
1.8	0.84313	1.70575	1.58362	0.96109	-0.43412	0.68645	1.65867	1.57150	-0.95564	-0.86715	0.52997	1.61162	-1.54728	-1.90577	-1.29909	0.37368
1.9	0.79467	1.76972	1.75190	1.12637	-0.53768	0.58967	1.70468	1.73422	-1.11796	-1.07357	0.38503	1.63969	-1.69889	-2.22745	-1.60770	0.18071
2.0	0.73502	1.82294	1.92402	1.30801	-0.65822	0.47061	1.73457	1.89872	-1.29535	-1.31361	0.20676	1.64628	-1.84818	-2.57798	-1.96620	-0.05652
2.2	0.57491	1.88709	2.27217	1.72042	-0.95616	0.15127	1.73110	2.22299	-1.69334	-1.90567	-0.27087	1.57538	-2.12481	-3.35952	-2.84858	-0.69158
2.4	0.34691	1.87450	2.60882	2.19535	-1.33889	-0.30273	1.61286	2.51874	-2.14117	-2.66329	-0.94885	1.35201	-2.33901	-4.22811	-3.97323	-1.59151
2.6	0.033146	1.75473	2.90670	2.72365	-1.81479	-0.92602	1.33485	2.74972	-2.62126	-3.59987	-1.87734	0.91679	-2.43695	-5.14023	-5.35541	-2.82106
2.8	-0.38548	1.49037	3.12843	3.28769	-2.38756	-1.175483	0.84177	2.86653	-3.10341	-4.71748	-3.10791	0.19729	-2.34588	-6.02299	-6.99007	-4.44491
3.0	-0.92809	1.03679	3.22471	3.85838	-3.05319	-2.82410	0.06837	2.80406	-3.54058	-5.99979	-4.68788	-0.89126	-1.96928	-6.76460	-8.84029	-6.51972
3.5	-2.92799	-1.27172	2.46304	4.97982	-4.98062	-6.70806	-3.58647	1.27018	-3.91921	-9.54367	-10.34040	-5.85402	1.07408	-6.78895	-13.69240	-13.82610
4.0	-5.85333	-5.94097	-0.92677	4.54780	-6.53316	-12.15810	-10.60840	-3.76647	-1.61428	-11.73066	-17.91860	-15.07550	9.24368	-0.35762	-15.61050	-23.14040

注:z 为自地面或最大冲刷线以下的深度。

(2) $M_0=1$ 作用时

$$\delta_{HM}^{(0)}=\delta_{MH}^{(0)}=\frac{1}{\alpha^2 EI}\times\frac{(B_3C_4-B_4C_3)+k_h(B_2C_4-B_4C_2)}{(A_3B_4-A_4B_3)+k_h(A_2B_4-A_4B_2)}=\frac{1}{\alpha^2 EI}\times\frac{(B_3C_4-B_4C_3)}{(A_3B_4-A_4B_3)}$$
$$=1.996\times10^{-6}(\mathrm{m})$$

$$\delta_{MM}^{(0)}=\frac{1}{\alpha EI}\times\frac{(A_3C_4-A_4C_3)+k_h(A_2C_4-A_4C_2)}{(A_3B_4-A_4B_3)+k_h(A_2B_4-A_4B_2)}=\frac{1}{\alpha EI}\times\frac{(A_3C_4-A_4C_2)}{(A_3B_4-A_4B_3)}$$
$$=0.823\times10^{-6}(\mathrm{rad})$$

5) 计算局部冲刷线处桩的变位

$$x_0=H_0\delta_{HH}^{(0)}+M_0\delta_{HM}^{(0)}=45\times7.866\times10^{-6}+738.2\times1.996\times10^{-6}=1.827\times10^{-3}(\mathrm{m})$$
$$=1.827\mathrm{mm}\leqslant6\mathrm{mm}$$
$$\varphi_0=-(H_0\delta_{MH}^{(0)}+M_0\delta_{MM}^{(0)})=-(45\times1.996\times10^{-6}+738.2\times0.823\times10^{-6})$$
$$=-6.97\times10^{-4}(\mathrm{rad})$$

6) 计算桩柱顶水平位移

$$h_1+h_2=2+9=11(\mathrm{m})$$
$$n=\frac{E_1I_1}{EI}=\left(\frac{1.4}{1.5}\right)^4=0.759$$
$$E_1I_1=0.8E_c\times\frac{\pi d_1^4}{64}=0.8\times2.8\times10^7\times\frac{\pi\times(1.4)^4}{64}=4.224\times10^6(\mathrm{kN\cdot m^2})$$
$$\Delta_0=\frac{H}{E_1I_1}\left[\frac{1}{3}(nh_1^3+h_2^3)+nh_1h_2(h_1+h_2)\right]+\frac{M}{2E_1I_1}[h_2^2+nh_1(2h_2+h_1)]$$
$$=\frac{45}{4.224\times10^6}\left[\frac{1}{3}(0.759\times2^3+9^3)+0.759\times2\times9\times(2+9)\right]+$$
$$\frac{175.7}{2\times4.224\times10^6}[9^2+0.759\times2\times(2\times9+2)]=6.53\times10^{-3}(\mathrm{m})=6.53(\mathrm{mm})$$
$$\Delta=x_0-\varphi_0(h_1+h_2)+\Delta_0=1.827-[-0.697\times(2+9)]+6.53=16(\mathrm{mm})$$

7) 计算局部冲刷线以下深度 z 处各截面内力

弯矩：
$$M_z=\alpha^2EI\left(x_0A_3+\frac{\varphi_0}{\alpha}B_3+\frac{M_0}{\alpha^2EI}C_3+\frac{H_0}{\alpha^3EI}D_3\right)$$

剪力：
$$Q_z=\alpha^3EI\left(x_0A_4+\frac{\varphi_0}{\alpha}B_4+\frac{M_0}{\alpha^2EI}C_4+\frac{H_0}{\alpha^3EI}D_4\right)$$

式中的无量纲系数A_3、B_3、C_3、D_3以及A_4、B_4、C_4、D_4可根据 $\bar{h}=\alpha z$，由表 5-5-12 查得，z 为局部冲刷线以下的任一深度。

取局部冲刷线以下不同深度 z 值分别计算出M_z和Q_z（计算过程略），可绘制出弯矩图和剪力图，如图 5-5-16 和图 5-5-17 所示。

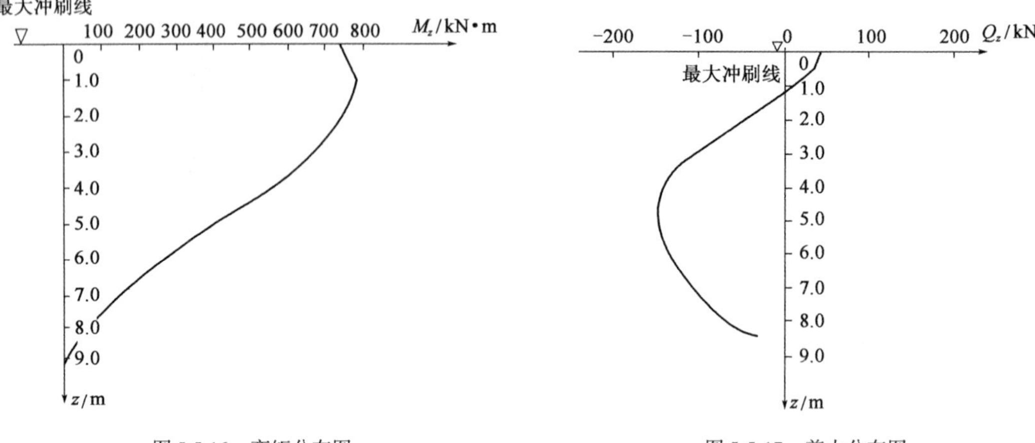

图 5-5-16 弯矩分布图 图 5-5-17 剪力分布图

按现行《公路钢筋混凝土及预应力混凝土桥涵设计规范》(JTG 3362)验算最大弯矩(z = 1.05m)处的截面强度或进行配筋设计。

七、竖向荷载作用下群桩基础的检验

由基桩群与承台组成的桩基础称为群桩基础。群桩基础在荷载作用下,由于基桩间的相互影响及承台的共同作用,其工作性状与单桩有所不同。

1. 群桩共同作用特性

1)端承桩群桩基础

端承桩群桩基础通过承台分配到各基桩桩顶的荷载,绝大部分或全部由桩身直接传递到桩底,由桩底岩层支承。由于桩底持力层刚硬,桩的贯入变形小,低桩承台的承台底面地基反力和桩侧摩阻力与桩底反力相比所占比例很小,可忽略不计。因此,承台分担荷载的作用和桩侧摩阻力的扩散作用一般均不予考虑。桩底压力分布面积较小,各桩的压力叠加作用也小,群桩基础中的每根基桩工作状态近同于单桩,如图 5-5-18 所示。故认为端承桩群桩基础的承载力等于各单桩承载力之和,其沉降量等于单桩沉降量,除进行单桩承载力验算外,不必进行群桩竖向承载力验算。

2)摩擦桩群桩基础

摩擦桩桩顶作用荷载主要通过桩侧土的摩阻力传递到桩周土体。由于桩侧摩阻力的扩散作用,使桩底处的压力分布范围要比桩身截面积大得多,如图 5-5-19 所示。如果群桩中摩擦桩桩间距过近,各桩传到桩底处的应力可能产生叠加,导致群桩桩底处地基土受到的压力比单桩大,同时由于群桩基础的尺寸大,荷载传递的影响范围也比单桩深,因此桩底下地基土层产生的压缩变形和群桩基础的沉降都比单桩大。如果摩擦桩间距较大,则不会产生地基应力叠加。工程实践表明,摩擦桩群桩基础的承载力常小于各单桩承载力之和,有时也可能会大于或等于各单桩承载力之和。

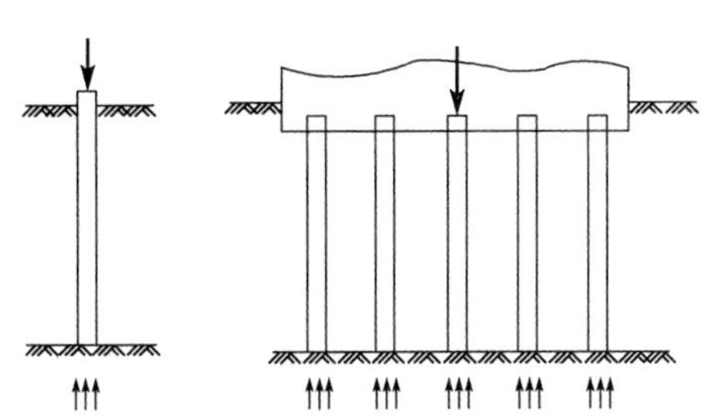

图 5-5-18 端承桩桩底平面的应力分布

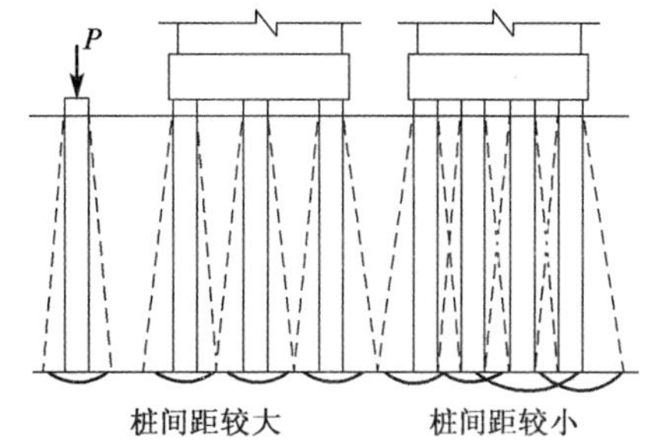

图 5-5-19 摩擦桩桩底下面的应力分布

2. 群桩基础整体承载力验算

现行《公路桥涵地基与基础设计规范》(JTG 3363)规定:对 9 根及以上的多排摩擦型桩群桩,若桩端平面内桩距小于 6 倍桩径时,群桩可作为整体基础验算桩端平面处土的承载力。群桩(摩擦桩)作为整体基础时,桩基可视为图 5-5-20 中的 *acde* 范围内的实体基础,按式(5-5-22) ~ 式(5-5-29)计算。

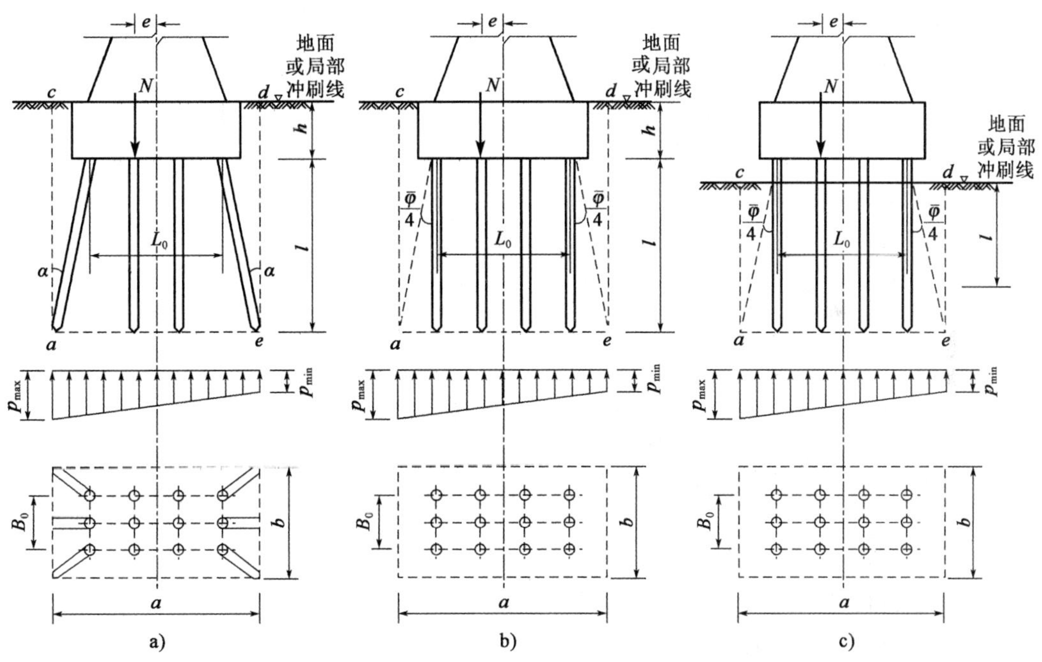

图 5-5-20 群桩作为整体基础计算示意图

1)当轴心受压时:

$$p_{\max}=\bar{\gamma}l+\gamma h-\frac{BL\gamma h}{A}+\frac{N}{A}\leqslant f_{a} \tag{5-5-22}$$

2)当偏心受压时,应满足下列条件:

$$p=\bar{\gamma}l+\gamma h-\frac{BL\gamma h}{A}+\frac{N}{A}\left(1+\frac{eA}{W}\right)\leqslant\gamma_{R}f_{a} \tag{5-5-23}$$

$$A=a\times b \tag{5-5-24}$$

当桩的斜度 $\alpha \leqslant \frac{\varphi}{4}$ 时，

$$a = L_0 + d + 2l\tan\frac{\overline{\varphi}}{4} \tag{5-5-25}$$

$$b = B_0 + d + l\tan\frac{\overline{\varphi}}{4} \tag{5-5-26}$$

当桩的斜度 $\alpha > \frac{\varphi}{4}$ 时，

$$a = L_0 + d + 2l\tan\alpha \tag{5-5-27}$$

$$b = B_0 + d + 2l\tan\alpha \tag{5-5-28}$$

$$\overline{\varphi} = \frac{\varphi_1 l_1 + \varphi_2 l_2 + \cdots + \varphi_n l_n}{l} \tag{5-5-29}$$

式中：p——桩端平面处的平均压应力，kPa；

$\overline{\gamma}$——承台底面至桩端平面包括桩的重力在内土的平均重度，kN/m^3；

l——桩的深度，m；

γ——承台底面以上土的重度，kN/m^3；

L——承台长度，m；

B——承台宽度，m；

N——作用于承台底面合力的竖向分力，kN；

A——假定的实体基础在桩端平面处的计算面积，m^2；

a、b——假定的实体基础在桩端平面处的计算宽度和长度，m；

L_0——外围桩中心围成矩形轮廓的长度，m；

B_0——外围桩中心围成矩形轮廓的宽度，m；

d——桩的直径，m；

W——假定的实体基础在桩端平面处的截面抵抗矩，m^3；

e——作用于承台底面合力的竖向分力对桩端平面处计算面积重心轴的偏心距，m；

$\overline{\varphi}$——基桩所穿过土层的平均土内摩擦角；

$\varphi_1 l_1$、$\varphi_2 l_2$、…、$\varphi_n l_n$——各层土的内摩擦角与相应土层厚度的乘积；

f_a——修正后桩端平面处土的承载力特征值，kPa；

γ_R——抗力系数。

八、桩身负摩阻力概述

桩受到轴向压力作用后，相对于桩侧土向下位移，土对桩产生向上作用的摩阻力，称为正摩阻力作用[图 5-5-21a)]。但当桩穿过软弱可压缩土层时，由于地表面有较大的荷载作用(如桥头填土及路堤)，或地下水下降等情况，均会引起桩侧地基压缩下沉，若桩侧土下沉量大于桩受荷后的沉降(包括桩身压缩和桩底下沉)，则桩侧土相对于桩向下位移，土对桩就产生向下作用的摩阻力，称为负摩阻力作用[图 5-5-21b)]。

桩身表面产生负摩阻力时，桩侧土的一部分重量会传递给桩，此时，负摩阻力不但起不了承载作用，相反会变成施加在桩上的外荷载。工程实践证实，负摩阻力产生的后果主要反映在桩基下沉量的增加或发生基础不均匀沉降而影响结构物的使用。因此，在软弱黏土或湿陷性黄土等地基中确定单桩轴向承载力特征值和设计桩基础时,应考虑负摩阻力的影响。

桩身负摩阻力不一定发生在整个软弱压缩土层中,负摩阻力的作用深度是桩侧土层相对桩产生下沉的范围,它与桩侧土的压缩固结、桩身压缩及桩底下沉等有关。桩侧土的压缩与地表作用荷载以及土的压缩性质有关,并随深度逐渐减小。而桩在外荷载作用下,桩底的下沉量为一定值,桩身压缩变形却随深度相应减小,因此,当到达一定深度后,桩侧土下沉量有可能与桩身的位移量相等,即摩阻力为零,在此深度以下,桩的位移大于桩侧土的下沉,桩身仍作用正摩阻力。正、负摩阻力变换处称为中性点(图 5-5-22),中性点位置的确定与作用荷载和桩周土的性质有关,在实践应用中应参考有关书籍和手册,通过计算确定。

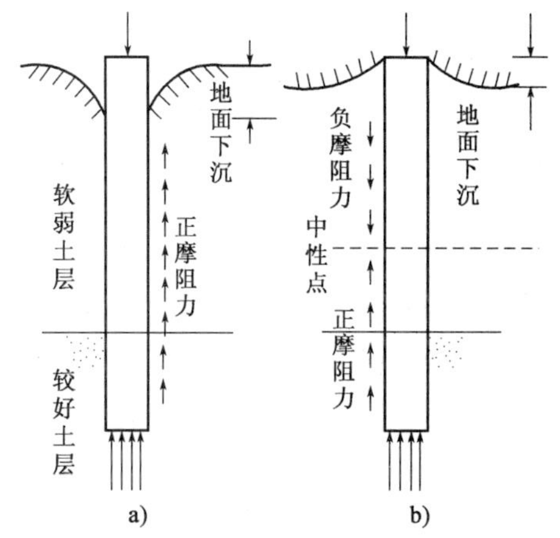

图 5-5-21 桩的正负摩阻力

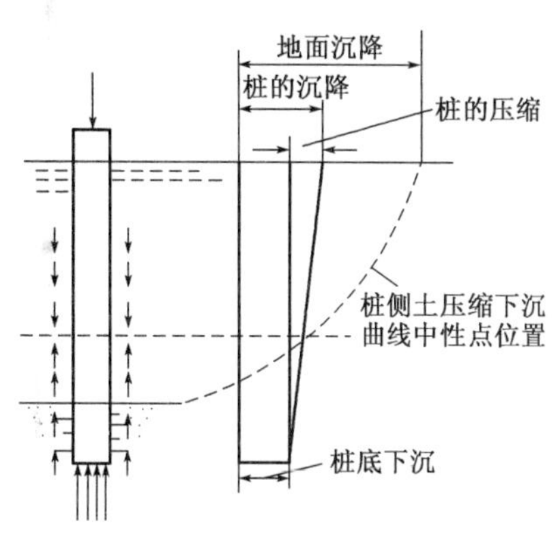

图 5-5-22 中性点的位置

在 2008 年建成通车的杭州湾跨海大桥北起嘉兴海盐、南至宁波慈溪,全长 36km。大桥主要工程包括北引桥、北航道桥、海上非通航孔桥、南航道桥和南引桥。北航道桥为钻石型双塔双索面钢箱梁斜拉桥(图 5-5-23)。南航道桥为 A 型独塔双索面钢箱梁斜拉桥(图 5-5-24)。海上非通航孔桥和引桥均采用预应力混凝土连续箱梁结构,墩身采用矩形倒圆角断面。

图 5-5-23 北航道桥

图 5-5-24 南航道桥

杭州湾是世界三大强潮海湾之一。大桥建设受水文、气象、地质等环境影响较大,施工时面临台风多、潮差大、潮流急、冲刷深、腐蚀强、滩涂宽、浅层沼气富集和海上可作业时间短等困难。选取适宜的基础形式对确保杭州湾跨海大桥工程的顺利实施具有极其重要的作用。

海上非通航孔桥和南引桥水中区桥墩基础不仅要承受上部结构竖直荷载作用,还要承受梁体温度应力、制动力、波浪冲击力等水平荷载作用,因此对基础结构受力要求较高。在初步设计阶段,设计人员对钢管桩、钻孔灌注桩和预应力混凝土管桩三种桩型分别从结构合理性、结构可靠性、耐久性、施工可操作性、施工速度和经济性等方面进行了对比分析,最终钢管桩因自重轻、抗弯能力强、可根据需要设计成斜桩以增强基础抵抗水平荷载的能力、制作和运输方便、施工速度快、投资低等特点被选用。杭州湾跨海大桥采用的钢管桩直径分别为 $\phi1.5$m 和 $\phi1.6$m,单桩最大长度 89m,最大重量 74t,位列国内外大直径超长整桩螺旋桥梁钢管桩之首。全桥钢管桩数量合计超过 5000 根,钢管桩工程规模在国内建桥史上位列第一。

南北航道桥、北引桥和南引桥陆地区桥梁基础经过科学论证,均采用了钻孔灌注桩基础形式,其中斜拉桥主塔基础采用 38 根直径 $\phi2.8$m 的摩擦桩群桩基础,平均桩长 125m。全桥钻孔灌注桩数量总计超过 3000 根。

但是,大直径超长钢管桩基础设计方案为后续钢管桩的制造、防腐和施工带来一系列技术难题,大桥建设者勇于探索、攻坚克难将这些难题逐一解决:通过建立超长、超大和变壁厚钢管桩整桩制造自动化生产线,提高了制桩效率和制桩质量;采用了以高性能熔结环氧涂层为主和辅以阴极保护的新型防腐体系;采用大船、大锤和船载 GPS 系统联合的对策,依靠先进和强大的装备,成功解决了强潮海域中钢管桩沉桩、施工安全和生产效率等问题。

据统计,大桥建设者们共获得 250 多项技术革新,取得了以 9 大核心技术为代表的自主创新成果,有 6 项关键技术达到国际领先水平,5 项创新成果填补了世界建桥史空白。

杭州湾跨海大桥的建成,不仅是中国桥梁建设的一项壮举,也是人们勇于创新和追求卓越的结果。它不仅具有巨大的经济价值,也展现了中国工程技术的精湛水平。

1. 桩基础的设计计算包括哪些步骤?
2. 确定单桩轴向承载力应从哪两个方面考虑?简述其作用机理。
3. 如何采用静载试验确定单桩轴向承载力特征值?
4. 什么叫地基系数?目前有哪几种确定地基系数的方法?
5. 计算桩侧土的横向抗力时为什么要用桩的计算宽度?确定计算宽度时应考虑了哪几方面的因素?
6. 何谓刚性构件与弹性构件?如何判别?
7. 什么情况下需进行群桩基础整体验算?说明原因。
8. 什么是桩身负摩阻力?它对工程有什么影响?

背景资料:

某双柱式桥墩基础如图 5-5-25 所示,桩基础采用冲抓锥钻孔灌注桩基础,为摩擦桩。其设计资料如下：

1. 地质与水文资料

地基土为密实细砂夹砾石，地基土比例系数 $m=10000\text{kN/m}^4$；地基土与桩侧的摩阻力为 70kPa，地基土内摩擦角 $\varphi=40°$，黏聚力 $c=0$，地基土承载力特征值 $f_{a0}=400\text{kPa}$，土的浮重度 $\gamma'=11.8\text{kN/m}^3$。

地面高程为 335.34m，常水位高程为 339.00m，局部冲刷线高程为 330.66m，一般冲刷线高程为 335.34m。

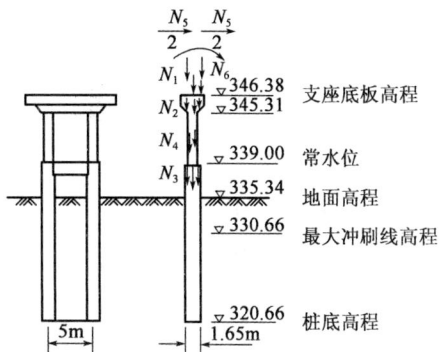

图 5-5-25　单排桩基础(高程单位：m)

2. 桩、墩尺寸与材料

墩帽顶高程为 346.88m，桩顶高程为 339.00m，墩柱顶高程 345.31m，墩柱直径 1.50m，桩直径 1.65m。桩身混凝土受压弹性模量 $E_c=2.6\times10^4\text{MPa}$。

3. 每根桩承受的作用效应标准值

(1)桥墩为单排双柱式，桥面净宽 9m + 2 × 1.5m + 2 × 0.25m；

(2)公路—Ⅱ级，人群荷载 3kN/m^2；

(3)上部为 30m 预应力钢筋混凝土梁，每一根桩承受荷载为：

①两跨恒载反力 $N_1=1376.00\text{kN}$；

②盖梁自重反力 $N_2=256.50\text{kN}$；

③系梁自重反力 $N_3=76.40\text{kN}$；

④一根墩柱(直径为 1.5m)自重反力：$N_4=279.00\text{kN}$；

⑤两跨活载反力 $N_5=558.00\text{kN}$(考虑汽车荷载冲击力)；

⑥一跨活载反力 $N_6=403.00\text{kN}$(车辆荷载反力已按偏心受压原理考虑横向偏心的分配影响)；

⑦N_6 在顺桥向引起的弯矩：$M=120.90\text{kN}\cdot\text{m}$；

⑧制动力：$H=30.00\text{kN}$；

⑨纵向风力：盖梁部分 $W_1=3.00\text{kN}$，对桩顶力臂为 7.06m；墩身部分 $W_2=2.70\text{kN}$，对桩顶力臂为 3.15m。

任务要求：

1. 试确定桩的入土深度；
2. 计算桩顶水平位移；
3. 计算墩顶水平位移。

学习项目六
LEARNING PROJECT SIX

沉井基础结构与施工

任务一 沉井基础结构认知

学习目标

1. 知识目标

(1)掌握沉井基础的概念及其适用条件;

(2)熟悉沉井基础的分类方法及各自特点;

(3)掌握沉井基础各组成部分的作用与设计要求。

2. 能力目标

(1)能识读沉井基础设计图纸;

(2)能说明沉井基础各组成部分的作用和基本要求。

任务描述

通过对沉井基础适用条件、分类方法与构造组成等相关知识的学习,能够识读设计图纸,说明沉井基础各构造组成部分的尺寸、作用和设计基本要求。

相关知识

一、沉井基础的概念及适用条件

沉井基础是指上、下敞开口并带刃脚的空心井筒状结构,通过井内部取土或配以助沉措施沉入地基中,经封底、封顶所形成的基础。施工时先预制沉井,在井孔内不断除土,沉井借助自重克服井壁外侧与土之间的摩阻力而不断下沉,该过程称为沉井下沉(图 6-1-1)。沉井下沉至设计高程后,经过混凝土封底、填塞井孔和加筑盖板后,便成为桥梁墩台或其他结构物的基础(图6-1-2)。

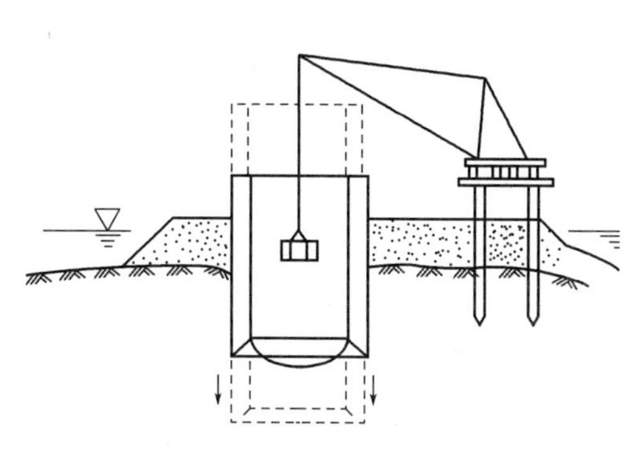

图6-1-1　沉井下沉

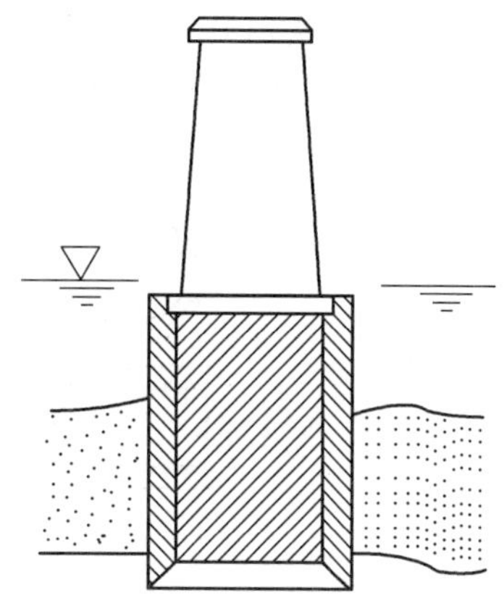

图6-1-2　沉井基础

沉井基础属于实体深基础中的一种,它既是基础,施工时又是挡土和隔水的围堰结构物。其特点是埋置深度可以很大,整体性较强,稳定性好,有较大的承载面积,能承受较大的垂直荷载和水平荷载作用,施工工艺简单,不需要很复杂的机械设备,但缺点是施工工期较长。遇到下列情况,可以考虑采用沉井基础:

(1)墩台承受荷载较大,而表层地基土承载力不足,做扩大基础开挖工作量大以及支承困难,但一定深度下有符合要求的持力层,且与其他深基础相比,沉井基础较为经济。

(2)山区河流中,虽然土质较好,但冲刷大,或河床中有卵石桩基础施工困难。

(3)岩层表面平坦且覆盖层薄,但河水较深,采用扩大基础施工围堰有困难。

但需注意的是:河床中有孤石、树干或老桥基等难于清除的障碍物时,或岩层表面倾斜较大及施工过程中可能出现流砂时,不宜采用沉井基础。

二、沉井基础的类型

1. 按沉井的使用材料分类

根据规模、地质条件和施工方法,沉井可采用混凝土、钢筋混凝土和钢壳混凝土等材质。

1)混凝土沉井

混凝土沉井的特点是抗压强度高,抗拉能力低。沉井宜做成圆形,井壁竖向接缝处应设置接缝钢筋。适用于下沉深度不大(4~7m)的软土层。

2)钢筋混凝土沉井

钢筋混凝土沉井的抗拉、抗压能力均较好,下沉深度可以很大。当下沉深度较小时,井壁可以上部采用混凝土,下部(刃脚)采用钢筋混凝土。钢筋混凝土沉井的井壁、隔墙可分段(块)预制,在工地拼接,进行装配式施工。

3)钢壳混凝土沉井

钢壳混凝土沉井是用钢材制造成薄壁结构沉井,其强度高,质量轻,易于拼装,宜做浮运沉井,沉井下沉后,在钢壁间灌注混凝土。钢壳混凝土沉井也可以装配式施工,但用钢量较大。

2. 按沉井的平面形状分类

沉井的平面形状及尺寸应根据墩台身底面尺寸、地基土的承载力及施工要求确定。根据井孔的布置方式,沉井可分为单孔、双孔和多孔,如图 6-1-3 所示。公路桥梁中所采用的沉井平面形状可分为圆形、矩形和圆端形。

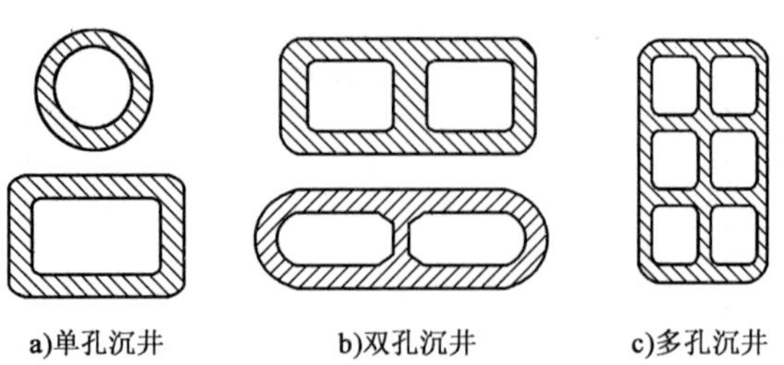

图 6-1-3 沉井的平面形状及井孔布置方式

1)圆形沉井

当墩台身是圆形或河流流向不定,或桥位与河流的主流方向斜交较大时,采用圆形沉井可以减少阻水和水流冲刷。圆形沉井中没有影响机械挖土的死角部位,易使沉井均匀下沉。在侧向压力作用下,圆形沉井井壁的受力情况较好,在截面积和入土深度相同的条件下,与其他形状的沉井相比,其周长最小,下沉过程受到外侧土的摩阻力较小。但由于墩台底面形状多为圆端形或矩形,故圆形沉井的适应性较差。

2)矩形沉井

矩形沉井对墩台底面形状的适应性较好,模板的制作和安装简单。但采用不排水方式下沉时,边角部位的土不易被挖除,沉井下沉时易出现因挖土不均匀造成沉井倾斜。与圆形沉井相比,其井壁受力条件较差,存在较大的剪力和弯矩,故井壁的跨度受到限制。同时矩形沉井有较大的阻水特性,在下沉过程中易使河床受到较大的局部冲刷。此外,矩形沉井在下沉过程中井壁外侧土的摩阻力也较大。

3)圆端形沉井

圆端形沉井能更好地与桥墩的平面形状相适应,故应用较多。除模板的制作较复杂外,其优缺点介于前两种沉井之间,较接近于矩形沉井。

3. 按沉井的立面形状分类

沉井按立面形状可分为竖直式、倾斜式及台阶式沉井等(图 6-1-4),具体应根据沉井通过土层的性质和下沉深度而选定。

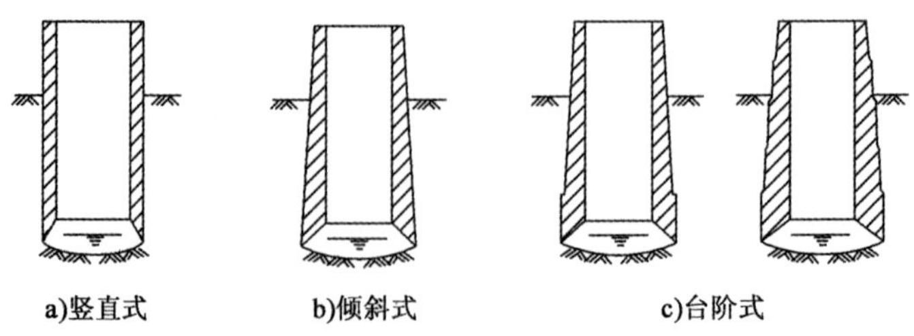

图 6-1-4 沉井的立面形状

1)竖直式沉井

外壁竖直式沉井构造简单,井壁接长时,模板可重复使用,适用于土质较松软、沉井下沉深度不大时。由于井壁外侧土层紧贴沉井,沉井下沉时不易产生倾斜,对周围土体的扰动较小,同时土体对井壁有较大的摩阻力,故可提高基础的承载能力。但井壁外侧摩阻力过大,会增加沉井下沉困难。

2)倾斜式沉井和台阶式沉井

外壁倾斜式或台阶式沉井除第一节沉井外,其他各节沉井井壁与外侧土层间存在空隙,可以减小土层与井壁间的摩阻力。当土质较密实、沉井下沉深度大、采用竖直式沉井下沉困难,并要求在不增加沉井重量的情况下沉至设计高程时,可以采用这类沉井。缺点是施工较为复杂,消耗模板多,同时由于井壁外侧土的约束力减小,沉井下沉时容易产生较大的偏斜。

倾斜式沉井的外井壁坡度一般为竖/横:20/1 ~ 50/1,台阶式井壁的台阶宽度为 10 ~ 20cm 为宜,台阶高度可为沉井全高的 1/4 ~ 1/3。当沉井较深,摩阻力较大时,可采用多台阶形,台阶设在每节沉井的接头处。

4. 按沉井的施工方法分类

按施工方法沉井可分为一般沉井和浮运沉井。

1)一般沉井

一般沉井是指在基础设计位置上就地制造沉井,然后挖土依靠沉井自重下沉(图 6-1-5)。对位于浅水中的沉井基础,需先在水中筑岛,然后在岛上筑井下沉。

2)浮运沉井

当在深水地区筑岛有困难或不经济,或有碍通航,且河流流速不大时,可采用岸边浇筑、浮运就位下沉的方法,即选用浮运沉井(图 6-1-6)。

图 6-1-5 一般沉井

图 6-1-6 浮运沉井

三、沉井基础的构造

沉井平面形状及尺寸应与墩台身底面形状和尺寸相适应。沉井顶面襟边宽度应满足沉井施工容许偏差、沉井顶部围水结构设置和墩台身施工等施工要求,浮式沉井不应小于 0.4m,其他沉井不应小于 0.2m;同时不应小于沉井全高的 1/50。沉井井孔的布置和大小应满足取土机具操作的需要,对顶部设置围堰的沉井,宜结合井顶围堰尺寸统一考虑。沉井棱角处宜做成圆角或钝角。

沉井通常要分节制作,每节高度可根据沉井的平面尺寸、总高度、地基土质情况和施工条件确定,应能保证制作时沉井本身的稳定性,并能提供足够的重量使沉井顺利下沉。

沉井基础一般由井壁、刃脚、隔墙、井孔、凹槽、射水管、封底和盖板等组成,如图 6-1-7 和图 6-1-8 所示。当沉井顶面低于施工水位时,还应加设临时的井顶围堰。

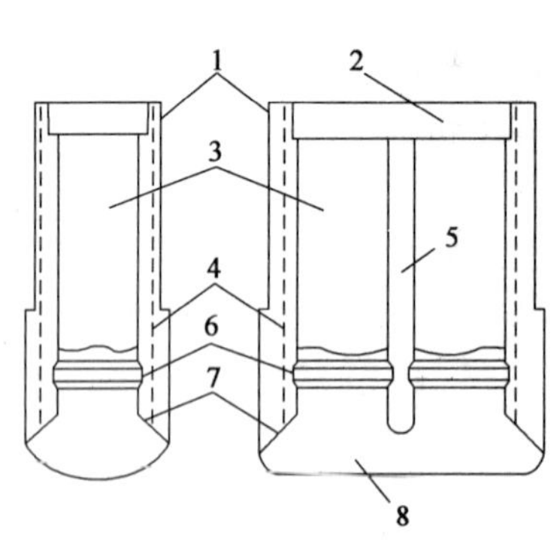

图 6-1-7 沉井基础的构造

1-井壁;2-盖板;3-井孔;4-射水管;5-隔墙;6-凹槽;7-刃脚;8-封底

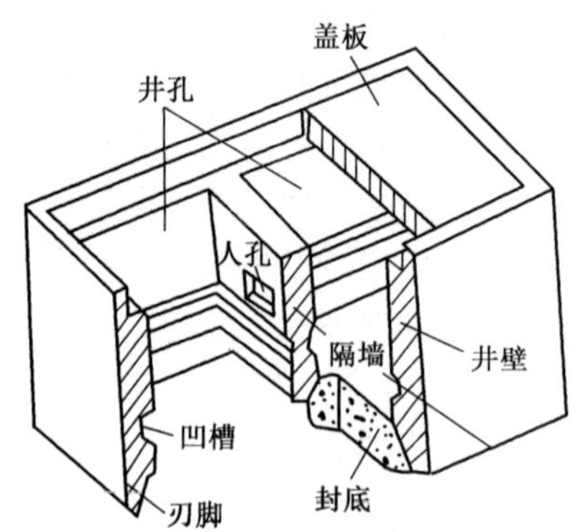

图 6-1-8 沉井基础构造立体图

1. 井壁

井壁是沉井的主体部分,在下沉过程中起挡土和隔水作用,同时利用其自身重量克服井壁外侧与土之间的摩阻力而使沉井下沉。当施工完成后,井壁又成为基础的一部分将上部荷载传递到地基。因此,井壁必须具有足够的结构强度。

沉井井壁与隔墙的厚度应根据结构强度、施工下沉所需重力、便于取土和清基等因素确定,可采用 0.8 ~2.2m。钢筋混凝土及钢壳混凝土浮运沉井的壁厚应根据浮运要求通过计算综合确定。

根据施工时的受力条件,一般应在井壁内配以竖向和水平向的受力钢筋。钢筋混凝土沉井的配筋应由计算确定,配筋率不应小于 0.1% 。如受力不大,经计算也容许用部分竹筋代替钢筋。水平钢筋不宜在井壁转角处有接头。

井壁混凝土强度等级不应低于 C25。当为薄壁浮运沉井时,井壁和隔板不应低于 C30,腹腔内填料不应低于 C15。

2. 刃脚

沉井井壁下端的楔形部分称为刃脚。刃脚可使沉井在自重作用下易于切土下沉,同时起到支承沉井的作用。刃脚是受力最集中的部分,必须有足够的强度。根据地质情况可采用带踏面刃脚[图 6-1-9a)]或尖刃脚[图 6-1-9b)]。

沉井刃脚不宜采用混凝土结构,如土质坚硬,刃脚面应以型钢加强或底节外壳采用钢结构。刃脚底面宽度可为 0.1 ~0.2m,对软土地基可适当放宽。刃脚斜面与水平面交角不宜小于 45°。当沉井需要下沉至稍有倾斜的岩面上时,宜将刃脚做成与岩面倾斜度相适应的高低刃脚。刃脚的高度应根据井壁厚度、抽除垫木和人工掏挖刃脚下的土而定,一般应大于 1.0m。

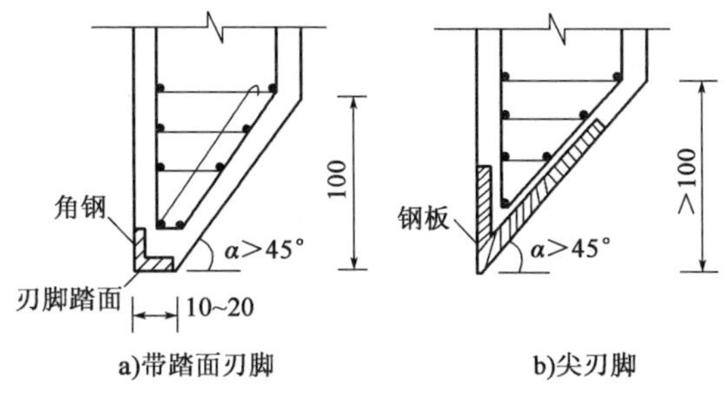

图 6-1-9 刃脚的构造(尺寸单位:cm)

刃脚部分的竖向主筋应伸入刃脚根部以上不小于沉井按水平框架计算的大计算跨径的0.5倍高度,并在刃脚总高度范围内按剪力或构造要求设置箍筋。刃脚混凝土强度等级不应低于C30。

3. 隔墙

当沉井平面尺寸较大时,应在沉井内设置隔墙,减小井壁跨度,从而减小井壁承受的弯矩和剪力,增大沉井的整体刚度。隔墙间距一般不大于5~6m。由于隔墙不承受土压力,故其厚度一般小于井壁厚度。

沉井内隔墙底面比刃脚底面至少应高出0.5m,它既要考虑支承刃脚悬臂,使刃脚作为悬臂和水平方向的框架共同起作用,又不使隔墙底面下土搁住沉井而妨碍下沉。当需要提高隔墙底面高度时,可在刃脚和隔墙连接处设置梗肋以加强刃脚与隔墙的连接。同时可将隔墙底面做成抛物线或梯形,方便施工人员在各井孔间通行(图6-1-10)。

图 6-1-10 沉井隔墙、刃脚仰视图

4. 井孔

沉井由于设置了隔墙而分割成的空间称为井孔。它是挖土、排土的工作场所和通道。井孔的尺寸应满足施工要求,最小尺寸应视取土机具而定,宽度(直径)一般不宜小于2.5m。井孔的布置应简单对称,便于对称挖土使沉井均匀下沉。

5. 凹槽

凹槽设在井孔下端近刃脚处,其作用是使封底混凝土与井壁较好接合,封底混凝土底面的反力可以更好地传给井壁。凹槽深度为0.15~0.25m,高度约为1.0m。如果是全部填实的实心沉井井壁也可不设凹槽。

6. 射水管

当沉井下沉深度大,穿过的土层土质较好,沉井自重不足以克服井壁外侧土的摩阻力时,可考虑在井壁内预埋射水管组。射水管的作用是利用射水管压入高压水流(一般水压不小于600kPa),将井壁四周的土冲松,以减小土的侧向阻力和端部阻力,使沉井下沉至设计高程。射水管应均匀布置,以利于控制水压和水量来调整沉井下沉方向。

7. 封底

当沉井沉至设计高程进行清基后,便可浇筑封底混凝土。封底多采用灌注水下混凝土的方法。要求封底混凝土必须具有一定的强度,以承受地基土和水的反力作用。封底混凝土厚度应由计算确定,封底顶面应高出刃脚根部(即刃脚斜面的顶点处)不小于0.5m,并浇灌到凹槽上端。封底混凝土的强度等级,对岩石地基不应低于C20,对非岩石地基应不应低于C25。

8. 填充井孔

沉井井孔内是否填充应根据受力和稳定性要求确定,填料可采用混凝土、片石混凝土或片石注浆混凝土,填芯混凝土强度等级不低于C15。无冰冻地区也可采用粗砂和砂砾。

9. 修筑盖板

盖板要求有足够的强度以承受墩台传给基础的作用。粗砂、砂砾填芯沉井和空心沉井的顶面均应设置钢筋混凝土盖板,盖板厚度应通过计算确定。

1934—1937年建造的杭州钱塘江大桥是中国人自主设计和施工的第一座现代化双层公路铁路两用钢铁大桥(图6-1-11),全长1453m。大桥采用沉井下接桩基的联合基础形式,基础埋深47.8m,由著名的桥梁学家和工程教育家茅以升主持建造(图6-1-12)。

图6-1-11 钱塘江大桥

图6-1-12 茅以升先生

钱塘江是著名的险恶之江，地质结构复杂，江水汹涌异常，江底的流沙厚度达41m。民间曾流传有“钱塘江上架桥——办不到”的谚语，当时的工程技术界也认为钱塘江上架桥难度很大。1933年茅以升迎难而上，慨然受命，担任钱塘江大桥工程处处长，他主持的大桥设计方案在竞标中击败美国桥梁专家，方案中大桥总投资510万银元，比美国人的方案减少30%的投资。

钱塘江大桥1934年开工建设。在战火纷飞、物资贫乏的年代，茅以升面对各种复杂环境与困难，带领团队攻坚克难，日夜赶工，解决了八十多个技术难题。他受浇花时浇花水壶水能将土冲出小洞的启发，采用“射水法”先在厚硬泥沙上冲出深洞再打桩，使原来一昼夜只打1根桩，提高到可以打30根桩，最终使1440根木桩顺利穿越41m厚的泥沙支撑于石层上。面对水流湍急难以施工的问题，茅以升及其团队选择采用“沉箱法”（即沉井）将钢筋混凝土沉箱沉入水中罩在江底，排除箱内水，让工人在箱内挖沙作业，使沉箱与木桩结为一体，再在沉箱上修筑桥墩。另外，他们还发明了“浮运法”把整孔钢梁装载在两条灌有半船舱水的船上，巧妙利用钱塘江涌潮的落差，安全地将钢梁安装到位。1937年9月和11月桥梁铁路和公路相继建成通车。大桥的建成支援了淞沪会战，大桥抢运价值数千万的军需物资，通过撤退物资车辆无数，转移超过百万的难民和南撤士兵。

1937年12月23日，日军兵临杭州城下，为阻滞日军南下，在钱塘江大桥建成仅89天，茅以升受命忍痛亲自参与炸毁大桥，他悲壮地留下“斗地风云突变色，炸桥挥泪断通途。五行缺火真来火，不复原桥不丈夫”的誓言。原来早在大桥设计时，考虑到日益严峻的战争局势，茅以升在桥墩图纸上就预留了放置炸药的长方形空穴，以备不时之需。炸桥后他携图纸资料，辗转后方。期间经历很多艰险，许多私人物品毁于战火，但14箱工程资料却完好无缺。抗日战争胜利以后，茅以升受命组织修复大桥，1948年3月大桥修复通车。1949年南撤的国民党工兵部队炸毁了铁路桥的部分铁轨，由于地下党组织的保护，桥梁的其他部分没有损坏，1950年临时修复钱塘江大桥。1953年大桥全面修复完工，一直沿用至今。

钱塘江大桥不仅在中华民族抗击日本侵略者的斗争中书写了可歌可泣的篇章，而且使钱塘江两岸天堑变通途，在国家经济建设中发挥了重要作用，它是中国桥梁建筑史上的一座里程碑。钱塘江大桥的建设向全世界展示了中国人的聪明才智，展示了中华民族有自立于世界民族之林的能力。

以茅以升为首的桥梁工程界先驱们伟大的爱国主义精神，敢为人先的科技创新精神，排除一切艰难险阻、勇往直前的奋斗精神，永远激励着后人奋勇前进。茅以升先生曾说“人生之路崎岖多于平坦，忽似深谷，忽似洪涛，幸赖桥梁以渡，桥何名屿？曰奋斗”用来勉励年轻学子要靠努力奋斗克服人生中的各种挫折和艰险，创造美好生活。

1. 什么是沉井基础？它适用于什么情况？
2. 如何划分沉井基础的类型？其各有什么特点？
3. 沉井基础的构造包括哪些内容？各有什么作用和要求？

任务实施

背景资料:

某矩形沉井基础设计图如图 6-1-13 所示。

要求要求:

1. 分别按照沉井基础平面和立面设计图,说明其所属类型及特点;
2. 写出沉井基础的长度、宽度和高度;
3. 依次写出井壁、隔墙、封底和盖板的厚度,并逐一检验是否满足构造设计要求;
4. 写出刃脚的踏面宽度、高度和倾斜角度,并检验是否满足构造设计要求。

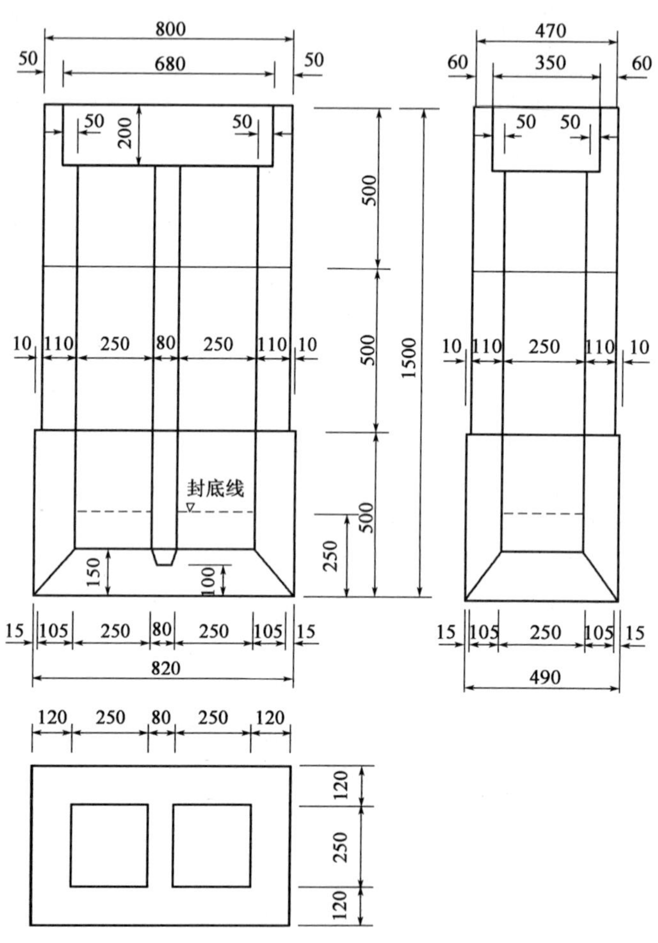

图 6-1-13 沉井基础设计图(尺寸单位:cm)

任务二 沉井基础的施工

学习目标

1. 知识目标

(1)掌握旱地沉井基础的施工程序及施工技术要求;

(2)掌握沉井基础质量检测内容与方法;

(3)熟悉水下沉井基础施工方法;

(4)熟悉沉井基础施工中可能遇到的问题及解决方法。

2. 能力目标

(1)能够根据提供的沉井基础设计资料,选择合适的施工方法;

(2)能参与沉井基础的施工。

任务描述

通过对不同地质和水文条件下沉井基础施工方法等相关知识的学习,能够根据提供的沉井基础设计资料,初步选择合适的施工方法,明确施工程序,参与工程实施。

相关知识

沉井的施工方法与墩台基础所在位置的地质和水文情况有关,一般可分为旱地沉井基础施工和水下沉井基础施工。

沉井施工前,应根据设计文件提供的工程地质和水文地质资料及现场的实际情况决定是否补充地质钻探,并应对洪汛、凌汛、河床冲淤变化、通航及漂流物等进行调查,制订专项施工方案。施工中需要度汛、度凌的沉井,应制定防护措施,保证安全。对水中特大型沉井的施工,应在施工前进行河床冲淤变化的数学模型分析计算,必要时应进行物理模型的模拟试验。

沉井下沉前,应对周边的堤防、建筑物和施工设备采取有效的防护措施,并应在下沉过程中对其沉降及位移进行监测。

一、旱地沉井基础的施工

旱地沉井基础施工工序为:定位放样、整平场地、制作底节沉井、拆模及抽除支垫、挖土下沉、接高沉井、修筑井顶围堰、地基检验与处理、封底、填充井孔及浇筑盖板,施工过程如图 6-2-1 所示。

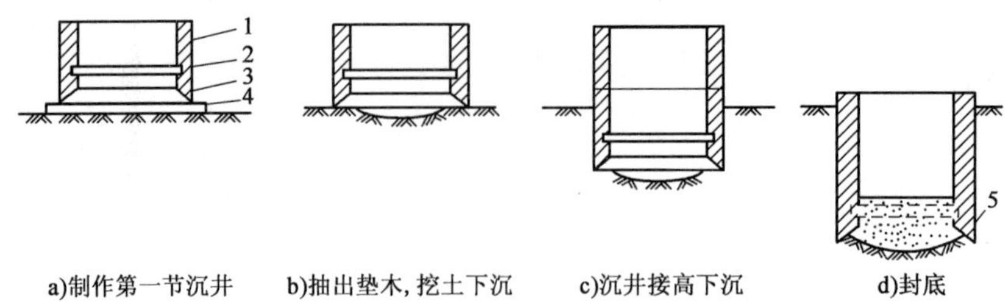

图 6-2-1　旱地沉井施工过程
1-井壁;2-凹槽;3-刃脚;4-支承垫木;5-封底混凝土

1. 定位放样、整平场地

沉井位于无水的陆地时，若地基承载力满足设计要求，可就地整平夯实形成平台制作沉井，地基承载力不足时，应对地基采取加固措施。在地下水位较低的岸滩，土质较好时，可在开挖后的基坑内制作沉井，以减小沉井的下沉深度。基坑的平面尺寸应大于沉井的平面尺寸，确保能向外抽出垫木，同时还应考虑支模、搭设脚手架和排水等各项工作的需要。基坑底部应高出地下水位 0.5～1.0m。

制作沉井前应根据设计图纸进行定位放样，即在地面上定出沉井纵、横方向的中心轴线，基坑的轮廓线及水准点等，作为施工的依据。

2. 制作底节沉井

1)在支垫上立模制作钢筋混凝土底节沉井

沉井的分节制作高度，应能保证沉井稳定，且有适当重力便于顺利下沉。底节沉井的最小高度，应能保证沉井抵抗拆除支垫后的竖向挠曲，土质条件许可时，可适当增加高度。在稳定条件许可时，沉井分节制作高度需要尽可能高一些，通常为 3～5m；对位于松软地基上的底节沉井，其高度通常不超过 0.8 倍沉井宽度。

(1)铺设支垫或设刃脚土内模

铺设支垫的作用是扩大刃脚踏面的支承面积，常用普通枕木与短方木相间对称铺设，沿沉井刃脚满铺一层。直线部分垂直刃脚铺放，圆弧部分径向铺放，沉井的隔墙下也须铺设支垫，如图 6-2-2 所示。支垫的布置应满足设计要求并应考虑抽除支垫的便利。支垫顶面应与钢刃脚底面紧贴，以使沉井重力均匀分布于各支垫上。内隔墙与井壁连接处的支垫应连成整体，应在支垫上支承底模，并应防止不均匀沉陷。定位垫木位置的确定是以抽出垫木时井壁产生的正、负弯矩大小接近为原则。

支垫可单根或几根编组敷设(图 6-2-3)，但支垫之间的间隙应用砂填实。为了便于抽出垫木，一般应先在整平场地后铺设不小于 0.5m 厚的砂或砂砾层。

在地基土质较好的情况下，也可采用土内模法。依据沉井处表层土质情况和地下水位的高低，土内模可做成填土式内模板和挖土式内模板两种，即在土面上按刃脚内侧斜面形状和尺寸填筑成或挖成截头锥台形，既扩大了刃脚的支承面，又代替了刃脚内模板。

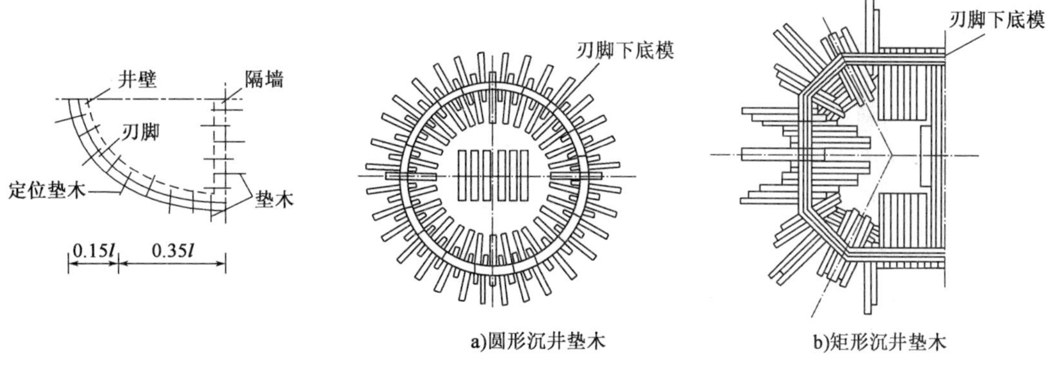

图 6-2-2　支垫的布置

图 6-2-3　沉井支垫布置图

采用填土式内模板时，如图 6-2-4a）所示，先检查地基土有无软硬不均匀现象，并对松软部分进行换填处理，同时地基整平后应碾压或夯实。一般在地基土上填不少于 30cm 厚的碎石垫层，并分层碾压结实，用以分布沉井压力并排泄地面水；内模板应用黏性土分层夯填，平面尺寸应先稍微扩大，夯实后再按设计尺寸切削修整。为防水并保证内模板表面平整，应在土模表面抹一层 2～3cm 厚的水泥砂浆作为保护层。内模板顶面的承载能力应能满足计算要求。

当墩位处于土质较好且地下水位较低时，可开挖基坑而成型挖土式内模板，如图 6-2-4b）所示。挖成的内模板比较坚实，表面可不用抹水泥砂浆保护层。但应特别注意接近成形时的修挖，防止出现尺寸的亏缺，并应加强基坑排水，防止土模或基底受水浸泡。

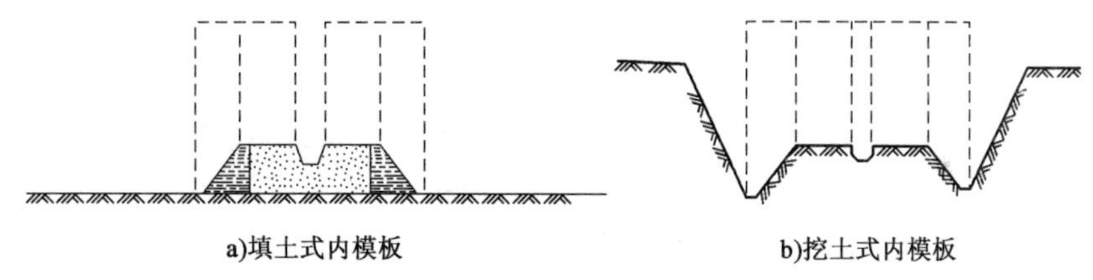

图 6-2-4　刃脚土内模

（2）绑扎钢筋、立模板

支垫敷设完毕后，在上面放出刃脚踏面大样，铺上踏面底模，安放保护刃脚的型钢，立刃脚斜底模、隔墙底模和沉井内模，绑扎钢筋，最后立外模和模板支撑（图 6-2-5）。模板及支撑应具有足够的强度和刚度，以免发生挠曲变形。为减小下沉时的摩阻力，外模应平直且光滑。模板接缝处宜做成企口形，以免漏浆。

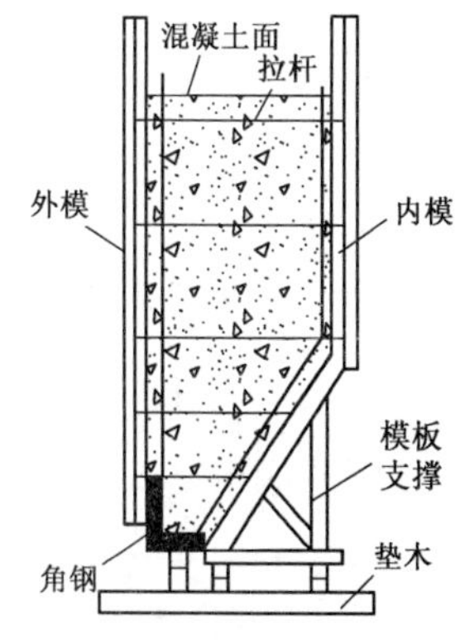

图 6-2-5　沉井刃脚立模

采用土模制作底节沉井时，刃脚部分的外模无法设置对拉杆，井壁混凝土重量在刃脚斜面上的水平分力易使刃脚滑移损坏，所以必须加强刃脚外模的支撑。

（3）浇筑混凝土

浇筑混凝土前，必须检查核对模板各部分尺寸和钢筋布置是否符合设计要求；支撑及各种紧固联系是否安全可靠。在充分湿润模板后，方可灌注混凝土，并随时检查模板有无漏浆和支撑是否良好,以保证它的密实性和整体性。

混凝土浇筑前应检查沉井纵、横向中轴线位置是否符合设计要求。混凝土灌注应均匀对称、分层连续、均匀振捣进行,以避免沉井因重量不均产生不均匀沉降而倾斜。混凝土灌注完成后,可用草袋等遮盖混凝土表面,注意洒水养生。夏季应防曝晒,冬季应防冻结。

(4)拆模和抽除支垫

沉井混凝土强度达到设计强度的25%时,可拆内外侧模;达到设计强度的75%时,可拆除隔墙底模和刃脚斜面模板。混凝土强度满足抽垫后受力的要求时方可将支垫抽除。沉井的支垫应分区、依次、对称、同步地向沉井外抽出,并应边抽边用砂土回填捣实。抽取顺序一般为:先内壁、后外壁,先短边、后长边,以定位垫木为中心,由远而近对称地抽除,最后拆除定位垫木。抽支垫时应防止沉井偏斜,定位支点处的支垫,应按设计要求的顺序尽快抽出。

拆除土模时,不得先挖沉井外围的土,以免刃脚外张开裂。正确的顺序应为自中心向四周分区、分层、同步、对称挖土,以防止沉井发生倾斜。刃脚斜面及隔墙底面黏附于土模的残留物应清除干净,以免影响封底混凝土质量。

2)钢沉井的制作

钢沉井所用材料和加工制作工艺应符合现行《公路桥涵施工技术规范》(JTG/T 3650)第八章钢结构中的相关要求。钢沉井宜在工厂内加工,并应根据设计文件编制制造工艺,绘制加工图和拼装图。钢沉井的分段、分块吊装单元应在胎架上组装、施焊。首节钢沉井应在坚固的台座上或支垫上进行整体拼装(图6-2-6),台座表面的高度误差应小于4mm,并应有足够的承载能力,在拼装过程中不得发生不均匀沉降。

图6-2-6 拼装钢沉井

3. 沉井挖土下沉

沉井应根据水文、地质情况和沉井的结构特点确定其下沉的施工方法,并应按下沉的不同工况进行必要的验算。沉井下沉分为排水下沉和不排水下沉,如图6-2-7所示。

排水下沉是先抽水降低井内水位,人工或机械再下到井底进行挖掘作业的方法[图6-2-7a)]。其优点是:容易控制下沉方向,防止沉井下沉过程中出现较大的偏斜;易于处理下沉中遇到的障碍,下沉速度一般较快;便于基础底层的检验和处理。它适用于土层稳定、渗水量不大且排水时不会产生流砂或涌土情况。

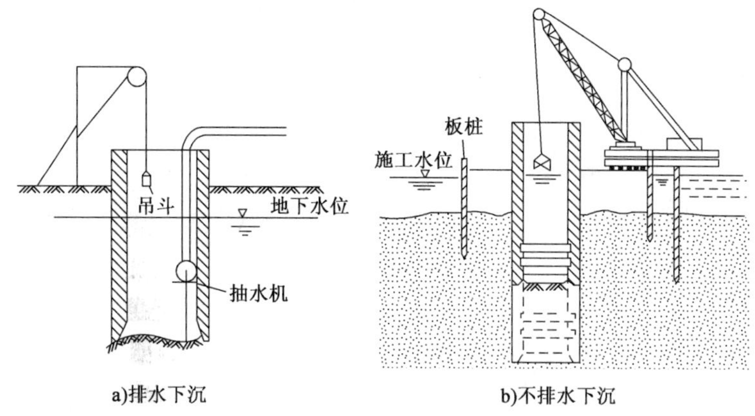

a)排水下沉　　b)不排水下沉

图 6-2-7　沉井下沉方法

不排水下沉是在沉井内外水头相同的静水条件下利用抓土斗、吸泥机等机具出土的井上作业方法[图 6-2-7b)]。它可以有效地防止流砂,确保安全。其中,抓土斗适用于砂、卵石等松散地层,吸泥机适用于砂、砂夹卵石及粉砂土等。在黏土层、胶结层或岩石层中,可用高压射水冲碎土层后用吸泥机吸出碎块。吸泥机有空气吸泥机、水力吸泥机和水力吸石筒等,其中,空气吸泥机的适应性最强,能吸砂、粉砂土和砂夹卵石。

沉井下沉优先考虑采用不排水的方式挖基除土;在稳定的土层中,可采用排水的方式除土下沉,但应有安全措施,防止发生事故。

沉井下沉过程中,宜对下沉的状况进行信息化管理,进行下沉的监测和控制,随时掌握土层情况,及时分析和检验土的阻力与沉井重力的关系,采取最有利的下沉措施。下沉困难时,可采用空气幕、泥浆润滑套、井外高压射水、压重或接高沉井等方法助沉。

正常下沉时,应自井孔中间向刃脚处均匀、对称地除土。采取排水除土下沉的底节沉井,对设计支承位置处的土,应在分层除土中最后同时挖除。对于由数个井孔组成的沉井,应控制各个井孔间除土面的高差,使下沉不发生倾斜,并应避免内隔墙底部在下沉时受到下面土层的顶托。采用吸泥吹砂等方法下沉时,必须备有向井内补水的设施,应保持井内外的水位平衡或井内水位略高于井外水位,同时吸泥吹砂在井内应均匀进行,应防止局部吸吹过深导致沉井的偏斜。

下沉过程中应随时进行纠偏,保证沉井竖直下沉,每下沉 1m 至少应检查一次。当沉井出现倾斜时,应及时校正。同时合理安排好井外弃土地点,避免对沉井引起偏压。下沉至设计高程以上 2m 左右时,应适当放慢下沉速度并控制井孔的除土量和除土位置,使沉井能平稳下沉,准确到位。

特大型沉井在下沉时,宜对沉井井壁的中心点进行高程监测。

4. 接高沉井

当沉井顶面下沉至距地面还剩 1 ~ 2m 时,应停止挖土,接高下一节沉井。沉井接高前应将沉井的倾斜纠正到允许偏差范围内,接高各节沉井的竖向中轴线应与前一节的中轴线相重合。接高时应尽量对称均匀加重。混凝土施工接缝处应按设计要求布置接缝钢筋,清除浮浆并凿毛。为避免沉井突然下沉或倾斜,可在刃脚下回填土或支垫。

水中沉井着床前的接高应均匀、对称地进行，并应采取措施防止沉井在悬浮状态接高过程中发生倾斜。对水中沉井着床后的接高，应结合沉井下沉所需要的重力确定接高的适宜高度，不得提前将刃脚下部的土层掏空。

陆上沉井在地面上接高时，井顶应露出地面应不小于0.5m；水中沉井在水上接高时，井顶露出水面应不小于1.5m。

待接高沉井达到设计强度，即可继续挖土下沉。如此逐节接高沉井并不断挖土下沉，直至井底达到设计高程。

5. 筑井顶围堰

若沉井设计顶面低于地面或水面，则应在沉井上接筑围堰。围堰的平面尺寸应略小于沉井，其下端与井顶上的预埋锚杆相连，如图6-2-8所示为木板、钢板桩围堰示意图。围堰是临时的，待墩(台)身出水后便可拆除。

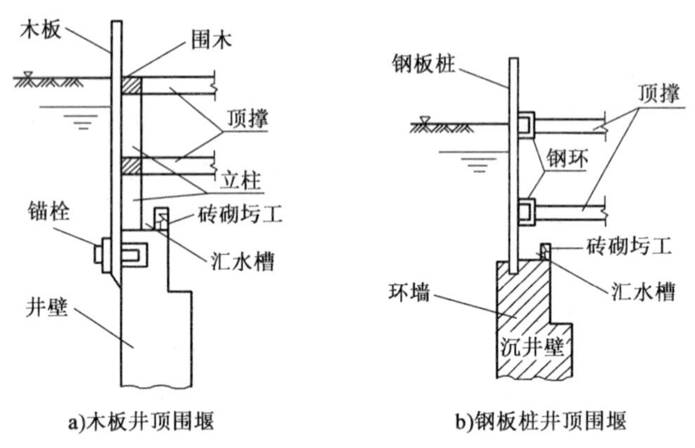

图6-2-8 井顶围堰构造示意图

6. 地基检验与处理

沉井下沉至设计高程后，应检验基底的地质情况是否与设计相符。排水下沉时，可直接检验与处理；不排水下沉时，应进行水下检查、处理，必要时取样鉴定。基底应符合下列要求：

(1)排水下沉的沉井，应满足基底面平整的要求。井壁、隔墙及刃脚与封底混凝土接触面处的泥污应予清除，要保证封底混凝土、沉井和地基紧密相连。

(2)不排水下沉的沉井基础底面应平整，且无浮泥。基底为岩层时，岩面残留物应清除干净，清理后有效面积不得小于设计要求；岩石基底倾斜时，应将表面松软岩层或风化岩层凿去，并尽量整平，使沉井刃脚的2/3以上嵌搁在岩层上，嵌入深度最小处不宜小于0.25m，其余未到岩层的刃脚部分，可用袋装混凝土等填塞缺口。刃脚以内井底岩层的倾斜面，应凿成台阶或榫槽后，清渣封底。

对下沉至设计高程后的沉井尚应进行沉降观测，沉降稳定且满足设计要求后方可封底。

7. 封底

沉井基底检验合格及沉降稳定后，应及时封底。不排水下沉的沉井应采用水下混凝土进行封底；对排水下沉的沉井，基底渗水的上升速度不大于6mm/min时，可按普通混凝土的浇筑方法进行封底，但应设置引流排水设施，及时排除明水，且应采取可靠措施使混凝土强度在达到5MPa前不受到压力水的作用。渗水上升速度大于6mm/min时,宜采用水下混凝土进行封底。沉井的封底设计为水下压浆混凝土时,应按设计要求施工。

水下混凝土封底宜在全断面一次连续灌注完成。对特大型沉井,可划分区域进行封底,但任一区域的封底工作应一次连续灌注完成。

采用刚性导管法进行水下混凝土封底时,施工设备除导管、漏斗、隔水栓及混凝土拌和设备外,还需在井顶处搭设灌注支架,以悬挂串筒、漏斗及导管(图6-2-9)。串筒长度应大于灌注中逐节拆除的导管中最长一节的长度,并据此确定支架的高度。

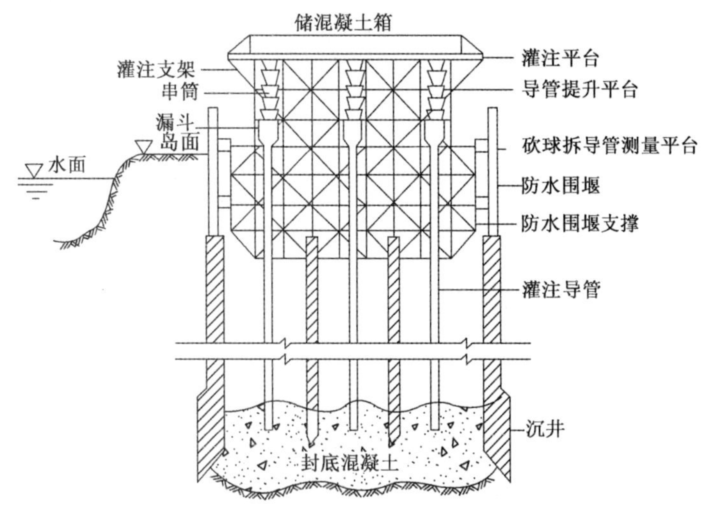

图6-2-9 水下混凝土封底施工布置

灌注时应符合下列规定:

(1)封底混凝土的原材料、配合比等可按钻孔灌注桩水下混凝土的相关规定执行。每根导管开始灌注时所用的混凝土坍落度宜采用下限,首批混凝土需要数量应通过计算确定。

(2)灌注封底水下混凝土时,需要的导管间隔及根数,应根据导管作用半径及封底面积确定。采用多根导管灌注时,其灌注的顺序应进行专门设计,并应采取有效措施防止发生混凝土夹层;若同时灌注,当基底不平时,应逐步使混凝土保持大致相同的高程。

在灌注过程中,导管应随混凝土面升高而逐步提升,导管的埋深宜与导管内混凝土下落深度相适应,且宜不小于表6-2-1的规定;采用多根导管灌注时,导管的埋深宜不小于表6-2-2的规定。同时应根据混凝土的堆高和扩展情况,调整坍落度和导管埋深,使每盘混凝土灌注后形成适宜的堆高和不陡于1∶5的流动坡度。抽拔导管时应防止导管进水。水下混凝土面的最终灌注高度,应比设计值高出150mm以上。

不同灌注深度导管的最小埋深 表6-2-1

灌注深度/m	≤10	11~15	16~20	>20
导管最小埋深/m	0.6~0.8	1.1	1.3	1.5

导管不同间距的最小埋深 表6-2-2

导管间距/m	≤5	6	7	8
导管最小埋深/m	0.6~0.9	0.9~1.2	1.2~1.4	1.3~1.6

封底混凝土在灌注过程中发生事故或对封底施工的质量有疑问时,应对其进行检查鉴定,必要时可钻孔取芯检验。

封底混凝土应在强度满足设计要求后方可进行井内抽水,进行下一道工序。

8. 填充井孔及浇筑盖板

待封底混凝土达到设计要求后,抽干井孔中的水,填筑井内圬工。井孔填充时,所采用的材料、数量及填充顺序等应符合设计规定。如果井孔中不填料或仅填砾石,井顶面则应浇筑钢筋混凝土盖板,然后砌筑墩台身,墩台身出土(或出水面)后可以拆除临时性的井顶围堰。钢筋混凝土盖板的施工应符合设计要求及施工规范相关要求。

二、水下沉井基础的施工

根据水深、流速、施工设备及施工技术等条件,水下沉井基础施工一般可以采用筑岛法或浮运法。

1. 筑岛法

当沉井位于浅水或可能被水淹没的岸滩上时,宜就地筑岛制作,即先修筑人工砂岛,再在岛上进行沉井制作和挖土下沉。

筑岛法分为无围堰筑岛和有围堰筑岛两种。无围堰筑岛一般宜在水深较浅且流速不大时采用。有围堰筑岛是先修筑围堰,然后在围堰内填砂筑岛,如图 6-2-10 所示为各类筑岛示意图。砂岛设置围堰的目的是为了缩小阻水断面,减少冲刷影响并提高岛体的抗冲刷能力,以保证筑岛在施工期间的安全。各种围堰的设置条件及施工可参照浅基础围堰相关要求。

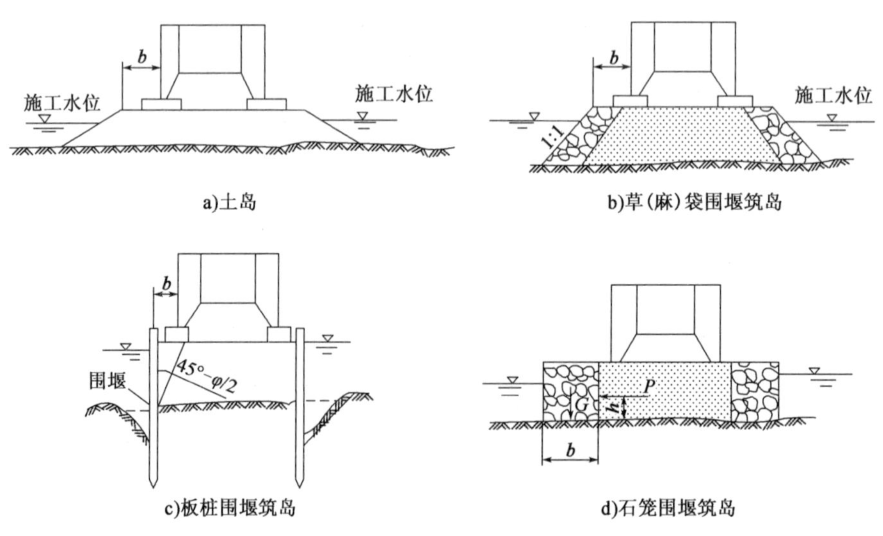

图 6-2-10 各类筑岛示意图

制作沉井的岛面、平台面和开挖基坑施工的坑底标高,应比施工最高水位高出 0.5 ~ 0.7m,有流冰时,应再适当加高。除此之外,筑岛还应符合以下要求:

(1)筑岛尺寸应满足沉井制作及抽支垫等施工要求,对无围堰筑岛,应在沉井周围设置不小于1.5m宽的护道;有围堰的筑岛,其护道宽度可按式(6-2-1)计算。当实际采用的护道宽度b小于按式(6-2-1)计算的值时,应考虑沉井重力等对围堰所产生的侧压力的影响。

$$b \geqslant H\tan\left(45^\circ - \frac{\varphi}{2}\right) \tag{6-2-1}$$

式中:b——护道宽度,m;

H——筑岛高度,m;

φ——筑岛土饱水时的内摩擦角,(°)。

(2)筑岛的材料应采用透水性好、易于压实的砂性土或碎石土等,且不应含有影响岛体受力及抽垫后下沉的块体。在斜坡上筑岛时应进行设计计算,并应有抗滑措施;在淤泥等软土上筑岛时,应将软土挖除,换填或者采取其他加固措施。

(3)岛面及地基承载力应满足设计要求;无围堰筑岛的临水面坡度宜为1:1.75~1:3。在施工期内,应采取必要的防护措施保证岛体的稳定,坡面、坡脚不应被水冲刷损坏。

筑岛沉井一般采用钢筋混凝土厚壁沉井,制作前应检查沉井纵、横向中轴线位置是否符合设计要求。沉井制作和下沉等施工方法同前述旱地沉井基础施工。

2. 浮运法

位于深水中的沉井,宜采用浮式沉井。

1)浮运前的准备工作

沉井浮运前应制订专项施工方案,并应对沉井的定位系统以及浮运、就位的稳定性进行验算,当沉井的实际重力与设计重力不符时,应对其重新进行验算。各类浮式沉井在下水、浮运前,均应进行水密性检查,对底节沉井尚应根据其工作压力进行水压试验,合格后方可下水。应根据浮运沉井的具体情况确定相应的浮运设备,浮运前应对拖运、定位、导向、锚碇、潜水、起吊及排、灌水等相关设备设施进行检查。应掌握水文、气象和航运等情况,并应与海事或航道管理部门取得联系、配合,必要时宜在浮运及定位施工过程中进行航道管制。

2)浮式沉井的制作

浮式沉井的制作应根据沉井规模、河岸地形、设备条件等,进行技术经济比较,确定制作场地及下水方案。在浮船上或支架平台上制作沉井时,浮船、支架平台的承载力应满足制作的要求。

沉井可以在岸边制成,利用在岸边铺成的滑道用绳索牵引滑入水中设计墩位;也可以在浮船上或支架平台上制作,用浮船定位和吊放下沉;或利用潮汐,在水位上涨时浮起,再浮运至设计位置。浮式沉井的底节可采用滑道、气囊、干坞或直接起吊等方法下水。入水后,对其悬浮接高时的初步定位位置,应根据下水方法、沉井的结构形式、环境条件等情况综合分析确定。

3)沉井的浮运和定位

沉井的浮运宜在气象和水文条件有利于施工时,以拖船拖运或绞车牵引进行(图6-2-11)。对水深和流速大的河流,可在沉井两侧设置导向船增加其稳定性(图6-2-12)。在浮运、定位的任何时间内,沉井露出水面的高度应不小于1.5m,并应考虑预留防浪高度或设置防浪措施。

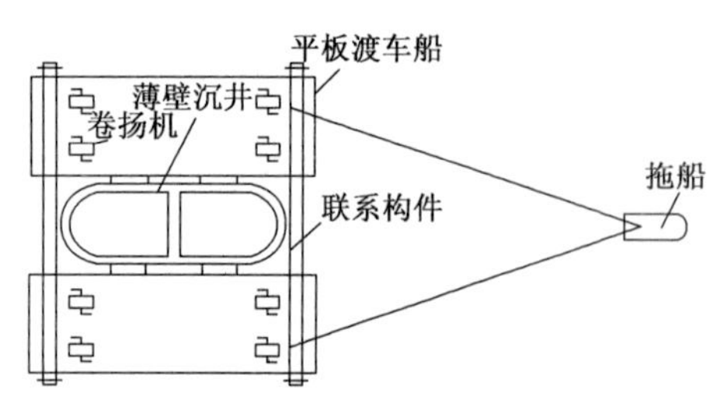

图 6-2-11 拖船浮运沉井示意图

图 6-2-12 导向船控制浮运沉井

沉井下沉前初步锚锭于墩位的上游处,如图 6-2-13 和图 6-2-14 所示。定位前应对所有缆绳、锚链、锚碇和导向设备进行检查调整,使定位工作能顺利进行,并应考虑水位涨落时对锚碇的影响。布置锚碇体系时,应使锚绳受力均匀,并应采取适当措施避免导向船和沉井产生过大摆动或折断锚绳。

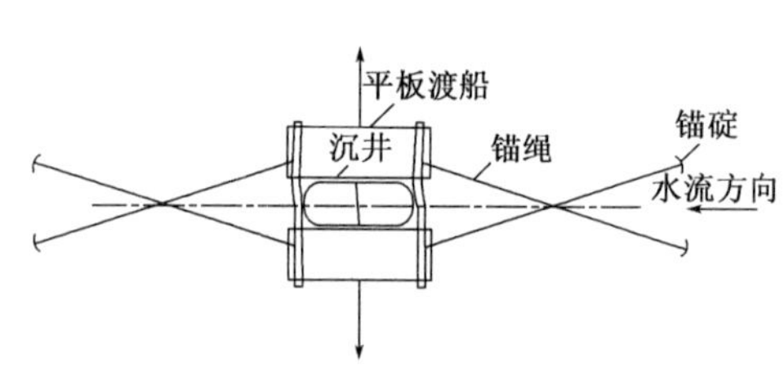

图 6-2-13 沉井抛锚定位

图 6-2-14 沉井定位施工现场

4)沉井的着床

浮式沉井在水中着床时,除应充分考虑风力、浮力、水流压力、波浪力、冰压力等对沉井的作用外,尚应符合下列规定:

(1)为防止浮式沉井在浮运过程中下沉,可采用空腹薄壁式沉井用以减小沉井自重,如图 6-2-15 所示。沉井准确定位并接高后,应向井壁腔格内对称、均衡地灌水,使沉井迅速落至河(海)床着床。图 6-2-16 为空腹沉井隔仓编号,应严格控制各灌水隔舱间的水头差不得超过设计规定。

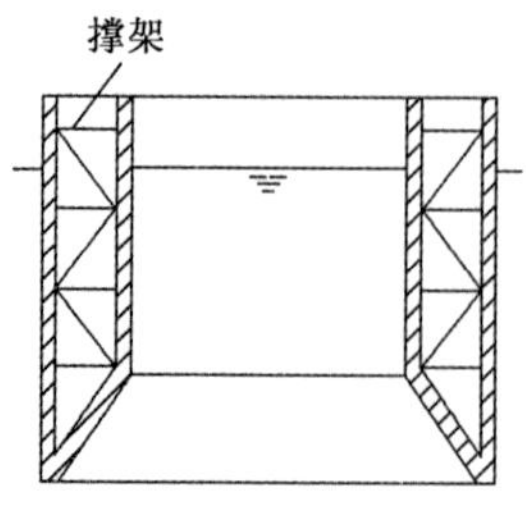

图 6-2-15 空腹薄壁沉井构造

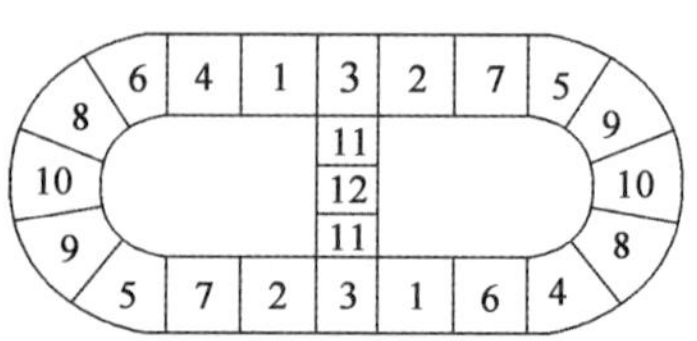

图 6-2-16 空腹沉井隔仓编号

(2)应随时监测由于沉井水中下沉的阻力和压缩流水断面后引起流速增大而造成的河(海)床局部冲刷及因冲淤引起的河(海)床高差,必要时可在沉井位置处采用卵、碎石垫填整平,增加沉井着床后的稳定;或在着床后利用沉井外弃土进行调整,但弃土应避免对沉井形成偏压。

浮运沉井稳定、准确着床后,其下沉、接高等后续施工工序同前面旱地沉井基础。

三、沉井基础施工质量检验

沉井基础施工应分阶段进行质量检验并填写检查记录,沉井基础施工质量评定方法同学习项目四浅基础。

1)沉井基础施工应符合下列基本要求

(1)沉井下沉应在井壁混凝土达到规定强度后进行。浮运沉井在下水、浮运前,应进行水密性试验。

(2)沉井接高时,各节的竖向中轴线应与第一节竖向中轴线相重合,同时接高前应纠正沉井的倾斜。

(3)沉井下沉到设计高程时,应检查基底,确认满足设计要求后方可封底。

(4)沉井下沉中出现开裂,应查明原因,进行处理后方可继续下沉。

2)沉井实测项目应符合表 6-2-3 的规定

沉井实测项目 表 6-2-3

<table>
<tr><th>项次</th><th colspan="2">检查项目</th><th>规定值或允许偏差</th><th>检查方法和频率</th></tr>
<tr><td>1△</td><td colspan="2">混凝土强度/MPa</td><td>在合格标准内</td><td>按《公路工程质量检验评定标准 第一册 土建工程》(JTG F80/1—2017)附录 D 检查</td></tr>
<tr><td rowspan="3">2</td><td rowspan="3">沉井平面尺寸/mm</td><td>长、宽</td><td>±0.5%B,B>24m 时 ±120</td><td rowspan="3">尺量:每节段测顶面</td></tr>
<tr><td>半径</td><td>±0.5%R,B>12m 时 ±60</td></tr>
<tr><td>非圆沉井对角线差</td><td>对角线长度的 ±1%,最大 ±180</td></tr>
<tr><td rowspan="2">3</td><td rowspan="2">井壁厚度/mm</td><td>混凝土</td><td>+40,-30</td><td rowspan="2">尺量:每节段沿边线测 8 处</td></tr>
<tr><td>钢壳和钢筋混凝土</td><td>±15</td></tr>
<tr><td>4</td><td colspan="2">顶面高程/mm</td><td>±30</td><td>水准仪:测 5 处</td></tr>
<tr><td>5</td><td colspan="2">沉井刃脚高程/mm</td><td>满足设计要求</td><td>尺量:测沉井高度 5 处,以顶面高程反算</td></tr>
<tr><td rowspan="2">6△</td><td rowspan="2">中心偏位(纵、横向)/mm</td><td>一般</td><td>≤H/100</td><td rowspan="2">全站仪:测沉井每节段顶面边线与两轴线角点</td></tr>
<tr><td>浮式</td><td>≤H/100+250</td></tr>
<tr><td>7</td><td colspan="2">竖直度/mm</td><td>≤H/100</td><td>铅锤法:测两轴线位置共 4 处</td></tr>
</table>

注:1. 标"△"为关键项目,其他为一般检测项目。
2. B 为边长,R 为半径,H 为井高。

3)沉井外观质量应符合下列规定:

(1)井壁应无渗漏,井壁外侧应无鼓胀外凸。

(2)混凝土表面不存在《公路工程质量检验评定标准 第一册 土建工程》(JTG F80/1—2017)附录 P 所列限制缺陷。

四、沉井下沉中常见问题及处理方法

沉井在初始下沉阶段,由于井壁入土不深,下沉阻力和侧向土体的约束作用较小,容易产生偏移和倾斜。沉井下沉的中间阶段,可能会开始出现下沉困难,但接高沉井后,下沉会变顺利,但仍易出现偏斜。当沉井下沉到最后阶段时,主要出现下沉困难,偏斜的可能性已经很小。下面分别对沉井偏斜和下沉困难原因进行分析,并提出防治措施。

1. 沉井偏斜的防治

沉井下沉过程中出现偏斜,产生偏心距和附加应力,对地基承载不利。若偏移过大,墩台身可能偏位悬空,致使沉井报废。因此施工过程中应均匀除土,防止沉井偏斜,并及时调整沉井的倾斜和位移。

1)沉井产生偏斜的原因与防治措施

(1)沉井位于滑坡体上,沉井下沉时,土体下滑。

防治措施:设计时应避免将桥墩建于滑坡体上。施工时发现此种情况,应与设计人员共同研究,采取防止滑坡的措施或将桥墩移位。

(2)沉井下的硬土层或岩层有较大倾斜,沉井沿倾斜层下滑。

防治措施:可在沉井倾斜较低的外侧填土,增加被动土压力,阻止沉井滑动,并尽快使刃脚嵌入此层土中。

(3)沉井刃脚下有孤石、树干、铁件、胶结物等障碍物,致使沉井下沉不均匀。

防治措施:施工前经钻探查明有胶结硬层时,可采用钻孔投放炸药爆破的方法,预先破碎硬层。铁件一般可采用水下切割排除,孤石可由潜水员水下排除或爆破炸碎,如爆破,炮眼应与刃脚斜面平行,并应封堵好,上加覆盖物,严格控制炸药用量。

(4)井外弃土高差过大或沉井一侧的土受水流冲刷,偏土压力致使沉井偏斜或位移。

防治措施:弃土不应靠近沉井;水中下沉时,可利用弃土调整井外土面高差,必要时对河床进行防护。

(5)沉井刃脚下土层软硬不均致使沉井不均匀下沉。

防治措施:通过挖土调整刃脚下支撑面积,或适当回填,或支垫土层较软的一边。

(6)抽支垫不对称或抽支垫后回填不及时,或回填砂土夯实不够。

防治措施:严格按抽支垫工艺要求施工。

(7)沉井内除土不均匀,泥面相差过大。

防治措施:严格控制泥面高差。

(8)刃脚下掏空过多,沉井突然下沉。

防治措施:严格控制刃脚的除土量。

(9)井内水头过低,沉井翻砂,翻砂通道处刃脚下支撑力骤降。

防治措施:一般情况下保持井内水头不低于井外,砂土层中开挖不靠近刃脚;沉井入土不深时,不采用抽水下沉的方法。

(10)在软塑至流动状态的淤泥质土中下沉沉井,由于土的内摩擦角很小,用井内偏除土的方法效果不明显。

防治措施：可在沉井顶面的两边施加水平力，并根据沉井的倾斜情况及时调整水平力的大小，勿使倾斜恶化。

2）沉井纠偏方法

对已经偏斜的沉井必须根据偏移情况、下沉深度等条件分析制定纠偏方法。下面介绍几种常用的纠偏方法。

（1）井内偏挖、加垫法

这是偏挖土与一侧加支垫相结合的纠偏方法，即在刃脚较高的一侧井内挖土，而在刃脚较低的一侧加支垫，随沉井的下沉，高侧刃脚可逐渐降低下来（图6-2-17）。

（2）井外支垫法

如图6-2-18所示用枕木垛托住栓于沉井顶面的挑梁，借助枕木垛大面积支承力阻止该侧沉井下沉，可以比较有效地纠正沉井倾斜。但这种方法须防止千斤绳受力过大而断裂。

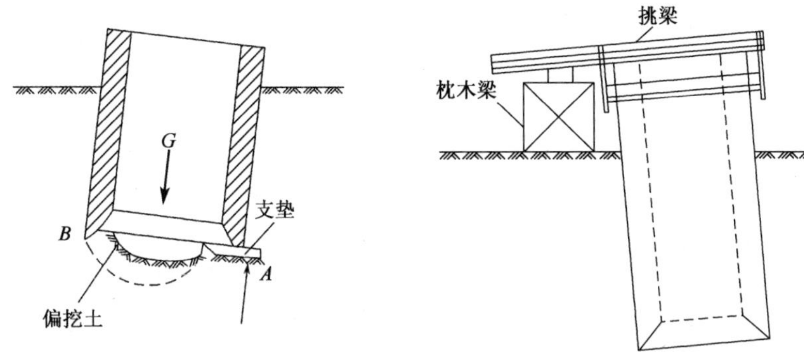

图6-2-17　井内偏挖、加垫　　　　图6-2-18　井外支垫示意图

（3）井外偏挖、井顶偏压或套拉法

这是偏挖土与偏压重或偏挖土与一侧施加水平力相结合的纠偏方法，目的是提高单纯偏挖土的纠偏效果。井外挖槽因土方量大，挖槽深度一般只挖1.5～2m左右，此法多用在入土较深时的纠偏，如图6-2-19a）所示。用钢丝绳套拉时施加的水平力很大（可以大至百吨以上），滑车组锚固必须有强大的地笼，采用这一方法时，应使用平衡重，而不是卷扬机牵引，如图6-2-19b）所示，使作用力持续不变，避免沉井位移时钢丝绳松弛，也可防止沉井结构或千斤绳受力过大而受损。

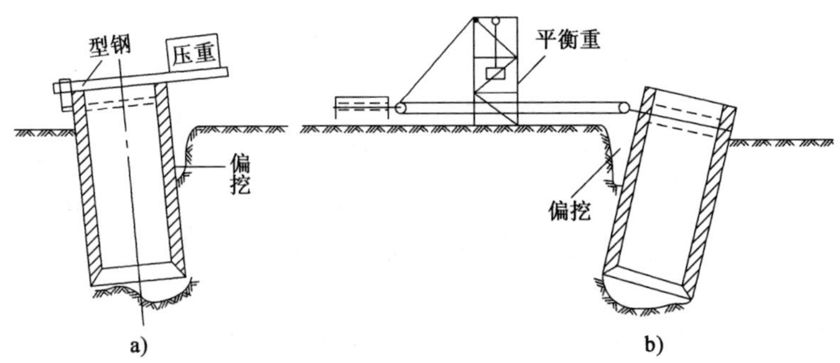

图6-2-19　井外偏挖、井顶偏压或套拉法

(4)井外射水法

在沉井刃脚较高的一侧井外射水,破坏其外壁摩阻力,促使该侧沉井下沉,它是水中沉井纠偏的一种方法。使用时,射水管的间距宜不超过2m。

2. 克服沉井下沉困难的措施

沉井下沉困难主要是沉井自身重量克服不了井壁外侧摩阻力,或刃脚下遇到较大的障碍所致。解决的方法是增加沉井重量、减小井壁摩阻力和破除障碍。常用方法如下:

1)加重法

先在沉井顶面敷设平台,然后在平台上放置重物,如钢轨、铁块或砂袋等,但应防止重物倒塌,故设置高度不宜太高。此法多在沉井平面面积不大时使用。但沉井自重很大,能够增加的压重有限,除为了纠正沉井偏斜而采取偏心压重外,很少使用。

2)抽水法

对不排水下沉的沉井,可从井孔中抽出一部分水,从而减小浮力,增加向下的压力使沉井下沉。此法对渗水性大的砂(卵)石层效果不大,对易发生流砂现象的土也不宜采用。

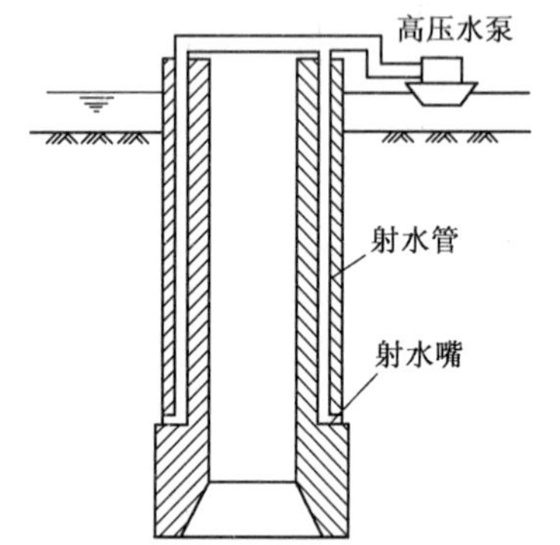

图6-2-20 井壁内设射水管道

3)射水法

在井壁腔内的不同高度处对称地预埋几组高压射水管,在井壁外侧留有射水嘴(图6-2-20),高压水流将井壁附近的土冲松,水沿井壁上升,起润滑作用,从而减小井壁摩阻力,帮助沉井下沉。此法对砂性土较为有效。

采用射水法时,应加强沉井下沉观测,掌握各孔的出水量,防止因射水不均匀而使沉井偏斜。

4)炮震法

炮震法是在井孔的底部埋置适量的炸药,通过引爆炸药所产生的震动力,减小刃脚下土的反力和井壁外侧摩阻力,增加沉井向下的冲击力,迫使沉井下沉。应当指出,爆压通过水介质的传播,将形成很大的内外压力,极易引起沉井开裂,因而在水中炮震时,应严格控制每次炸药用量,确保安全。对下沉深度不大的沉井最好不采用此法。

5)泥浆润滑套法

泥浆润滑套法是通过用触变性较大的泥浆在沉井外侧形成一个具有润滑作用的泥浆套,以减小沉井下沉时井壁外侧的摩阻力。

泥浆的主要成分为黏土、水及适量的化学处理剂。选用的泥浆配合比应使泥浆具有良好的固壁性、触变性和胶体稳定性。一般的泥浆重量配合比为黏土35%~45%、水55%~65%、碳酸钠(Na_2CO_3)化学处理剂0.4%~0.6%(按泥浆总重计)。黏土要选择颗粒细、分散性高,并具有一定触变性的微晶高岭土,塑性指数不小于15,含砂率小于6%。这种泥浆在静止时处于凝胶状态,具有一定的强度,当沉井下沉时,泥浆因受机械扰动而变成流动的溶胶,从而减小井壁的摩阻力,使沉井顺利下沉。

泥浆润滑套的构造主要包括压浆管、射口挡板和地表围圈(图6-2-21)。

(1)压浆管

压浆管根据井壁的厚度有内管法和外管法两种设置方法,厚壁沉井多用内管法,薄壁沉井宜采用外管法。

内管法是在底节以上各节沉井的井壁内预制若干个竖直的压浆孔道,孔道可用钢丝胶管或钢管预埋在沉井模板内,当浇筑的混凝土初凝时,将胶管或钢管转动上拔而成。在靠近井壁的台阶处设喷浆嘴,嘴前设有泥浆射口防护挡板。台阶宽度为 10～20cm,以便在下沉过程中井壁外侧与土壁之间存在空隙,形成一个泥浆润滑套,其立面和平面布置形式如图 6-2-22 所示。

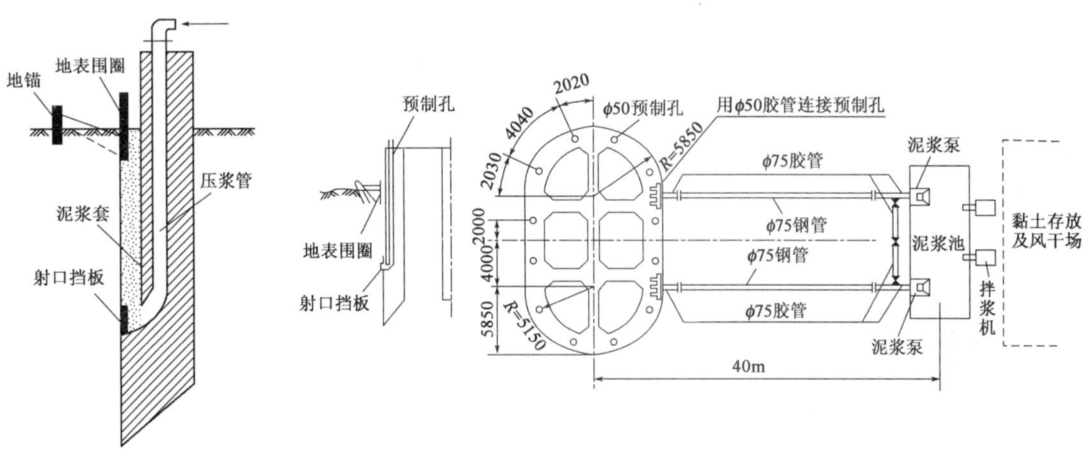

图 6-2-21　泥浆润滑套

图 6-2-22　泥浆润滑套内管法布置(尺寸单位:mm)

外管法是把压浆管直接置于井壁的内侧或外侧,通过喷浆嘴喷浆的方法,如图 6-2-23 所示。

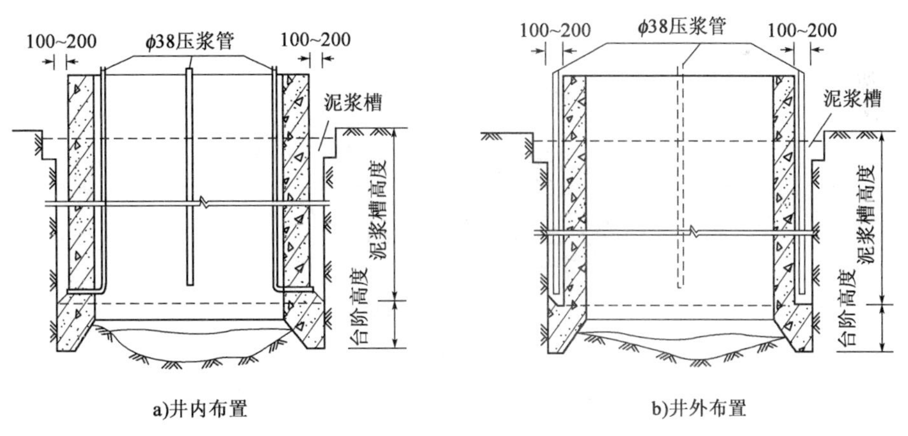

图 6-2-23　沉井压浆管外管法布置(尺寸单位:mm)

(2)射口挡板

射口挡板可用角钢或钢板弯制,置于每个泥浆射出口处,固定在井壁台阶上。它的作用是防止泥浆管射出的泥浆直冲土壁,起到缓冲作用,以免土壁局部塌落堵塞射浆口。

(3)地表围圈

为防止地面上的砂、石杂物等掉入或流入泥浆套内,在井口处要设置地表围圈。围圈可用钢板与型钢组成,或用钢筋混凝土围圈。地表围圈的高度一般为 1.5～2.0m,顶面高出地面或岛面约0.5m。用地锚拉到锚桩上,以抗土压,其外侧夯填黏土以防渗漏,并加顶盖以防土石落入。地表围圈也可作为泥浆储备池之用,并通过泥浆在围圈内的流动,调整各压浆管出浆的不均衡。

用泥浆润滑套法下沉沉井,施工中应注意对称均匀除土,井顶或井底的最大水平位移值应控制在泥浆厚度以内,以免破坏泥浆套或地表围圈。井内除土,还应避免掏空刃脚下土层,以免造成通路,漏失泥浆,或沉井突然下沉,土壁坍落翻砂,破坏泥浆套。

沉井吸泥下沉时,应注意向井内补水,使井内水位不低于井外,以免翻砂涌水,破坏泥浆套。吸泥机的出泥口应引至远离地表围圈,以免水进入泥浆套内。

当沉井底达到设计高程时,应压进水泥砂浆把触变泥浆挤出去,使井壁与四周的土壁重新获得新的摩阻力。但对于井底置于土层的泥浆套沉井,下沉至设计高程后,清基时因支承面积的减小,可能会继续下沉,因此应根据泥浆套的实际效果及地层情况,提前停止压入泥浆。

对于孔隙大易漏失泥浆的地层(如卵石、砾石等),以及容易翻砂坍塌破坏泥浆润滑套的地层(如流砂层等),不宜采用泥浆润滑套下沉沉井。

6)壁后压气法(气幕法)

当水深流急无法采用泥浆润滑套时,可用壁后压气法施工。壁后压气法也是减小沉井下沉时井壁摩阻力的有效方法。它是在沉井井壁内预埋若干个竖直管道和若干层横向的环形管道,每层环形管上有许多小的喷气孔,如图6-2-24所示。沉井气孔的排列应下部密、上部稀。沉井底部3~5m范围内不设气孔,以免空气顺井壁下压穿过刃脚,引起沉井翻砂;顶部5~8m范围内因空气向上扩散起作用,也可不设气孔。

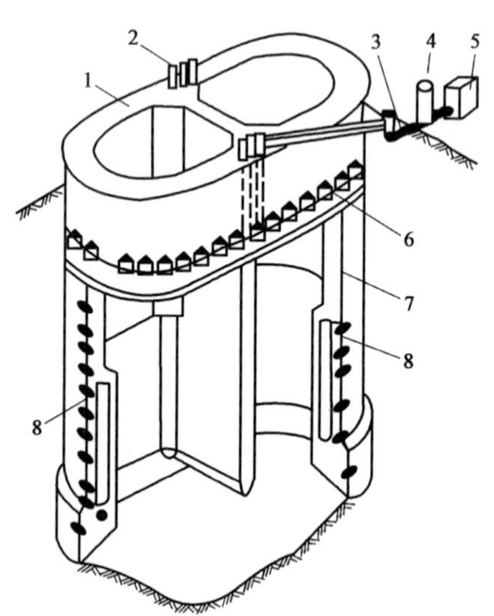

图6-2-24 空气幕沉井压气系统构造图

1-沉井;2-井壁预埋竖管;3-地面风管路;4-风包;5-压风机;6-井壁预埋环形管;7-气龛;8-气龛中的喷气孔

压缩空气由管道通过气孔向外喷射,气流沿沉井外壁上升形成一圈压气层(空气幕),该压气层使沉井井壁周围的土液化,从而减小井壁外侧与土之间的摩阻力,使沉井顺利下沉。

施工时,压气管应分层设置,竖管可用塑料管或钢管,水平环管则应采用直径为25mm的硬质聚氯乙烯管,沿井壁外缘埋设。每层水平环管可按四角分为四个区,便于分别压气调整沉井倾斜。压气沉井所需的气压可取静水压力的2.5倍。压气时应尽可能使用压风机的最大风压以保证压气效果。开气顺序从上而下,沉井周围同时送气,以免空气压入井内引起翻砂或导致沉井倾斜。每次压气时间不宜过长,一般在10min左右,过长不仅对下沉无效果,且使土受扰动过大,停气后气孔容易堵死。压气下沉后停气时,必须尽量缓慢减压,防止泥砂倒流堵塞气孔。

与泥浆润滑套法相比,壁后压气法在停气后即可恢复土对井壁的摩阻力,容易控制沉井下沉,且所需施工设备简单,可以水下施工,经济效果好。它适用于细(粉)砂类土和黏性土,而卵石、砾石等土粒间孔隙过大的地层和硬黏土、风化岩等结构致密的地层,因不易形成空气幕,故而不宜采用。

匠心工程

常泰长江大桥是首座集高速公路、城际铁路和普通公路“三位一体”的过江通道,采用双层断面布置,上层为高速公路,下层为城际铁路与普通公路。除设有主航道桥外,大桥还设置了专用航道桥,配合主航道桥共同服务长江黄金水道。其中,主航道桥采用主跨1176m斜拉桥(图6-2-25),两座专用航道桥均为主跨388m的钢桁梁拱桥(图6-2-26),其跨度均刷新同类桥梁世界纪录。为了保证大桥建设质量,大桥设计者对桥梁方案进行了一系列创新设计,实现了“四个世界首创”,即首创台阶型减冲刷和减自重的沉井基础、首创温度自适应塔梁纵向约束体系、首创“钢-混”混合结构空间钻石型桥塔、首创“钢箱-核芯混凝土”组合索塔锚固结构。

图6-2-25 常泰长江大桥主航道桥

图6-2-26 常泰长江大桥专用航道桥

主航道桥的两个主塔首创采用新型减自重、减冲刷台阶式沉井基础,平面呈圆端型,为钢壳混凝土结构。沉井基础是大桥建设的关键节点和控制性工程,其中5号主墩沉井底面尺寸95.0m×57.8m,圆端半径28.9m,相当于13个篮球场大,为世界最大面积水中沉井基础;沉井顶面尺寸77.0m×39.8m,圆端半径19.9m。沉井总高72.0m,每个沉井用钢量达到2.3万吨。

钢沉井在桥址附近的船厂制作拼装,项目团队在施工方案上攻坚克难,不断优化施工工艺。通过数字化手段,专业化软件建模、套料,自动化切割焊接,进行大规模工厂化施工,将专业化、标准化、信息化、精细化落到实处,为船坞内沉井的分层、分块精准拼接提供了有利保障。首节沉井拼装完成后,利用封舱板控制沉井吃水深度,高潮位时由多艘大马力拖轮拖出船坞运输至桥位处(图6-2-27),上演了120公里的江上大挪移,创下了长江航运史上最大重量、最长距离钢沉井拖运记录。

钢沉井水下入土深度为50.5m,取土方量约24.4万m^3。图6-2-28为钢沉井取土下沉现场。为提高取土效率,施工单位中交二航局研发了电动双头铰刀、水下机械臂取土机器人等专用装备,创下粉质黏土层上大型沉井下沉最快纪录。为确保沉井施工效率、质量和安全,项目团队借助互联网+、北斗、智能传感和无线传输等数字化技术,构建了沉井施工实时监测系统,对沉井安装了300多个监控元器件,对沉井姿态、支撑状态、结构应力等关键参数进行实时监测与分析,实现了沉井施工全过程的“可测、可视、可控”化。

图6-2-27 钢沉井浮运到位

图6-2-28 钢沉井取土下沉

沉井封底前,利用吸泥管和高压旋喷钻机对沉井的底部进行精准清基,并采用水下三维声呐扫测机器人进行“B超检测”。封底时先用抛填碎石分隔成6个相对独立区,对称灌注水下封底混凝土。该沉井封底厚度11.5m,封底混凝土方量约4.9万m^3,该体积可以注满20个标准泳池,如此超大体量的水下混凝土灌注施工在长江上也是前所未有,图6-2-29为沉井混凝土灌注现场。

图6-2-29 灌注沉井混凝土

工程科技创新是推动交通运输高质量发展的重要引擎,是我国由交通大国向交通强国迈进的必由之路。科技创新永无止境,只有善于变革、勇于探索和敢于尝试,才能解决深层次的矛盾和问题,开拓新领域,推动人类社会的不断进步和发展,才能在激烈的竞争中立于不败之地。

1. 简述旱地沉井施工过程。
2. 沉井下沉方法有哪些?各适用于什么条件?
3. 水中沉井施工可采用哪些方法?分别简述其施工过程。
4. 沉井施工中经常遇到的问题有哪些?应如何处理?

背景资料:

某沉井基础所在位置处的地质与水文条件,如图 6-2-30 所示。基础设计见图 6-1-11,沉井基础基底设计高程取在 −15.5m 处。

任务要求:

1. 根据地质和水文条件,选择基础施工方法;
2. 根据选定的施工方法,简单绘制沉井基础施工流程图;
3. 查阅桥涵施工技术规范等相关文献资料,列出施工基本注意事项。

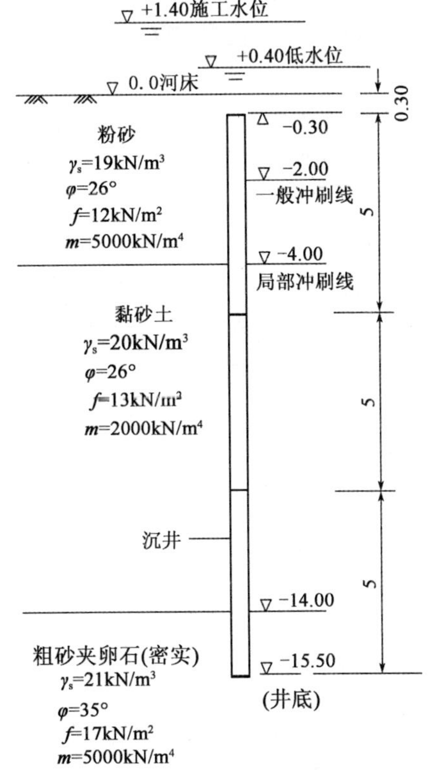

图 6-2-30 沉井基础位置处水文地质情况(高程单位:m)

参 考 文 献

[1] 周东久. 土力学与地基基础[M]. 2 版. 北京:人民交通出版社,2009.

[2] 钱雪松,张求书. 土力学与地基基础[M]. 北京:北京邮电大学出版社,2015.

[3] 中交公路规划设计院有限公司. 公路桥涵地基与基础设计规范:JTG 3363—2019[S]. 北京:人民交通出版社股份有限公司,2020.

[4] 交通运输部公路科学研究院. 公路土工试验规程:JTG 3430—2020[S]. 北京:人民交通出版社股份有限公司,2020.

[5] 中交一公局集团有限公司. 公路桥涵施工技术规范:JTG/T 3650—2020[S]. 北京:人民交通出版社股份有限公司,2020.

[6] 中交第一公路勘察设计研究院有限公司. 公路软土地基路堤设计与施工技术细则:JTG/T D31-02—2013[S]. 北京:人民交通出版社,2013.

[7] 交通运输部公路科学研究院. 公路工程质量检验评定标准 第一册 土建工程:JTG F80/1—2017[S]. 北京:人民交通出版社股份有限公司,2018.

[8] 中交公路规划设计院有限公司. 公路桥涵设计通用规范:JTG D60—2015[S]. 北京:人民交通出版社股份有限公司,2015.

[9] 张辉. 桥梁下部施工技术[M]. 北京:人民交通出版社,2011.

[10] 王慧东,朱英磊. 桥梁墩台与基础工程[M]. 2 版. 北京:中国铁道出版社有限公司,2017.

[11] 陈晏松. 基础工程[M]. 北京:人民交通出版社,2002.

[12] 陈方晔. 基础工程[M]. 3 版. 北京:人民交通出版社股份有限公司,2015.

[13] 于忠涛,朱芳芳. 桥梁下部施工技术[M]. 北京:北京邮电大学出版社,2014.

[14] 邓超,邹花兰. 桥涵工程施工(上册)[M]. 北京:人民交通出版社股份有限公司,2015.